U0238486

三峡工程泥沙问题研究进展

（第 2 版）

潘庆燊　陈济生　黄悦　胡向阳　著

中国水利水电出版社
www.waterpub.com.cn
·北京·

内 容 提 要

本书系统总结了三峡工程泥沙问题 50 余年的研究成果。全书共七章：第一章为总论，第二章为三峡工程泥沙问题研究方法，第三章为三峡水库来沙问题研究，第四章为水库泥沙问题研究，第五章为坝区泥沙问题研究，第六章为坝下游河道冲刷问题研究，第七章为结语；并附有历年研究成果总目录和部分成果。

本书可供三峡工程技术人员和其他江河泥沙研究技术人员阅读，也可供大专院校相关专业师生参考。

图书在版编目（CIP）数据

三峡工程泥沙问题研究进展 / 潘庆燊等著. -- 2版
. -- 北京 : 中国水利水电出版社, 2021.10
ISBN 978-7-5226-0324-7

Ⅰ. ①三… Ⅱ. ①潘… Ⅲ. ①三峡水利工程—水库泥沙—研究进展 Ⅳ. ①TV145

中国版本图书馆CIP数据核字(2021)第260976号

书　名	**三峡工程泥沙问题研究进展 （第 2 版）** SAN XIA GONGCHENG NISHA WENTI YANJIU JINZHAN
作　者	潘庆燊　陈济生　黄悦　胡向阳　著
出版发行	中国水利水电出版社 （北京市海淀区玉渊潭南路 1 号 D 座　100038） 网址：www. waterpub. com. cn E - mail : sales@waterpub. com. cn 电话：（010）68367658（发行部）
经　售	北京科水图书销售中心（零售） 电话：（010）88383994、63202643、68545874 全国各地新华书店和相关出版物销售网点
排　版	中国水利水电出版社微机排版中心
印　刷	北京印匠彩色印刷有限公司
规　格	184mm×260mm　16 开本　29.75 印张　539 千字
版　次	2014 年 5 月第 1 版第 1 次印刷 2021 年 10 月第 2 版　2021 年 10 月第 1 次印刷
印　数	001—800 册
定　价	**150.00 元**

第 2 版 前 言

三峡工程自 2003 年 6 月开始初期蓄水运用至今已 16 年，金沙江向家坝和溪洛渡水电站已分别于 2012 年和 2013 年初期蓄水运用，嘉陵江亭子口水利枢纽已于 2013 年初期蓄水运用。

本次再版对原书内容作了订正和补充，包括对三峡工程论证、设计和施工阶段的研究成果综述作了若干订正，并补充了 2012 年—2018 年三峡工程泥沙原型观测资料分析成果，附录中增加了长江三峡工程泥沙专题论证报告和三峡工程泥沙课题阶段性评估报告，为今后进一步开展三峡工程泥沙问题研究提供参考。原书各章经原作者订正补充，袁莉承担了全部文字与图表的汇总工作。

作者

2020 年 6 月

第 1 版 前 言

泥沙问题是长江三峡水利枢纽（以下简称三峡工程）的关键技术问题之一，关系到水库长期使用、库区淹没、变动回水区航道与港区正常运用、坝区船闸与电站正常运行，以及坝下游河道冲刷对防洪、航运的影响等一系列重大而复杂的技术问题。20 世纪 50 年代以来，长江水利委员会❶和全国有关科研单位、高等学校密切协作，对三峡工程泥沙问题持续进行了 50 余年的研究，取得了大量研究成果，为三峡工程论证、设计、施工和运行提供了可靠的科学依据。

20 世纪 50 年代以来，长江水利委员会和全国有关科研单位、高等学校，采取原型观测调查、泥沙数学模型计算和泥沙实体模型试验相结合的研究方法开展三峡工程泥沙问题研究。20 世纪 60 年代初期，长江水利委员会水文局即开始进行长江上游泥沙测验和重庆河段河道演变观测，长江水利委员会长江科学院（以下简称长江科学院）开展水库淤积计算，与武汉水利电力大学等单位协作进行三峡水库泥沙淤积模型试验。20 世纪 70 年代初期，长江科学院根据不平衡输沙原理与武汉大学数学系协作，研制了水库泥沙淤积电子计算机计算程序进行水库泥沙淤积计算；长江水利委员会水文局先后开展了丹江口和葛洲坝水利枢纽水库泥沙淤积与坝下游河道冲刷观测分析，收集了系统的观测资料，为三峡工程泥沙数学模型计算和泥沙实体模型试验提供了验证依据；长江科学院等科研单位和高等学校还通过葛洲坝水利枢纽泥沙问题研究与工程实践，为研究三峡工程泥沙问题做了"实践准备"。20 世纪 80 年代以来，三峡工程泥沙问题研究全面开展。1983 年 5 月，正常蓄水位 150m 方案的《三峡水利枢纽可行性研究报告》通过国家计划委员会组织的审查，水利

---

❶　水利部长江水利委员会成立于 1950 年，1956—1989 年改名为长江流域规划办公室（属国务院编制）。1980 年长江流域规划办公室水文处改名为长江流域规划办公室水文局。1986 年长江流域规划办公室长江水利水电科学研究院改名为长江流域规划办公室长江科学院。

电力部委托张瑞瑾教授主持（陈济生、谢鉴衡协助）三峡工程泥沙试验研究工作的协调事宜。1986 年 7 月，三峡工程论证领导小组成立三峡工程论证泥沙专家组，主持泥沙问题论证工作，林秉南院士任组长，窦国仁院士、谢鉴衡院士任副组长，研究工作纳入"七五"和"八五"国家重点科技攻关项目。1993 年 9 月，国务院三峡工程建设委员会决定在三峡工程建设委员会办公室下设泥沙课题专家组，协调三峡工程泥沙问题研究工作，林秉南院士任组长。30 年来，长江水利委员会和全国有关科研单位与高等学校结合三峡工程 150m 正常蓄水位方案的初步设计、三峡工程可行性重新论证，以及 175m 正常蓄水位方案的设计、施工和运行，共同进行库区、坝区和坝下游河道泥沙问题研究，为三峡工程可行性论证、设计、施工及运行提供了可靠的科学依据。

长江水利委员会历来重视工程技术总结。丹江口水利枢纽、葛洲坝水利枢纽建成后，长江水利委员会及时组织科技人员进行了各专业的技术总结。1997 年，长江水利委员会组织长期从事工程论证与设计的工程技术人员编撰了一套准确反映三峡工程规划、勘测、设计、科研、移民、生态环境及经济研究的《长江三峡工程技术丛书》，长江科学院有关专业人员编撰的《三峡工程泥沙研究》即为其中之一。2003 年，长江水利委员会技术委员会组织编写了总结三峡、丹江口、葛洲坝、乌江渡、万安、隔河岩等大中型水利水电工程实践经验的《大中型水利水电工程技术丛书》，《长江水利枢纽工程泥沙研究》即为其中之一。三峡工程 175m 试验性蓄水运用期间，2010 年，长江科学院有关专业人员在已往工作的基础上开展了三峡工程泥沙问题研究方面的阶段性技术总结，完成了《长江三峡工程泥沙问题研究进展》的撰写工作。全书共分七章，第一章为总论，第二章为三峡工程泥沙问题研究方法，第三～第六章分述水库来沙、库区、坝区和坝下游河道泥沙问题研究进展，第七章为结语。第一章由陈济生、潘庆燊撰写，第二章由潘庆燊、黄悦撰写，第三章由潘庆燊、胡向阳撰写，第四章由潘庆燊、黄悦撰写，第五章、第六章由潘庆燊、胡向阳撰写，第七章由陈济生、潘庆燊撰写。袁莉承担了全书文字与图表的汇总工作。为了便于后续研究工作的开展，将历年研究成果总目录和部分成果附录于后，其中包括原长江水利委员会主任林一山 1964 年率领技术人员进行国内已建水库考察后的研究成果。

三峡工程泥沙问题研究是一项长期任务。三峡工程初期蓄水运用至今仅 10 年，而且在此期间未遇大水丰沙及水沙特枯年份，泥沙问题尚未充分显现。金沙江向家坝和溪洛渡水电站分别于 2012 年 11 月和 2013 年 7 月实现初期蓄水发电，嘉陵江亭子口水利枢纽也于 2013 年 8 月实现初期蓄水发电，三峡水库进库水沙条件发生了新变化。三峡工程泥沙问题仍须继续进行研究，通过监测，对已有研究成果进行检验，针对工程运行过程出现的新问题及时研究解决。本书的编写出版将有助于今后研究工作的开展。

　　在本书撰写完成之际，谨向 50 余年来长江水利委员会和全国有关科研单位、高等学校为三峡工程泥沙问题研究和工程实践付出辛勤劳动和毕生精力的同仁表示崇高的敬意。限于编写人员的水平，书中疏漏和不妥之处敬请指正。

作者

2013 年 10 月

目　　录

第一章　总　　论

第一节　三峡工程泥沙问题研究的重要性

长江三峡水利枢纽（简称三峡工程）是治理开发长江的关键性骨干工程，具有防洪、发电、航运和取水等综合效益。三峡工程泥沙问题是三峡工程关键性技术问题之一，研究的重要性主要表现在如下几个方面。

一、泥沙问题的全局性

就影响程度而言，泥沙问题涉及三峡水库能否长期使用，综合效益能否长期发挥，库区淹没范围，水库变动回水区航道、港口能否保持畅通，枢纽船闸、升船机和电站能否正常运行，坝下游河道堤防安全和航道畅通以及长江生态与环境保护等。

就三峡工程泥沙问题研究的地理范围而言，从水库变动回水区、常年回水区和坝区，直到坝下游整个长江中下游河道均属直接研究范围，全长约2600km。

就三峡工程泥沙问题研究涉及的地理范围而言，三峡水库上游来水来沙状况涉及长江流域上游地区水利工程和水土保持工程的实施进程以及降雨强度与降雨落区变化等。

二、泥沙问题的长期性

三峡水库在单独运用条件下泥沙淤积和坝下游河道冲刷达到相对平衡的历时近百年，受其上游干支流新建水库和水土保持工程拦沙的影响，三峡水库达到相对平衡的历时将长达数百年。

在三峡工程泥沙问题研究过程中，针对三峡工程的可行性论证、设计、施工和运行等不同阶段，研究内容各有侧重。工程可行性论证阶段，重点研究水库泥沙淤积和长期使用问题；设计和施工阶段重点研究枢纽总体布置和通航建筑物与电站有关的泥沙问题，以及坝下游河道冲刷对防洪、航道的影响和对策；运行阶段重点研究水库优化调度和上游干支流水库群联合调度问题。

三、泥沙问题的复杂性

泥沙问题受流域地理位置、地形、地貌、地质、气候等自然因素，以及人为因素的影响，异常复杂。泥沙学科是涉及河流力学、地理学和地质学等学科的交叉学科，是一门发展中的新学科。泥沙问题的复杂性增加了解决泥沙问题的难度，由此也说明了泥沙问题研究的重要性。

第二节 三峡工程泥沙问题研究的内容和研究方法

一、主要研究内容

三峡工程泥沙问题包括水库泥沙淤积与长期使用，库区淹没，水库变动回水区航道与港区的冲淤变化，枢纽通航建筑物和电站的正常运行，以及枢纽下游河床冲刷和河道演变对防洪、航运的影响等一系列重要而复杂的技术问题。研究的主要内容包括：

（1）水库泥沙淤积和水库长期使用。

（2）水库变动回水区泥沙淤积对航道、港区以及洪水位的影响。

（3）坝区泥沙淤积对枢纽通航建筑物和电站运行的影响。

（4）枢纽下游河床冲刷和河道演变对防洪、航运、取水和江湖关系的影响。

（5）三峡水库上游地区来沙变化趋势。

二、基本研究方法

在三峡工程长期论证过程中，对工程泥沙问题一直采用原型观测与调查、泥沙数学模型计算和泥沙实体模型试验相结合的基本研究方法。

原型观测与调查方面，包括坝址及其上下游河段水文、地形、地质、地貌、河道演变等基本资料观测，重点河段河道演变过程观测，以及国内外已建水库的调查研究等。

泥沙数学模型计算和泥沙实体模型（简称泥沙模型）试验方面，采用一维泥沙数学模型进行水库泥沙淤积和坝下游冲刷计算；水库变动回水区重点河段、坝区以及坝下游重点河段冲淤则进行泥沙实体模型试验和二维泥沙数学模型计算。

在三峡工程长期论证过程中，研究工作具有以下特点：

（1）重视多学科和多部门的协作。泥沙问题涉及多门学科和多部门。研究过程中应用地质、地理、水文、河流力学等学科对河道演变、泥沙岩性组成、悬移质和推移质泥沙来源与输移等进行综合研究。研究过程中还实行设计、科研、水文与河道观测、工程施工以及枢纽运行管理等单位的协作，力求研究结果更为可靠和切合实际。

（2）集中全国科研力量，加速三峡工程泥沙问题研究进程。三峡工程泥沙问题是三峡工程关键技术问题之一。在三峡工程可行性重新论证阶段，1986年三峡工程论证领导小组成立三峡工程论证泥沙专家组，林秉南院士任组长，窦国仁院士、谢鉴衡院士任副组长。1986—1995年，国家科学技术委员会将三峡工程泥沙问题研究列入"七五""八五"国家重点科技攻关项目，组织全国科研单位和高等学校共同研究。在三峡工程设计和施工阶段，1993年国务院三峡工程建设委员会决定在三峡工程建设委员会办公室下设泥沙课题专家组，林秉南院士任组长。1996年起，三峡工程泥沙问题研究工作由泥沙课题专家组按照制定的"九五""十五""十一五"研究计划组织全国科研单位、高等学校、设计单位和运行管理部门共同开展研究工作。

（3）充分利用丹江口和葛洲坝水利枢纽工程实践经验。丹江口和葛洲坝水利枢纽是长江干支流上建设的大型水利枢纽，在设计、施工阶段和运行以来，有关单位就泥沙问题进行了大量原型观测与研究工作，积累了系统的原型观测资料和丰富的实践经验，为解决三峡工程泥沙问题提供了极其重要的有利条件。

（4）研究工作从难从严，注意留有余地。三峡工程泥沙问题的研究时段是从枢纽运行初期直到水库泥沙淤积和坝下游冲刷基本平衡阶段，全面研究枢纽运用各阶段的工程泥沙问题。对于重大问题，组织两个以上单位按统一的条件和要求分别平行研究，及时交流讨论，集思广益，相辅相成，使研究工作更深入，对关键性的问题得出论据充分的结论。

为了使三峡工程泥沙问题研究成果充分可靠，在三峡工程可行性重新论证阶段和设计阶段，各项泥沙数学模型计算和实体模型试验采用的上游来水来沙条件均未考虑三峡水库上游新建水库和水土保持工程的拦沙效果。为了保证研究成果偏于安全，采用的上游来水来沙条件为1961—1970年典型年系列的实测水沙资料，该系列年来水、来沙量较实测长系列年略偏大，并且包括丰水丰沙年、中水中沙年和小水少沙年；另外，在三峡工程技术设计阶段，在水库按1961—1970年系列年循环运行70年的过程中，还于运行至30年、

50 年和 70 年时分别加入含有 1954 年丰水丰沙年的 1954 年、1955 年连续两年来水来沙条件。

第三节 三峡工程泥沙问题研究历程

1956 年，长江水利委员会全面开展长江流域综合利用规划工作。同时，开始进行三峡工程的勘测设计和科学研究工作。1958 年，根据党中央提出的"积极准备，充分可靠"的建设方针，开展编制三峡工程初步设计要点报告阶段的科学研究工作，其中，作为三峡工程 17 个重大科学技术问题之一的"三峡水库调度和水库淤积问题"也逐步开展。

三峡工程泥沙问题关系到水库寿命，库区淹没，库尾段航道、港区和坝区船闸、电站的正常运用，以及坝下游河道演变对防洪和航运的影响等一系列重要而复杂的技术问题，难度很大。

三峡工程泥沙问题研究可分为五个阶段：1958—1970 年"积极准备，充分可靠"和"雄心不变，加强科研"阶段；1971—1983 年修建葛洲坝枢纽为三峡工程做"实战准备"阶段；1983—1992 年三峡工程可行性重新论证阶段；1992—2002 年三峡工程设计与施工阶段；2003 年 6 月以后初期蓄水运用阶段。

一、1958—1970 年阶段

1958—1970 年是编制三峡工程初步设计要点报告和专门研究人防与水库泥沙问题的阶段。

1958 年 3 月党中央召开的成都会议通过了《中共中央关于三峡水利枢纽和长江流域规划的意见》，对三峡工程提出"积极准备，充分可靠"的建设方针。会后国家科学技术委员会和中国科学院成立三峡科研领导小组（以下简称科委三峡组），组织全国性的科研大协作。同年 6 月在武汉召开了三峡水利枢纽科学技术研究会议第一次会议，三峡工程泥沙问题全面开展研究。1959 年 10 月召开第二次会议，将"三峡水库调度和水库淤积问题"列为三峡工程重大科学技术问题之一。1960 年国家遇到暂时经济困难，科委三峡组根据中央关于三峡工程"雄心不变，加强科研"的指示精神，安排 1963—1972 年十年科研规划，三峡水库泥沙淤积问题是主要研究课题之一[1-3]。该阶段三峡工程泥沙问题研究的重点为长江上游悬移质和卵石推移质的来沙量和三峡水库泥沙淤积问题，主要内容如下。

（一）枢纽来沙研究

1949 年以来，长江干支流控制水文测站即系统地开展悬移质泥沙测验。

1956 年开始研究悬移质泥沙粒径分析方法。1960 年以后，干支流控制测站均采用粒径计法系统进行分析。1969 年 7 月—1970 年 9 月，长江科学院和长江水利委员会水文局对长江干支流 129 个测站的悬移质泥沙资料进行整编，提出近 20 年系列整编成果。推移质泥沙包括沙砾（粒径 0.1～10mm）和卵石（粒径 10mm 以上），由于测验技术尚未完全解决，该阶段从多种途径进行研究。

1. 推移质泥沙测验技术研究

1956 年宜昌站开始采用苏联顿式测验仪器施测沙砾推移质，1961 年寸滩站采用软底网式测验仪器施测卵石推移质。为了提高测验技术，在测验过程中，根据推移质泥沙在该河段的输移、运动规律，研究制定测验技术规程，如取样历时、垂线分布、测次分布等；同时对测验仪器的性能进行研究改进。1967—1970 年长江科学院和长江水利委员会水文局先后在四川都江堰柏条河干渠和长江科学院试验水槽进行试验，研究改进卵石推移质测验仪器的性能；同时，对沙砾推移质测验仪器的性能，也通过野外和室内试验进行研究改进。1973 年在都江堰柏条河干渠分别对沙砾、卵石推移质测验仪器根据器测和坑测资料确定测验仪器的采样效率。

2. 长江上游卵石推移质查勘调查

为研究川江卵石推移质特性，调查三峡水库卵石推移质来源和数量，该阶段多次进行查勘调查。1959 年 12 月—1960 年 1 月，长江科学院、成都工学院、武汉水利电力学院❶（以下简称武水院）、武汉水运工程学院、水利水电科学研究院❷（以下简称水科院）、南京水利科学研究所（以下简称南科所）、西北水利科学研究所（以下简称西科所）、中国科学院四川分院、成都水电设计院、长江航道局川江航道处等 10 个单位，重点查勘大渡口至寸滩河段和嘉陵江澄江镇至河口河段的河床组成，以及卵石的形状、排列、堆积和运动特性，为研究三峡枢纽兴建后卵石推移质淤积对重庆河段港区和航道的影响搜集资料[4]。此后又由长江科学院和有关单位对川江卵石推移质特性进行多次查勘调查。1960 年后，长江科学院和南京大学（以下简称南大）地理系组织多次查勘，调查川江卵石岩性（矿物），分析三峡枢纽卵石推移质的来源和数量，查明川江万县以上卵石推移质主要来源于金沙江，其次为岷江、嘉陵江，卵石岩性以火成岩为主。1973—1974 年，长江科学院、长江水利委员会水文局、长江水利委员会勘测处、南大地理系继续进行卵石推移质的来源和数量调查，对川江万县至宜都河段干支流近 10 万颗卵石采样分析岩性（矿物），

❶　武汉水利电力学院 1993 年改名为武汉水利电力大学，2000 年并入武汉大学。

❷　水利水电科学研究院 1994 年更名为中国水利水电科学研究院。

并通过黄柏河干支流水库淤积的卵石推移质数量实测资料对计算方法进行验证，计算得出宜昌河段多年平均卵石推移量为 64 万 t，其中，三峡区间补给约占 57%[5]。

（二）三峡水库库区典型河段观测研究

长江水利委员会荆江河床实验站于 1960—1961 年对重庆猪儿碛河段、嘉陵江金沙碛河段进行观测研究，1962—1963 年对奉节臭盐碛河段进行观测研究。上述河段观测项目包括水位、流量、含沙量、床沙和断面地形等，资料比较全面系统。为研究重庆河段卵石运动规律，1960 年长江科学院、长江水利委员会重庆水文总站、水科院在寸滩河段开展同位素锌 65 示踪标记卵石试验研究，查明川江卵石在河床中运动具有很大的间歇性，时滚时停，平均运行速度很小。

（三）三峡水库长期使用研究

该阶段长江科学院采用平衡输沙有限差分法和一些估算方法对三峡水库不同正常蓄水位、死水位方案水库淤积过程、淤积数量、淤积分布、淤积平衡年限以及对重庆港区的影响等问题进行了大量计算，提出第一阶段技术总结[6]。20 世纪 60 年代初期，黄河三门峡水库蓄水运用后，库区严重淤积，国家领导人非常关心三峡水库的寿命问题。1964 年长江水利委员会主任林一山写出《关于水库长期使用的初步探索》，并于当年 8 月带领科技人员赴各地调查官厅、大伙房、闹德海、红山、青铜峡、三门峡、长山头、张家湾 8 个水库，搜集大量水库淤积和运用资料，提出水库调查报告。报告指出：根据水库淤积规律和天然河流水沙过程年内分布特点，通过水库的合理运用，主要是汛期降低坝前水位泄洪排沙、汛后蓄水的运用方式，可以长期保留水库的大部分有效库容，做到长期使用[7]。1966 年，长江科学院又对黄河三门峡、盐锅峡水库进行调查，并参加黑松林水库、水槽子水库排沙实验。同年林一山写出《水库长期使用问题》，对不同库型长期保留有效库容的比值，进行了分析[8]。第二研究阶段 1978 年，长江科学院对长期使用水库的平衡形态和淤积计算方法进行了研究[9]。

（四）重庆河段卵石推移质泥沙模型试验研究

1960—1964 年长江科学院、武水院主持，水科院、南科所、成都工学院和武汉水运工程学院等单位协作，在武水院露天试验场兴建平面比尺为 500、垂直比尺为 100 的重庆河段模型。河段干流从合江至涪陵，嘉陵江从北碚至河口。采用天然沙做模型沙，粒径比尺为 78。模型对三峡水库正常蓄水位 200m、死水位 170m 方案卵石推移质淤积对重庆市港区、航道的影响，进行了试验研究，阐明了库尾段卵石运动的间歇性及冲淤分布的分散性等特点[10]。

（五）长江河流泥沙运动规律研究

为研究三峡工程泥沙问题，该阶段开展河流泥沙运动规律研究，内容包括以下几点：

（1）水流挟沙能力研究。1956—1957年，长江水利委员会水文局根据长江中游宜昌等站资料，建立长江荆江河段全沙和床沙质的水流挟沙力经验公式。1958年由武水院主持，从能量平衡出发导出长江中下游水流挟沙力（床沙质）公式[11]。1963年以后，长江科学院根据水库实测资料，提出该公式适合水库淤积计算水流挟沙能力的系数和指数值。

（2）川江卵石起动流速试验研究。1960—1962年，长江科学院和武水院协作，根据川江卵石形状、排列、床面不同糙度等特点，对川江卵石推移质起动流速进行试验研究，得出不同条件下卵石起动流速公式。1965年，长江科学院在岷江支流茫溪河的渡船嘴处开挖长12m、宽1.2m的试验水槽，开展卵石起动流速试验，提出卵石起动流速公式。

（3）长江沙波运动观测研究。1958—1959年，长江水利委员会水文局在长江陈家湾、汉口和南京等河段进行沙波运动观测研究。观测项目包括流速、水深、比降、水温、床沙粒径及波高、波长、波速等，资料比较全。1959年长江水利委员会南京观测队、汉口观测队分别提出沙波测验分析报告。1960年汉口观测队提出长江沙波运动基本规律分析报告，对长江沙波形态特征和运动速度与水力泥沙因子的关系进行研究，提出计算公式。

（4）长江黏性土壤冲刷观测试验研究。1961年长江科学院为研究下荆江裁弯工程新河冲刷发展情况，进行荆江地区黏性土壤冲刷室内试验，提出试验小结。1969—1970年，长江水利委员会荆江河床实验站在上车湾裁弯新河进行原型观测，实测黏土冲刷流速值与室内试验成果基本相同。

（六）丹江口水库滞洪期和蓄水运用期观测研究

丹江口水利枢纽于1960年围堰滞洪，1968年蓄水运用。该阶段长江科学院对丹江口水库滞洪期及蓄水运用后，库区泥沙淤积、排沙措施以及坝下游河床冲刷进行了大量计算。枢纽蓄水运用后，长江水利委员会水文局组建丹江口水利枢纽水文实验站（以下简称丹实站），对水库淤积、坝下游河段冲刷演变开展观测研究，为三峡工程泥沙问题研究提供了重要参考资料。

该阶段三峡工程泥沙问题研究取得的主要研究成果如下：

（1）悬移质泥沙方面，提出近20年系列整编成果。推移质泥沙方面，研究改进测验仪器性能，提高测验技术，为以后系统开展测验提供了条件。此外，通过卵石岩性（矿物）调查分析，提出三峡枢纽卵石推移质的来源和数量，为测验成果提供验证资料。

（2）提出长期使用水库的调度运用方式，长期保留水库大部分有效库容，解决水库寿命问题。

（3）开展三峡水库库区典型河段和丹江口水库及其下游泥沙问题观测研究，为研究三峡水库变动回水区航道泥沙问题，提供重要资料。

（4）提出长江水流挟沙力公式。

二、1971—1983 年阶段

1971—1983 年是通过兴建葛洲坝水利枢纽为三峡工程做"实践准备"和编制正常蓄水位 150m 方案的三峡水利枢纽可行性研究报告阶段。

葛洲坝水利枢纽于 1970 年 12 月开工，1972 年 11 月中央决定主体工程暂停施工，同年成立工程技术委员会，由长江水利委员会负责修改初步设计。根据中央关于修建葛洲坝枢纽为三峡工程做"实战准备"的指导方针，该阶段有关三峡工程泥沙问题研究的重点为通过葛洲坝枢纽工程泥沙问题研究，为解决三峡工程泥沙问题研究做"实战准备"，通过丹江口水库泥沙冲淤观测分析，提出水库冲淤过程的计算方法。研究的主要内容如下。

（一）枢纽来沙研究

悬移质泥沙方面，根据钱宁教授的建议，于 1973—1977 年在寸滩、宜昌等水文站开展近底层悬移质泥沙测验，即采用 10 线 7 点法（相对水深 1.0、0.8、0.4、0.2、0.1 及河底以上 0.5m、0.1m）进行精密悬移质泥沙测验。根据大量实测资料分析，宜昌站历年实测粒径大于 0.1mm 的床沙质泥沙年输沙量平均偏小约 5.7%，约 350 万 t。为了研究悬移质泥沙物质组成，长江科学院与南大地理系协作，通过对长江干支流 19 处控制测站的沙样分析，查明长江悬移质泥沙以石英、长石为主，硬度大于 5 的矿物含量达 80% 左右，沙粒磨圆度以棱角状为主[12]。该阶段长江科学院对长江上游流域产沙（悬移质）特性以及来沙量多年变化进行了分析。流域产沙特性主要是强产沙区面积小，仅占长江上游流域总面积的 7%；地表侵蚀物质的颗粒粗，泥沙输移比远小于 1；干支流主要测站的来沙量与上游降水量、降水强度和降水地区关系密切。近代长江上游水土流失虽较严重，但根据长系列年实测资料分析，来沙量没有增长趋势[13]。

推移质泥沙方面，1973 年长江科学院与长江水利委员会水文局整理分析宜昌站和寸滩站历年实测沙砾、卵石推移质资料。在前阶段提高测验技术的基础上，1972 年以后，又相继在三峡枢纽上下游朱沱、寸滩、万县、奉节、宜昌 5 个测站全面开展卵石推移质测验；奉节、宜昌两站同时开展沙砾推移质测验。根据各站大量实测资料，对照前阶段采用卵石岩性（矿物）调查分析的成果，三峡枢纽不同库段的卵石、沙砾推移质的年输沙量、粒径和岩性等均已基本清楚。1978 年，长江科学院韩其为根据川江卵石床面运动的随机性，提出《泥沙运动统计理论》（征求意见稿）。

根据各站实测卵石推移质资料，汛期 5—10 月的输沙量一般占年总输沙量的 99% 以上；但位于瞿塘峡上游的奉节站因汛期受峡谷壅水影响，枯水期的输沙量可占年总输沙量的 70% 以上。可见在河谷宽窄相间的川江河段，卵石推移质的输移在时间和空间尺度上都是不连续的。

（二）水库不平衡输沙观测研究及水库冲淤过程计算方法研究

丹江口水库蓄水运用后，丹实站除系统地开展水库上下游泥沙冲淤观测研究外，1970 年、1971 年和 1973 年在水库常年回水区上段，距坝约 92km 的上游长约 25km 的库段，系统地开展水库不平衡输沙观测研究，详细观测水沙变化过程、断面冲淤变化、淤积物粒径变化。1972 年长江科学院提出水库不平衡输沙的初步研究[14]。1973 年长江科学院在武汉大学数学系的协作下，提出水库冲淤过程计算方法及电子计算机的应用[15]。水库不平衡输沙方法的主要特点是每一断面的含沙量不一定刚好等于其水流挟沙力，同时还考虑了冲淤过程悬移质粒配和床沙粒配的沿程变化；在计算技术方面应用电子计算机运算。经过大量实测资料验证后，首先应用于葛洲坝库区悬移质淤积计算。

（三）葛洲坝枢纽坝区泥沙问题研究

葛洲坝枢纽是三峡枢纽的反调节枢纽，属于低水头枢纽。单独运用时，坝区泥沙问题十分复杂，是工程泥沙问题研究的重点。1971 年以来，为研究坝区河势规划、船闸上下游引航道的航行水流条件和泥沙淤积问题以及电站引水防沙问题，开展了大量原型观测调查和泥沙模型试验研究。

原型观测调查方面主要有：1971 年 6—11 月由三三〇工程指挥部勘测设计团组织的船闸淤积问题调查组去广西、广东、湖南，对 23 个设有船闸或筏道的水利枢纽的泥沙淤积问题进行调查。调查重点是广西郁江的西津枢纽和广东湛江地区鉴江干流的六个梯级；其中鉴江梯级在 1975 年又由三三〇工程局试验室、武水院等单位进行河势调查。经过调查，提出在枢纽布置方面须特别考虑的三个因素：建坝前后的河势问题、凸岸与凹岸的差别问题、船闸与泄水闸及水电站等建筑物上下游水流情况的结合问题[16]。1975 年 12 月和 1976 年 6 月，先后两次由长江科学院、南科所、清华大学水利系和水利电力部第十一工程局组成枢纽坝区河势调查组，对黄河三门峡、盐锅峡、青铜峡、三盛公，大渡河龚嘴，以礼河水槽子，耒水白鱼潭，岷江映秀湾8个枢纽进行调查，研究稳定坝区河势、改善引航道口门边滩淤积及电站防沙问题[17]。1973年8月长江水利委员会枢纽处、长江科学院和武水院组织黄河青铜峡水电站底孔排沙作用及射流差效益原型观测。资料表明：电站底孔对电厂前的"门前清"作用明显，底孔开启时，没有增加过机泥沙的现象。射流增差实测值较理论计算值小[18]。

1971年以来，由长江科学院、南科所、武水院负责先后开展4座葛洲坝枢纽坝区泥沙模型试验和1座电站断面泥沙模型试验研究，对坝区河势规划、船闸上下游引航道的航行水流条件和泥沙淤积问题以及电站引水防沙问题，均取得丰硕成果。坝区河势规划，通过对单槽方案、双槽方案、单槽分汊方案以及人字形导沙坎方案的研究，采用单槽方案[19]。船闸引航道的航行水流条件和泥沙淤积问题，通过"静水通航、动水冲沙"的基本途径解决[20]。电站引水防沙问题采用拦导沙工程，改善厂前流态，修建并合理运用排沙底孔解决[21]。这些经验对研究解决三峡枢纽库区淤积基本平衡阶段的坝区泥沙问题，都具有重要参考价值。

（四）葛洲坝水库变动回水区泥沙问题研究

三峡枢纽建成前，葛洲坝枢纽库区有急流滩和险滩65处、峡口滩2处。为研究葛洲坝工程水库淤积过程和回水变动区的航道变化，开展原型观测调查、泥沙数学模型计算和泥沙模型试验。原型观测方面，长江水利委员会设立葛洲坝枢纽水文实验站，设立水库进库站奉节站和出库站坝上南津关17号断面，连同坝下游原有宜昌站，系统地开展水文泥沙测验。1979年开展库区水位、断面和床沙观测。1979年10月—1980年8月在巫峡上游峡口滩扇子碛长2.5km河段进行水位、流速、断面和床沙观测。1981年，葛洲坝枢纽一期工程蓄水运用后，对变动回水区上段黛溪至巫山长约27km库段的峡口滩扇子碛和溪口滩至下马滩、宝子滩、油榨碛、铁滩进行观测研究。

1973年清华大学水利系在三门峡市进行奉节到香溪长约140km库段的泥沙模型试验，研究葛洲坝枢纽兴建后，水库变动回水区库段悬移质和卵石推移质的淤积过程和部位，泥沙淤积对峡口滩臭盐碛和扇子碛航道的影响[22]。泥沙模型试验是与数学模型计算相结合进行的。泥沙模型的尾门水位由数学模型计算给出，两种模型按相同系列年进行试验和计算，起相互补充和验证的作用。试验研究结果表明：葛洲坝枢纽壅水虽不高，但在常年回水区库段，航道得到显著改善；中枯水期变动回水区库段，航道也有较大改善。试验成果与枢纽一期工程运用后原型实测资料基本一致。因泥沙模型试验的回水末端较原型实测资料偏上游约 10km，臭盐碛和扇子碛的试验成果偏于安全。

（五）水库下游河床冲刷、水位降低研究

为研究三峡枢纽兴建后坝下游河床冲刷、水位降低情况，1959 年长江水利委员会荆江河床实验站对宜昌至浇市河段长约 124km 河段的河床组成进行较详细勘测；同年，长江水利委员会水文局估算三峡枢纽运用 22 年后，宜昌站同流量水位下降约 1.5m。1974 年，长江科学院估算在三峡枢纽下游河床冲刷达到平衡情况下，宜昌站同流量水位下降约 2m；葛洲坝枢纽单独运用时，宜昌站同流量水位下降值不超过 1m。

根据丹江口枢纽下游河床冲刷、水位降低观测资料，1960 年围堰滞洪至 1968 年蓄水运用阶段，下游黄家港站同流量水位下降 1.32m；1968 年蓄水运用后，同流量水位下降 0.32m，共计 1.64m；1974 年已趋稳定。三峡枢纽与丹江口枢纽下游沿程河床组成基本相同，水力条件则有差别；黄家港站水位下降值，可供估算宜昌站水位下降值参考[23]。

（六）泥沙模型试验研究

1971 年以来，共有 4 座坝区泥沙模型、1 座水库变动回水区泥沙模型和 1 座电站断面泥沙模型研究葛洲坝枢纽泥沙问题。在研究解决工程泥沙问题的同时，对于泥沙模型相似问题[22,24-27]、模型沙选沙问题[28]、泥沙模型几何比尺变态问题[29]以及数学模型计算与模型试验相结合问题[30]等，均在理论与实践方面取得较大进展[31]。在泥沙模型测试技术方面，水位、流速、流量、含沙量、泥沙粒径、淤积地形等测试仪器均有很大革新，并初步实现集中调控，大大提高泥沙模型的试验技术和成果精度。

该阶段三峡工程泥沙问题研究，通过葛洲坝工程泥沙问题的研究和实践，取得了很大的进展。主要研究成果如下：

（1）枢纽来沙特性方面，开展近底层悬移质泥沙测验；对长江上游流域产沙特性进行了研究。根据长系列实测泥沙资料分析，长江上游悬移质泥沙来量近期无增长趋势。推移质泥沙通过测验和岩性（矿物）调查分析，沙砾、卵石推移质年输沙量和粒径、岩性，均已基本清楚。

（2）提出水库不平衡输沙研究成果和水库冲淤过程计算方法。

（3）泥沙模型相似律理论和模型试验技术等方面均取得较大进展。

（4）累积了研究水库变动回水区泥沙冲淤和航道演变的原型观测资料和模型试验成果。

（5）提出解决坝区泥沙问题的理论和工程措施研究成果。

三、1983—1992 年阶段

1983—1992 年是进一步深化水库正常蓄水位方案比较、重新全面论证和编制三峡工程新的可行性研究报告阶段。

1983 年 3 月，长江水利委员会编制了正常蓄水位 150m 方案的《三峡水利枢纽可行性研究报告》。同年 5 月 3—13 日由国家计划委员会主持在北京召开长江三峡水利枢纽可行性研究报告审查会议。会议认为：长江水利委员会提出的可行性研究报告基本可行，建议国务院原则批准。同年 5 月，国务院原则批准了正常蓄水位 150m 方案。随后，水利电力部委托张瑞瑾教授主持（陈济生、谢鉴衡协助）三峡工程泥沙试验研究工作的协调事宜，重点研究正常蓄水位 150m 方案初步设计中亟待解决的工程泥沙问题。1984 年 10 月以后，为比较三峡工程不同蓄水位方案，开展正常蓄水位 160～180m 方案的工程泥沙问题研究。1986 年 6 月，中共中央、国务院决定对三峡工程进行进一步论证，重新提出可行性研究报告。1986 年 7 月，论证领导小组成立三峡工程论证泥沙专家组，林秉南院士任组长，窦国仁院士、谢鉴衡院士任副组长。1986 年 7 月，泥沙专家组讨论制定三峡工程泥沙专题论证工作计划。同年，国家科学技术委员会将“长江三峡工程重大科学技术研究”列入“七五”（1986—1990 年）国家重点科技攻关项目，泥沙关键技术研究列入其中的第一课题。该阶段三峡工程泥沙问题研究在已往工作的基础上，针对三峡枢纽工程不同正常蓄水位方案，系统地开展原型观测调查、泥沙数学模型计算和泥沙模型试验研究，取得深度、广度和精度均能满足可行性研究阶段要求的研究成果。1988 年 2 月，泥沙专家组在南京召开第五次会议，经过详细讨论，认为三峡工程可行性研究阶段的泥沙问题经过研究已基本清楚，是可以解决的。该阶段三峡工程泥沙问题研究的重点为长江上游悬移质和卵石推移质泥沙来量及变化趋势、水库长期使用的调度运用方式以及水库变动回水区泥沙淤积对航运影响问题的研究。主要内容如下。

（一）枢纽来沙研究

该阶段由长江水利委员会水文局重新对长江上游悬移质泥沙来量的历年变化趋势进行补充分析，实测资料系列延至 1986 年。分析表明：长江上游及主要支流控制测站的悬移质来沙量呈不规则的周期性变化。来水量与来沙量的变化过程基本相应，没有系统偏离[32]。推移质泥沙方面，该阶段继续在朱沱、寸滩、万县、奉节、宜昌 5 个测站全面开展卵石推移质测验，在奉节、宜昌两站开展砂砾推移质测验。

（二）水库的有效库容长期使用研究

通过前阶段对水库的有效库容长期使用问题研究，该阶段主要结合三峡枢纽的具体情况，研究不同正常蓄水位方案长期保留有效库容问题。根据三峡水库的库容、库型和来水、来沙条件，采用长期使用的调度运用方式，既有利于长期保留水库的大部分有效库容，又有利于发挥枢纽的巨大综合效益。经过研究，三峡枢纽长期使用的具体调度运用方式是：汛期 6—9 月将坝前水位控制在较低的防洪限制水位，腾出库容防洪，减少库尾段泥沙淤积，汛末 10 月或稍长时段坝前水位蓄到正常蓄水位，翌年汛前 5 月底前，库水位消落至高于防洪限制水位的枯水期限制水位，以利发电和航运。这种运用方式（以下简称"蓄清排浑"的运用方式）可以将水库长期使用与发挥枢纽近期的综合效益结合起来，做到远近结合。通过水库不平衡输沙数学模型计算分析得出，正常蓄水位 150～180m 方案枢纽运用 100 年后，库区淤积已基本平衡，大部分防洪库容和调节库容均可保留，分别保留 83％～87％和 91％～93％[33]。

（三）水库淤积抬高库区洪水位问题

三峡水库淤积抬高库区洪水位问题，由长江科学院、水科院分别应用水库不平衡输沙数学模型对枢纽不同正常蓄水位方案、不同频率洪水的库区沿程洪水位进行计算。由于水库淤积抬高库区洪水位是随时程逐渐增大的，三峡枢纽正常蓄水位 175m 方案运用 30 年后，如遇频率 1％洪水，重庆市主城区朝天门抬高后的洪水位尚未超过成渝铁路基面高程 196m，考虑上游干支流建库拦沙调洪的作用，数学模型计算的库区洪水位抬高值还可以降低。

（四）水库变动回水区泥沙问题研究

该阶段研究工作包括加强原型观测调查和大量开展泥沙模型试验。

原型观测调查方面，继续加强丹江口水库、葛洲坝水库观测研究[34-36]，并通过综合调查，重点研究水库变动回水区泥沙冲淤和航道变化规律。1984 年 4 月，由长江科学院、武水院、清华大学水利系、南京水利科学研究院（以下简称南科院）、水科院、交通部天津水运工程科学研究所（以下简称天科所）等 12 家单位组成的"丹江口水库泥沙调查组"，经过现场调查、资料分析，提出调查情况简报[37]，对水库回水变动区淤滩留槽的发展趋势进行分析。1984 年 12 月，水科院、丹实站对我国南方富春江、新安江、渔梁、上犹江等 16 座水库回水变动区泥沙冲淤规律、河势变化特点以及对航运的影响等问题，进行了调查和分析[38]，1985 年 3 月由交通部三峡枢纽通航办公室、长江航务管理局、南科院、天科所等 7 家单位组成联合调查组，对丹江口水库变动回水区航道进行调查，对航道变化、水库调度以及改善库尾航道的途径等问题提出调查分析[39]。1985年1月长江科学院对丹江口、柘溪、西津3座水库库尾泥沙淤积及航道情况进行了调查[40]。

泥沙模型试验方面，三峡水库正常蓄水位150～180m方案变动回水区库段长达270km，选定其中6段进行泥沙模型试验。兰竹坝河段、丝瓜碛河段、青岩子河段、长寿河段、铜锣峡河段分别由清华大学、武水院、天科所、长江科学院承担；重庆河段由清华大学、水科院、长江科学院的3座模型平行进行试验。为比较分段模型与整体模型的差别，另由南科院修建剪刀峡至江津长河段模型进行试验。

泥沙数学模型计算方面，南科院、武水院、水科院等单位利用各自建立的二维泥沙数学模型进行了建库后变动回水区重庆河段、洛碛至王家滩河段和青岩子河段的冲淤计算[41-43]。

根据大量原型观测调查资料和泥沙模型试验成果，三峡水库常年回水区上段和变动回水区中下段泥沙淤积部位主要在凸岸边滩、回流区、缓流区，淤滩留槽，河势向单一、规顺、窄深、微弯形态发展，改善建库前航道、港区的不利河势；对于新航槽可能存在的石梁、暗礁应加清除。变动回水区上段的航道、港区情况也有改善；个别河段如遇特殊水文年，在库水位消落期，可能出现航道尺度和港区水域、水深不足的情况。经过研究，这些问题可以通过水库运用调度、整治工程、机械清淤等措施解决。

（五）坝区泥沙问题研究

长江科学院和南科院分别采用葛洲坝枢纽坝区泥沙模型设计的几何比尺和模型沙兴建坝区泥沙模型，经过三斗坪河段实测资料验证后，对正常蓄水位150～175m方案平行进行了试验研究。试验成果表明：枢纽运用30年以内，船闸上下游引航道和电站前泥沙淤积量均不大；枢纽运用后期，根据处理葛洲坝枢纽坝区泥沙问题的经验，研究更经济有效的措施，问题可以解决。

（六）枢纽下游河床冲刷、水位降低、河床演变问题研究

三峡枢纽下游河床冲刷、水位降低问题在第一、第二阶段累积资料和分析研究的基础上，该阶段继续勘测并整理枢纽下游河床组成资料[44]。1985—1988年长江科学院、清华大学、水科院分别进行三峡水库下游河床冲刷计算分析[47-49]。1990年长江水利委员会水文局完成宜昌至大通河段河床地质勘测[45-46]。关于三峡建坝后坝下游河道演变、江湖关系变化以及坝下游冲刷对防洪、航运的影响，长江科学院、水科院、清华大学、武水院、长江水利委员会水文局和长江航道局分别进行了分析研究[47-53]。

长江科学院对长江中下游河势控制问题进行研究后，认为："河势"可定

义为河道在其演变过程中水流与河床的相对态势，可以用河段内的主流线与河岸线的相对位置来表示；河势控制的主要任务是使河道主河槽主流线与河岸线的相对位置有利于防洪、航运、工农业取水以及岸线利用等要求；应根据三峡建坝后河势变化补充修订原有的荆江河势控制工程规划[48,54]。

该阶段河海大学海洋及海岸工程研究所和清华大学等单位对三峡枢纽兴建后，长江口的盐水入侵和航道、边滩演变进行了分析研究[49,55]。

该阶段正是国家改革开放、科学技术国际交流合作蓬勃发展的年代。1979—1980 年水利部就开始组织对巴西和美国水利水电工程的技术考察，并派访问学者赴美国和加拿大等国就三峡工程的重大技术问题开展了多方面不同形式的科技合作。

四、1992—2002 年阶段

1992—2002 年是三峡工程经过全国人民代表大会批准兴建后进行工程设计和全面的施工阶段。

1992 年 4 月 3 日，第七届全国人民代表大会第五次会议通过《关于兴建长江三峡工程的决议》。该阶段三峡工程泥沙问题研究按照三峡工程初步设计、技术设计和施工阶段的要求全面开展。1991 年国家科学技术委员会将"三峡工程和长江治理开发科学技术研究"列入"八五"（1991—1995 年）国家重点科技攻关项目，三峡工程泥沙研究列入其中的第二课题。1993 年 9 月，国务院三峡工程建设委员会第二次会议决定在三峡工程建设委员会办公室下设泥沙课题专家组，协调整个泥沙科研工作，林秉南任组长。1994—1998 年，国家自然科学基金委员会将"三峡水利枢纽工程几个关键问题的应用基础研究"列为国家自然科学基金重大项目，三峡工程泥沙问题为研究课题之一。三峡工程泥沙问题研究 1996 年起按照三峡工程"九五"（1996—2000 年）和"十五"（2001—2005 年）泥沙问题研究计划开展。考虑到三峡工程设计的需要和已往研究工作基础，该阶段三峡工程泥沙问题研究的重点如下：一是坝区泥沙问题；二是坝下游河道冲刷问题；三是长江上游来沙和三峡水库泥沙淤积问题研究；四是三峡工程泥沙问题的应用基础研究。主要内容如下。

（一）坝区泥沙问题研究

为配合三峡工程设计，该阶段长江科学院、南京水利科学研究院、清华大学和西南水运工程科学研究所在先后新建的坝区泥沙模型上进行坝区泥沙问题试验研究[56-62]。

1. 坝区泥沙淤积及河势调整

1992—1996 年，长江科学院、南京水利科学研究院和清华大学的坝区泥沙模型采用长江科学院水库泥沙数学模型的水库淤积计算成果作为进口水沙条件，研究三峡建坝后坝区泥沙淤积和河势调整过程，说明按照选用的枢纽总体布置方案，坝区上游河段总体河势朝平顺微弯方向发展。

2. 通航建筑物引航道布置

1992—2000 年，长江科学院、南京水利科学研究院和清华大学的坝区泥沙模型进行了船闸和升船机上游引航道布置各种方案的试验研究，认为从通航安全和航道泥沙淤积处理考虑，以全包方案为较好。

长江科学院、南京水利科学研究院的坝区泥沙模型同时进行了船闸和升船机下游引航道布置的试验研究。

3. 通航建筑物引航道防淤和清淤措施研究

1992—2000 年，长江科学院、武汉水利电力大学和清华大学的坝区泥沙模型、局部概化模型和试验水槽研究了引客水破异重流、射流破异重流和潜坝拦阻异重流，以及冲沙闸和冲沙隧洞引流冲沙与机械疏浚等防淤清淤措施。1997 年，长江水利委员会三峡水文水资源勘测局和长江航道局在葛洲坝枢纽三江下游引航道进行了射流松动冲沙现场试验。综合分析认为，通航建筑物的泥沙淤积碍航问题可以采取机械清淤为主、冲沙闸引流冲沙为辅的综合措施加以解决。

4. 电站引水防沙措施研究

1992—1995 年，长江科学院、南京水利科学研究院和清华大学的坝区泥沙模型和局部模型分别进行了不同正常蓄水位方案电站引水防沙措施试验研究，认为左右电厂设置 7 个排沙孔、地下电站设置 3 个排沙洞可以保持电站正常取水。

5. 施工期坝区明渠与临时船闸引航道泥沙问题研究

1992—1995 年，长江科学院的坝区泥沙模型和西南水运工程科学研究所、南京水利科学研究院的坝区泥沙模型分别进行了明渠和临时船闸引航道泥沙淤积与通航水流条件试验研究。

6. 施工期坝区专用码头与取水点位置选择及岸线防护工程研究

1993—1994 年，长江科学院坝区泥沙模型进行了施工一期、二期坝区专用码头与取水点位置选择，以及一期围堰与岸线防护措施试验研究。

（二）坝下游河道冲刷问题研究

为配合三峡工程初步设计和技术设计，坝下游河道冲刷问题作为三峡工程泥沙问题研究的重点之一，开展了以下研究工作[63-65]。

1. 坝下游河道冲刷计算

该阶段长江科学院和中国水利水电科学研究院分别进行了宜昌至大通河

段河道冲刷一维数学模型计算及重点河段二维数学模型计算。1991—1995年，天津水运工程科学研究所进行了宜昌至武汉河段冲刷一维数学模型计算及芦家河河段二维数学模型计算。

2. 三峡建坝后坝下游河道演变及江湖关系变化研究

该阶段长江科学院、中国水利水电科学研究院、长江水利委员会水文局、武汉水利电力大学等单位进行了三峡建坝对长江中下游河道演变及洞庭湖、鄱阳湖影响的研究。长江科学院进行了三峡建坝后荆江河势控制工程方案研究。

3. 三峡建坝后坝下游冲刷对近坝段及重点浅滩段的影响及整治措施研究

该阶段长江科学院、天津水运工程科学研究所、长江航道规划设计研究院、清华大学、武汉水利电力大学等单位进行了坝下游宜昌至虎牙滩河段和芦家河等浅滩河段整治工程措施的泥沙模型试验和数学模型计算研究。

（三）长江上游来沙和三峡水库泥沙淤积问题研究

该阶段在已往研究基础上开展以下研究[66]。

1. 嘉陵江水土保持措施对长江三峡工程减沙作用的研究

该研究由长江水利委员会水文局等7个单位完成。

2. 金沙江向家坝及溪洛渡水库修建后三峡水库淤积一维数学模型计算

该计算由长江科学院和中国水利水电科学研究院完成。

3. 三峡工程施工期和175m蓄水初期变动回水区碍航河段及整治措施研究

1996—2000年，长江航道局等单位在已往各单位的变动回水区重点河段泥沙模型试验成果的基础上，通过综合分析，提出了各碍航滩段初步整治方案。

4. 三峡水库减少淤积、增大防洪能力的优化调度研究

清华大学通过研究认为，双汛限水位方案和多汛限水位调度方案对减少水库淤积和增大防洪能力有一定效果。

（四）三峡工程泥沙问题的应用基础研究

1994—1998年，国家自然科学基金委员会将"三峡水利枢纽工程几个关键问题的应用基础研究"列为国家自然科学基金重大项目，与中国长江三峡工程开发总公司联合资助，共同管理。三峡工程泥沙问题为研究课题之一。针对三峡工程设计阶段对泥沙问题研究的要求，长江科学院、中国水利水电科学研究院、四川联合大学、北京师范大学、武汉水利电力大学、清华大学及南京水利科学研究院共同开展了以下问题的研究[67]：

（1）泥沙起动机理和起动流速。

（2）宽级配推移质输沙特性及输沙率。

（3）淤积物密实及干容重变化。

（4）宽级配泥沙河床的冲刷机制。

（5）沙质河床的冲刷机制。

（6）坝下游河道河势调整和河型转化。

（7）枢纽通航建筑物引航道及电站的防淤减淤措施。

（8）泥沙实体模型的模型沙、变率、长系列年试验方法和图像分析方法。

（9）泥沙数学模型的泥沙输移方程 α 系数确定和回流计算方法。

五、2003 年 6 月以后阶段

2003 年 6 月以后是三峡水利枢纽初期运用并开始发挥综合效益的阶段。

三峡工程于 1993 年开工，2003 年 6 月 1 日开始蓄水，依靠大坝和施工三期上游围堰挡水，2003 年 6 月 10 日坝前水位达到 135m。2006 年施工三期上游围堰拆除，大坝全线挡水，10 月 28 日坝前水位达到 156m。2008 年 9 月 28 日起，坝前水位逐步抬升到 175m，进入试验性蓄水期。根据三峡工程建设进程，考虑到 20 世纪 90 年代以来三峡水库上游来沙的变化，以及金沙江溪洛渡、向家坝水电站和嘉陵江亭子口水利枢纽先后建成后的拦沙作用，三峡工程泥沙问题研究"十五"（2001—2005 年）和"十一五"（2006—2010 年）泥沙问题研究计划安排的研究重点为：一是三峡水库上游近期来水来沙变化；二是近期水沙变化条件下水库淤积的预测；三是重庆主城区河段整治方案试验研究；四是坝下游宜昌至杨家脑河段河道演变及对策研究；五是三峡工程初期运用后原型观测资料分析；六是三峡水库 2007 年蓄水位方案研究。具体研究的主要内容如下[68-69]。

（一）近期长江上游来水来沙变化趋势及原因分析

长江科学院、长江水利委员会水文局和长江水利委员会长江勘测规划设计研究院进行了近期长江上游来水来沙变化趋势及原因分析，三峡水库进库水沙代表系列年的选定，以及上游新建骨干水库对三峡水库入库水沙条件的影响分析。

（二）三峡水库近期水库淤积计算分析

中国水利水电科学研究院、长江科学院和长江水利委员会长江勘测规划设计研究院进行了三峡水库近期（2008—2027 年）水库淤积计算分析。

（三）重庆主城区河段冲淤变化及整治方案研究

西南水运工程科学研究所、南京水利科学研究院、长江科学院、清华大学、长江水利委员会水文局等单位进行了重庆主城区河段冲淤变化分析及港口、航道治理措施试验研究。

（四）枢纽上下游引航道冲沙措施及地下电站泥沙问题试验研究

长江科学院、南京水利科学研究院和清华大学的坝区泥沙模型分别进行了枢纽上下游引航道冲沙措施（冲沙闸和冲沙隧洞方案）试验研究。长江科学院和南京水利科学研究院的坝区泥沙模型分别进行了地下电站泥沙淤积及改进措施试验研究。

（五）坝下游宜昌至杨家脑河段河道演变及对策研究

南京水利科学研究院、清华大学等单位进行了坝下游宜昌至枝城河段冲淤变化及整治措施的数学模型计算分析。长江航道局、武汉大学等单位进行了枝城至大埠街河段浅滩演变及整治方案数学模型计算及泥沙模型试验研究。长江水利委员会三峡水文水资源勘测局、长江航道局及武汉大学、长江科学院等单位对宜昌至杨家脑河段综合治理措施进行了数学模型计算和分析研究。

（六）三峡工程初期运用后水文泥沙原型观测资料分析

长江水利委员会水文局根据历年水文泥沙原型观测资料，对 2003 年以来三峡水库进出库水沙特性、水库淤积及坝下游河道冲刷进行了系统的分析。长江科学院、中国水利水电科学研究院、南京水利科学研究院、清华大学等单位根据历年水文泥沙原型观测资料对已往数学模型和泥沙模型预测方法及成果进行了验证。

（七）三峡水库 2007 年蓄水位方案研究

三峡工程初步设计报告按"分期蓄水"的建设方针安排三峡工程于开工以后第 15 年（2007 年），水库开始按蓄水位 156m 运行，运行若干年后再抬高至正常蓄水位 175m 运行。2004—2005 年三峡工程泥沙专家组组织有关单位进行了 2007 年三峡工程蓄水位方案研究。

（八）正常蓄水位 175m 试验性蓄水期水库优化调度研究

三峡水库 2008 年汛末开始正常蓄水位 175m 试验性运行。2009 年长江防汛抗旱总指挥部、中国长江三峡集团公司及长江水利委员会水文局等单位开展了汛期中小洪水调度、汛期沙峰调度和汛前水库消落期变动回水区减淤调度试验，通过水文泥沙观测与泥沙数学模型计算，分析各种调度方案对水库淤积的影响。

参 考 文 献

［1］ 唐日长. 三峡工程泥沙问题研究回顾［C］// 水利部科技教育司，三峡工程论证泥沙专

家组工作组. 长江三峡工程泥沙研究文集. 北京：中国科学技术出版社，1990.

[2] 长江水利委员会. 长江志 卷五 第一篇 综合利用水利枢纽建设 [M]. 北京：中国大百科全书出版社，2006.

[3] 黄山佐. 长江三峡工程前期工作大事记 [J]. 长江志通讯（增刊），1987 (3).

[4] 长江科学院. 河流泥沙研究的发展 [Z]. 长江水利水电科技史料之六，1988.

[5] 林承坤，魏特，史立人. 葛洲坝工程卵石推移质来源、特征与数量计算 [C]//中国水利学会. 国际河流泥沙学术讨论会论文集. 北京：光华出版社，1980.

[6] 长江水利水电科学研究院. 三峡水库淤积研究第一阶段技术总结 [R]，1964.

[7] 唐日长. 水库淤积调查报告 [J]. 人民长江，1964 (3).

[8] 林一山. 水库长期使用问题 [J]. 人民长江，1978 (2).

[9] 韩其为. 长期使用水库的平衡形态及淤积变形研究 [J]. 人民长江，1978 (2).

[10] 武汉水利电力学院，长江水利水电科学研究院. 三峡水库推移质淤积试验报告 [C]//武汉水利电力学院第三届科学讨论会论文，1965.

[11] 武汉水利电力学院水流挟沙力研究组. 长江中下游水流挟沙力研究 [J]. 泥沙研究，1959，4 (2).

[12] 魏特，周旅复，史立人. 长江悬移质泥沙物质组成研究 [J]. 长江水利水电科学研究院院报（院庆三十五周年专刊），1986.

[13] 史立人，魏特. 长江上游悬移质泥沙来源与特性的初步分析 [G]//长江水利水电科研成果选编，第 11 期. 长江水利水电科学研究院，1982.

[14] 韩其为. 水库不平衡输沙的初步研究 [G]//黄河水库泥沙观测研究成果交流会水库泥沙报告汇编，1973.

[15] 韩其为，黄煜龄. 水库冲淤过程的计算方法及电子计算机的应用 [G]//长江水利水电科研成果选编，第 1 期. 长江水利水电科学研究院，1974.

[16] 张瑞瑾. 关于船闸淤积问题的调查报告 [G]//葛洲坝枢纽工程泥沙问题研究成果汇编. 长江水利水电科学研究院，1984.

[17] 严镜海. 葛洲坝水利枢纽坝区河势调查与分析 [G]//葛洲坝枢纽工程泥沙问题研究成果汇编. 长江水利水电科学研究院，1984.

[18] 张植堂，郑允中，李世熙. 青铜峡水电站底孔排沙及射流增差效益原型观测报告 [G]//葛洲坝枢纽工程泥沙问题研究成果汇编. 长江水利水电科学研究院. 1984.

[19] 长江流域规划办公室. 葛洲坝水利枢纽泥沙问题研究（修改初步设计补充报告第三篇）[R]，1981.

[20] 张瑞瑾. 葛洲坝枢纽引航道水流泥沙问题及其解决途径 [G]//葛洲坝枢纽工程泥沙问题研究成果汇编. 长江水利水电科学研究院，1984.

[21] 林万泉，陈子湘. 葛洲坝水利枢纽大江电站泥沙问题试验研究 [G]//葛洲坝枢纽工程泥沙问题研究成果汇编. 长江水利水电科学研究院，1984.

[22] 惠遇甲. 长江葛洲坝枢纽回水变动区泥沙问题的模型试验研究 [G]//葛洲坝枢纽工程泥沙问题研究成果汇编. 长江水利水电科学研究院，1984.

[23] 长江流域规划办公室. 长江三峡水利枢纽初步设计报告 第十一篇 泥沙问题研

究 .1985.

[24] 南京水利科学研究所 . 全沙模型相似律及设计实例 [G]// 泥沙模型报告汇编
（1977 年泥沙模型试验技术经验交流会内部资料），1978.

[25] 窦国仁 . 葛洲坝工程坝区泥沙模型验证试验报告 [G]// 葛洲坝枢纽工程泥沙问题
研究成果汇编 . 长江水利水电科学研究院，1984.

[26] 谢鉴衡 . 葛洲坝枢纽工地悬沙模型试验技术总结 [G]// 葛洲坝枢纽工程泥沙问题
研究成果汇编 . 长江水利水电科学研究院，1984.

[27] 唐日长，饶庆元，张植堂，胡冰 . 葛洲坝工程坝区泥沙模型设计及验证试验报告
[G]// 葛洲坝枢纽工程泥沙问题研究成果汇编 . 长江水利水电科学研究院，1984.

[28] 长江水利水电科学研究院 . 几种模型沙的起动流速试验 [G]// 泥沙模型报告汇
编，1978.

[29] 张瑞瑾，等 . 论河道水流比尺模型变态问题 [C]// 第二次河流泥沙国际学术讨论
会论文集，1983.

[30] 唐日长 . 应用数学模型与物理模型相结合研究工程泥沙问题 [J]. 长江水利水电科
学研究院院报，1985（1）.

[31] 唐日长，陈华康，史立人 . 葛洲坝枢纽的泥沙问题 [G]// 葛洲坝枢纽工程泥沙问
题研究成果汇编 . 长江水利水电科学研究院，1984.

[32] 长办水文局 . 长江三峡以上地区来沙历年变化趋势分析 [G]// 三峡工程泥沙问题
研究成果汇编（160～180m 蓄水位方案）. 水利电力部科学技术司，1988.

[33] 长江科学院 . 三峡工程水库泥沙淤积计算综合分析报告 [G]// 三峡工程泥沙问题
研究成果汇编（160～180m 蓄水位方案）. 水利电力部科学技术司，1988.

[34] 长办水文局 . 丹江口水库泥沙冲淤与河床演变特性和航道变化分析 [G]// 三峡工
程泥沙问题研究成果汇编（160～180m 蓄水位方案）. 水利电力部科学技术
司，1988.

[35] 长办水文局 . 葛洲坝水库蓄水运用以来库区的冲淤及航道变化分析 [G]// 三峡工
程泥沙问题研究成果汇编（160～180m 蓄水位方案）. 水利电力部科学技术
司，1988.

[36] 湖北省交通规划设计院 . 汉江丹江口水库回水变动区演变观测分析和航道治理措施
研究 [R]// 长江三峡工程泥沙与航运关键技术研究专题研究报告集（下册）. 武
汉：武汉工业大学出版社，1993.

[37] 丹江口水库泥沙调查组 . 丹江口水库库尾变动回水区泥沙冲淤特性调查情况简报
[G]// 三峡水利枢纽工程泥沙问题研究成果汇编（150m 蓄水位方案）. 长江水利水
电科学研究院，1986.

[38] 韩其为，等 . 南方水库泥沙问题的调查研究 [G]// 三峡水利枢纽工程泥沙问题研
究成果汇编（150m 蓄水位方案）. 长江水利水电科学研究院，1986.

[39] 交通部三峡通航办公室联合调查组 . 汉江丹江口水库库尾回水变动区航道调查报告
[G]// 三峡水利枢纽工程泥沙问题研究成果汇编（150m 蓄水位方案）. 长江水利水
电科学研究院，1986.

[40] 长科院河流研究室. 典型水库库尾泥沙淤积及航道调查报告 [G]∥三峡水利枢纽工程泥沙问题研究成果汇编（150m 蓄水位方案）. 长江水利水电科学研究院，1986.

[41] 南京水利科学研究院. 三峡水库变动回水区二维全沙数学模型的研究及初步应用 [R]∥长江三峡工程泥沙与航运关键技术研究专题研究报告集（下册）. 武汉：武汉工业大学出版社，1993.

[42] 武汉水利电力学院. 三峡水库变动回水区（平面二维及一维嵌套）泥沙数学模型研究及初步应用 [R]∥长江三峡工程泥沙与航运关键技术研究专题研究报告集（下册）. 武汉：武汉工业大学出版社，1993.

[43] 水利水电科学研究院. 平面二维泥沙数学模型研究及其在三峡工程中的初步应用 [R]∥长江三峡工程泥沙与航运关键技术研究专题研究报告集（下册）. 武汉：武汉工业大学出版社，1993.

[44] 长江水利水电科学研究院. 长江三峡大坝下游宜昌—枝城段河床边界条件 [G]∥三峡水利枢纽工程泥沙问题研究成果汇编（150m 蓄水位方案）. 长江水利水电科学研究院，1986.

[45] 长江流域规划办公室水文局. 三峡水利枢纽下游宜昌—武汉河段洲滩地质勘探成果分析 [C]∥长江三峡工程泥沙研究文集. 北京：中国科学技术出版社，1990.

[46] 长江水利委员会水文局. 长江三峡水利枢纽下游城陵矶至大通河段河床组成勘测报告 [R]∥长江三峡工程泥沙与航运关键技术研究专题研究报告集. 武汉：武汉工业大学出版社，1993.

[47] 水利水电科学研究院. 三峡水利枢纽（175m 方案）下游河道冲刷和演变的计算与初步研究[R]∥长江三峡工程泥沙与航运关键技术研究专题研究报告集. 武汉：武汉工业大学出版社，1993.

[48] 长江科学院. 三峡水利枢纽下游河床冲刷对防洪航运影响研究 [R]∥长江三峡工程泥沙与航运关键技术研究专题研究报告集. 武汉：武汉工业大学出版社，1993.

[49] 清华大学水利水电工程系. 三峡水利枢纽下游河道冲刷计算与分析报告 [R]∥长江三峡工程泥沙与航运关键技术研究专题研究报告集. 武汉：武汉工业大学出版社，1993.

[50] 武汉水利电力学院. 三峡建坝前后荆江河势及江湖关系研究综合报告 [R]∥长江三峡工程泥沙与航运关键技术研究专题研究报告集. 武汉：武汉工业大学出版社，1993.

[51] 武汉水利电力学院. 三峡建坝前后荆江浅滩演变研究综合报告 [R]∥长江三峡工程泥沙与航运关键技术研究专题研究报告集. 武汉：武汉工业大学出版社，1993.

[52] 长江水利委员会水文局. 三峡水利枢纽下游河段演变分析 [R]∥长江三峡工程泥沙与航运关键技术研究专题研究报告集. 武汉：武汉工业大学出版社，1993.

[53] 长江航道局. 三峡工程对葛洲坝枢纽以下航道影响的初步分析 [G]∥三峡工程泥沙问题研究成果汇编（160～180m 蓄水位方案）. 水利电力部科学技术司，1988.

[54] 潘庆燊. 河势与河势控制 [J]. 人民长江，1987（11）.

[55] 河海大学海洋及海岸工程研究所．三峡水利枢纽对河口地区影响的若干问题［R］//
      长江三峡工程泥沙与航运关键技术研究专题研究报告集．武汉：武汉工业大学出版
      社，1993．

[56] 长江科学院．三峡工程坝区泥沙淤积对通航和发电的影响及防治措施优选研究专题
      报告（"八五"国家重点科技攻关项目 85-16-02-01）［R］，1995．

[57] 南京水利科学研究院．天津水运工程科学研究所．三峡工程坝区泥沙淤积对通航和
      发电的影响及防治措施优选研究专题报告（"八五"国家重点科技攻关项目 85-16-
      02-01）［R］，1995．

[58] 清华大学水利水电工程系．三峡工程坝区泥沙淤积对通航和发电影响及防治措施优
      选研究报告（"八五"国家重点科技攻关项目 85-16-02-01）［R］，1995．

[59] 长江科学院．三峡工程临时通航建筑物布置和施工期临时航道泥沙淤积问题及其对
      策研究（"八五"国家重点科技攻关项目 85-16-03-03）［R］，1995．

[60] 西南水运工程科学研究所，南京水利科学研究院．三峡工程临时通航建筑物布置优
      化和临时船闸引航道泥沙淤积问题及对策研究（"八五"国家重点科技攻关项目 85-
      16-03-03）［R］，1995．

[61] 中国长江三峡工程开发总公司技术委员会，等．长江三峡工程坝区泥沙研究报告集
      （1992—1996）第一卷，第二卷［M］．北京：专利文献出版社，1997．

[62] 长江三峡工程开发总公司技术委员会，等．长江三峡工程坝区泥沙研究报告集
      （1996—2000）第三卷［M］．北京：知识产权出版社，2002．

[63] 长江科学院，中国水利水电科学研究院，等．三峡工程下游河道演变及重点河段整
      治研究专题报告（"八五"国家重点科技攻关项目 85-16-03-03）［R］，1995．

[64] 长江航道局规划设计研究所，等．三峡工程下游河道演变及重点河段整治研究专题
      报告（"八五"国家重点科技攻关项目 85-16-02-01）［R］，1995．

[65] 国务院三峡工程建设委员会办公室泥沙课题专家组，等．长江三峡工程泥沙问题研
      究（1996—2000）第六卷，第七卷［M］．北京：知识产权出版社，2002．

[66] 国务院三峡工程建设委员会办公室泥沙课题专家组，等．长江三峡工程泥沙问题研
      究（1996—2000），第四卷，第五卷［M］．北京：知识产权出版社，2002．

[67] 潘庆燊，杨国录，府仁寿．三峡工程泥沙问题研究［M］．北京：中国水利水电出
      版社，1999．

[68] 国务院三峡工程建设委员会办公室泥沙课题专家组，等．长江三峡工程泥沙问题研
      究（2001—2005），第一卷～第六卷［M］．北京：知识产权出版社，2008．

[69] 国务院三峡工程建设委员会办公室泥沙专家组，等．长江三峡工程泥沙问题研究
      （2006—2010）第一卷～第八卷［M］．北京：中国科学技术出版社，2013．

[70] 曹广晶，王俊．长江三峡工程水文泥沙观测与研究［M］．北京：科学出版
      社，2013．

[71] 钱宁，张仁，陈稚聪．长江三峡枢纽工程的几个泥沙问题［J］．人民长江，1986
      （11）．

[72] 张瑞瑾．三峡工程的泥沙问题是可以解决的［J］．人民长江，1988（5）．

[73] 林秉南. 浅论几个人们关心的三峡工程泥沙问题 [J]. 人民长江, 1989 (6).

[74] Bingnan Lin, et al. On some key sedimentation problems of Three Gorges Project (TGP) [J]. International Journal of Sediment Research, No. 1, 1989.

[75] 谢鉴衡. 三峡水库泥沙问题浅释 [J]. 人民长江, 1987 (2).

[76] 窦国仁. 三峡工程泥沙问题的研究 [C]// 窦国仁论文集. 北京: 中国水利水电出版社, 2003.

[77] 唐日长. 三峡水利枢纽工程泥沙问题的初步研究 [J]. 人民长江, 1985 (1).

[78] 唐日长. 长江三峡水库长期使用研究 [J]. 人民长江, 1990 (6).

[79] 陈济生. 三峡水库特性浅析 [J]. 人民长江, 1987 (1).

[80] 陈济生. 三峡水库特性及对航运影响宏观分析 [J]. 长江水利水电科学研究院院报, 1985 (1).

[81] 陈济生. 从水库形态和调度方式看三峡工程泥沙处置 [J]. 人民长江, 1996 (9).

[82] Chen Jisheng. Sedimentation studies at Three Gerges [J]. International Water Power & Dam Construction, August 1994.

[83] 戴定忠, 陈志轩. 三峡工程泥沙研究工作大事记 [R]// 长江三峡工程泥沙研究文集. 北京: 中国科学技术出版社, 1990.

[84] Bingnan Lin, Ren Zhang, Dingzhong Dai, et al. Sediment Research for the Three Gorges Project on the Yangtze River since 1993 [C]. Proceedings of the Ninth International Symposium of River Sedimentation, 2004.

[85] Jisheng Cheng, Yue Huang. Prospects of Sediment Management of Three Gorges Project [C]. Proceedings of the Ninth International Symposium of River Sedimentation, 2004.

[86] 长江水利委员会水文局. 2018 年度三峡水库进出库水沙特性、水库淤积及坝下游河道冲刷分析 [R], 2019.

第二章　三峡工程泥沙问题研究方法

第一节　原型观测调查

一、概述

原型观测调查是三峡工程泥沙问题研究的首要方法。通过全面系统的原型观测调查资料分析，掌握建坝前后库区、坝区和坝下游河道的水沙变化和河道演变规律，为三峡工程规划、设计、施工和运行管理提供依据；同时，为泥沙数学模型计算和实体模型试验成果的可靠性验证提供依据。

三峡工程水文泥沙原型观测工作大体可以划分为两个阶段：1950—1992年阶段和1993年以后阶段[1-3]。

（一）1950—1992年阶段

长江水利委员会自1950年开始，为适应治理长江的需要，恢复、调整原有长江流域水文站网，并增设部分测站。1990年底长江水利委员会和流域内各省共设水文站823个、水位站456个、雨量站5106个，系统地收集长江流域的水文和降雨资料（图2-1）。1956年以来，根据长江流域规划和三峡工程规划设计工作需要，布设了专用测站并开展了专项测验。该阶段三峡工程水文泥沙观测未有全面的工作规划，长江水利委员会水文局结合三峡工程规划和其他水利枢纽工程建设，开展了卵石和沙砾推移质测验技术研究，1961年开始在寸滩站进行卵石推移质测验，1966年正式开始测验；1960—1963年先后在重庆猪儿碛、金沙碛和奉节臭盐碛河段进行河道演变观测；1968年丹江口水库蓄水运用后，系统地开展库区泥沙淤积和坝下游冲刷观测研究；1971年以来在葛洲坝水库库区开展了大量水流泥沙原型观测研究。

（二）1993年以后阶段

1993年以后，三峡工程水文泥沙原型观测进入全面系统开展阶段，长江水利委员会水文局按照1995年编制的《三峡工程施工阶段工程水文泥沙观测规划》和三峡工程泥沙专家组2001年编制的《长江三峡工程2002—2019年泥沙原型观测计划》，制定实施方案，经有关部门批准后组织实施。该阶段原型

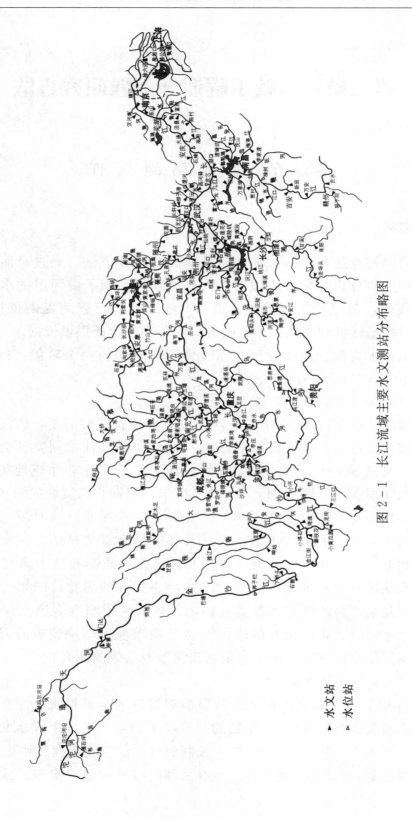

图 2-1　长江流域主要水文测站分布略图

▲ 水文站
△ 水位站

观测范围包括库区、坝区和坝下游宜昌至湖口河段三部分，主要内容包括三峡工程上下游及进出库水沙测验、库区及坝下游河道地形观测、河床组成勘测调查、重点河段河道演变、坝区河道演变、通航建筑物及电站水流泥沙观测等。

二、观测范围及内容

1993 年以后三峡工程水文泥沙观测研究包括库区、坝区和坝下游水文泥沙观测三部分。库区范围为干流大坝至朱沱河段长 753km，以及支流 15 条，其总长约 651km；主要观测项目有库区水下地形测量、库区固定断面观测（包括床沙观测）、变动回水区河道演变观测、库区水位观测、进出库水沙测验、河床组成勘测与调查等。坝区范围为庙河至莲沱河段长 31km（大坝上游庙河至坝址 17km，大坝下游坝址至莲沱 14km），以及莲沱至葛洲坝水利枢纽两坝间河段长 26km；观测项目有坝区河道演变观测、通航建筑物水流泥沙观测、专用水文测验、围堰与明渠等水文泥沙观测、电厂水流泥沙观测、两坝间河段冲淤观测等。坝下游范围为葛洲坝水利枢纽至湖口的长江中游河段，长约 1010km，以及洞庭湖区面积 2700km² 和荆江三口分流道长 1030km；观测项目主要有长江中游干流、洞庭湖区和荆江三口分流道水道地形测量、固定断面测量（包括床沙观测），以及浅滩及护岸险工观测、重点河段河道演变观测、荆江三口分流分沙观测、沿程水面线变化观测、河床组成勘测与调查、推移质泥沙测验等。另外，还根据工程蓄水运用需要，开展了专题观测研究。

（一）水库淤积测验

水库淤积测验采用地形测量及固定断面观测相结合的方式进行。地形测量是为长河段的冲淤分布起总体控制作用，干流比例尺为 1：5000，支流为 1：2000；断面测量是地形测量的补充，为经常性的方法，以收集、计算与分析库区冲淤数量与分布，比例尺为 1：2000，断面观测时，相隔一个断面取水下床沙沙样。

（二）库区水文测验

库区水文测验的范围为大坝至朱沱区间范围内的进出库站与库区站，利用现有的水文站，增加泥沙测验项目，干流站以增加推移质测验为主，支流站以增加悬移质测验为主。观测站为长江干流的朱沱、寸滩、清溪场、万县站，支流的嘉陵江北碚与东津沱站、乌江武隆站，出库站为坝下游黄陵庙站。

（三）水库水位观测

水库水位观测范围为大坝至朱沱干流河段及重要支流河段，利用现有的基本水尺，并按库区常年回水区平均 40km、变动回水区平均 10km 一组的原则布置专用水尺，以满足准确推算沿程水面线的需要，并根据三峡工程建设与运用的不同阶段相应调整。

（四）变动回水区河道演变观测

变动回水区河道演变观测的目的是研究三峡水库变动回水区的冲淤规律，为改进水库调度运用方案、河道治理以及泥沙数学模型与实体模型验证提供依据。河道演变观测的河段在 135m 围堰蓄水运用后，选定为土脑子河段、涪陵河段、青岩子河段、洛碛至长寿河段及重庆主城区河段，重点为重庆主城区河段（图 2-2）。观测河段随三峡水库不同运用阶段有所调整。各河段的观测内容有 1:5000 比例尺水道地形、水面流速流向、断面床沙取样等，每年汛前、汛期、枯水期共测 3 次。

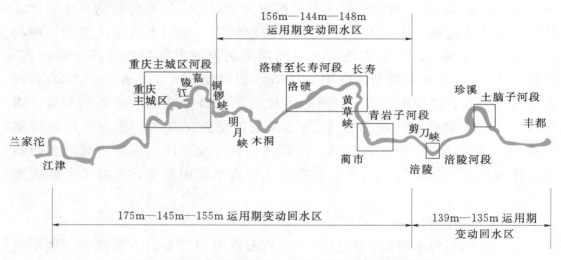

图 2-2　变动回水区重点河段河道演变观测范围

重庆主城区河段位于三峡水库 175m 蓄水运用期变动回水区上段，河段内的航道与港口泥沙冲淤问题是三峡水库泥沙问题研究的重点。通过河道演变观测，全面掌握河道冲淤规律，为水库调度运用、航道与港区治理提供依据。观测范围干流大渡口至铜锣峡下口长 40km，嘉陵江井口至朝天门长 20km，共 60km，全河段布置固定断面 65 个，观测内容为 1:5000 水道地形（或局部港区 1:2000 水道地形）、1:2000 固定断面、水面流速流向（或汇流段流场）、汇流段（嘉陵江与长江干流汇流河段）比降、汇流段不平衡输沙。朱沱、寸滩、北碚水文站同期进行观测（表 2-1 和图 2-3）。

表 2-1 重庆市主城区河段河道演变观测情况

观测类别	观 测 布 置		测 次 安 排	备 注
走沙观测 (1994—2002年)	1:2000固定断面		10月上旬至12月中旬平均半月1次，年测5次	
	水面流速流向		10月上旬至12月中旬各测1次，年内3次	1994年、1995年开展
	朱沱、寸滩、北碚水文站资料		同期资料摘录汇总	
河道演变观测 (2003—2010年)	河道地形	1:5000水道地形	7月、12月各测1次	2003—2009年
		1:2000局部港区水道地形（九龙坡、朝天门、寸滩港区）	2月、3月、4月中旬、10月、11月、12月下旬各测1次	2010年
	1:2000固定断面（60个）		5—6月、8—11月各测1次	2006年由60个增至65个
	床沙观测（基于固定断面间取）		2003—2009年5—6月、8—11月各测1次；2010年5—12月中旬各观测断面1次	2010年测次进行调整
	流态观测	水面流速流向	5月、7—10月、12月各测1次	2003—2009年
		汇流口断面流场观测（10个）	2月、3月、5月、7月、9月、12月各观测1次	2010年
	比降观测（6组水尺）		2月、3月、5月、7月、9月、12月各观测1次	2010年
	不平均输沙观测（在河段进、出口各布设1个一级水文断面）		8月、9月各观测1次	2010年
	朱沱、寸滩、北碚水文站资料		同期资料摘录汇总	

（五）坝区河道演变观测

为掌握坝区的泥沙淤积和冲刷，以及枢纽建筑物附近的泥沙冲淤和水流流态，根据三峡工程施工的不同阶段，分别进行了坝区河道演变、通航建筑物水流泥沙、电厂水湖泥沙、专用水文测验、围堰及明渠水流泥沙、两坝间河道冲淤等项目观测。

1. 坝区河道演变观测

坝区河道演变观测内容包括1:2000水道地形、水面流速流向、水沙断面（图2-4）。

2. 通航建筑物水流泥沙观测

观测工作按工程建设进展，分为临时船闸引航道水流泥沙观测，永久船闸、

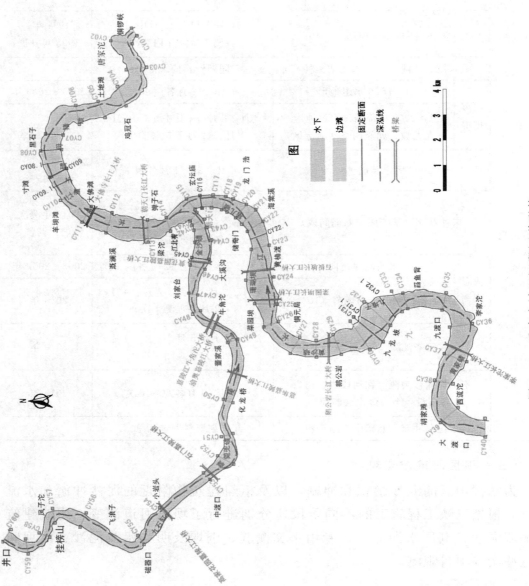

图 2－3　重庆主城区河段河道形势

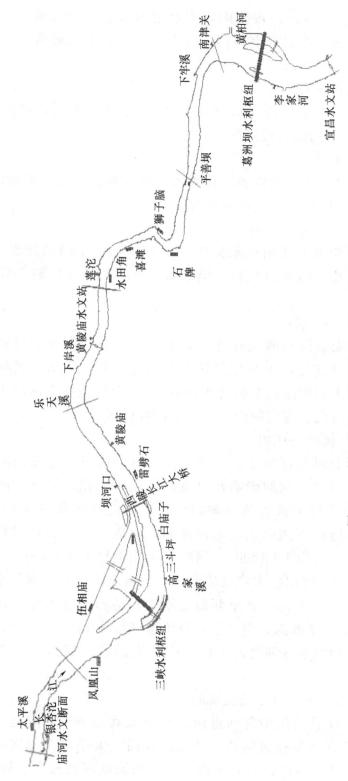

图 2-4 坝区庙河—葛洲坝枢纽河段河道形势

升船机引航道水流泥沙观测。观测内容为水道地形、水面流速流向、水沙断面。观测范围为自流荒背起经上口门区、上引航道、下引航道、下口门区至坝河口水尺，全长 11.5km。

3. 电厂水流泥沙观测

观测范围为左、右电厂前 1km 水域和地下电站引水渠，观测内容包括 1：2000 水道地形、水面流速流向等。

4. 专用水文测验

观测项目有坝区专用水位观测、进坝水流泥沙观测、出坝水流泥沙观测、近坝下游水位观测、电站过机泥沙观测等。

5. 围堰及明渠水流泥沙观测

三峡工程施工期围堰及明渠水流泥沙观测包括施工围堰冲淤变化观测，导流明渠地形变化及水流流态观测，坝下游河岸护坡、水厂码头局部地形冲淤变化等。

6. 两坝间河道冲淤观测

两坝间河道冲淤观测目的是研究三峡水利枢纽至葛洲坝水利枢纽之间河段的冲淤和水流条件变化，为两枢纽联合调度提供基本依据。观测范围上起莲沱，下至葛洲坝水利枢纽，全长约 30km。观测内容包括全河段 1：2000 水道地形、水面流速流向、固定断面、断面床沙取样等。

（六）坝下游河道冲淤观测

坝下游河道冲淤观测目的是掌握坝下游河道冲刷发展过程和河势调整过程，为分析坝下游河道冲刷的影响及对策研究提供依据。坝下游河道冲淤观测范围包括坝下游长江干流宜昌至湖口河段，洞庭湖区和荆江三口分流道。观测内容包括河道地形观测和固定断面观测。河道地形观测要求宜昌至湖口河段水道地形图比例尺为 1：10000，洞庭湖区比例尺为 1：10000，三口分流道比例尺为 1：5000；测次按大江截流前、大江截流阶段及围堰蓄水前、蓄水初期和试验性蓄水阶段安排。固定断面在不进行地形测量的年份进行，长江干流平均 2km 布设 1 个断面；荆江三口分流道平均 3km 布设 1 个，每个支汊断面不少于 2 个；洞庭湖按河道的卡口、转折点布设。每间隔 1 个断面布设床沙取样断面。

（七）坝下游重点河段河道演变观测

为研究三峡建坝后长江中游河道演变趋势及其对防洪、航运、取水等方面的影响，开展了宜昌至枝城河段、芦家河河段、太平口至郝穴河段、周公堤至碾子湾河段、调关河段、监利河段、长江与洞庭湖汇流段、簰洲湾河段、长江与鄱阳湖汇流段河道演变观测，以及荆江重点护岸险工段监测和荆江三口分流分沙观测（图2-5）。河道演变观测内容为水道地形、一级水文断面（观测项目为水位、水温、流量、悬移质、床沙）、水面流速流向、床沙、水面比降、沿程水位等。荆江重点护岸险工段观测内容为1:2000半江水道地形。荆江三口分流分沙观测利用荆江三口的水文站进行，内容为流量、含沙量、输沙率、悬移质颗粒级配等，并计算三口入湖占长江干流枝城站的分流分沙比。

（八）坝下游水流泥沙观测

坝下游水流泥沙观测的主要目的是收集坝下游沿程同步水位及悬移质与推移质泥沙资料，为河道演变分析提供沿程水面线变化和推移质等水沙资料。观测在现有的基本水文（水位）站常规测验的基础上，适当增加专用水位站，进行沿程同步水位观测，以及沙质与卵石推移质观测。

（九）专题观测

1. 库区淤积物干容重观测

库区淤积物干容重观测目的是分析三峡水库初期干容重的时空分布规律，为分析水库整体淤积形态和水库的有效库容提供依据。针对三峡水库的特点，通过采样仪器的研制与测试，基本形成犁式床沙采样器、挖斗式床沙采样器和转轴式淤泥采样器等干容重取样仪器系列，获得较为可靠的干容重观测资料。观测布置以长河段与典型河段相结合，长河段观测的断面在泥沙淤积观测固定断面中选取；典型河段则分别选取水库坝前段、常年回水段和变动回水段。

2. 坝前挟沙浑水运动状态观测

为了解三峡水库坝前挟沙浑水运动状态，异重流的形成、发展和消失过程，在2004年、2005年进行了专题研究。观测范围：2004年为大坝至庙河专用水文断面，全长约13km，布设5个观测断面，年测4次；2005年为大坝至秭归县归洲镇，全长约39.3km，布设6个观测断面，年测3次。

3. 坝下游芦家河浅滩枯水期水流条件观测

观测目的是为三峡建坝后坝下游芦家河浅滩枯水期水流条件的变化对通航的影响及治理措施研究提供依据，156m蓄水期进行了枯水期比降及水流流场观测，观测内容包括水面纵比降、横比降和水流流场。

4. 河床组成勘测调查

完整的建坝前后河道河床组成资料，对研究建坝后库区和坝下游河道演变趋势及其对防洪、航运的影响有着重要作用。根据三峡工程建设不同阶段分

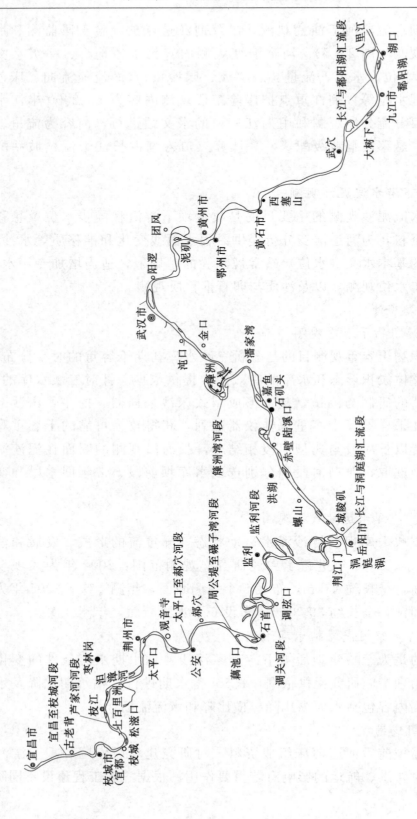

图 2－5　长江中游重点河段观测布置

别开展了三峡库尾上游河道、库区、坝区和坝下游河道的河床组成勘测调查，河床组成勘测调查的范围为：水库自金沙江屏山至重庆主城区河段长约440km；嘉陵江合川至重庆主城区河段长95km；坝区自奉节到三峡坝址长约165km；坝下游河道自宜昌至湖口河段长约950km。河床组成勘测调查的内容包括地质钻探、洲滩坑测、水下床沙取样、河床组成调查等。

5. 水库蓄水与消落过程水文泥沙观测

该项观测的目的主要是了解三峡水库不同运用阶段的蓄水与消落过程中库区特别是变动回水区重点河段的水沙和河道变化情况，为合理确定水库调度运用方案提供依据。

2003—2005年水库135m围堰蓄水运用阶段进行了水库蓄水至135m水位过程，以及139m消落至135m过程中，水库和坝下游沿程水面线及涪陵、土脑子河段水流泥沙观测。2006—2007年水库156m蓄水位运用阶段进行了蓄水至156m过程中变动回水区库区沿程水面线、库区和坝下游水沙测验以及变动回水区青岩子、洛碛和重庆主城区河段河道演变观测；2008—2012年175m试验性蓄水阶段进行了库区沿程水面线、库区水沙测验和变动回水区青岩子、洛碛、重庆主城区河段河道演变观测，详见表2-2和表2-3。

表2-2　　　　　　135m、156m蓄水过程水文泥沙观测研究情况

开展年份	项目名称	观测范围	重点河段	观 测 布 置
2003	135m蓄水过程观测	坝上游长寿至三峡大坝，坝下游三峡大坝至沙市		沿程水面线观测；清溪场、万县、庙河、黄陵庙、宜昌、枝城、沙市、新江口、沙道观、弥陀寺等水文站水文测验。蓄水期观测：5月16日—6月15日
2004	139～135m消落期重点河段水流泥沙冲刷观测研究	从老莱溪（五羊背上游500m）至鹭鸶盘，全长约3km	土脑子河段	一级水文断面测验；水位及水面比降观测；水面流速流向测量；固定断面观测、床沙取样；1:5000地形测量；万县、清溪场水文站与土脑子同步观测。消落期观测：3月6日—6月21日
2005	135m变动回水区及139m消落期重点河段冲淤观测	李渡镇至高家镇河段	涪陵河段、土脑子河段	一级水文断面测验；水位及水面比降观测；水面流速流向测量；固定断面观测、床沙取样；1:5000地形测量；万县、清溪场水文站消落期同步观测。消落期观测：5—6月

开展年份	项目名称	观测范围	重点河段	观 测 布 置
2006	156m 蓄水过程水文泥沙观测研究（9 月 20 日提前蓄水）	三峡库区小南海至坝下游沙市河段	长寿河段、洛碛河段	沿程水面线观测；进出库、库区及坝下游水沙测验［寸滩、清溪场、东津沱、北碚、武隆、万县、庙河、黄陵庙（陡）、宜昌、枝城、沙市等水文站］；典型断面冲淤测量［寸滩站水文断面（进口断面）、长寿河段（S290＋1）断面、清溪场站水文断面（出口断面）］；洛碛河段典型断面冲淤，包括一级水文断面、水面比降及水面流速流向观测。蓄水观测：9 月 13 日—10 月 31 日
2007	三峡水库 156m 提前蓄水对泥沙运动影响的监测研究（由 10 月 1 日提前至 9 月蓄水）	重庆九龙坡至坝下游宜昌河段	青岩子河段、洛碛河段；重庆主城区河段	沿程水面线观测；进出库及库区水沙测验［寸滩、武隆、清溪场、万县、庙河、黄陵庙（陡）、宜昌等水文站］；蓄水期变动回水区重点河段水沙同步观测，包括断面、水流、泥沙因子。重庆主城区河段河道演变观测（包括地形、断面、水流、泥沙因子）。蓄水期观测：2007 年 9—11 月；消落期观测：2008 年汛前

表 2－3　　　　172m、175m 蓄水过程水文泥沙观测研究情况

开展年份	项目名称	观测范围	重点河段	观 测 布 置
2008	试验蓄水 172m 水位对水沙特性变化的影响监测研究	三峡库区江津至坝下游宜昌河段	洛碛河段、青岩子河段、重庆主城区河段	沿程水面线观测；进出库及库区水沙测验［朱沱、北碚、寸滩、清溪场、万县、庙河、黄陵庙（陡）、宜昌等水文站］；库区江津至大渡口及铜锣峡至涪陵长程河段冲淤观测（地形、固定断面、床沙观测）；重点河段河道演变观测（包括地形、断面、水流、泥沙因子）；2008 年蓄水观测：9 月 12 日—11 月 9 日；2009 年消落期：4 月 9 日—6 月 15 日

开展年份	项目名称	观测范围	重点河段	观 测 布 置
2009	试验蓄水175m水位对水沙特性变化的影响监测研究	三峡库区朱沱至坝下游杨家脑河段	青岩子河段、重庆主城区河段	沿程水面线观测；进出库及库区水沙测验[朱沱、北碚、寸滩、清溪场、万县、庙河、黄陵庙（陡）、宜昌等水文站]；库区江津至大渡口及铜锣峡至涪陵长程河段冲淤观测（固定断面、床沙观测）；重点河段河道演变观测（包括地形、断面、水流、泥沙因子）；坝下游葛洲坝至杨家脑河段河道观测；葛洲坝至杨家脑河段水面线与固定断面观测；关键节点河道观测研究：胭脂坝头（长2.5km）、宜都弯道（10.2km）和芦家河（董2至荆13，长12.2km）等局部河段水面比降、水沙断面、流场、水面流速流向观测，节点河段典型断面河床地层探测调查（试验性），床沙取样，地形（1∶2000），固定断面（1∶2000）等，2010年消落期、枯水期开展。 2009年蓄水观测：9月1日—12月；2010年消落期观测：4—6月；2010年枯水期观测：2—3月
2010	试验蓄水175m水位对水沙特性变化的影响监测研究	三峡库区朱沱至坝下游宜昌河段	重庆主城区河段	（1）沿程水面线观测：175m蓄水期、消落期观测范围内干支流水尺进行加密观测，即由二段制调整为三段制； （2）进出库及库区水沙测验：朱沱、北碚、寸滩、武隆、清溪场、万县、庙河、黄陵庙（陡）、宜昌等水文站，于蓄水期、消落期在正常观测条件上加密测次； （3）重庆主城区面冲淤观测：结合重庆主城区河段河道演变观测进行：①固定断面观测，2010年9—10月每10天1次；②九龙坡港区、朝天门港区、寸滩港区1∶2000地形于2010年2月、3月、4月中旬，6月、10月、11月下旬各测1次，9月上、下旬各测1次

6. 临底悬移质泥沙观测

关于长江悬移质泥沙测验的测量范围，按照 GB 50159—1992《河流悬移质泥沙测验规程》，是在距河底 0.2 倍水深以上，而距河底 0.2 倍水深以下至河床无须布点，不影响测沙的精度。但三峡水库平均水深接近 50m，故采用常规测验方法将有近 10m 深的临底悬移质未能实测，在坝下游河道冲刷过程中，河道输沙特性也与建坝前有所不同，上述两种情况均可能影响到断面输沙量测验精度。因此，在 156m 初期蓄水阶段，选择三峡水库与坝下游的 5 个水文站（清溪场、万县、宜昌、沙市、监利）开展了临底悬移质观测研究，分析常规测验和临底悬移质泥沙测验成果的差异。

为收集临底的悬移质，采用多线多点法观测，其中垂线取样布置为 7 点，即以河床为相对零点，取样相对位置为 1.0、0.8、0.4、0.2、0.1、距床面 0.5m、距床面 0.1m。悬移质测验垂线布置与流速流量测验相同，在垂线相对位置 1.0、0.8、0.4、0.2 处采用横式采样器取样，垂线相对位置 0.1、距床面 0.5m 和距床面 0.1m 处则用临底悬移质采样器取样，床沙测验与每次临底悬移质测验同时进行。

7. 水库 175m—174.5m—175m 蓄水水面线动态变化观测

为了解三峡水库坝前 175m—174.5m—175m 蓄水水位变化时库区沿程水面线动态变化，以及回水范围线与末端位置，为水库综合利用和水库调度运用方案研究提供依据，2010 年 11 月 2—10 日开展了水库 175m—174.5m—175m 蓄水水面线动态变化观测，观测内容包括 175m—174.5m—175m 水位变化时沿程水面线观测、定水位水面线观测。水位观测采取两岸同时观测方法，干支流除已有的 48 组水尺外，新设对岸临时水尺 44 组。

第二节　泥 沙 数 学 模 型

泥沙数学模型计算是三峡工程泥沙问题研究的主要方法之一，在三峡工程论证和设计阶段为工程的可行性论证和运行调度方案的确定提供了重要依据。三峡工程泥沙数学模型计算研究大体分为两个阶段：1958—1971 年阶段和 1972 年以后阶段。

1958—1971 年阶段，长江科学院主要采用由输沙平衡原理建立的有限差分法即平衡输沙法，以及平衡坡降法即三角洲淤积计算法等计算方法，进行三峡水库泥沙淤积量和淤积年限计算。

1972 年以后阶段，长江科学院韩其为、黄煜龄、欧阳渊等在武汉大学数学系杨曙光老师协助下以悬移质不平衡输沙研究成果为基础，开始研究水库泥沙冲淤计算方法和研制电子计算机计算软件，经过一年多的摸索，编制调试出一套水库泥沙冲淤计算通用程序，并利用丹江口水库 1967—1969 年水库淤积资料和荆江严家台放淤区 1966 年淤积资料进行了验证[4]。之后软件研发人员对上述水库泥沙淤积计算通用程序作了进一步改进和计算机调试，成为

"HELIU-1"软件，可用于水库泥沙淤积计算[5]。科研人员应用该软件进行了三峡工程正常蓄水位150m、160m、170m、175m、180m方案的水库泥沙淤积计算。为配合三峡工程可行性重新论证阶段有关坝下游河道冲刷问题研究，1985—1990年长江科学院黄煜龄、黄悦等研制了河道冲淤计算程序，即"HELIU-2"软件，该软件可用于河道冲淤计算和水库泥沙淤积计算[6-8]。

1986年，在三峡工程可行性重新论证阶段，中国水利水电科学研究院韩其为等在以往数学模型研究的基础上，进一步发展为M1-NENUS-2模型和M1-NENUS-3模型，用于三峡水库泥沙淤积和坝下游河道冲刷计算[9-11]。对于前者，1986年三峡工程泥沙论证专家组林秉南院士认为[12]：①该模型适用于小含沙量的流动，长江含沙量在20kg/m³以下，可看作小含沙量；②该模型适用于细颗粒泥沙，川江悬移质中值粒径为0.034～0.036mm，可看作细颗粒泥沙；③该模型有一定的经验性，如恢复饱和系数α、出现平衡糙率时的断面积a_k、冲淤在断面中的分配或分布形式以及床面形态糙率等取值或假定来自以往的经验和试验及实测资料，从已有验证资料来看，采用同一组系数已在不同情况下得到较好验证，现阶段应用这些系数和假定应是可行的，在可行性研究阶段，应用该数学模型对长河段的冲淤作出的估计也应是可行的。

在水库泥沙淤积与水库优化调度等课题研究中，三峡工程技术设计及工程建设的需要促进一维数学模型由恒定水沙模型发展为非恒定水沙模型，如清华大学水利水电工程系周建军、中国水利水电科学研究院毛继新及长江科学院黄仁勇等，于21世纪初先后提出了适用于三峡水库泥沙冲淤计算的一维非恒定水流泥沙数学模型。

在三峡工程泥沙问题研究中，南京水利科学研究院窦国仁、武汉大学李义天、长江科学院范北林、中国水利水电科学研究院方春明等先后建立的二维泥沙数学模型共10多个，多用于水库变动回水区冲淤计算和坝下游河道冲刷计算。这些泥沙数学模型采用的基本原理相同，方程组基本一致，由于研究目的不同或研究对象的差别较大，各模型的研制者针对不同情况，采用的计算方法也各有特点。

21世纪初泥沙数学模型研究发展较快，不仅二维泥沙数学模型在计算方法上呈现多样化，三维泥沙数学模型也开始应用于三峡工程泥沙问题研究，如南京水利科学研究院陆永军等建立了以紊流随机理论为基础的三维泥沙数学模型。

在三峡工程可行性重新论证和设计阶段，一维、二维泥沙数学模型研究成果较多，见表2-4。限于篇幅，本节仅就有代表性的一维泥沙数学模型作简要介绍。

表 2 - 4　　三峡工程可行性论证、设计阶段一维、二维泥沙数学模型研究成果

序号	数学模型名称	应用条件	计算内容	研发者	参考文献
1	一维恒定非均匀不平衡输沙模型	水库	计算水库淤积、洪水位等	韩其为、黄煜龄等	[4]
2	一维恒定非均匀不平衡输沙模型（M1 - NE-NUS - 3）	河道、水库	计算水库淤积、洪水位、河道冲刷、中枯水位下降等	韩其为、王崇浩等	[9]，[10]，[11]
3	一维全沙河床冲淤数学模型（HELIU - 2）	河道、水库	计算水库淤积、洪水位抬高、河道冲刷、中枯水位下降等	黄煜龄等	[6]，[7]，[8]
4	一维泥沙数学模型	河道	计算河床冲刷及粗化	杨美卿	[13]
5	一维全沙数学模型（NSDDR）	河道	计算河床下切及粗化	陆永军、张华庆	[14]，[15]
6	一维非恒定水流泥沙数学模型	水库	计算水库淤积、洪水位等	周建军	[16]
7	一维非恒定水流泥沙数学模型	水库	计算水库淤积、洪水位等	毛继新	[17]
8	一维非恒定水流泥沙数学模型	水库或水库群	计算水库淤积、洪水位等	黄仁勇	[18]
9	一维非恒定水流泥沙数学模型	河道	计算河道冲刷及水位变化等	李义天、黄颖、韩飞	[19]
10	平面二维及一维嵌套泥沙数学模型	水库变动回水区	计算区域内水深、流速及泥沙冲淤分布	李义天、吴伟民	[20]
11	一维、二维嵌套泥沙数学模型	河道	计算区域内水深、流速及冲淤变化	高凯春、李义天、黄成涛	[21]，[22]
12	底沙冲刷二维数学模型	河道	计算枢纽下游局部河段冲淤厚度	丁道扬、童中山	[23]
13	二维全沙数学模型	水库变动回水区	计算区域内水深、流速及泥沙冲淤分布	窦国仁、赵士清	[24]
14	二维泥沙数学模型	河道	计算河段内水深、流速及泥沙冲淤分布	范北林	[25]
15	平面二维泥沙数学模型	水库变动回水区	计算区域内水（潮）位、流速及泥沙冲淤分布	周建军	[26]
16	二维水流泥沙数学模型	河道	计算河段内水深、流速及泥沙冲淤分布	陈国祥	[27]
17	二维泥沙数学模型	河道	计算区域内水位、流速及泥沙冲淤分布	陆永军、张华庆	[28]，[29]

序号	数学模型名称	应用条件	计算内容	研发者	参考文献
18	二维水流泥沙数学模型	河道	计算河段内冲淤量、流场变化	董耀华	[30]
19	二维推移质数学模型	水库变动回水区	计算河段内流速分布、推移质冲淤量及局部河段流速分布	彭凯、喻国良	[31]、[32]
20	平面二维水流泥沙数学模型	河道	计算河段内冲淤量、流场变化	方春明	[33]、[34]
21	平面二维水沙数学模型	水库变动回水区	计算河段内冲淤量、流场变化等	张杰	[35]
22	三维泥沙数学模型	水库坝区	计算河段内冲淤量、不同层面流场及含沙量变化等	陆永军、韩龙喜、杨向华	[36]

一、一维恒定非均匀不平衡输沙数学模型（M1－NENUS－3）

M1－NENUS－3 模型是中国水利水电科学研究院韩其为等在 M1－NENUS－2 模型基础上建立并完善的一维恒定非均匀不平衡输沙微冲微淤数学模型。该模型能较好地模拟河道冲淤和水库淤积，曾在"七五""八五"国家重点科技攻关项目以及"九五"三峡工程泥沙问题研究中得到较多的应用[7-9]。

（一）基本方程

1. 水流运动方程

$$H_{i,j} = H_{i,j+1} + \frac{n_{j+1}^2 \Delta x_{j+1}}{2}\left(\frac{Q_{i,j+1}^2 B_{i,j+1}^{\frac{4}{3}}}{A_{i,j+1}^{10/3}} + \frac{Q_{i,j}^2 B_{i,j}^{\frac{4}{3}}}{A_{i,j}^{10/3}}\right) + \frac{1}{2g}\left(\frac{Q_{i,j+1}^2}{A_{i,j+1}^2} + \frac{Q_{i,j}^2}{A_{i,j}^2}\right)$$

$$（2-1）$$

式中：H 为水位，m；n 为糙率；Q 为流量，m³/s；A 为过水面积，m²；B 为水面宽度，m；Δx 为断面间距，m；g 为重力加速度，m/s²；i 为时段编号；j 为断面编号（自上向下）。

2. 水流连续方程

（1）流量为常数时

$$Q_{i,j} = Q_{i,0} \tag{2-2}$$

（2）流量近似为沿程线性变化时

$$Q_{i,j} = Q_{i,0} + (Q_{i,1} - Q_{i,0})\frac{\sum_{K=1}^{j}\Delta x_K}{L} \tag{2-3}$$

式中：下标"0""1"分别表示计算河段的进、出口断面；L 为河段总长度，m；其余符号意义同前。

3. 悬移质含沙量方程

$$S_{i,j,L} = P_{4,L,i,j}^* S_{i,j}^*(\omega^*) + [P_{4,L,i,j-1} S_{i,j-1} - P_{4,L,i,j-1}^* S_{i,j-1}^*(\omega^*)] e^{\frac{-\alpha \Delta x_j}{\lambda_L}}$$

$$+ [P_{4,L,i,j-1}^* S_{i,j-1}^*(\omega^*) - P_{4,L,i,j}^* S_{i,j}^*(\omega^*)] \frac{\lambda_L}{\alpha \Delta x_j} (1 - e^{\frac{-\alpha x_j}{\lambda_L}}) \quad (2-4)$$

其中
$$\lambda_L = \frac{Q_{i,j-1} + Q_{i,j}}{\omega(L)(B_{i,j-1} + B_{i,j})} \quad (2-5)$$

式中：S 为含沙量，kg/m³；S^* 为挟沙能力，kg/m³；P 为悬移质级配；P^* 为挟沙能力级配；ω^* 为挟沙能力级配相应的沉速，m/s；α 为恢复饱和系数，淤积时取 0.25，冲刷时取 1.0；角标"L"表示泥沙的组数；$\omega(L)$ 为第 L 组泥沙的沉速，m/s；其余符号意义同前。

4. 河床变形方程（泥沙连续方程）

$$\Delta a_{i,j} = \frac{(Q_{i,j-1} S_{i,j-1} - Q_{i,j} S_{i,j}) \Delta t_i}{\gamma'_{i,j} \Delta x_j} \quad (2-6)$$

式中：$\Delta a_{i,j}$ 为 j 断面冲淤面积，m²；Δt_i 为 i 时段时间步长，s；$\gamma'_{i,j}$ 为淤积物干容重，kg/m³，初期淤积物干容重由淤积物级配决定，计算年限较长时取密实后干容重。

（二）辅助方程

1. 挟沙能力及挟沙能力级配方程

挟沙能力级配指与挟沙能力相应的级配，它等于在同样水流和床沙条件下，输沙达到平衡时的悬移质级配[37-39]，其方程可按以下三种输沙状态来确定。

（1）明显淤积。所谓明显淤积是指各组粒径泥沙都发生一定程度淤积（至少不发生冲刷）。这种淤积在床面淤积速度较快时出现。从瞬时情况看，在淤积过程中床面泥沙中虽有被冲起但冲起后又被淤下；从累积效果看，床面泥沙不会被冲起，即此时的床面变形和悬移质运动与原河床无关。在明显淤积条件下，可从理论上证明[37]

$$P_{4,L}^* = P_{4,L} \quad (2-7)$$

（2）明显冲刷。明显冲刷是指各组粒径泥沙都发生一定程度的冲刷（至少不发生淤积）。这种冲刷在床面冲刷速度较快时出现。从瞬时情况看，在冲刷过程中悬移质泥沙虽有被淤下的，但淤下后又被冲起；从累积效果看，悬移质不会被淤下，即含沙量和悬移质级配的沿程变化单纯由沿程冲起泥沙数量和级配而引起。明显冲刷条件下，有近似关系[37-38]

$$P_{4,L}^{*} \approx P_{4,L} \qquad (2-8)$$

明显冲刷和明显淤积状态下的挟沙能力级配等于或约等于悬移质级配，统称为明显冲淤。以这种挟沙能力级配所建立的模型相应称为明显冲淤模型，如 M1 - NENUS - 2 模型。其挟沙能力公式为

$$S_{i,j}^{*} = K_0 \frac{Q_{i,j}^{3m} B_{i,j}^{m}}{A_{i,j}^{4m} \omega_{i,j}^{m}} \qquad (2-9)$$

其中

$$\omega_{i,j}^{m} = \sum_{L=1}^{N} P_{4,L,i,j}^{*} \omega(L)^{m} \qquad (2-10)$$

式中：K_0 为挟沙能力系数，需根据实际河段而定；m 为指数，$m = 0.92$。

（3）微冲微淤。微冲微淤是指各组泥沙的冲淤性质可能不一样，有几组泥沙被冲起，而另有几组可能发生淤积。微冲微淤时挟沙能力级配与悬移质级配不完全一致，挟沙能力级配不但跟悬移质级配有关，还跟床沙级配有关。根据文献 [37]、[38] 给出微冲微淤挟沙能力级配如下：

$$P_{4,L}^{*} = P_{4,0}' P_{4,L,1,0} \frac{S_0}{S^{*}(\omega^{*})} + P_{4,0}'' P_{4,L,2,0} \frac{S_0}{S^{*}(\omega^{*})} \frac{S^{*}(L)}{S^{*}(\omega_1^{*})}$$

$$+ \left[1 - \frac{P_{4,0}' S_0}{S^{*}(\omega_{1,0})} - \frac{P_{4,0}'' S_0}{S^{*}(\omega_1^{*})} \right] P_1' P_{4,L,1,1}^{*} \frac{S^{*}(\omega_{1,1})}{S^{*}(\omega^{*})} \qquad (2-11)$$

$$P_{4,L}' = \sum_{L=1}^{k} P_{4,L,0} \qquad (2-12)$$

其中

$$P_{4,L,1,0} = \begin{cases} \dfrac{P_{4,L,0}}{P_{4,0}'} & (L=1,2,\cdots,k) \\ 0 & (L=k+1,k+2,\cdots,N) \end{cases} \qquad (2-13)$$

$$P_{4,L}'' = \sum_{L=k+1}^{N} P_{4,L,0} \qquad (2-14)$$

$$P_{4,L,2,0} = \begin{cases} 0 & (L=1,2,\cdots,k) \\ \dfrac{P_{4,L,0}}{P_{4,0}'} & (L=k+1,k+2,\cdots,N) \end{cases} \qquad (2-15)$$

以上式中：角标带"0"的为相应参数在短河段进口断面的值；$S^{*}(L)$ 为第 L 组泥沙的均匀沙挟沙能力，即用均匀沙沉速 $\omega(L)$ 代入式（2-9）、式（2-10）即可得出；$P_{4,L,0}$ 为进口断面悬移质级配；$P_{4,L,1,1}^{*}$ 为与该组床沙级配 $P_{4,L,1,1}$ 相应的挟沙能力级配；k 为悬移质中的细颗粒组数；N 为悬移质总组数。

$$S^{*}(\omega_{1,0}) = \frac{1}{\displaystyle\sum_{L=1}^{k} \frac{P_{4,L,1,0}}{S^{*}(L)}} \qquad (2-16)$$

$$S^*(\omega_{2,0}) = \sum_{L=K+1}^{N} P_{4,L,2,0} S^*(L) \qquad (2-17)$$

$$S^*(\omega_1^*) = \sum_{L=1}^{M} P_{1,L,1} S^*(L) \qquad (2-18)$$

$$P_1 = \sum_{L=1}^{n} P_{1,L,1} \qquad (2-19)$$

$$P_{1,L,1,1} = \begin{cases} \dfrac{P_{1,L,1}}{P_1} & (L=1,2,\cdots,n) \\ 0 & (L=n+1,n+2,\cdots,M) \end{cases} \qquad (2-20)$$

以上式中：$P_{1,L,1}$ 为床沙级配；n 为床沙中可悬浮泥沙组数；M 为床沙总组数；$S^*(\omega_1^*)$ 为其相应的挟沙能力。

取从冲刷开始（$\lambda^*=0$）至冲刷后（λ^*）与粗化床沙 $P_{4,L,1,1}$ 相应的平均挟沙能力级配，即

$$P_{4,L,1,1}^* = \frac{1}{\lambda^*} \int_0^{\lambda^*} P_{4,L,1}^*(\tau) \mathrm{d}\tau \qquad (2-21)$$

此处

$$P_{4,L,1}^* = \left[\frac{\omega_m}{\omega(L)}\right]^m P_{1,L,1,1} \qquad (2-22)$$

而 ω_m 由

$$\sum_{L=1}^{n} P_{4,L,1}^* = 1 \qquad (2-23)$$

试算确定。

从式（2-11）可知，微冲微淤挟沙能力级配由三部分组成：第一部分为悬移质中的细颗粒，这些来沙的累积效果是不淤的，因此它的挟沙能力就是这部分来沙；第二部分为悬移质中的较粗颗粒，这一部分泥沙转成床沙后，只有部分能转成挟沙能力；第三部分为从床沙中冲起来的部分。微冲微淤挟沙能力公式为[38]

$$S^*(\omega^*) = S_0 P'_{4,0} + S_0 P''_{4,0} \frac{S^*(\omega_{2,0}^*)}{S^*(\omega_1^*)} + \left[1 - \frac{P'_{4,0} S_0}{S^*(\omega_{1,0})} - \frac{P''_{4,0} S_0}{S^*(\omega_1^*)}\right] P_1 S^*(\omega_{1,1}^*)$$

$$(2-24)$$

式中符号意义同前。

水库下游冲刷过程一般都是细沙冲、粗沙淤的分选过程。当水流强度不是很大时，各组泥沙有冲有淤，冲淤性质可能不完全一样。因此，从物理模式来看，微冲微淤模型更能反映实际情况。

2. 悬移质级配变化

（1）明显淤积。明显淤积时悬移质级配为

$$P_{4,L,i,j} = P_{4,L,i,j}(1-\lambda_{i,j})^{\left[\frac{\omega(L)}{\omega m,i,j}\right]^{\theta}-1} \quad (L=1,2,\cdots,N) \qquad (2-25)$$

其中

$$\lambda_{i,j} = \frac{S_{i,j-1}Q_{i,j-1}-S_{i,j}Q_{i,j}}{S_{i,j-1}Q_{i,j-1}} \qquad (2-26)$$

$$\sum_{L=1}^{N} P_{4,L,i,j} = 1 \qquad (2-27)$$

以上式中：θ 为修正指数，湖泊型水库取 $\theta=1/2$，河道型水库取 $\theta=3/4$；λ 为淤积百分数，由式（2-16）输沙率定义；$\omega_{m,i,j}$ 为中值沉速，由式（2-27）确定。

（2）明显冲刷。明显冲刷时的悬移质级配为[39]

$$P_{4,L,i,j} = \frac{1}{1-\lambda_{i,j}}\left[P_{4,L,i,j-1} - \frac{\lambda_{i,j}}{\lambda_{i,j}^*}P_{1,L,i-1,j}\lambda^{*\left[\frac{\omega(L)}{\omega m,i,j}\right]}\right] \qquad (2-28)$$

其中

$$\lambda^* = \frac{\Delta h'_{i,j}}{\Delta h'_0 + \Delta h'_{i,j}} = \frac{S_{i,j}Q_{i,j}-S_{i,j-1}Q_{i,j-1}}{(S_{i,j}Q_{i,j}-S_{i,j-1}Q_{i,j-1})\Delta t + B_k\Delta h'_0\gamma'_{i,j}} \qquad (2-29)$$

式中：$P_{1,L,i-1,j}$ 为该计算时段冲刷开始时的床沙级配；$\omega_{m,i,j}$ 由 $\sum_{L=1}^{N} P_{4,L,i,j}=1$ 确定；λ^* 为冲刷百分数，表示泥沙冲刷分选程度；$\Delta h'$ 为虚冲刷厚度，m，表征单位面积上冲刷泥沙重量（t/m^2）；$\Delta h'_0$ 为参加冲刷分选的厚度，m，表征意义同上；B_k 为稳定河宽，m；其余符号意义同前。

（3）微冲微淤。微冲微淤时悬移质级配的确定是先由式（2-4）求出分组含沙量，再求悬移质级配。

$$P_{4,L,i,j} = \frac{S_{L,i,j}}{\sum_{L=1}^{N} S_{L,i,j}} \qquad (2-30)$$

（三）微冲微淤模型的使用范围

微冲微淤是指一次冲刷过程的冲刷幅度较小，各组泥沙有冲有淤，这与明显冲淤的性质是完全不同的。微冲微淤的使用范围是式（2-11）和式（2-24）必须满足

$$\frac{P'_{4,i,j-1}S_{i,j-1}}{S^*_{i,j-1}(\omega_1)} + \frac{P''_{4,i,j-1}S_{i,j-1}}{S^*_{i,j}(L)} < 1 \qquad (2-31)$$

当不满足式（2-31）时，模型自动转入 M1-NENUS-2 明显冲淤模型计算。

（四）模型验证

采用丹江口水库 1968—1986 年淤积资料对 M1-NENUS-2 模型进行了验证，验证计算河段从白河水文站至大坝，包括整个汉江干流库区，长约200km。采用 1981—1987 年长江中游宜昌至城陵矶河段冲淤资料对 M1-NE-

NUS-3 模型进行了验证。

二、一维全沙河床冲淤数学模型（HELIU-2）

长江科学院黄煜龄、黄悦等在"七五"期间提出的一维全沙河床冲淤数学模型，经"八五"期间逐步改进与完善，主要应用于河道长河段泥沙冲淤问题研究，20 世纪 90 年代中后期该模型进一步拓展应用于大中型水库泥沙淤积问题研究。该模型能较好地模拟悬移质和推移质运动条件下长河段的河床冲淤和水库淤积规律，曾在"七五""八五"国家重点科技攻关项目以及"九五"三峡工程泥沙问题课题研究中得到较好的应用[10-12]。

（一）一维全沙数学模型基本方程

1. 水流运动方程和连续方程

$$\frac{\partial Z}{\partial x} + J_f + \frac{1}{2g}\frac{\partial U^2}{\partial x} + \frac{1}{g}\frac{\partial U}{\partial t} = 0 \qquad (2-32)$$

$$\frac{\partial Q}{\partial x} + \frac{\partial A}{\partial t} = 0 \qquad (2-33)$$

2. 悬移质泥沙连续方程

$$\frac{\partial(QS_i)}{\partial x} + \frac{\partial(AS_i)}{\partial t} + \alpha B(S_i - S_{*i})\omega_i = 0 \quad (i=1,2,\cdots,8) \qquad (2-34)$$

3. 水流挟沙力方程

$$S_* = S_*(U, Z, \omega, \cdots) \qquad (2-35)$$

4. 推移质输沙率方程

$$G_b = G_b(U, Z, d, \cdots) \qquad (2-36)$$

5. 悬移质河床变形方程

$$\frac{\partial(QS)}{\partial x} + \frac{\partial(\gamma'_s\Delta A_1)}{\partial t} + \frac{\partial(AS)}{\partial t} = 0 \qquad (2-37)$$

6. 推移质河床变形方程

$$\Delta A_2 = f(G_S, \gamma'_s, \Delta x, \cdots) \qquad (2-38)$$

以上式中：Z 为水位；Q 为流量；J_f 为能坡；U 为流速；A 为过水面积；g 为重力加速度；S 和 S_* 分别为断面平均含沙量及挟沙力；G_b 为推移质输沙率；γ'_s 为淤积物干容重；ΔA_1、ΔA_2 分别为悬移质和推移质冲淤面积；B 为水面宽；x 为沿程距离；t 为时间；ω 为泥沙颗粒静水沉速；角标"i"为第 i 粒径组；d 为粒径；α 为恢复饱和系数（选用 0.25）。

（二）基本方程组简化

由于所研究的问题是长时段、长河段内发生的冲淤，在实际计算时对基本方程组进行了简化，将整个计算时段划分成若干个小的计算时段，将长河段划分为若干个短河段，且在计算时段内和河段内除 ΔA 以外，其他因子不变，即按恒定流考虑；而在不同时段不同河段各因子可以不同。经简化和推导，可得到应用方程组。

1. 水面线计算式

$$Z = Z_0 + \frac{n^2 Q^2 \Delta x}{2} \left[\frac{B^{4/3}}{A^{10/3}} + \frac{B_0^{4/3}}{A_0^{10/3}} \right] + \frac{U_0^2 - U^2}{2g} \qquad (2-39)$$

2. 悬移质含沙量变化方程

$$S_i = S_{*i} + (S_{0i} - S_{*0i}) e^{\frac{-\alpha \omega i L}{q}} + (S_{*0i} - S_{*i}) \frac{q}{\alpha \omega_i L} (1 - e^{\frac{-\alpha \omega i L}{q}}) \quad (i = 1, 2, \cdots, 8)$$
$$(2-40)$$

$$S_{*i} = K_i S_{*m} \quad (i = 1, 2, \cdots, 8)$$

$$S_{*m} = 0.0175 \frac{Q^{2.76} B^{0.92}}{A^{3.68} \omega_m^{0.92}}$$

$$\omega_m^{0.92} = \sum_{i=1}^{8} P_i \omega_i^{0.92}$$

分组挟沙力系数 K_i，采用窦国仁公式计算[24]：

$$K_i = \frac{(P_i / \omega_i)^{\beta}}{\sum\limits_{i=1}^{8} (P_i / \omega_i)^{\beta}}$$

悬移质级配 P_i，由下式计算：

$$P_i = \begin{cases} P_{0i} & (\text{平衡}) \\ \dfrac{G_{s0i} - \Delta G_{si}}{\sum (G_{s0i} - \Delta G_{si})} & (\text{不平衡}) \end{cases}$$

3. 悬移质运动引起的河床变形

$$\Delta Z_i = \sum_{i=1}^{8} \frac{(Q_0 S_{0i} - Q S_i) \Delta t}{\gamma'_{si} B \Delta x} \qquad (2-41)$$

4. 推移质输沙率

推移质输沙率用长江科学院提出的输沙经验曲线（图 2-6），输沙曲线的关系式为

$$\frac{v_d}{\sqrt{gd}} = f \left[\frac{q_s}{d \sqrt{gd}} \right] \qquad (2-42)$$

其中
$$v_d = \frac{m+1}{m} \left[\frac{h}{d} \right]^{\frac{1}{m}} v$$

$$m = 4.7 \left[\frac{h}{d_{50}}\right]^{0.06}$$

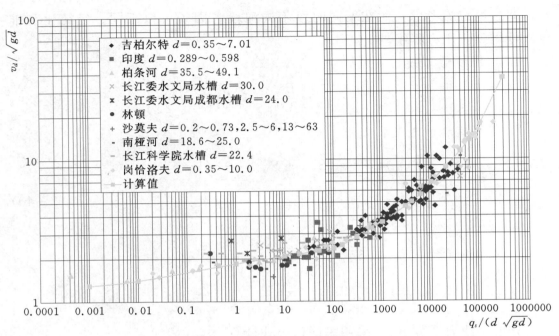

图 2-6 推移质输沙经验曲线

5. 起动流速

起动流速采用张瑞瑾公式计算[41]：

$$v_c = \left[\frac{h}{d}\right]^{0.14} \left(17.6 \frac{\gamma_s - \gamma}{\gamma} d + 0.000000605 \frac{10+h}{d^{0.72}}\right)^{1/2} \quad (2-43)$$

6. 推移质运动引起的河床变形

$$\Delta Z_2 = \sum_{i=9}^{16} \frac{(G_{b0i} - G_{bi}) \Delta t}{\gamma'_{si} B \Delta x} \quad (2-44)$$

7. 河床总变形

$$\Delta Z = \Delta Z_1 + \Delta Z_2 \quad (2-45)$$

8. 床沙级配计算

设 G_{pi} 为分组冲淤量（kg），冲为"－"，淤为"＋"；G_{ci} 为河床分组可冲量（kg），"＋"；G_{ti} 为河床分组剩余量（kg），"＋"；若 $G_{pi} \geqslant 0$，则

$$G_{ti} = G_{pi} + G_{ci}$$

若 $G_{pi} < 0$，$G_{ci} \geqslant |G_{pi}|$，则

$$G_{ti} = G_{ci} + G_{pi}$$

若 $G_{ci} < |G_{pi}|$，则

$$G_{ti} = 0$$

故床沙级配为

$$P_{bi} = G_{ti} / \sum_{1}^{16} G_{ti} \qquad (2-46)$$

以上式中：Δt 为时段；Δx 为两断面间距；S_i、S_{*i} 分别为分组含沙量及挟沙力；S_{*m} 为断面总的挟沙力；q 为单宽流量；L 为河段长度；ω_m 为非均匀沙平均沉速；ω_i 为第 i 组泥沙颗粒沉速；K 和 m 分别为挟沙力系数和指数；β 为指数，取 $1/6$；v_d 为近床面流速；v_c 为床沙起动流速；d_{50} 为中值粒径；h 为平均水深；G_s 为悬移质输沙率；G_b 为推移质输沙率；角标"0"代表已知断面；其余符号意义同前。

9. 横断面形态修改

按沿湿周等厚变形修改。淤积时，全断面淤积；冲刷时，冲槽不冲滩。

10. 宽断面的处理

宽断面主要由滩和深槽两部分组成。中低水时，边滩部分基本不过流；高水时，主流走深槽，滩上的水深小，主要起蓄水作用，是泥沙淤积的部位。因此在河床变形计算时，对宽断面分滩槽两部分作简单处理，主槽河宽取相当造床流量时的河宽，在验证计算时以各分河段的最小河宽与划分的计算河段内的平均河宽之间调整，作为滩槽分界点。

（三）数学模型的解法

在含沙量不大的河流，假设泥沙颗粒运动不受相邻颗粒运动的影响，可单独计算混合沙的每一组粒径，然后将各粒径组的部分成果加起来，就得到总的结果。

基于上述假设，求解时先求解各粒径组的含沙量、冲淤量及所引起的河床变形，然后将各粒径组的计算结果加起来就得到河床冲淤变形的总结果。由于按粒径分组计算冲淤量，在同样的边界与水力因素的条件下，能自动进行悬移质中的粗颗粒与河床中的细颗粒交换，达到"淤粗悬细"的结果，在冲刷过程中自行完成粗化过程，形成粗化保护层。

求解方程组时采用非耦合解，每个计算时段分三步计算：第一步推求水面线，算出各断面的水力要素；第二步求各河段各组泥沙（包括推移质和悬移质）的冲淤量；第三步修改横断面形态。

长江科学院用上述方法研制了河道冲淤变形计算软件（HELIU-2 程

序），程序采用模块化编制，模型计算流程如图 2-7 所示。

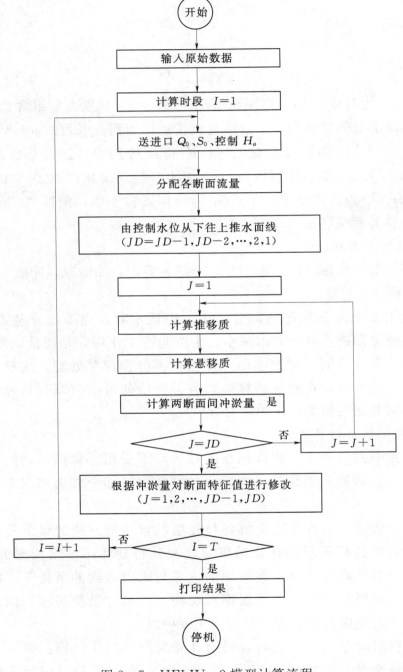

图 2-7 HELIU-2 模型计算流程

（四）数学模型的验证

采用长江宜昌至大通长 1125km 河段 1980—1987 年河道冲淤资料、汉江丹江口水库汉江库区 1968—1985 年淤积资料以及坝下游襄阳至仙桃长 320km河段的冲淤资料对 HELIU－2 模型进行了验证。

三、一维非恒定水流泥沙数学模型（周建军）

清华大学周建军建立的一维非恒定水流泥沙数学模型是依据不恒定水流数学模型和不恒定、不均匀的悬移质泥沙数学模型展开的。在"十五"三峡工程泥沙问题研究中应用于三峡水库淤积计算[16]。

（一）数学模型基本方程

水流连续方程
$$\frac{\partial A}{\partial t}+\frac{\partial Q}{\partial x}=0 \tag{2-47}$$

水流动量方程
$$\frac{\partial}{\partial t}\left[\frac{Q}{A}\right]+\frac{1}{2}\frac{\partial}{\partial x}\left[\frac{Q}{A}\right]^2+g\frac{\partial Z}{\partial x}+g\frac{n^2Q|Q|}{AR^{4/3}}=0 \tag{2-48}$$

分组不平衡输沙方程
$$\frac{\partial S_k}{\partial t}+\frac{Q}{A}\frac{\partial S_k}{\partial x}=-\frac{\alpha_k^s\omega_k}{H}(S_k-\Phi_k)\quad(k=1,2,\cdots,N) \tag{2-49}$$

河床冲淤变形方程
$$\gamma'_0\frac{\partial A_s}{\partial t}+\frac{\partial G}{\partial x}=\sum_{i=1}^N B\alpha_i^s\omega_i(S_i-\Phi_i) \tag{2-50}$$

其中，$\Phi_k=P_{bk}\phi_k+(1-P_{bk})\min(S_k,\phi_k)$ 是第 k 组泥沙的冲刷函数；$\phi_k=P_k\phi$ 是分组挟沙能力。

$$\phi=K_s\left[\frac{U^3}{gH\overline{\omega}}\right]^m \tag{2-51}$$

ϕ 为混合沙的挟沙能力；$\overline{\omega}=\left(\sum_{k=1}^N P_k\omega_k^m\right)^{\frac{1}{m}}$；$K_s$ 为混合沙挟沙力系数；P_k 为分组挟沙能力级配，根据李义天的方法计算：

$$P_k=\alpha_k P_{bk}/\sum_{k=1}^N \alpha_k P_{bk} \tag{2-52}$$

其中，$\alpha_k=(1-\Lambda_k)(1-e^{-RK})/\omega_k$，$\Lambda_k=\omega_k/[u_*e^{-\omega_k^2/(2u_*^2)}+\omega_k\Psi(\omega_k/u_*)]$，$\Psi(\xi)=\int_{-\infty}^{\xi}e^{-t^2/2}dt/\sqrt{2\pi}$；$P_{bk}$ 是分组床沙级配。在式（2－50）中，G 为推移质输沙率。床沙组成采用分层储存级配、表层参加交换的计算模式。表层床沙级配变化按下面公式计算：

$$P_{bk}=\frac{P_{bk}^0\Delta_b+\delta_k}{\Delta_b+\delta_d-\delta_e} \tag{2-53}$$

其中，$\Delta_b = 2.5\delta_e$；$\delta_d = \sum\limits_{\delta_k>0}\delta_k$；$\delta_e = -\sum\limits_{\delta_n<0}\delta_n$；$\delta_k$ 为各个分组在时段的实际冲淤厚度；P_{bk}^0 为时段初的床沙级配。

（二）综合恢复饱和系数及断面冲淤修正方法

1. 综合恢复饱和系数方程

式（2-49）中 α_k^s 是综合恢复饱和系数，与河道断面形态、冲淤状态及水沙运动有关，据作者研究：

$$\alpha_k^s = \frac{\displaystyle\int_0^B \alpha^* \eta^{(3v-1)m}\,\mathrm{d}y}{K_u\displaystyle\int_0^B \eta^{(3v-1)m+v+1}\,\mathrm{d}y} \qquad (2-54)$$

其中

$$\alpha^* = \frac{R}{4} + \frac{\beta^2}{R} \qquad (2-55)$$

式中：β 由方程

$$\tan\beta = -\frac{\beta}{R}（冲刷时）或\frac{2}{\tan\beta} = \frac{2\beta}{R} - \frac{R}{2\beta}（淤积时） \qquad (2-56)$$

的第一个非零正根确定；$R = 6\omega/\kappa u_*$；κ 为 Karmann 常数；u_* 为摩阻系数；α^* 为相当于均匀水流中的泥沙恢复饱和系数，它不但决定于水流泥沙参数 R，而且与冲淤状态关系很大，其变化情况如图 2-8 所示。

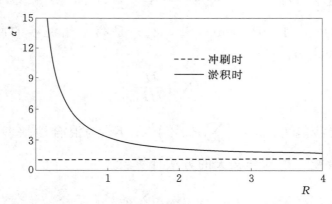

图 2-8　均匀流动（理想）条件下的恢复饱和系数 α^*

式（2-54）确定的综合恢复饱和系数反映了水流泥沙条件及河道断面诸多因素的作用，是适合于一般情况的参数。在矩形渠道中，$\alpha^s = \alpha^*$，恢复饱和系数都是大于 1.0 的。而且，冲刷情况下的恢复饱和系数大于淤积时，式（2-54）中 $\eta = h/H$，h 是垂线水深，$H = \displaystyle\int_0^B h\,\mathrm{d}y/B$ 是断面平均水深；v 是反映断面水流速度分布的参数，即横向流速分布与水深分布间的幂指数关系：

$$u(y) = K_u U \eta^v \tag{2-57}$$

其中

$$K_u = B / \int_0^B \eta^{v+1} \mathrm{d}y$$

式中：B 为河道水面宽度。

断面形态对综合恢复饱和系数的影响与断面形状和水位等有关系。

2. 冲淤断面修正方法

严格来讲，一维数学模型不能准确计算泥沙冲淤在横断面上的分布。但是，河道断面的冲淤分配是模型必需的一个环节，它在很大程度上影响冲淤计算的成果。迄今所有的一维数学模型都采用经验方法修改河道断面，例如冲刷和淤积按湿周分布，或者淤积沿断面均匀分布，冲刷只影响主槽等。经验方法具有一定的依据，但也给数学模型带来了较大的任意性。特别是在河道淤积和冲刷交替的情况下，不能塑造合理的平衡断面，甚至会影响数学模型计算的结果。该模型依据流管积分和恢复饱和系数的理论体系，提出了冲淤断面修正的理论公式：

$$\delta Z_b = \frac{\alpha^* \eta^{(3v-1)m}}{\int_0^B \alpha^* \eta^{(3v-1)m} \mathrm{d}y} \delta A_s \tag{2-58}$$

式中：δZ_b 和 δA_s 分别为垂线冲淤厚度和断面冲淤面积。

由式（2-58）可得断面冲淤分配系数为

$$B \frac{\delta Z_b}{\delta A_s} = \frac{B \alpha^* \eta^{(3v-1)m}}{\int_0^B \alpha^* \eta^{(3v-1)m} \mathrm{d}y} \tag{2-59}$$

式（2-59）给出了基本符合河道冲淤经验的断面形态，即淤积沿河宽分布相对比较均匀，而冲刷主要集中于深槽，如图2-9所示。

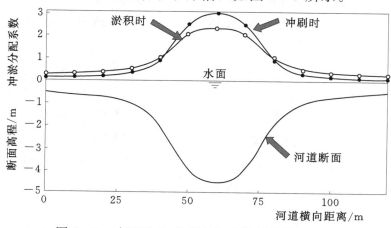

图2-9　由理论公式确定的冲淤断面分配比例

（三）计算方法

该模型不恒定水流的计算方法采用了 Preissmann 四点隐格式。该方法具有很好的稳定性和精度。与常用的推求水面线方法相比，该方法可以很好地适应缓流、急流及其过渡计算，对河道中峡谷段可能出现的急流能很好地模拟。

关于不平衡输沙方程，在不恒定流条件下，采用迎风差分格式进行计算。

（四）基本参数的确定方法

在一维数学模型中，基本参数包括河道糙率及其变化规律、泥沙沉降速度、挟沙能力系数和指数、泥沙淤积物的干容重等。

蓄水后的天然河道糙率可采用 2003 年三峡水库蓄水到 135m 后的沿库水位资料率定。水库淤积后，完全覆盖的床面糙率根据冲刷河道的糙率资料计算（采用韩其为在论证期间计算采用的荆江河道的糙率资料）。关于天然河道向冲积河道的糙率过渡，采用下列插值方法：假设天然河道床面突体高度 δ_b、天然河道糙率 n_0 和冲积床面糙率 n_f，根据断面上点的淤积厚度，按线性插值可以给出该点不同时候的糙率：

$$n = n_0 + (n_f - n_0) \frac{\delta Z_b}{\delta_b} \tag{2-60}$$

当 $\delta Z_b > \delta_b$ 时，$n = n_f$。而断面平均糙率为

$$\bar{n} = \left(\int n^{2/3} \, \mathrm{d}p / \chi \right)^{3/2} \tag{2-61}$$

式中：$\mathrm{d}p$ 为断面湿周微分；χ 为断面湿周，$\chi = \int \mathrm{d}p$ 计算中取 $\delta_b = 10\mathrm{m}$。

采用该方法计算断面综合糙率与 δ_b 的选取有关，但是三峡水库淤积量较大，其影响持续时间不长。与黄煜龄和韩其为用淤积面积为参数直接插值相比，该方法给出的过渡期糙率相对要小些，这是符合实际情况的。实际上，当床面被泥沙覆盖但流速还没有大到可以在河床形成沙波等形态时，水库的糙率应该比冲积河道的糙率更小。

泥沙沉降速度计算，采用水利部相关规范指定的沉降速度公式。计算沉降速度时，水温按 23℃ 计，泥沙相对密度 $\gamma_s = 2.65$。挟沙能力按武水院公式计算[41]，其中挟沙能力系数和指数按韩其为的方法取为 $K_s = 0.246$，$m = 0.92$，经过 2003 年资料检验和调整后，也采用了较小的挟沙力系数计算；泥沙水下干容重按 1325kg/m³ 计算；式（2-57）中，根据 Manning 公式的结构形式断面水流速度分布参数 v 取值为 0.667。

（五）模型验证

选用三峡水库 2003 年蓄水运行一年的水库淤积资料对该模型进行验证计

算。计算范围：干流上游从距大坝 756km（朱杨溪以上 10km）开始到三峡大坝。

四、一维非恒定水流泥沙数学模型（毛继新）

中国水利水电科学研究院毛继新提出的一维非恒定水流泥沙数学模型建立于三峡工程试验性蓄水阶段。该模型应用于"十一五"三峡工程泥沙问题研究中的水库淤积计算[17]。

（一）数学模型基本方程

水流连续方程
$$\frac{\partial Q}{\partial x} + B\frac{\partial Z}{\partial t} = 0 \tag{2-62}$$

水流动量方程
$$\frac{\partial Q}{\partial t} + \frac{\partial}{\partial x}\left(\frac{Q^2}{A}\right) + gA\frac{\partial Z}{\partial x} + gA\frac{Q|Q|}{K^2} = 0 \tag{2-63}$$

河床变形方程
$$\frac{\partial(AS)}{\partial t} + \frac{\partial(QS)}{\partial x} + \gamma_s\frac{\partial(\Delta A)}{\partial t} = 0 \tag{2-64}$$

泥沙连续方程
$$\frac{\partial(QS)}{\partial x} + \frac{\partial(AS)}{\partial t} + \alpha\omega B(S - S^*) = 0 \tag{2-65}$$

水流挟沙能力
$$S^* = k\left[\frac{V^3}{gh\omega}\right]^m \tag{2-66}$$

以上式中：Q 为流量；A 为断面面积；B 为断面宽度；Z 为水位；K 为流量模数；S 为断面平均含沙量；S^* 为断面平均挟沙能力；g 为重力加速度；α 为泥沙恢复饱和系数；ω 为泥沙颗粒沉速；ΔA 为断面冲淤面积；γ_s 为淤积物干容重；k 为挟沙能力系数。

（二）方程求解

一维非恒定流泥沙数学模型的计算采用非耦合方法，首先求解水流连续方程和动量方程，然后求解水流挟沙能力、泥沙不平衡输沙方程和泥沙连续方程，具体求解过程如下。

1. 非恒定流计算

采用 Preissmann 隐式差分格式求解水流连续方程和动量方程，Preissmann 格式网格布置如图 2-10 所示，因变量和其导数的离散格式为

$$f_{(x,t)} \approx \frac{\theta}{2}(f_{j+1}^{n+1} + f_j^{n+1}) + \frac{1-\theta}{2}(f_{j+1}^n + f_j^n) \tag{2-67}$$

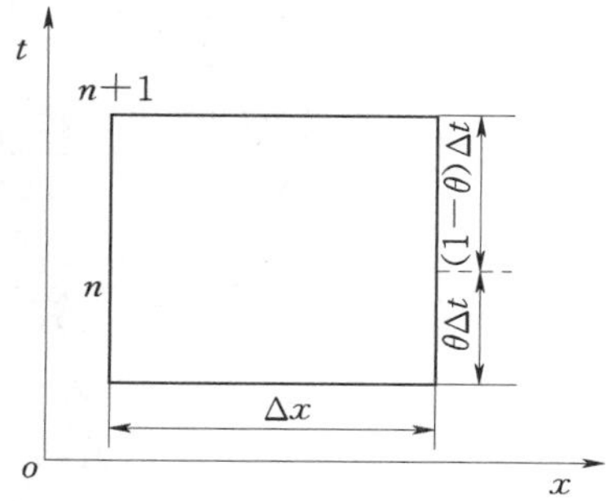

图 2-10　Preissmann 格式网格布置图

$$\frac{\partial f}{\partial x} \approx \theta \frac{f_{j+1}^{n+1} - f_j^{n+1}}{\Delta x} + (1-\theta)\left[\frac{f_{j+1}^n - f_j^n}{\Delta x}\right] \qquad (2-68)$$

$$\frac{\partial f}{\partial t} \approx \frac{f_{j+1}^{n+1} - f_{j+1}^n + f_j^{n+1} - f_j^n}{2\Delta t} \qquad (2-69)$$

式中：θ 为加权系数，$0 \leqslant \theta \leqslant 1$。

利用式（2-67）~式（2-69）可得到式（2-62）、式（2-63）的差分形式，对差分方程进行线性化，在线性化过程中，忽略增量的乘积项，最后得到下列线性方程：

$$A_{1j}\Delta Q_j + B_{1j}\Delta Z_j + C_{1j}\Delta Q_{j+1} + D_{1j}\Delta Z_{j+1} = E_{1j} \qquad (2-70)$$

$$A_{2j}\Delta Q_j + B_{2j}\Delta Z_j + C_{2j}\Delta Q_{j+1} + D_{2j}\Delta Z_{j+1} = E_{2j} \qquad (2-71)$$

其中

$$A_{1j} = -\frac{4\theta\Delta t}{\Delta x(B_j^n + B_{j+1}^n)}$$

$$B_{1j} = 1 - \frac{4\theta\Delta t(Q_{j+1}^n - Q_j^n)\mathrm{d}B_j^n}{\Delta x(B_j^n + B_{j+1}^n)^2\mathrm{d}Z_j^n}$$

$$C_{1j} = \frac{4\theta\Delta t}{\Delta x(B_j^n + B_{j+1}^n)}$$

$$D_{1j} = 1 - \frac{4\theta\Delta t(Q_{j+1}^n - Q_j^n)\mathrm{d}B_{j+1}^n}{\Delta x(B_j^n + B_{j+1}^n)^2\mathrm{d}Z_{j+1}^n}$$

$$E_{1j} = -\frac{4\Delta t(Q_{j+1}^n - Q_j^n)}{\Delta x(B_j^n + B_{j+1}^n)^2}$$

$$A_{2j} = 1 - \frac{4\theta\Delta t}{\Delta x}\left[\frac{Q_j^n}{A_j^n}\right] + 2g\theta\Delta t\frac{A_j^n|Q_j^n|}{(K_j^n)^2}$$

$$B_{2j} = \frac{\theta\Delta t}{\Delta x}\left[\frac{2(Q_j^n)^2 B_j^n}{(A_j^n)^2} - g(A_{j+1}^n + A_j^n) + g(Z_{j+1}^n - Z_j^n)B_j^n\right]$$
$$+ g\theta\Delta t\frac{Q_j^n|Q_j^n|}{(K_j^n)^2}\left[B_j^n - \frac{2A_j^n}{K_j^n}\frac{\mathrm{d}K_j^n}{\mathrm{d}Z_j^n}\right]$$

$$C_{2j} = 1 + \frac{4\theta\Delta t}{\Delta x}\left[\frac{Q_{j+1}^n}{A_{j+1}^n}\right] + 2g\theta\Delta t\frac{A_{j+1}^n|Q_{j+1}^n|}{(K_{j+1}^n)^2}$$

$$D_{2j} = \frac{\theta\Delta t}{\Delta x}\left[-\frac{2(Q_{j+1}^n)^2 B_{j+1}^n}{(A_{j+1}^n)^2} + g(A_{j+1}^n + A_j^n) + g(Z_{j+1}^n - Z_j^n)B_{j+1}^n\right]$$
$$+ g\theta\Delta t\frac{Q_{j+1}^n|Q_{j+1}^n|}{(K_{j+1}^n)^2}\left[B_{j+1}^n - \frac{2A_{j+1}^n}{K_{j+1}^n}\frac{\mathrm{d}K_{j+1}^n}{\mathrm{d}Z_{j+1}^n}\right]$$

$$E_{2j} = \frac{\Delta t}{\Delta x}\left[-\frac{2(Q_{j+1}^n)^2}{A_{j+1}^n} + \frac{2(Q_j^n)^2}{A_j^n} - g(A_{j+1}^n + A_j^n)(Z_{j+1}^n - Z_j^n)\right]$$
$$- g\Delta t\left[\frac{A_{j+1}^n Q_{j+1}^n|Q_{j+1}^n|}{(K_{j+1}^n)^2} + \frac{A_j^n Q_j^n|Q_j^n|}{(K_j^n)^2}\right]$$

以上式中：上角标为时间序列，下角标为断面序号；A_{ij}、B_{ij}、C_{ij}、D_{ij}、E_{ij}（$i=1$，2）为第 j 单元河段差分方程的系数（$j=1$，2，3，…，$N-1$，其中 N 为断面个数）。

式（2-70）、式（2-71）可针对任何一计算点（j，$j+1$）写出，如在模型中有 N 个计算点，就能对 $2N$ 个未知数写出 $2(N-1)$ 个这样的方程，再加上上游、下游两个边界条件，即构成 $2N$ 个方程式组成的包含 $2N$ 个未知数的方程组，因此方程组可以求解。

由于差分方程中的系数包含有未知数，方程求解不能直接求出未知变量，方程求解时必须进行迭代处理。下面给出求解的方法。

给定边界条件

$$\begin{cases} \Delta Q_1 = Q_1^{n+1} - Q_1^n \\ \Delta Z_N = Z_N^{n+1} - Z_N^n \end{cases} \tag{2-72}$$

对于方程组假定对于 j 点有如下线性关系：

$$\Delta Q_j = F_j \Delta Z_j + G_j \tag{2-73}$$

可以证明在下一个点 $j+1$ 也存在着类似的线性关系：

$$\Delta Q_{j+1} = F_{j+1} \Delta Z_{j+1} + G_{j+1} \tag{2-74}$$

将式（2-73）代入式（2-70）、式（2-71）可得

$$\Delta Z_j = H_j \Delta Q_{j+1} + I_j \Delta Z_{j+1} + J_j \tag{2-75}$$

其中

$$H_j = -\frac{C_{1j}}{A_{1j}F_j + B_{1j}} \tag{2-76}$$

$$I_j = -\frac{D_{1j}}{A_{1j}F_j + B_{1j}} \tag{2-77}$$

$$J_j = -\frac{E_{1j} - A_{1j}C_{1j}}{A_{1j}F_j + B_{1j}} \tag{2-78}$$

消去式（2-70）、式（2-71）两个方程中的 ΔZ_j、ΔQ_j，然后将 ΔQ_{j+1} 表达为 ΔZ_{j+1} 的函数，得

$$\Delta Q_{j+1} = -\frac{A_{2j}F_j I_j + B_{2j}I_j + D_{2j}}{A_{2j}F_j H_j + B_{2j}H_j + C_{2j}}\Delta Z_{j+1} + \frac{E_{2j} - A_{2j}F_j I_j - B_{2j}I_j + A_{2j}G_j}{A_{2j}F_j H_j + B_{2j}H_j + C_{2j}} \tag{2-79}$$

比较式（2-74）、式（2-79）得

$$F_{j+1} = -\frac{A_{2j}F_j I_j + B_{2j}I_j + D_{2j}}{A_{2j}F_j H_j + B_{2j}H_j + C_{2j}} \tag{2-80}$$

$$G_{j+1} = \frac{E_{2j} - A_{2j}F_j I_j - B_{2j}I_j + A_{2j}G_j}{A_{2j}F_j H_j + B_{2j}H_j + C_{2j}} \tag{2-81}$$

根据循环计算式（2-76）～式（2-78）和式（2-80）、式（2-81），在追的过程中求得系数 H_j、I_j、J_j、F_j、G_j，然后根据式（2-73）、式（2-75），在赶的过程中求出 ΔQ_j 和 ΔZ_j，进而计算出各河段的水位及流量。

2. 支流汇入断面

对有支流汇入处，若汇流区附近支流水位与干流水位差别较小，则在汇入口上下各设一计算断面（图2-11），断面间距很小，为此可得如下关系式：

$$\begin{cases} Q_{j+1}^{n+1} = Q_j^{n+1} + Q_b^{n+1} \\ Z_{j+1}^{n+1} = Z_j^{n+1} \end{cases} \quad (2-82)$$

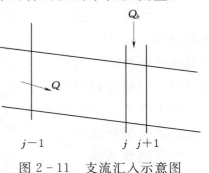

图 2-11　支流汇入示意图

式（2-82）改写成

$$\begin{cases} Q_{j+1}^{n} + \Delta Q_{j+1} = Q_j^{n} + \Delta Q_j + Q_b^{n+1} \\ Z_{j+1}^{n} + \Delta Z_{j+1} = Z_j^{n} + \Delta Z_j \end{cases} \quad (2-83)$$

由于两个计算断面间距很小，则 $Z_{j+1}^n = Z_j^n$，式（2-83）进一步改写为

$$\Delta Q_{j+1} = Q_j^n - Q_{j+1}^n + \Delta Q_j + Q_b^{n+1} \quad (2-84)$$

$$\Delta Z_{j+1} = \Delta Z_j \quad (2-85)$$

将 $\Delta Q_j = F_j \Delta Z_j + G_j$ 代入式（2-84）得

$$\Delta Q_{j+1} = F_j \Delta Z_j + Q_j^n - Q_{j+1}^n + Q_b^{n+1} + G_j \quad (2-86)$$

将式（2-86）与式（2-74）对比得

$$\begin{cases} F_{j+1} = F_j \\ G_{j+1} = Q_j^n - Q_{j+1}^n + Q_b^{n+1} + G_j \end{cases} \quad (2-87)$$

对照式（2-85）与式（2-75）可得

$$H_j = 0, \quad I_j = 1, \quad J_j = 0$$

有了汇流口上下断面的 H、I、J、F、G 等参数，即可同其他断面一起应用追赶法计算各河段水力要素值。

3. 不平衡输沙方程求解

利用迎风格式，将式（2-65）离散为差分方程，整理后得

$$S_j^{n+1} = \begin{cases} \dfrac{\Delta t \alpha B_j^{n+1} \omega_j^{n+1} S_j^{*\,n+1} + A_j^n S_j^n + \dfrac{\Delta t}{\Delta x_{j-1}} Q_{j-1}^{n+1} S_{j-1}^{n+1}}{\Delta t \alpha B_j^{n+1} \omega_j^{n+1} + A_j^n + \dfrac{\Delta t}{\Delta x_{j-1}} Q_{j-1}^{n+1}} & (Q \geqslant 0) \\[4mm] \dfrac{\Delta t \alpha B_j^{n+1} \omega_j^{n+1} S_j^{*\,n+1} + A_j^n S_j^n - \dfrac{\Delta t}{\Delta x_{j-1}} Q_{j+1}^{n+1} S_{j+1}^{n+1}}{\Delta t \alpha B_j^{n+1} \omega_j^{n+1} + A_j^n - \dfrac{\Delta t}{\Delta x_j} Q_{j+1}^{n+1}} & (Q < 0) \end{cases} \quad (2-88)$$

当 $Q \geqslant 0$ 时，利用上边界条件，自上而下计算各断面含沙量；当 $Q < 0$ 时，利用下边界条件由下至上计算各断面含沙量。

4. 悬移质计算辅助方程

悬移质计算辅助方程包含挟沙力、挟沙能力级配方程及悬移质级配变化方程，在同样水流和床沙条件下输沙达到平衡时的悬移质级配，其方程可按 3 种输沙状态确定，这与韩其为的 M1－NENUS－3 模型相同，此处不再赘述。

（三）模型验证

采用 2003 年 5 月—2007 年 12 月三峡水库实测水文泥沙资料对模型进行了验证。模型计算范围包括：长江，朱沱至三斗坪；嘉陵江，北碚至重庆；乌江，武隆至涪陵。

五、一维非恒定水流泥沙数学模型（黄仁勇）

长江科学院黄仁勇提出的一维非恒定水流泥沙数学模型建立于三峡工程试验性蓄水阶段。应用于"十一五"三峡工程泥沙问题研究中的水库淤积计算[18]。

（一）模型基本方程

水流连续方程
$$\frac{\partial A_i}{\partial t} + \frac{\partial Q_i}{\partial x} = 0 \qquad (2-89)$$

水流运动方程
$$\frac{\partial Q_i}{\partial t} + \frac{\partial}{\partial x}\left[\frac{Q_i^2}{A_i}\right] + gA_i\left[\frac{\partial Z_i}{\partial x} + \frac{|Q_i|Q_i}{K_i^2}\right] = 0 \qquad (2-90)$$

泥沙连续方程
$$\frac{\partial Q_i S_i}{\partial x} + \frac{\partial A_i S_i}{\partial t} + \alpha_i \omega_i B_i (S_i - S_{*i}) = 0 \qquad (2-91)$$

河床变形方程
$$\rho'\frac{\partial A_d}{\partial t} = \alpha_i \omega_i B_i (S_i - S_{*i}) \qquad (2-92)$$

以上式中：ω 为泥沙沉速，角标 i 为断面号；Q 为流量；A 为过水面积；t 为时间；x 为沿流程坐标；Z 为水位；K 为断面流量模数；S 为含沙量；S_* 为水流挟沙力；ρ' 为淤积物干容重；B 为断面宽度；g 为重力加速度；α 为恢复饱和系数；A_d 为河床冲淤面积。

（二）汊点连接方程

1. 流量衔接条件

进出每一汊点的流量必须与该汊点内实际水量的增减率相平衡，即
$$\sum Q_i = \frac{\partial \Omega}{\partial t} \qquad (2-93)$$

两式中：Ω 为汊点的蓄水量，如将该点概化为一个几何点，则 $\Omega = 0$。

2. 动力衔接条件

如果汊点可以概化为一个几何点，出入各个汊道的水流平缓，不存在水位突变的情况，则各汊道断面的水位应相等，即

$$Z_i = Z_j = \cdots = \overline{Z} \tag{2-94}$$

3. 边界条件

计算中不对某单一河道单独给出边界条件，而是将纳入计算范围的三峡水库干支流河道作为一个整体给出边界条件，各干支流进口给出流量和含沙量过程，模型出口给出水位过程、流量过程或水位流量关系。

（三）模型求解

1. 水流方程求解

采用三级解法对水流方程进行求解，首先对水流方程式（2-89）和式（2-90）采用普列斯曼的四点隐式差分格式进行离散，可得差分方程如下：

$$B_{i1} Q_i^{n+1} + B_{i2} Q_{i+1}^{n+1} + B_{i3} Z_i^{n+1} + B_{i4} Z_{i+1}^{n+1} = B_{i5} \tag{2-95}$$

$$A_{i1} Q_i^{n+1} + A_{i2} Q_{i+1}^{n+1} + A_{i3} Z_i^{n+1} + A_{i4} Z_{i+1}^{n+1} = A_{i5} \tag{2-96}$$

两式中系数均按实际条件推导得出。

假设某河段中有 mL 个断面，将该河段中通过差分得到的微段方程式（2-95）和式（2-96）依次进行自相消元，再通过递推关系式将未知数集中到汊点处，即可得到该河段首尾断面的水位流量关系：

$$Q_1 = \alpha_1 + \beta_1 Z_1 + \delta_1 Z_{mL} \tag{2-97}$$

$$Q_{mL} = \theta_{mL} + \eta_{mL} Z_1 + \gamma_{mL} Z_{mL} \tag{2-98}$$

两式中系数 α_1、β_1、δ_1、θ_{mL}、η_{mL}、γ_{mL} 由递推公式求解得出。

将边界条件和各河段首尾断面的水位流量关系代入汊点连接方程，就可以建立起以三峡水库干支流河道各汊点水位为未知量的代数方程组，求解此方程组得各汊点水位，逐步回代可得到河段端点流量以及各河段内部的水位和流量。

2. 泥沙方程求解

对泥沙连续方程式（2-91）用显格式离散得[42]

$$S_i^{n+1} = \frac{\Delta t \alpha_i^{n+1} B_i^{n+1} \omega_i^{n+1} S_{*i}^{n+1} + A_i^n S_i^n + \dfrac{\Delta t}{\Delta x_{i-1}} Q_{i-1}^{n+1} S_{i-1}^{n+1}}{A_i^{n+1} + \Delta t \alpha_i^{n+1} B_i^{n+1} \omega_i^{n+1} + \dfrac{\Delta t}{\Delta x_{i-1}} Q_i^{n+1}} \tag{2-99}$$

将式（2-91）代入式（2-92），然后对河床变形方程式（2-92）进行离散，得

$$\Delta A_{di} = \frac{\Delta t (Q_{i-1}^{n+1} S_{i-1}^{n+1} - Q_i^{n+1} S_i^{n+1})}{\Delta x \rho'} + \frac{A_i^n S_i^n - A_i^{n+1} S_i^{n+1}}{\rho'} \qquad (2-100)$$

式中：Δx 为空间步长；Δt 为时间步长；ΔA_{di} 为河床变形面积；角标 n 为时间层。

在求出干支流河道所有断面的水位与流量后，即可根据式（2-99）自上而下依次推求各断面的含沙量，汊点分沙计算采用分沙比等于分流比的模式，最后根据式（2-100）进行河床变形计算。

（四）有关问题的处理

1. 床沙交换及级配调整

关于床沙交换及级配调整，该模型采用三层模式，即把河床淤积物概化为表、中、底三层，表层为泥沙的交换层，中层为过渡层，底层为泥沙冲刷极限层。规定在每一计算时段内，各层间的界面都固定不变，泥沙交换限制在表层内进行，中层和底层暂时不受影响。在时段末，根据床面的冲刷或淤积向下或向上输送表层和中层级配，但这两层的厚度不变，而底层厚度随冲淤厚度的变化而变化。

2. 水流挟沙力计算

水流挟沙力公式为[43]

$$S_* = k \frac{u^{2.76}}{h^{0.92} \omega_m^{0.92}} \qquad (2-101)$$

其中

$$\omega_m^{0.92} = \sum_{L=1}^{8} p_L \omega_L^{0.92} \qquad (2-102)$$

式中：p_L 为第 L 组泥沙的级配；ω_L 为第 L 组泥沙的沉速；S_* 为水流总挟沙力；k 为挟沙力系数，水库为 0.03，天然河道为 0.02。

3. 恢复饱和系数 α

恢复饱和系数是泥沙数学模型计算的重要参数，是一个综合系数，需要由实测资料反求。但是其影响因素很多，既与水流条件有关，又与泥沙条件有关，随时随地都在变化，在大多数泥沙冲淤计算中都假定为一正的常数，通过验证资料逐步调整。该模型对泥沙冲淤采用分粒径组算法，如果对各粒径组都取同样的 α 值，由于各组间的沉速相差可达几倍甚至几百倍，从计算结果看，在同一断面上小粒径组相对于大粒径组来说其冲淤量常常可忽略不计，这往往与实际不尽相符。从三峡水库蓄水运用以来进出库的各粒径组泥沙实测资料来看，各粒径组泥沙的沿程分选现象均非常突出。目前有关恢复饱和系数 α 取值的研究有以下共识：①不同粒径组泥沙的恢复饱和系数值不同；②恢复饱和系数取值应随泥沙粒径的增大而减小；③恢复饱和系数值应随空间和时间而变化。为此本模型在计算中对不同粒径组泥沙的恢复饱和系数 α_L 采用以下经验公式计算[44]：

$$\alpha_L = 0.25 \left[\frac{\overline{\omega}}{\omega_L} \right]^{\lambda} \qquad (2-103)$$

$$\overline{\omega} = \sum_{L=1}^{8} p_L \omega_L \qquad (2-104)$$

上二式中：$\overline{\omega}$ 为干流计算进口朱沱站处的泥沙平均沉速，由于 20 世纪 60 年代系列和 90 年代系列进口朱沱站 $\overline{\omega}$ 均与第 5 组泥沙沉速非常接近，为便于计算，最后统一取 $\overline{\omega}$ 为第 5 组泥沙沉速 ω_5；指数 $\lambda = c/J$，其中 J 为水力坡度，$c = 0.833 \times 10^{-10} \overline{Q}$，$\overline{Q}$ 为坝址处多年平均流量。

4. 糙率系数 n 的确定

糙率系数是反映水流条件与河床形态的综合系数，其影响主要与河岸、主槽、滩地、泥沙粒径、沙波以及人工建筑物等相关。阻力问题通过糙率反映出来，河道发生冲淤变形时，床沙级配和糙率都会作出相应的调整。当河道发生冲刷时，河床粗化，糙率增大；反之，河道发生淤积，河床细化，糙率减小。长系列年计算中需要考虑在初始糙率的基础上对 n 值进行修正。该模型根据实测水位流量资料进行初始糙率率定，各河段分若干个流量级逐级试糙。

5. 节点分沙

进出节点各河段的泥沙分配主要由各河段临近节点断面的边界条件决定，并受上游来沙条件的影响。该模型采用分沙比等于分流比的模式：

$$S_{j,\text{out}} = \frac{\sum Q_{i,\text{in}} S_{i,\text{in}}}{\sum Q_{i,\text{in}}} \qquad (2-105)$$

式中：$Q_{i,\text{in}}$、$S_{i,\text{in}}$ 分别为节点上断面流量和含沙量；$S_{j,\text{out}}$ 为节点下断面含沙量。

6. 区间流量

三峡水库库区长度超过 700km，区间支流众多，除嘉陵江和乌江来流外仍然存在着较大的区间流量，以干流朱沱站、嘉陵江北碚站和乌江武隆站三站进口实测资料统计，三峡库区的区间流量占出口宜昌站流量的百分比：20 世纪 60 年代系列为 12.2%；90 年代系列为 13.3%；2003—2007 年为出口黄陵庙站流量的 8.6%。区间流量往往会集中汇入，其影响不容忽视，在非恒定流计算中必须考虑区间流量的汇入。该模型将区间流量通过分配到各入汇支流上加入计算河段，各入汇支流流量根据进出库控制站及库区水文站已有实测水文资料计算得到。计算中没有考虑区间入库沙量。

（五）模型验证

采用三峡水库 2003—2007 年泥沙淤积实测资料和汉江丹江口水库汉江库区 1968—1985 年泥沙淤积实测资料进行了验证。

六、平面二维及一维嵌套泥沙数学模型（李义天）

在"七五"国家重点科技攻关项目"泥沙数学模型及糙率研究"子课题中，武汉水利电力大学李义天等建立了一维与二维嵌套泥沙数学模型，并在三峡工程变动回水区航道冲淤变化等泥沙问题研究中得到了应用[20]。

（一）基本方程

由于所研究的问题是建立一维与二维嵌套数学模型，基本方程应包括一维模型及二维模型基本方程两部分。

1. 一维模型

水流连续方程
$$\frac{\partial A}{\partial t} + \frac{\partial Q}{\partial x} = 0 \tag{2-106}$$

水流运动方程
$$\frac{\partial v}{\partial t} + \frac{v \partial v}{\partial x} + \frac{g \partial Z}{\partial x} n^2 v |v| R^{4/3} = 0 \tag{2-107}$$

悬移质扩散方程

$$\frac{\partial (AS_n)}{\partial t} + \frac{\partial (QS_n)}{\partial x} = \alpha \omega_n B (S_n^* - S_n) \quad (n=1,2,\cdots,N) \tag{2-108}$$

悬移质河床变形方程
$$\rho_s' \frac{\partial \eta_{sn}}{\partial t} = \alpha \omega_n (S_n - S_n^*) \quad (n=1,2,\cdots,N) \tag{2-109}$$

推移质河床变形方程
$$\rho_b' B \frac{\partial \eta_b}{\partial t} + \frac{\partial Q_b}{\partial x} = 0 \tag{2-110}$$

水流挟沙力公式
$$S^* = S^* (v, H, \omega, \cdots) \tag{2-111}$$

推移质输沙率公式
$$Q_b = Q_b (v, H, d, \cdots) \tag{2-112}$$

以上式中：A 为过水面积；Q 为流量；v、H 分别为断面平均流速和水深；Z 为水位；n 为糙率系数；R 为水力半径；g 为重力加速度；S、S^* 分别为断面平均含沙量及水流挟沙力；N 为悬移质粒径组数；ρ_s'、ρ_b' 分别为悬移质和推移质淤积物干容重；Q_b 为推移质输沙率；d 为床沙粒径；η_{sn}、η_b 分别为悬移质和推移质冲淤厚度，河床总冲淤厚度为 $\sum\limits_{n=1}^{N} \eta_{sn} + \eta_b$。

2. 二维模型

水流连续方程

$$\frac{\partial h}{\partial t} + \frac{\partial(v_x h)}{\partial x} + \frac{\partial(v_y h)}{\partial y} = 0 \qquad (2-113)$$

水流运动方程

$$\partial v_x/\partial t + v_x \partial v_x/\partial x + v_y \partial v_x/\partial y + g\partial z/\partial x + gn^2 v_x \sqrt{v_x^2 + v_y^2}/h^{4/3}$$
$$= \varepsilon(\partial^2 v_x/\partial x^2 + \partial^2 v_x/\partial y^2) \qquad (2-114)$$

$$\partial v_y/\partial t + v_x \partial v_y/\partial x + v_y \partial v_y/\partial y + g\partial z/\partial y + gn^2 v_y \sqrt{v_x^2 + v_y^2}/h^{4/3}$$
$$= \varepsilon(\partial^2 v_y/\partial x^2 + \partial^2 v_y/\partial y^2) \qquad (2-115)$$

悬移质扩散方程

$$\partial(hS_n)/\partial t + \partial(v_x hS_n)/\partial x + \partial(v_y hS_n)/\partial y$$
$$= k[\partial(h\partial S_n/\partial x)/\partial x + \partial(h\partial S_n/\partial y)/\partial y] + \alpha\omega_n B(S_n^* - S_n)$$
$$(n = 1, 2, \cdots, N) \qquad (2-116)$$

悬移质河床变形方程　$\rho_s' \partial\eta_{sn}/\partial t = \alpha\omega_n(S_n - S_n^*)$　$(n=1,2,\cdots,N)$

$$(2-117)$$

推移质河床变形方程　$\rho_b' \partial\eta_b/\partial t + \partial q_{bx}/\partial x + \partial q_{by}/\partial y = 0$　$(2-118)$

水流挟沙力公式　　　$S^* = S^*(\overline{v}, h, \omega, \cdots)$　$(2-119)$

推移质输沙率公式　　$\vec{q_b} = \vec{q_b}(\overline{v}, h, d, \cdots), \overline{v} = \sqrt{v_x^2 + v_y^2}$　$(2-120)$

以上式中：$\overline{v}$、h 分别为垂线平均流速和垂线水深；v_x、v_y 分别为 x 和 y 方向的垂线平均流速分量；S_n、S_n^* 分别为垂线平均含沙量及垂线挟沙力；ε 为紊动黏性系数；k 为泥沙扩散系数；q_{bx}、q_{by} 分别为 x 和 y 方向单宽推移质输沙率；$\vec{q_b}$ 为单宽推移质输沙率。

由于研究的问题是长时期的河床冲淤变化情况，在计算中略去了非恒定项〔即 $\partial A/\partial t$、$\partial(AS_n)/\partial t$、$\partial h/\partial t$、$\partial u/\partial t$、$\partial v/\partial t$ 及 $\partial(hS_n)/\partial t$ 分别等于 0〕，亦即采用恒定流模型。

（二）定解条件

对一维模型，上游进口断面给定流量、悬移质含沙量及级配、推移质输沙率，下游出口给定水位，并且在河段内给定初始时刻河床地形及床沙级配。

对二维模型，在进口断面给定单宽流量、悬移质含沙量及级配、推移质输沙率沿河宽分布，在出口断面给定水位沿河宽分布，在河道两岸取 $v_x = 0$，$v_y = 0$ 及 $\partial S_n/\partial n = 0$，$\partial q_b/\partial n = 0$（$\partial/\partial n$ 为河岸边界的法向导数），并且在河段内给定初始时刻河床地形及床沙级配。

一维与二维嵌套模型，在一维模型和二维模型的连接断面上，按各模型对边界条件的要求，由一维与二维嵌套模型的连接条件确定。

（三）一维与二维嵌套模型的连接条件

在一维与二维嵌套模型的连接断面上，一维模型仅能给出断面平均量，而二维模型可给出沿河宽的分布量，一维模型和二维模型对边界条件的要求不同，因此存在着一维模型和二维模型的连接问题。按照连接断面所处的位置可分为两种连接断面：一种是上游为一维模型计算河段，下游为二维模型计算河段；另一种则是上游为二维模型计算河段，下游为一维模型计算河段。前者记为第Ⅰ种连接断面，后者记为第Ⅱ种连接断面。

1. 水流运动连接条件

在恒定流模型中，水流运动的计算是从下游向上游逐段进行的。因此在连接断面上，由下游河段向上游河段提供水流参数的连接条件。

（1）水位。在连接断面上，水位应满足一般条件，即

$$Z = \int_0^B z \, \mathrm{d}y / B \qquad (2-121)$$

式中：Z 为断面平均水位；z 为垂线水位；y 为沿河宽方向坐标；B 为河宽。

对第Ⅰ种连接断面，由下游河段的二维水力计算知道连接面上水位沿河宽分布，需确定连接断面上断面平均水位作为上游一维计算河段出口水位，由式（2-121）确定。

对第Ⅱ种连接断面，由下游河段的一维水力计算知道连接断面上平均水位，需确定连接断面上各垂线水位作为上游二维河段出口断面水位。如果连接断面选取在比较顺直、断面沿程变化较小的河段上，水位沿河宽变化不大，可取连接断面平均水位作为各垂线水位。

（2）流量及流速分布。在连接断面上应满足一般条件，即

$$Q = \int_0^B v_x h \, \mathrm{d}y \qquad (2-122)$$

流速沿河宽分布可以由水流平面图法给出，也可按由水流平面图法导出的垂线平均流速公式

$$v = Q h^{2/3} f(\eta) / \int_0^B h^{5/3} f(\eta) \, \mathrm{d}y \qquad (2-123)$$

给出，其中 $f(\eta)$ 为确定糙率沿河宽分布的经验关系。

对第Ⅰ种连接断面，由于水深未知，由式（2-123）可确定 v、h 的关系，该式起边界条件作用；对第Ⅱ种连接断面，下游一维计算河段流量 Q 取模型进口断面给定的流量，由于在上游二维计算中流量始终也是取模型进口断面的流量，由上游二维计算得到的连接断面水深及流速分布可以满足式（2-122）。

2. 泥沙运动连接条件

恒定流模型泥沙运动的计算是从上游向下游逐段进行的。因此在连接断面上，由上游河段向下游河段提供泥沙参数条件。

（1）悬移质含沙量连接条件。在连接断面上，悬移质含沙量应满足一般条件，即

$$S = \int_0^B v_x h s \, \mathrm{d}y / Q \tag{2-124}$$

对第Ⅰ种连接断面，由上游的一维泥沙计算知道连接断面平均含沙量，需确定连接断面上各垂线平均含沙量作为下游二维计算河段进口断面悬移质含沙量。根据水流挟沙特性，作为一种近似处理，假定各垂线平均含沙量与 $v^3/(gh\omega)$ 成正比，即

$$S = C v_x^3 / (gh\omega) \tag{2-125}$$

将式（2-125）代入式（2-124）确定系数 C，然后将 C 代入式（2-125）得

$$S = Q S_n^3 / \left(h \int_0^B v_x^2 \, \mathrm{d}y \right) \tag{2-126}$$

对第Ⅱ种连接断面，由上游河段的二维泥沙计算知道连接断面上含沙量沿河宽分布，需确定连接断面平均含沙量，由式（2-124）计算。

（2）推移质输沙率连接条件[45]。在连接断面上，推移质输沙率应满足条件

$$Q_b = \int_0^B q_b \, \mathrm{d}y \tag{2-127}$$

（四）有关公式的确定

1. 阻力公式

一维过渡期糙率按式（2-128）计算：

$$n^{3/2} = n_k^{3/2} + (n_0^{3/2} - n_k^{3/2}) [(a_k - a)/a_k]^{1/4} \tag{2-128}$$

式中：n 为过渡期糙率；n_0 为淤积前的天然糙率；n_k 为淤积后最终糙率；a_k 为与 n_k 相应的淤积面积；a 为过渡期淤积面积。

二维糙率沿河宽分布按式（2-129）计算：

$$n = n_0 (J/J_0)^{1/2} / f(\eta) \tag{2-129}$$

式中：n 为二维糙率；n_0 为一维糙率；J 为二维比降；J_0 为一维比降。

2. 水流挟沙力公式

一维水流挟沙力按张瑞瑾公式计算[41]：

$$S_* = K [v^3/(gh\omega)]^m \tag{2-130}$$

分析实测资料得出以下二维床沙质水流挟沙力公式：

$$S^* = K(0.1 + 90\omega/v)v^3/(gh\omega) \qquad (2-131)$$

式中：K 为断面平均水流挟沙力系数，其取值与一维水流挟沙力系数相同。

分组水流挟沙力的确定同时考虑了水流条件及床沙组成条件，对来沙条件的影响则可通过冲淤造成的床沙级配变化来加以考虑。从这一认识出发，建立了如下床沙质水流挟沙力级配和床沙级配之间的关系：

$$P_n^* = P_{bn}(1 - A_n)(1/\omega_n)[1 - \exp(-15\omega_n/v_*)]$$

$$/\sum_{n=1}^{N} P_{bn}(1 - A_b)(1/\omega_n)[1 - \exp(-15\omega_n/v_*)] \qquad (2-132)$$

式中：P_n^* 为第 n 粒径组泥沙的水流挟沙力级配；P_{bn} 为第 n 组泥沙在床沙中所占比例；v_* 为摩阻流速。

$$A_n = \omega_n/[\sigma_v\sqrt{2\pi}\exp(-\omega_n^2/2\sigma_v^2) + \omega_n\phi(\omega_n/\sigma_v)]$$

$$\phi(\omega_n/\sigma_v) = \int_{-\infty}^{\omega_n} 1/\sigma_v\sqrt{2\pi}\exp(-v'^2/2\sigma_v^2)\mathrm{d}v'$$

式中：σ_v 为水流垂向紊速均方差；v' 为水流的垂向紊动速度。

求出 P_n^* 后，用 P_n^* 乘以总水流挟沙力，即可求得分组水流挟沙力。式（2-132）曾用荆江资料进行了验证，结果符合良好。

式（2-132）用于天然情况下床沙组成属于卵石河床，修建水库后转化为沙质河床的冲淤计算时，需要确定床沙质的最小粒径（床沙质与冲泻质的分界粒径）及床沙质的最大粒径。

将阻力公式代入悬浮指标的表达式，并用实测资料确定有关参数，得到以下床沙质最小粒径及最大粒径计算公式：

与床沙质最小粒径对应的沉速 $\qquad v = 65(h/d_{pj})^{1/6}\omega_{\min} \qquad (2-133)$

与床沙质最大粒径对应的沉速 $\qquad v = 3(h/d_{pj})^{1/6}\omega_{\max} \qquad (2-134)$

3. 推移质输沙率公式

在模型中选用了窦国仁公式[41]：

$$q_b = p_b(k_1/c_0^2)[\gamma\gamma_0/(\gamma_s - \gamma)](v - v_0)v^3/(g\omega) \qquad (2-135)$$

式中：p_b 为推移质粒径部分泥沙在床沙中占的比例；v_0 为起动流速；ω 为推移质平均粒径对应的沉速；k_1 为系数，对川江卵石推移质 $k_1 = 0.01$。

由于目前推移质实测资料较少，且精度较差，在一维及二维模型中采用了相同的计算公式。

（五）数值解法

数值解法与前述基本方程相对应，也分一维模型和二维模型数值解法两部分。在计算中为了节省计算工作量，均采用非耦合解，即先计算水力条件，再计算悬移质含沙量、推移质输沙率及河床冲淤变化等。控制时间步长，使在同一计算时段内，河床冲淤对水力条件的影响可忽略不计的假定得以成立。

1. 一维模型

一维模型的水力计算相对比较简单，该模型采用了常用的推水面线方法。含沙量采用式（2-136）计算：

$$S_n = S_n^* + (S_{0n} - S_{0n}^*)\exp(-\alpha\omega_n\Delta x/q)$$
$$+ (S_{0n}^* - S_n^*)[q/(\alpha\omega_n\Delta x)][1-\exp(-\alpha\omega_n\Delta x/q)]$$
$$(n=1,2,\cdots,N) \qquad (2-136)$$

式中：S、S^* 分别为断面平均含沙量及挟沙力；Δx 为上、下断面间距；q 为单宽流量；α 为系数；角标带"0"表示为上游断面值，其余为下游断面值。

悬移质河床变形用以下差分方程计算

$$\Delta\eta_{sn} = -\alpha\omega_n\Delta t(S_n - S_n^*)/p_s \quad (n=1,2,\cdots,N) \qquad (2-137)$$

推移质河床变形用以下差分方程计算：

$$\Delta\eta_b = \Delta t(Q_{b0} - Q_b)/(\rho_b'\Delta xB) \qquad (2-138)$$

上二式中：Q_{b0} 为上游断面推移质输沙率；Q_b 为下游断面输沙率；Δt 为时间步长。

计算床沙级配的方程为

$$P_{bn} = [\Delta\eta_n + (h_0 - \Delta\eta)P_{0bn}]/h_0 \qquad (2-139)$$

式中：$\Delta\eta_n$ 为第 n 组泥沙冲淤厚度，包括悬移质和推移质；$\Delta\eta$ 为总的冲淤厚度；P_{0bn}、P_{bn} 分别为时段初及时段末的床沙级配；h_0 为床沙可动层厚度，其大小与河床冲淤状态、冲淤强度及冲淤历时等有关。

2. 二维模型

（1）计算方法。二维泥沙数学模型计算方法用单元插值函数近似地代替其解析解，这样网格可划分成任意形状，与不规则岸线能较好地吻合。

单元插值函数采用九节点四边形等参单元（图2-12）进行插值，其形函数为

$$\varphi_1 = \begin{cases} 0.25(\xi\xi_1+\xi^2)(\eta\eta_1+\eta^2) & (i=1,3,7,9) \\ 0.5(\xi\xi_1+\xi^2)(1-\eta^2) & (i=4,6) \\ 0.5(1-\xi^2)(\eta\eta_1+\eta^2) & (i=2,8) \\ (1-\xi^2)(1-\eta^2) & (i=5) \end{cases} \qquad (2-140)$$

任意函数 f 可写成

$$f = \sum_{i=1}^{9}\varphi_i f_i \qquad (2-141)$$

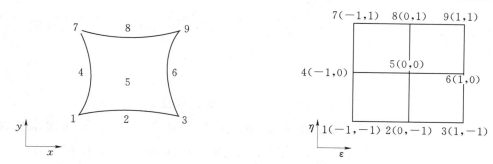

图 2 - 12　九节点四边形等参单元

式中：i 为单元节点号；f_i 为单元节点上的函数值。

任意函数 f 的一阶、二阶导数为

$$\begin{cases} \dfrac{\partial f}{\partial x} = A\,\dfrac{\partial f}{\partial \xi} + B\,\dfrac{\partial f}{\partial \eta} \\[4mm] \dfrac{\partial f}{\partial y} = C\,\dfrac{\partial f}{\partial \xi} + D\,\dfrac{\partial f}{\partial \eta} \end{cases} \tag{2-142}$$

$$\begin{cases} \dfrac{\partial^2 f}{\partial x^2} = A\left(\dfrac{\partial A}{\partial \xi}\dfrac{\partial f}{\partial \xi} + A\dfrac{\partial^2 f}{\partial \xi^2} + \dfrac{\partial B}{\partial \xi}\dfrac{\partial f}{\partial \eta} + B\dfrac{\partial^2 f}{\partial \xi \partial \eta}\right) + B\left(\dfrac{\partial A}{\partial \eta}\dfrac{\partial f}{\partial \xi} + A\dfrac{\partial^2 f}{\partial \eta^2} + \dfrac{\partial B}{\partial \eta}\dfrac{\partial f}{\partial \eta} + B\dfrac{\partial^2 f}{\partial \eta^2}\right) \\[4mm] \dfrac{\partial^2 f}{\partial y^2} = C\left(\dfrac{\partial C}{\partial \xi}\dfrac{\partial f}{\partial \xi} + C\dfrac{\partial^2 f}{\partial \xi^2} + \dfrac{\partial D}{\partial \xi}\dfrac{\partial f}{\partial \eta} + D\dfrac{\partial^2 f}{\partial \xi \partial \eta}\right) + D\left(\dfrac{\partial C}{\partial \eta}\dfrac{\partial f}{\partial \xi} + C\dfrac{\partial^2 f}{\partial \eta^2} + \dfrac{\partial D}{\partial \eta}\dfrac{\partial f}{\partial \eta} + D\dfrac{\partial^2 f}{\partial \eta^2}\right) \end{cases} \tag{2-143}$$

其中

$$A = \frac{\partial y}{\partial \eta}\frac{1}{E}\,;\, B = \frac{-\partial y}{\partial \xi}\frac{1}{E}$$

$$C = \frac{-\partial x}{\partial \eta}\frac{1}{E}\,;\, D = \frac{\partial x}{\partial \xi}\frac{1}{E}$$

$$E = \frac{\partial x}{\partial \xi}\frac{\partial y}{\partial \eta} - \frac{\partial x}{\partial \eta}\frac{\partial y}{\partial \xi}$$

将 f 换成水深、流速等，即可求出对应的导数。

（2）水流计算。基本方程的离散是在计算区域内，对任一节点，将式（2-142）、式（2-143）代入式（2-113）、式（2-114）、式（2-115）得

$$h_{xm} = -\left[v_m\,\frac{\partial h}{\partial x} + v_{ym}\frac{\partial h}{\partial y}\right]\Bigg/\left(\frac{\partial v_x}{\partial x} + \frac{\partial v_y}{\partial y}\right) \tag{2-144}$$

$$v_{xm} = \left[\varepsilon\left(\frac{\partial^2 v_x}{\partial x^2} + \frac{\partial^2 v_x}{\partial y^2}\right) - v_{ym}\frac{\partial v_x}{\partial y} - g\,\frac{\partial z}{\partial x}\right]\Bigg/\left(\frac{\partial v_x}{\partial x} + gn^2\sqrt{v_{xm}^2 + v_{ym}^2}\Big/h_m^{4/3}\right)$$

$$\tag{2-145}$$

$$v_{ym} = \left[\varepsilon\left(\frac{\partial^2 v_y}{\partial x^2} + \frac{\partial^2 v_y}{\partial y^2}\right) - v_{xm}\frac{\partial v_y}{\partial x} - g\frac{\partial z}{\partial y}\right] \Big/ \left(\frac{\partial v_y}{\partial y} + gn^2\sqrt{v_{xm}^2 + v_{ym}^2}\Big/h_m^{4/3}\right)$$

$$(2-146)$$

以上式中：v_{xm}、v_{ym}、h_m 分别为 m 节点流速、水深。

流场计算为先用一维方法推求水面线，用所得结果确定各断面水位的迭代初值。大致估算回流的范围，在主流区内用水流图法（累积流量法）估算各断面流速分布，并将其分解为 x、y 方向分速，用以确定主流区流速迭代初值。回流区流速迭代初值用式（2-147）确定：

$$v_x = \begin{cases} v_{xb}S\,|\,na & (0 < a < \pi/2) \\ 0.5v_{xb}S\,|\,na & (\pi/2 < a < 3\pi/2) \end{cases} \qquad (2-147)$$

式中：v_{xb} 为靠近回流交界的流速在 x 方向的流速；$a = 1.5\pi B_1/B_2$，B_1 为从回流交界面算起的起点距，B_2 为回流宽度。

用同样的方法可确定方向流速的迭代初值。

计算中采用了可同时消除数值波动的松弛迭代法：

$$fm = \beta fm + (1-\beta)\sum_{i=1}^{N} f_i/N \qquad (2-148)$$

式中：f 为 m 点本次计算值；f_i 为 i 点的前次迭代值；i 为与 m 点相邻的结点号；N 为与 m 点相邻的结点数；β 为松弛因子。

对上述数值方法的精度及迭代顺序的收敛性等进行了研究，结果表明，在矩形网格的情况下，其精度与有限解析法、有限元法及有限差分法差别不大。在任意形状单元的情况下，窄长形单元误差较大，在划分单元时应引起注意。迭代序列在一般情况下是收敛的，在回流与主流交界面附近，有时会出现一定的问题，这一问题可通过适当选取松弛因子 β 加以解决。

（3）悬移质含沙量计算。在水流结构计算中，用水流平面图法求得流束分布迭代初值后，在主流区的每一条流束内均可用一维方法计算其相应的含沙量。其计算方法与前述一维模型中的式（2-136）相同，但式中符号的意义均为流速平均值，S^* 用二维水流挟沙力公式式（2-131）计算。回流区含沙量的迭代初值，假定含沙量沿河宽不变，其大小取靠近回流交界面流速的含沙量。

将式（2-142）、式（2-143）及相应的含沙量初值代入式（2-116），得

$$S_{mn} = S_{mn}^* - \frac{1}{\alpha\omega_{mn}}\left\{\frac{\partial(hv_xS_n)}{\partial x} + \frac{\partial(hv_yS_n)}{\partial y} - k\left[\frac{\partial^2(hs_n)}{\partial x^2} + \frac{\partial^2(hs_n)}{\partial y^2}\right]\right\}$$

$$(n=1,2,\cdots,N) \tag{2-149}$$

在计算中，泥沙扩散系数 k 取值对回流区的淤积量有较大影响。经过检验，取 $k=0.6v_*h$。

（4）河床变形计算。求出各粒径组的含沙量后，用式（2-117）计算悬移质河床变形。将式（2-117）写成差分形式

$$\Delta\eta_{mn} = \Delta t(\alpha\omega_{mn}/\rho_e')(S_{mn} - S_{mn}^*) \tag{2-150}$$

将推移质输沙率公式（2-135）改写成 x、y 方向的单宽推移质输沙率

$$q_{bx} = P_b(k_1/C_0^2)[\gamma\gamma_s(\gamma_s-\gamma)](v_x-v_c)v_x\overline{v}^2/(g\omega) \tag{2-151}$$

$$q_{by} = P_b(k_1/C_0^2)[\gamma\gamma_s(\gamma_s-\gamma)](v_y-v_c)v_y\overline{v}^2/(g\omega) \tag{2-152}$$

$$\overline{v} = \sqrt{v_x^2 + v_y^2}$$

式中：$\overline{v}$ 为垂线平均流速。

将式（2-151）、式（2-152）及式（2-142）、式（2-143）代入推移质河床变形方程，并将时间导数项写成差分形式，得

$$\Delta\eta_b = -\frac{\Delta t}{\rho_s'}\left[\frac{\partial q_{bx}}{\partial x} + \frac{\partial q_{by}}{\partial y}\right] \tag{2-153}$$

河床总的冲淤厚度 $\Delta\eta = \sum\limits_{n=1}^{N}\Delta\eta_{sn} + \Delta\eta_b$。床沙级配计算方法与式（2-139）相同。

（六）一维与二维嵌套模型的验证

利用 1985 年、1986 年长江上游河段的水流和河道冲淤实测资料对模型进行了验证。

第三节　泥沙实体模型

一、概述

1960 年以来，先后有长江科学院、武汉水利电力大学、武汉水运工程学院、中国水利水电科学研究院、南京水利科学研究院、成都工学院、天津水运工程科学研究所、西南水运工程科学研究所、长江航运规划设计院等单位

针对三峡工程泥沙问题进行了大量泥沙实体模型试验研究工作，为三峡工程论证、设计、施工和运行提供科学依据。多年来，先后兴建泥沙实体模型 28 座，其中水库变动回水区泥沙实体模型 12 座，坝区泥沙实体模型 6 座，坝区局部泥沙实体模型 3 座，坝下游河道泥沙实体模型 7 座（表 2-5～表 2-7）。各类模型的模拟河段长度因研究目的而异。水库变动回水区泥沙模型模拟河段长度为 24～280km，其中 1960 年兴建的三峡水库淤积模型模拟河段干流自合江至涪陵，长 280km，模型建于露天试验场。坝区泥沙实体模型模拟河段长度为 15～31.5km。坝下游河道泥沙实体模型模拟河段长度为 14～301.7km。

表 2-5　　　　　　　　三峡水库变动回水区泥沙实体模型一览表

模型名称	研究单位	模拟河段及长度	平面比尺	垂直比尺	模型沙	试验正常蓄水位方案	试验研究时间
三峡水库淤积模型	长江科学院、武汉水利电力大学等	干流合江至涪陵 280km，嘉陵江 57km	500	100	天然沙	200m	1960—1964 年
重庆主城区河段模型	清华大学	干流 44km，嘉陵江 126km	300	120	塑料沙、核桃壳	170m、180m、175m	1986—1990 年
重庆主城区河段模型	中国水利水电科学研究院	干流 33km，嘉陵江 9km	250	100	电木粉、煤	160m、170m、175m	1986—1990 年
重庆主城区河段模型	长江科学院	干流 40km，嘉陵江 20km	300	120	塑料沙、煤	175m	1987—2005 年
重庆主城区河段模型	西南水运工程科学研究所	干流 43km，嘉陵江 25km	175	125	煤	175m	2001—2005 年
重庆主城区河段模型	清华大学	干流 41km，嘉陵江 7km	350	150	塑料沙、煤	175m	2001—2005 年
铜锣峡河段模型	长江科学院	42km	300	120	塑料沙、煤	160m、170m、175m、180m	1985—1990 年
洛碛至长寿河段模型	天津水运工程科学研究所	31km	250	100	塑料沙、煤	150m、160m、170m、175m	1983—1990 年
青岩子河段模型	武汉水利电力大学	25km	250	125	塑料沙、电木粉	150m、160m、170m、175m	1983—1990 年
丝瓜碛河段模型	长江科学院	24km	300	120	塑料沙	150m	1983—1985 年
兰竹坝河段模型	清华大学	25km	300	120	塑料沙	150m	1983—1985 年
江津青草背至剪刀峡河段模型	南京水利科学研究院	干流 175km，嘉陵江 18km	250	100	电木粉	175m、180m、156m	1986—2005 年

表 2-6　　　　　　　　　三峡工程坝区泥沙实体模型一览表

模型名称	研究单位	模拟河段及长度	平面比尺	垂直比尺	模型沙	试验正常蓄水位方案	试验研究时间
坝区泥沙模型	长江科学院	太平溪至黄陵庙15km	150	150	煤	①枢纽建筑物泥沙问题;②施工期通航方案及取水口、码头选址	1983—1990 年
坝区泥沙模型	长江科学院	腊肉洞至晒经坪31.5km	150	150	煤	枢纽建筑物泥沙问题	1990—2010 年
坝区泥沙模型	南京水利科学研究院	太平溪至鹰子嘴15km	200	100	电木粉	①枢纽建筑物泥沙问题;②施工通航方案	1983—1988 年
坝区泥沙模型	南京水利科学研究院	庙河至青鱼背30km	200	100	电木粉	枢纽建筑物泥沙问题	1988—2010 年
坝区泥沙模型	清华大学	腊肉洞至三斗坪20km	180	180	塑料沙	枢纽建筑物泥沙问题	1992—2005 年
坝区泥沙模型	西南水运工程科学研究所、南京水利科学研究院	美人沱至乐天溪19km	150	150	煤	施工通航泥沙问题	1992—1995 年
局部泥沙模型	长江科学院	地下电站引水渠	50	50	木屑	地下电站排沙底孔布置	1995 年
局部泥沙模型	武汉水利电力大学	上游引航道	120	60	滑石粉	上游引航道防淤措施	1994—1995 年
局部泥沙模型	清华大学	下游引航道	120	120	塑料沙	下游引航道防淤措施	1994—1995 年

表 2-7　　　　　　　　　三峡工程坝下游河段泥沙实体模型一览表

模型名称	研究单位	模拟河段及长度	平面比尺	垂直比尺	模型沙	试验正常蓄水位方案	试验研究时间
葛洲坝枢纽至虎牙滩河段	天津水运工程科学研究所	庙嘴至艾家河14km	200	80	煤	整治工程方案	1996—2000 年
葛洲坝枢纽至虎牙滩河段	清华大学	庙嘴至虎牙滩19.4km	300	150	塑料沙、煤	整治工程方案	1996—2000 年
葛洲坝枢纽至虎牙滩河段	长江科学院	葛洲坝枢纽至虎牙滩26km	300	120	煤	整治工程方案	1997—2001 年
芦家河浅滩河段	武汉水利电力大学	关洲至昌门溪18km	300	100	塑料沙、煤	整治工程方案	1996—2005 年
枝城至大埠街河段	长江航道规划设计研究院	枝城大桥至大埠街54km	300	100	塑料沙、煤	整治工程方案	1996—2005 年

续表

模型名称	研究单位	模拟河段及长度	平面比尺	垂直比尺	模型沙	试验正常蓄水位方案	试验研究时间
芦家河浅滩河段	长江科学院	枝城至枝江 40km	400	100	煤	整治工程方案	1998—2005 年
荆江河段防洪模型	长江科学院	杨家脑至螺山 301.7km	400	100	塑料合成沙	河势控制方案	2003—2011 年

三峡工程泥沙实体模型试验研究工作有以下特点：

（1）泥沙实体模型试验研究与水文泥沙原型观测紧密结合。在研究过程中，首先根据原型观测资料对所研究河段的水流泥沙特性和河道演变规律有较全面的分析，为模型设计提供依据。其次在模型建成后通过验证试验，以确定模型的水流与泥沙运动的有关比尺，并论证模型试验成果的可靠性。此外，还根据丹江口水库变动回水区原型观测资料进行了丹江口水库变动回水区泥沙实体模型试验，以论证模型设计方法和试验成果的可靠性。

（2）泥沙实体模型试验与泥沙数学模型计算相结合。由于泥沙实体模型试验研究水库变动回水区、坝区和坝下游河道泥沙问题所涉及的河段长度达数百千米，而且水库运行至冲淤初步平衡的历时需数十年，模型试验河段上游的来水来沙条件和河段末端的水位等条件需由泥沙数学模型计算提供。

（3）泥沙实体模型同时模拟悬移质、沙质推移质和卵石推移质泥沙运动和河床冲淤过程。由于水库上游来沙的颗粒级配范围广，包括砂、砾和卵石，水库变动回水区和坝下游河道的河床组成包括砂、砾和卵石，泥沙实体模型试验过程中需同时模拟上述泥沙组成，以全面反映河床冲淤变化。

（4）重大技术问题由多单位平行研究。三峡工程泥沙问题是三峡工程关键技术问题之一。1986 年三峡工程可行性重新论证阶段以来，为了深入研究水库变动回水区重庆主城区河段泥沙淤积问题，以及枢纽通航建筑物与电站防淤问题，多个研究单位按统一的水沙条件和试验要求分头平行研究，及时交流和发现试验研究过程中出现的问题，使试验研究所得的结论更为稳妥可靠。例如，先后有长江科学院等 6 个单位进行重庆市主城区河段泥沙问题试验研究，兴建泥沙实体模型 7 座（表2-5）；坝区泥沙问题也先后有长江科学院等 4 个研究单位进行试验研究，兴建泥沙实体模型 6 座（表2-6）。

（5）试验研究工作从难从严，注意留有余地。为使三峡工程泥沙问题研究的结论稳妥可靠，试验研究工作从难从严，注意留有余地。具体措施包括：一是三峡工程泥沙问题研究时段从枢纽运行初期到水库淤积基本平衡阶段，以全面研究枢纽运用各阶段可能出现的泥沙问题；二是为了保证研究成果偏于安全，三峡工程可行性重新论证阶段采用的试验水沙条件为 1961—1970 年水文年系列，其径流量和输沙量年平均值较 1953—1984 年年平均值略偏大，而且包括丰水丰沙年、中水中沙年和小水少沙年等典型年；初步设计阶段在 1961—1970 年典型年系列基础上，每隔 20～30 年加入一次 1954 年丰水丰沙典型年。

（6）泥沙实体模型试验与船模试验相结合。在坝区泥沙实体模型试验过程中，为研究三峡工程运用不同时段泥沙淤积对通航建筑物引航道通航水流条件的影响，除观测引航道内和口门区的淤积地形及流速流态外，还通过船模试验判别其通航水流条件是否符合航行要求。

二、泥沙实体模型设计

（一）泥沙实体模型相似条件

泥沙实体模型相似条件包括原型和模型在几何形态、水流运动和泥沙运动三个方面的相似条件。三峡工程泥沙实体模型根据研究任务和泥沙问题的性质，在上述三个方面的基本相似条件是一致的，各模型具体采用的相似条件则有一定的差别。以下就三峡工程泥沙实体模型设计采用的相似条件做简要综述。

1. 几何形态相似

几何形态相似指原型和模型的几何形态相似，并保持一定的比例关系，包括模型河段范围、平面比尺和垂直比尺的确定。

（1）模拟河段范围。模拟河段范围包括研究河段及其上、下游一定范围的过渡段。研究河段的范围根据研究目的选取一个或多个河道单元（即弯道段、汊道段和顺直段），但至少应有一个完整的河道单元。研究河段上游过渡段的范围应满足建库前后研究河段进口处的河势、流速、流态均能与原型相似的要求，一般选在河势和河岸均较稳定，且断面窄深的节点段。研究河段下游过渡段应有足够长度以满足研究河段的水位和流速流态不受过渡段末端尾门影响的要求。以三峡工程坝区泥沙实体模型为例，1983 年长江科学院和南京水利科学研究院分别兴建的模型，其模拟河段范围均为太平溪至黄陵庙，全长约 15km（图 2-13）；1988 年南京水利科学研究院新建的坝区泥沙模型，模拟河段上延至美人沱，下延至乐天溪以下 2km，全长约 22km；1990 年长江科学院新建的坝区泥沙模型，模拟河段上延至腊肉洞，下延至晒经坪，全长 31.5km。1983 年兴建的两个坝区泥沙模型，因进口段位于太平溪，处于太平溪弯道中段,未能全面反映建库后上游河势变化对上游引航道口门区流速流态的影响(图2-13和图2-14)[51-53]。南京水利科学研究院1988年新建的坝区泥沙模型,进口位于美人沱,紧临太平溪弯道上段,曲溪以上主流偏右,

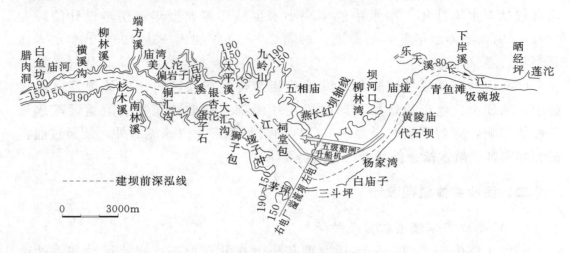

图 2-13 三峡工程坝区河段河势图

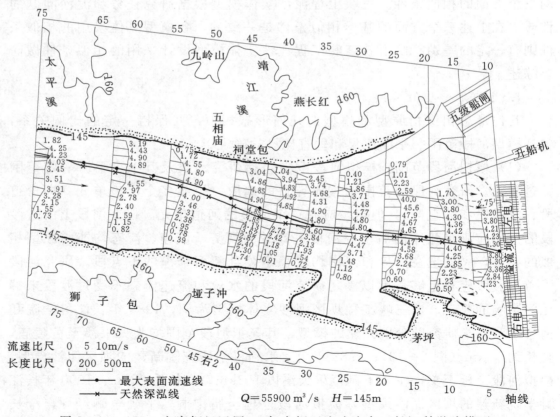

图 2-14 175m 方案枢纽运用 90 年末坝区流速流态(长江科学院模型)

受蛋子石山嘴的强烈挑流作用，主流偏左顶冲祠堂包一带，以下又折向右侧流向溢流坝段，形成反S形连续弯道（图2-15）[54]。从建库后坝区河段平面形态分析，庙河至黑岩子为顺直段，黑岩子至五相庙总体上为左向大弯曲段，五相庙至溢流坝为河谷宽阔的顺直段；进流经过庙河至黑岩子顺直段调整后模型流态与原型基本相似。长江科学院1990年新建的坝区泥沙模型，进口位于腊肉洞，建库后庙河至溢流坝前形成连续微弯河势，蛋子石山体附近主流居中（图2-16）[55]。1991年以后南京水利科学研究院坝区泥沙模型进口从美人沱上延至庙河，所得试验结果与长江科学院模型基本一致（图2-17）[56]。

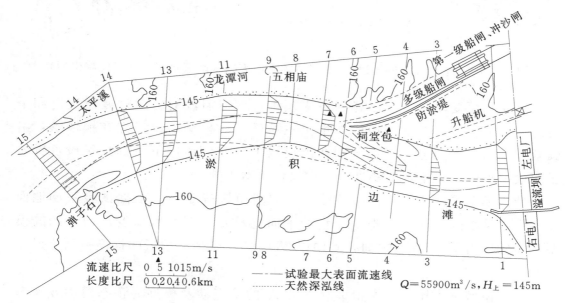

图2-15 175m方案枢纽运用86年末流速流态（南京水利科学研究院模型）

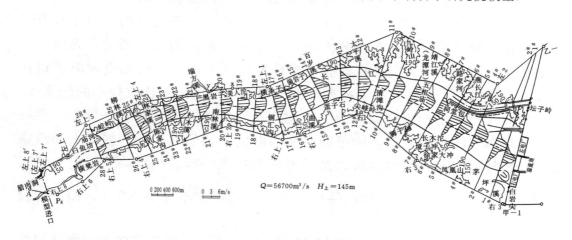

图2-16 175m方案枢纽运用80年末坝区流速流态（长江科学院模型）

清华大学 1992 年兴建的坝区泥沙模型，进口位于腊肉洞，所得试验结果与上述两模型基本一致[57]。

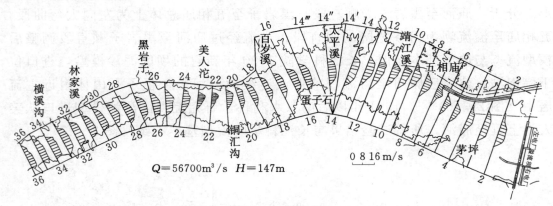

图 2-17　175m 方案枢纽运用 76 年坝区流速流态（南京水利科学研究院模型）

三峡水库变动回水区已建的各座模型，模拟河段的上游过渡段进口和下游过渡段出口多选在狭谷段，如重庆主城区河段模型的出口选在铜锣峡，洛碛至长寿河段模型进、出口分别在汊道段上游和弯道段下游的狭谷段，青岩子河段模型进口位于黄草峡进口，出口位于剪刀峡。

（2）模型平面比尺。在模型的模拟河段范围确定后，根据试验室场地面积和供水系统的供水能力选定模型的平面比尺 α_l。三峡水库变动回水区的模型平面比尺为 175~500 之间，其中以 250~300 居多。坝区的模型平面比尺为 150~200。

（3）模型垂直比尺。模型垂直比尺 α_h 的确定涉及模型为正态模型或变态模型，以及模型变率（模型的平面比尺 α_l 与垂直比尺 α_h 的比值）的合理选定。根据已往泥沙实体模型试验研究工作的经验，正态模型的模型水深若过小，可能导致模型水流的雷诺数太小，不能保证水流的充分紊动；表面张力影响太大，超过了允许限度；模型要求模型糙率太小，一般制模材料难以达到要求；模型中的流速太小，模型沙选择困难，即使采用比重较小的轻质沙，也因颗粒太小，易产生絮凝现象。因此，泥沙实体模型多为变态模型。根据有关单位对三峡工程泥沙实体模型变率问题的专项研究，认为变率大小应根据河道特性、研究问题的性质以及模型试验要求等因素确定，一般定床模型变率小于 10，模型河道宽深比 $\left[\dfrac{B}{H}\right]_m$ 大于 2；动床模型变率小于 6，模型河段宽深比 $\left[\dfrac{B}{H}\right]_m$ 大于 5[58]。三峡工程坝区泥沙实体模型主要研究建坝后坝区河势变化、通航建筑物引航道防淤减淤以及电站防沙问题，枢纽建筑物前缘水流三度性强，因此，长江科学院和清华大学的坝区泥沙实体模型均为正态模型，垂直比尺与水平比尺相同，南京水利科学研究院的坝区泥沙实体模型变率为2。由于水库变动回水区河段为山区性河道，坝下游宜昌至杨家脑河段为山区性河道向冲积平原河道过渡的河段，横断面均较为窄深；同时考虑到可能选择的模型沙为煤粉、塑料沙和电木粉，其比重为 1.05～1.4，因此，水库变动回水区泥沙实体模型均为变态模型，除三峡水库淤积模型的变率为 5 外，其他模型的变率在1.4～2.5 之间。

2. 水流运动相似

泥沙实体模型（正态和变态）水流运动相似的条件如下：

（1）重力相似条件：

$$\alpha_v = \alpha_h^{1/2} \tag{2-154}$$

式中：α_v 为流速比尺。

（2）阻力相似条件：

$$\alpha_n = \alpha_h^{2/3}/\alpha_l^{1/2} \tag{2-155}$$

式中：α_n 为糙率比尺。

（3）水流连续相似条件：

$$\alpha_v = \alpha_l/\alpha_t \tag{2-156}$$

及

$$\alpha_Q = \alpha_l\alpha_h\alpha_v \tag{2-157}$$

式中：α_t 为时间比尺；α_Q 为流量比尺。

此外，为了保证模型的水流流态与原型相似，即模型水流为紊流状态，模型水流的雷诺数应大于 1000；同时为使模型水流不受表面张力的影响，模型的最小水深应大于 1.5cm。

已建的三峡工程泥沙实体模型均要求同时满足阻力相似条件和重力相似条件。仅 1960—1964 年进行的三峡水库淤积模型试验，其重力相似条件偏离 20%。

已建的三峡工程泥沙实体模型定床试验阶段一般采用床面加糙的方法满足阻力相似条件。通过验证试验调整黏附在模型床面上的沙、砾、卵石的粒径和分布密度，以增减床面粗糙程度，达到模型与原型同流量的水面线相似。动床试验阶段只能在岸壁加糙，对水面线相似的要求稍为降低。

3. 泥沙运动相似

关于泥沙运动的机理，尚有待深入研究，完整描述泥沙运动和输移的基本方程式还未建立，泥沙实体模型一般采用不同的方法对基本相似条件进行模拟，并通过验证试验，修正模型比尺，以达到原型与模型泥沙运动的总体相似。

（1）泥沙沉降、悬浮相似。根据紊流扩散理论得出的三维非恒定流悬移质泥沙方程为

$$\frac{\partial S}{\partial t}=\frac{\partial}{\partial x}\left[\varepsilon_{sx}\frac{\partial S}{\partial x}\right]+\frac{\partial}{\partial y}\left[\varepsilon_{sy}\frac{\partial S}{\partial y}\right]+\frac{\partial}{\partial z}\left[\varepsilon_{sz}\frac{\partial S}{\partial z}\right]+\frac{\partial}{\partial y}(\omega S)-\frac{\partial(u_x S)}{\partial x}-\frac{\partial(u_y S)}{\partial y}-\frac{\partial(u_z S)}{\partial z}$$

$$(2-158)$$

式中：S 为含沙量；ε_{sx}、ε_{sy}、ε_{sz} 分别为水流方向、垂向和横向的泥沙紊动扩散系数；ω 为泥沙沉速；u_x、u_y、u_z 为 x、y、z 方向的时均流速；t 为时间。

对于二维恒定流，根据相似原理，假定 $\alpha_{\varepsilon_{sx}}=\alpha_{\varepsilon_{sy}}$，可以导出悬移质泥沙沉降相似条件

$$\alpha_\omega=\frac{\alpha_h}{\alpha_l}\alpha_v \qquad (2-159)$$

及泥沙悬浮相似条件

$$\alpha_\omega=\left(\frac{\alpha_h}{\alpha_l}\right)^{1/2}\alpha_v \qquad (2-160)$$

上二式中：α_ω 为泥沙沉速比尺。

上述两个相似条件的要求并不一致，只有正态模型才能达到两者一致。三峡水库变动回水区和坝区泥沙实体模型多按悬移质泥沙沉降相似条件确定泥沙沉速比尺 α_ω，并据此利用泥沙沉速与粒径比尺关系选定模型沙粒径比尺 α_d。

不同的泥沙沉速公式可以得出不同的沉速与粒径比尺关系。三峡水库变动回水区和坝区实体泥沙模型采用以下几种沉速公式[41,59]。

1）按斯托克斯滞流区沉速公式

$$\omega=\frac{1}{18}\frac{\gamma_s-\gamma}{\gamma}g\frac{d^2}{\nu} \qquad (2-161)$$

取比尺形式后有

$$\alpha_\omega=\alpha_{\frac{\gamma_s-\gamma}{\gamma}}\frac{\alpha_d^2}{\alpha_v} \qquad (2-162)$$

上二式中：γ_s 和 γ 为泥沙和水的比重；ν 为水流运动黏滞系数。

假定 $\alpha_v=1$，则得

$$\alpha_d=\left[\frac{\alpha_\omega}{\alpha_{\frac{\gamma_s-\gamma}{\gamma}}}\right]^{1/2} \qquad (2-163)$$

2）按适用于滞流区、紊流区和过渡区的统一沉速公式，选用张瑞瑾公式

$$\omega=\sqrt{\left(13.95\frac{\nu}{d}\right)^2+\left[1.09\frac{\gamma_s-\gamma}{\gamma}gd\right]}-13.95\frac{\nu}{d} \qquad (2-164)$$

取比尺形式后有

$$\alpha_d = \left[\alpha_\omega \alpha_\phi^{-1} \left(\alpha_{\frac{\gamma_s - \gamma}{\gamma}} \right)^{-0.5} \right]^2 \qquad (2-165)$$

其中

$$\alpha_\phi = \frac{\phi_y}{\phi_m}$$

$$\phi = \sqrt{ \sqrt{ \left(\frac{13.95 \frac{\nu}{d}}{\sqrt{\frac{\gamma_s - \gamma}{\gamma} g d}} \right)^2 + 1.09 } - \frac{13.95 \frac{\nu}{d}}{\sqrt{\frac{\gamma_s - \gamma}{\gamma} g d}} }$$

因 α_d 计算式中的 ϕ 为隐函数，须通过试算求得。

3）按适用于滞流区、紊流区和过渡区的统一沉速公式，选用窦国仁公式

$$\omega = \sqrt{ \frac{4}{3} \frac{h}{c_d} \frac{\gamma_s - \gamma}{\gamma} g d } \qquad (2-166)$$

其中　　$c_d = \dfrac{32}{Re} \left(1 + \dfrac{3}{16} Re \right) \cos^3 \theta_* + 1.20 \sin^2 \theta_*$ ，$\theta_* = \dfrac{\ln 2Re}{\ln 5000} \dfrac{\pi}{2}$ ，$Re = \dfrac{\omega d}{\nu}$

对于原型悬移质级配中每一级粒径运用式（2-166）求出相应的沉速，根据沉降相似要求的沉降比尺 α_ω，得出模型沙的相应粒径及粒径比尺 α_d，对各组泥沙逐一计算后即可得出模型沙级配。

由上可见，采用不同的沉速公式得出的悬移质泥沙粒径比尺有一定的差别。

（2）水流挟沙能力相似。为满足模型与原型泥沙输移状态相似，水流含沙量比尺应与水流挟沙力比尺相等。水流含沙量比尺可从水流挟沙力公式推求。三峡工程各泥沙实体模型采用如下的水流挟沙力公式推求水流含沙量比尺[41,59-60]：

1）张瑞瑾公式：

$$S = \frac{C\gamma_s}{a^m} \left[\frac{\nu^3}{gh\omega} \right]^m \qquad (2-167)$$

式中的 h 为水深；$a^m = \dfrac{\gamma_s - \gamma}{\gamma}$，取 $m=1$，可得含沙量比尺为

$$\alpha_s = \frac{\alpha_{\gamma_s}}{\alpha_{\frac{\gamma_s - \gamma}{\gamma}}} \qquad (2-168)$$

2）维里卡诺夫公式：

$$S = K \frac{\nu^3}{gh\omega} \qquad (2-169)$$

式中 K 由悬移质运动能量关系求得，$K = a\dfrac{\gamma_s}{\dfrac{\gamma_s - \gamma}{\gamma}}\dfrac{n^2 g}{h^{1/3}}$，$a$ 值为比例系数，

则得

$$S = a\frac{\gamma_s}{\dfrac{\gamma_s - \gamma}{\gamma}}\frac{n^2 g}{h^{1/3}}\frac{n^2 g}{h^{1/3}} \tag{2-170}$$

写成比尺形式，并假定 $\alpha_a = 1$，得

$$\alpha_s = \frac{\alpha_{\gamma_s}}{\alpha_{\frac{\gamma_s - \gamma}{\gamma}}} \tag{2-171}$$

3）窦国仁公式：

$$S = \frac{K}{c_0^2}\frac{\gamma\gamma_s}{\gamma_s - \gamma}\frac{v^3}{gh\omega} \tag{2-172}$$

式中：K 为系数。

当模型水位满足重力相似和阻力相似，模型悬移质泥沙满足沉降相似时，含沙量比尺为

$$\alpha_s = \frac{\alpha_k \alpha_{\gamma_s}}{\alpha_{\gamma_s - \gamma}} \tag{2-173}$$

若假定 $\alpha_k = 1$，则写为

$$\alpha_s = \frac{\alpha_{\gamma_s}}{\alpha_{\gamma_s - \gamma}} \tag{2-174}$$

上述不同挟沙力公式得出的含沙量比尺表达式是一致的，但挟沙力公式中的系数原型与模型不一定相等，一般模型设计时假定其比尺 α_k 等于 1，因此模型的实际含沙量还需要通过验证试验进行调整。

（3）泥沙起动相似。悬移质泥沙或推移质泥沙均要求满足泥沙起动相似。相似条件为

$$\alpha_v = \alpha_{v_0} \tag{2-175}$$

式中：α_v 为流速比尺；α_{v_0} 为泥沙起动流速比尺。

对于悬移质泥沙，当按沉降相似条件选定模型沙和泥沙粒径比尺后，再根据泥沙起动相似条件检验泥沙起动相似程度。对于推移质泥沙，则根据泥沙起动相似条件选定模型沙和泥沙粒径比尺。

三峡工程泥沙实体模型泥沙起动流速比尺的确定有以下三种情况：

1）原型泥沙根据实测资料得出经验公式，模型沙根据水槽试验资料建立经验公式。

原型泥沙起动流速根据实测资料得出经验公式，模型沙起动流速根据水槽试验得出经验公式，以此来确定泥沙起动流速比尺。例如铜锣峡河段泥沙实体模型采用宜昌水文站、奉节水文站等断面卵石推移质实测资料得出的长江卵石起动流速经验公式为[61]

$$v_0 = K \sqrt{\frac{\gamma_s - \gamma}{\gamma} g d} \left[\frac{h}{d} \right]^{1/7} \qquad (2-176)$$

式中：K 为系数，$K = 1.08$。

该模型选用平顶山肥煤作为模型沙，根据水槽试验成果得到与原型卵石起动流速公式形式相同的表达式，当个别起动时，其系数 K 值为 1.33。

换算为比尺关系为

$$\lambda_{v_0} = \alpha_k \alpha_{\frac{\gamma_s-\gamma}{\gamma}}^{1/2} \alpha_d^{5/14} \alpha_h^{1/7} \qquad (2-177)$$

2）原型泥沙采用理论公式，模型沙采用水槽试验成果。

原型泥沙起动流速采用理论公式，模型沙起动流速则根据水槽试验成果得出经验公式，以此来确定泥沙起动流速比尺，或者直接计算不同水深和不同粒径的起动流速比尺。例如青岩子河段泥沙实体模型采用原型沙质推移质的起动流速公式为张瑞瑾和唐存本的起动流速公式，还选用长江科学院根据实测资料建立的长江沙质推移质起动流速经验公式作比较[62-64]。其中张瑞瑾公式为

$$v_0 = 1.34 \sqrt{\frac{\rho_s - \rho}{\rho} g d} \left[\frac{h}{d} \right]^{1/7} \qquad (2-178)$$

唐存本公式为

$$v_0 = 1.79 \frac{1}{1+m} \sqrt{\frac{\rho_s - \rho}{\rho} g d} \left[\frac{h}{d} \right]^m \qquad (2-179)$$

长江科学院经验公式为

$$v_0 = 1.83 \sqrt{\frac{\gamma_s - \gamma}{\gamma} g d} \left[\frac{h}{d} \right]^{1/7} \qquad (2-180)$$

模型沙为塑料沙（苯乙烯二乙烯苯），其起动流速公式根据水槽试验资料拟定为

$$v_{0m} = K \sqrt{\frac{\gamma_s - \gamma}{\gamma} g d} \left[\frac{h}{d} \right]^{1/7} \qquad (2-181)$$

式中：K 为系数，个别起动为 0.97，少量起动为 1.55，大量起动为 1.84。

由于原型沙和模型沙起动流速公式的形式不相同，需分别计算各种水深和各种粒径条件下原型沙和模型沙的起动流速及相应粒径比尺。

3）原型沙和模型沙均采用理论公式计算。

南京水利科学研究院三峡工程变动回水区长河段泥沙模型采用窦国仁泥沙起动流速公式来检验原型底沙和模型底沙的起动相似性[65]。窦国仁泥沙起动流速公式为

$$v_0 = 0.265\varphi\sqrt{\frac{\gamma_s - \gamma}{\gamma}gd}$$ (2-182)

其中

$$\varphi = \left(\ln 11\frac{h}{\Delta}\right)\sqrt{1 + 0.19\frac{\gamma}{\gamma_s - \gamma}\frac{\varepsilon_k + gh\delta}{gd^2}}$$

起动流速比尺为

$$\alpha_{v_k} = \alpha_\varphi \alpha_{\gamma_s - \gamma}^{1/2}\alpha_d^{1/2}$$ (2-183)

其中

$$\alpha_\varphi = \frac{\left[\left(\ln 11\frac{h}{\Delta}\right)\sqrt{1 + 0.19\frac{\gamma}{\gamma_s - \gamma}\frac{\varepsilon_k + gh\delta}{gd^2}}\right]_{天然}}{\left[\left(\ln 11\frac{h}{\Delta}\right)\sqrt{1 + 0.19\frac{\gamma}{\gamma_s - \gamma}\frac{\varepsilon_k + gh\delta}{gd^2}}\right]_{模型}}$$

三峡工程变动回水区和坝区泥沙实体模型，均以悬移质泥沙运动为主，模型沙粒径比尺均按沉降相似条件确定，然后按泥沙起动相似条件计算模型泥沙起动流速比尺及其与流速比尺的偏离程度。

（4）推移质输沙相似。推移质输沙的相似条件，可以从推移质输沙率公式导得。三峡工程泥沙实体模型推移质输沙相似条件的确定有以下三种情况：

1）根据推移质输沙率公式得出输沙率比尺。

三峡工程泥沙实体模型设计多采用以下的推移质输沙率公式得出输沙率比尺。例如，根据窦国仁底沙单宽输沙率公式[60]

$$q_{sb} = \frac{k_0}{c_0^2}\left(\frac{\gamma_s\gamma}{\gamma_s - \gamma}\right)(v - v_k)\frac{v^3}{g\omega}$$ (2-184)

按照相似原理导得输沙率比尺为

$$\alpha_{q_{sb}} = \frac{\alpha_{\gamma_s}}{\alpha_{\gamma_s - \gamma}}\frac{\alpha_v^4}{\alpha_\omega \alpha_{c_0}^2}$$ (2-185)

式（2-184）中：k_0 为综合系数；$c_0 = \dfrac{v}{\sqrt{ghJ}}$；$v_k$ 为以平均流速表示的泥沙起动临界流速；ω 为泥沙沉降速度。

根据沙莫夫单宽输沙率公式[48,66]

$$q_{sb} = Kd\gamma_s\left(\frac{v}{v_0}\right)^3(v - v_0)\left(\frac{d}{h}\right)^{1/4}$$ (2-186)

式中：K 为系数。

按照相似原理，导得输沙率比尺为

$$\alpha_{q_{sb}} = \alpha_{\gamma_s} \alpha_d^{5/4} \alpha_h^{1/4} \qquad (2-187)$$

2）根据原型推移质输沙率资料和水槽试验资料确定推移质输沙率比尺。

中国水利水电科学研究院重庆河段泥沙实体模型通过分析寸滩站实测卵石推移质输沙率，确定寸滩站流量与卵石推移质输沙率和流量与卵石推移质粒径的关系。在试验室水槽中进行模型沙的单宽推移质输沙率试验，将同级流量下原型实测推移质单宽输沙率与水槽试验单宽输沙率相比，得出卵石推移质单宽输沙率比尺[67]。

3）根据原型推移质输沙率资料和模型预备性试验确定推移质输沙率比尺。

长江科学院重庆主城区河段泥沙实体模型首先选择以流速为主要参数的卵石推移质输沙率公式初步计算出卵石推移质输沙率比尺和冲淤时间比尺，然后在泥沙实体模型上进行卵石推移质输沙平衡预备性试验，对比寸滩站实测的和试验得出的流量与卵石推移质输沙率关系曲线，以确定模型卵石推移质输沙率比尺和冲淤时间比尺[68]。

（5）河床变形相似。悬移质的河床冲淤变形方程为

$$\frac{\partial}{\partial x}\left[\frac{qS}{\gamma_s'}\right] + \frac{\partial Z}{\partial t_s} = 0 \qquad (2-188)$$

式中：q 为单宽流量；γ_s' 为泥沙干容重；S 为含沙量；Z 为河床高程；x 为沿水流方向的河段长度；t_s 为冲淤变形时间。

根据相似原理，得出河床冲淤时间比尺为

$$\alpha_{t_s} = \frac{\alpha_{\gamma_s'} \alpha_l}{\alpha_s \alpha_h^{1/2}} \qquad (2-189)$$

式中：$\alpha_{\gamma_s'}$ 为悬移质泥沙干容重比尺；α_s 为含沙量比尺。

推移质的河床冲淤变形方程为

$$\frac{1}{\gamma_s'}\frac{\partial q_b}{\partial x} + \frac{\partial Z}{\partial t_s} = 0 \qquad (2-190)$$

式中：q_b 为推移质单宽输沙率；γ_s' 为泥沙干容重；x 为沿水流方向的河段长度；Z 为河床高程；t_s 为冲淤变形时间。

根据相似原理，可得推移质冲淤时间比尺为

$$\alpha_{t_s} = \frac{\alpha_h \alpha_l \alpha_{\gamma_s'}}{\alpha_{g_b}} \qquad (2-191)$$

（6）异重流运动相似。长江的悬移质泥沙颗粒较细，水深较大，在一定

条件下能够形成异重流。三峡工程坝区泥沙实体模型需要研究枢纽引航道的泥沙淤积问题，故在模型设计中考虑了异重流运动相似条件。

1）南京水利科学研究院坝区泥沙实体模型。根据对异重流的研究成果，提出如下 4 个相似条件[60]。

异重流发生条件为

$$\frac{v^2}{\dfrac{\gamma'-\gamma}{\gamma}gh}=K \tag{2-192}$$

异重流速度为

$$v_e=C_{oe}\sqrt{\frac{\gamma'-\gamma}{\gamma}gh_ei_e} \tag{2-193}$$

异重流输沙量的沿程变化为

$$\frac{\partial(v_eSh_e)}{\partial x}=\omega s \tag{2-194}$$

异重流的淤积时间比尺为

$$\frac{\partial(v_eSh_e)}{\partial x}=\gamma'_s\frac{\partial z}{\partial t} \tag{2-195}$$

上述公式中：γ' 为浑水容重；v_e 为异重流速度；C_{oe} 为异重流无尺度谢才系数；h_e 为异重流厚度；i_e 为异重流比降；γ'_s 为泥沙干容重；s 为异重流含沙量。

由于
$$\gamma'=\gamma+\frac{\gamma_s-\gamma}{\gamma_s}s$$

故
$$\frac{\gamma'-\gamma}{\gamma}=\frac{\gamma_s-\gamma}{\gamma_s\gamma}s$$

因而式（2-192）和式（2-193）可以写作：

$$\frac{v^2}{\dfrac{\gamma_s-\gamma}{\gamma\gamma_s}sgh}=K \tag{2-192'}$$

$$v_e=C_{oe}\sqrt{\frac{\gamma_s-\gamma}{\gamma\gamma_s}sgh_ei_e} \tag{2-193'}$$

由式（2-192'）得异重流发生的相似条件为

$$\alpha_v^2=\frac{\alpha_{\gamma_s-\gamma}\alpha_s\alpha_h}{\alpha_{\gamma_s}}$$

或
$$\frac{\alpha_{\gamma_s-\gamma}\alpha_s}{\alpha_{\gamma_s}}=1 \tag{2-196}$$

由式（2-193'）并考虑式（2-196），得异重流阻力相似条件为

$$\alpha_{C_{oe}} = \left(\frac{\alpha_l}{\alpha_h}\right)^{1/2} \qquad (2-197)$$

由式（2-194）得异重流淤积部位的相似条件为

$$\alpha_\omega = \alpha_v \frac{\alpha_h}{\alpha_l} \qquad (2-198)$$

由式（2-195）得异重流的淤积时间比尺为

$$\alpha_{t_s} = \frac{\alpha_{\gamma'_s} \alpha_l \alpha_{\gamma_s}^{1/2}}{\alpha_s^{3/2} \alpha_{\gamma_s-\gamma}^{1/2} \alpha_h^{1/2}} \qquad (2-199)$$

式（2-196）~式（2-199）是决定异重流相似的 4 个条件，其中关键的公式是式（2-196），即要求模型与原型浑水容重相同。

2）长江科学院坝区泥沙实体模型。关于异重流相似问题，以往研究表明，当悬移质泥沙满足沉降相似和挟沙能力相似，即能满足异重流发生条件、运行及淤积等方面的相似。坝区泥沙实体设计已考虑了上述相似条件，但由于异重流的泥沙只是全部水流泥沙中的一部分；异重流的非均匀性和不恒定性较全部水流更为强烈，其几何边界条件又包括槽底边界和异重流交界面边界等，须通过验证试验或预备试验对异重流相似条件加以调整[46-48,69-70]。

（二）泥沙实体模型比尺的选定

1．模型沙的选定

长江干流泥沙输移以悬移质输移为主，悬移质泥沙粒径较细，而且在河床冲淤变化过程中，悬移质与床沙经常发生交换。因此，泥沙实体模型的模型沙必须达到悬移相似和起动相似。模型沙选择的主要困难是：为满足悬移相似，要求模型沙的粒径很细，而细颗粒模型沙易发生絮凝现象，影响模型沙的起动相似。采用轻质沙可以较好地解决上述矛盾。三峡工程泥沙实体模型除 1960—1964 年进行的三峡水库淤积模型采用天然沙作为模型沙外，均采用轻质沙作模型沙。

理想的轻质模型沙宜符合如下条件：①物理性能和化学性能稳定；②相对密度、粒径和颜色可以调整，以满足模型设计要求；③制作加工费用较低廉，易于大量生产。

三峡工程泥沙实体模型采用的模型沙有以下种类：

（1）塑料沙。为生产离子交换树脂的中间产品，由苯乙烯和二乙烯苯聚合而成的白色半透明圆球，长期浸泡在水中其物理化学性能可保持稳定，相对密度为 1.05 左右，用于模拟悬移质泥沙。

（2）电木粉。由低压电器材料的边角废料加工而成，或由酚醛树脂加木粉特制而成，相对密度为 1.4 左右，用于模拟悬移质和推移质泥沙。

（3）煤粉。相对密度为 1.33～1.48，因产地和品种不同而异，用于模拟悬移质和推移质泥沙。

（4）核桃壳粉。由核桃壳粉碎而成，相对密度为 1.44，用于模拟卵石推移质。

（5）塑料合成沙。由长江科学院和武汉理工大学研制，主要成分为聚酯乙烯树脂、超细活化碳酸钙和滑石粉等，相对密度可在 1.2～1.4 范围内调节，并可染成不同颜色以便于试验过程中观察。塑料合成沙物理性能稳定，可以模拟悬移质和推移质泥沙[71]。

2. 悬移质和推移质泥沙的同时模拟

（1）悬移质和沙质推移质泥沙的同时模拟。在河床冲淤变化过程中，悬移质中的床沙运动和沙质推移质运动是同时存在的，而且处于经常交换的状态。因此，泥沙实体模型必须同时模拟悬移质和沙质推移质运动，才能达到河床冲淤变化相似。虽然悬移质和沙质推移质在河床冲淤过程中相互转化，但悬移质运动和沙质推移质运动的力学机理不同，两者的输移规律和输沙率公式结构形式也不一致，因此按河床变形方程式得出的时间比尺也难以达到相同。长江干流泥沙输移以悬移质泥沙输移为主，悬移质中的床沙质输沙率也远大于沙质推移质输沙率，例如上游寸滩站悬移质平均年输沙量为 4.13 亿 t（1966—2001 年），而沙质推移质平均年输沙量仅为 27.7 万 t（1991—2001 年）。三峡工程泥沙实体模型一般要求同时模拟悬移质和沙质推移质泥沙运动，并且采用同一种轻质模型沙加以模拟。但是，即使对于同一种模型沙，采用不同的推移质输沙率公式得出的河床变形时间比尺差别也较大。由于长江干流悬移质泥沙运动对河床冲淤变形起主要作用，三峡工程泥沙实体模型一般依据悬移质冲淤时间比尺进行模型试验。

（2）悬移质和全部推移质的同时模拟。关于悬移质和沙质推移质、卵石推移质的同时模拟，虽然在河床冲淤变化过程中卵石推移质与悬移质不发生直接交换，但沙质推移质与卵石推移质在床面推移过程中互相影响，因此模型试验过程中原则上应该同时模拟悬移质、沙质推移质和卵石推移质泥沙运动。与沙质推移质运动相类似，卵石推移质运动的力学机理与悬移质不一致，按输沙率计算公式得出的冲淤时间比尺也难以一致。长江干流卵石年输移量远小于悬移质年输移量，例如上游寸滩站平均年卵石输移量为 22.5 万 t（1966—2001 年），仅为悬移质年输移量的 0.05%。三峡工程泥沙实体模型采取两种试验方法：一种是以悬移质运动的时间比尺为准进行模型试验。另一种是按研究问题的性质，分别进行卵石推移质泥沙试验或悬移质泥沙试验，例如三峡水库变动回水区洛碛至长寿河段为卵石浅滩河段，三峡工程若按正常蓄水位150m、156m和160m方案运用，该河段汛期水位壅高甚微，基本上处于天然状态，河床演变以卵石推移质运动为主，悬移质基本上不参与造床作用，故单独进行卵石推移质试验，研究河段内卵石推移质运动对浅滩冲淤的影响[67,72]；又如青岩子河段位于三峡工程正常蓄水位150m方案水库变动回水区的上段，需同时模拟悬移质和卵石推移质运动，正常蓄水位160m、170m和175m方案该河段位于变动回水区的中段，只模拟悬移质泥沙运动[62]。

3. 模型试验时间比尺变态问题的处理

泥沙实体模型存在两个不同的时间比尺：一是由水流连续相似导出的时间比尺；二是由河床变形相似导出的时间比尺。由于采用轻质模型沙导致两个时间比尺不相等，而且河床变形时间比尺远大于水流时间比尺，称为时间比尺变态。三峡工程泥沙实体模型的水流时间比尺一般为12～40，而河床变形时间比尺一般为56～600。泥沙实体模型主要是研究河床变形问题，故模型试验时间必须按河床变形时间比尺控制，但因槽蓄作用不一致而造成水流运动滞后，表现为洪水波向下游传播滞后和回水向上游传播滞后，从而影响到河床变形的相似，其影响程度取决于洪峰流量变幅大小和变动频繁程度、模拟河段槽蓄量的大小以及坝前水位变动的幅度和频繁程度。

对于三峡工程泥沙实体模型试验时间比尺变态问题，有关单位进行了深入研究[73-75]。三峡工程实体泥沙模型主要研究建库后直到淤积平衡的长系列年泥沙问题，三峡水库又是河道型水库，槽蓄作用相对较小，解决模型试验时间比尺变态问题的措施主要为：①模型试验的时间比尺以河床变形时间比尺为准，模型年内流量过程线简化为阶梯状流量过程线，其中每级流量的历时不能太短，最短的时段应大于洪水波从模型进口至出口的传递时间；②试验过程中模型进口处从第一级流量调整到第二级流量的历时适当延长，以减小模型试验河段内槽蓄变化带来的影响，在模型试验河段出口处推迟并延长从第一级水位调整到第二级水位的历时，使模型河段内的水位较快达到要求的水位。

4. 泥沙实体模型比尺的最终确定

从前述模型相似条件分析可知：确定模型各项比尺所依据的计算公式分两类：一类是由水流运动方程式和河床变形方程式导出的比尺；另一类是由泥沙起动流速公式、悬移质水流挟沙力公式和推移质输沙率公式导出的比尺。

前者较为严谨，后者则因采用不同的公式，或同一公式中选取的系数和指数不同而有较大差别；此外，三峡工程泥沙实体模型需要同时模拟悬移质、沙质推移质和卵石推移质泥沙，而相应的冲淤时间比尺不一致，只能视研究问题的不同近似采用统一的时间比尺。因此，泥沙实体模型的各项比尺必须通过验证试验最终确定。

三峡工程泥沙实体模型通过验证试验最终确定的模型比尺为悬移质含沙量比尺、推移质输沙率比尺和冲淤时间比尺。三峡工程泥沙实体模型的比尺汇总见表 2-8。

三、泥沙实体模型试验可靠性的验证

鉴于三峡工程泥沙问题的重要性，对泥沙实体模型试验的可靠性进行了两方面的验证：一是利用已建成运用的丹江口水库变动回水区泥沙淤积实测资料进行模型试验，检验三峡工程泥沙模型设计方法的可靠性；二是在已有的模型上利用三峡工程蓄水运用后的泥沙实测资料，按原定的各项模型比尺进行重复性试验，对比模型与原型泥沙冲淤的差别，以检验模型试验成果的可靠性。

（一）泥沙实体模型设计方法的论证性试验

1989 年三峡工程可行性重新论证阶段，为检验三峡水库变动回水区泥沙实体模型试验成果的可靠性，三峡工程论证泥沙专家组安排长江科学院承担丹江口水库变动回水区典型河段泥沙冲淤验证试验研究工作，原型观测任务由长江水利委员会丹江口水利枢纽水文实验站承担[76]。

经对丹江口水库变动回水区泥沙冲淤变化历年资料分析比较，选定丹江口水库变动回水区下段和常年回水区上段的油房沟河段作为模拟河段（图2-18）。河段由肖家湾至郧县县城，全长 20km。该河段具有以下开展试验研究的有利条件：①该河段的河道形态与三峡水库变动回水区河段类似，包括弯道段、汊道段和顺直段，其中有两个浅滩段，而且有系统的河道演变资料；②河段进口段有油房沟水文站，下段设有新码头水位站，有系统的水文资料；③受坝前水位调整影响，年内水位变幅较大，年际和年内的冲淤幅度也较大。

油房沟河段泥沙实体模型的设计方法、模型沙和模型几何比尺与长江科学院铜锣峡河段模型相同，模型比尺见表 2-8。模型试验分两个阶段：第一阶段为验证阶段，在 1976 年 12 月实测地形基础上，根据提供的河段进出口水沙资料和地形资料进行 1977—1985 年的验证试验，对比分析河段的淤积分布

表2-8　泥沙模型比尺汇总表

模型名称	几何比尺 水平	几何比尺 垂直	水流运动比尺 流速	水流运动比尺 糙率	水流运动比尺 流量	水流运动比尺 水流时间	悬移质 沉速	悬移质 粒径	悬移质 含沙量	悬移质 起动流速	悬移质 干容重	悬移质 冲淤时间	沙质推移质 沉速	沙质推移质 粒径	沙质推移质 起动流速	沙质推移质 单宽输沙率	沙质推移质 干容重	沙质推移质 冲淤时间	卵石推移质 粒径	卵石推移质 起动流速	卵石推移质 单宽输移沙率	卵石推移质 干容重	卵石推移质 冲淤时间	悬移质模型沙 名称	悬移质模型沙 相对密度	沙质推移质模型沙 名称	沙质推移质模型沙 相对密度	卵石推移质模型沙 名称	卵石推移质模型沙 相对密度
三峡水库淤积模型	500	100	8.00		400000	62.50													78.00	8	36.0~890.0		67.4~166.7					天然沙	
重庆主城区河段模型（清华大学）	300	120	10.95	1.400	394200	27.40	4.380		0.085		1.949	600.0							21.05		274.6	3.448	600.0	塑料沙	1.056			核桃壳	1.440
重庆主城区河段模型（中国水利水电科学研究院）	250	100	10.00	1.360	250000	25.0	4.00	1.050~1.250	0.500	10.000	3.100	120.0												酚醛树脂	1.450				
重庆主城区河段模型（长江科学院）	300	120	10.95	1.405	394360	27.40	4.380		0.085		1.950	600.0							17.00		270.0	2.250	208.0	塑料沙	1.056			大同无烟煤	1.480
重庆主城区河段模型（西南水运工程科学研究所）	175	125	11.18	1.890	244570	15.65	7.986	1.495	0.398	9.353	2.680	105.0		1.538	8.498	557.0	2.68	105	26.00	10.98	277.0		600.0	四川荣昌精煤	1.330	四川荣昌精煤	1.33	平顶山肥煤	1.377
重庆主城区河段模型（清华大学）	350	150	12.30	1.510	643000	28.60	5.250		0.085	12.30		650.0							13.13	11.18	549.0	2.985	119.0	塑料沙	1.056			四川荣昌精煤	1.330
铜锣峡河段模型	300	120	10.95	1.405	394360	27.40	4.380	0.386	0.085	10.950	1.950	600.0							65.00		245.0		600.0	塑料沙	1.056			阳泉煤	1.480
洛碛至长寿河段模型	250	100	10.00	1.590	250000	25.00	4.000	0.460	0.085			570.0												塑料沙	1.056				
青岩子河段模型	250	125	11.18	1.580~2.510	349386	22.36	5.590	0.450	0.076			611.0							26.00	10.98	277.0	2.500	400.0	塑料沙	1.050			平顶山肥煤	1.377
丝瓜碛河段模型	300	120	10.95	1.405	394360	27.40	4.380	0.385	0.085	10.000~11.000	1.949	600.0							12.45	10	131.0	2.500	477.0	塑料沙	1.056			阳泉无烟煤	1.450
兰竹坝明河段模型	300	120	10.00	1.400	394360	27.40	4.380	0.385	0.085		1.949	626.7							14.58	11.18	97.0		611.0	塑料沙	1.050			电木粉	1.40
江津青草背至剪刀峡河段模型	250	100	10.00	1.360	250000	25.00	4.000	1.060~2.150	0.510		2.300	120.0			10.000	5.31	3.33	120	17.00	10	378.0	1.820	120.0	电木粉	1.460	电木粉	1.46	核桃壳	1.440
丹江口水库油房沟河段模型	300	120	10.95	1.405	394360	27.40	4.380	0.386	0.085	10.950	1.930	600.0							16.50	10.95	378.0	3.448	600.0	塑料沙	1.056			电木粉	1.460

续表

模型名称	几何比尺		水流运动比尺				悬移质运动比尺						沙质推移质运动比尺						卵石推移质运动比尺					悬移质模型沙		沙质推移质模型沙		卵石推移质模型沙	
	水平	垂直	流速	糙率	流量	水流时间	沉速	粒径	含沙量	起动流速	干容重	冲淤时间	沉速	粒径	起动流速	单宽输沙率	干容重	冲淤时间	粒径	起动流速	单宽输沙率	干容重	冲淤时间	名称	相对密度	名称	相对密度	名称	相对密度
坝区模型（长江科学院）	150	150	12.25	2.310	275000	12.25	12.250	1.500	1.000	8.830		70.0	12.250	1.500	8.830	1833.00		70	22.60	12.4	733.0		70.0	株洲精煤	1.330	株洲精煤	1.33	株洲精煤	1.330
坝区模型（南京水利科学研究院）	200	100	10.00	1.520	200000	20.00	5.000	1.180~2.400	0.506		2.250	90.0	5.000	1.210~1.480	10.000	506.00	2.25	90	18.80	10	288.0	1.815	90.0	电木粉	1.460	电木粉	1.46	电木粉	1.460
坝区模型（清华大学）	180	180	13.42	2.380	435000	13.41	13.420	1.565	0.085	13.420		300.0		1.400		53265.00		300	39.50		59300.0		300.0	塑料沙	1.053	塑料沙	1.053	山西大同煤	1.350
坝区模型（西南水运工程科学研究所）	150	150	12.25	2.305	275625	12.25	12.250	1.565~2.439	0.750	13.420		56.0	12.250	1.565~11.416	7.740~9.440		2.00	56	13.42	12.25		1.992	56.0	四川荣昌精煤	1.330	四川荣昌精煤	1.33	四川荣昌精煤	1.330
葛洲坝至虎牙滩河段模型（天津水利工程科学研究所）	200	80	8.94	1.310	143108	22.37								1.000~2.400	7.300~11.500	83.00	2.25	433	3.33~9.55		114.0	2.250	310.0			宁夏石嘴山精煤	1.4	宁夏石嘴山精煤	1.400
葛洲坝至虎牙滩河段模型（清华大学）	300	150	12.25	1.630	551135	24.49	6.120	0.460~0.600	0.085			820.0		1.200		156.00		320.0	19.00		247.0		320.0	塑料沙	1.056	山西精泉煤	1.49	山西泉精煤	1.490
葛洲坝至虎牙滩河段模型（长江科学院）	300	120	10.95	1.400	394360	27.40	4.380		1.000			300.0		1.000				300.0	12.08					株洲精煤	1.330	株洲精煤	1.33	株洲精煤	1.330
芦家河浅滩河段模型（武汉水利电力大学）	300	100	10.00	1.240	300000	30.00	4.550	0.560	0.076		2.100								11.11		500.0		120.0	塑料沙	1.050	塑料沙	1.05	山西城天烟煤	1.470
芦家河浅滩河段模型（长江航道规划设计研究院）	300	100	10.00	1.240	300000	30.00	3.330	0.320	0.076		2.100	585.0							9.63		101.0		582.0	塑料沙	1.050	塑料沙	1.05	宁夏无烟煤	1.400
芦家河浅滩河段模型（长江科学院）	400	100	10.00	1.080	400000	40.00	2.500~3.200	0.800	0.750		2.500	240.0	2.400~3.500	0.900~3.200	9.060~9.370	717.00	2.42	135	15.00		331.0		224.0	株洲精煤	1.330	株洲精煤	1.33	株洲精煤	1.330
荆江河段模型（长江科学院）	400	100	10.00	1.080	400000	40.00	2.900~3.500	0.750~3.200		9.460~9.720		135.0	3.500		9.370									塑料合成沙	1.380				

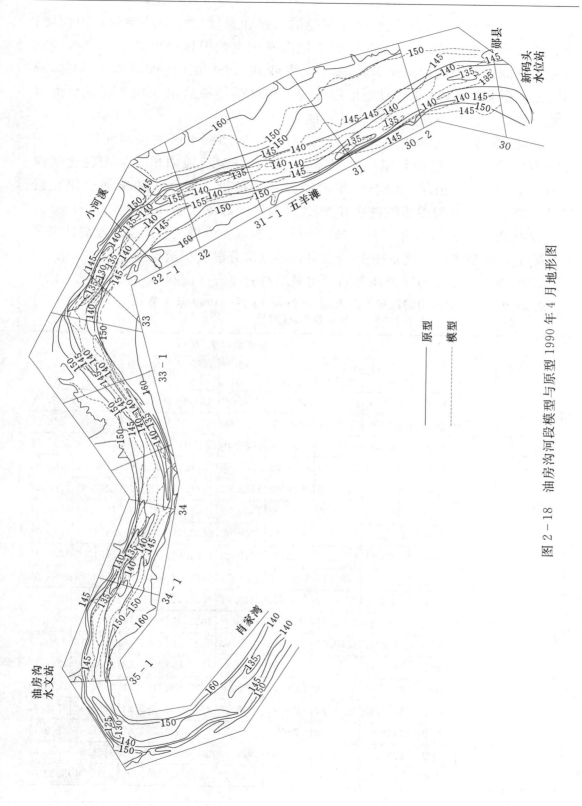

图 2 - 18　油房沟河段模型与原型 1990 年 4 月地形图

—— 原型

- - - - 模型

与淤积量、汊道段河型转化、浅滩航道的水深和宽度变化与原型的相似程度；第二阶段为预报试验，在 1985 年淤积地形基础上，根据提供的进出口水沙资料和 1 个固定断面的地形资料，进行 1986 年和 1990 年 4 月预报试验，其余的固定断面资料和 1990 年 4 月地形图则待预报试验结束后由三峡工程论证泥沙专家组提供，对比分析预报试验的精度。

验证试验阶段试验成果表明：丹江口水库变动回水区油房沟河段 1977—1985 年 9 个水文年模型与原型淤积部位一致；分汊河段向单一河型转化规律相同；多年泥沙冲淤情况吻合；年内冲淤强度接近；各测次的全河段累积淤积量，模型与原型偏差多数测次在 20％以内，少数测次为 30％左右。

预报试验阶段 1986 年 2 月—1990 年 4 月的试验成果表明：全河段泥沙淤积总量模型与原型接近，误差在 15％以内；各测次分段淤积量也吻合较好（表 2 - 9）；1990 年 4 月模型与原型地形图对比显示两者滩脊部位基本一致（图 2 - 18）。

表 2 - 9　　　　油房沟河段模型与原型 1986 年 12 月—1990 年 4 月
累积淤积量对比

分　段	间距/m	项目	累积淤积量/万 m³							
			1986 年12 月	1987 年12 月	1988 年5 月	1988 年12 月	1989 年5 月	1989 年9 月	1989 年12 月	1990 年4 月
35 - 1～34 - 1	1730	原型	395.63	395.54	415.79	486.66	457.68	463.45	487.38	517.15
		模型	495.59	523.15	409.18	528.76	513.34	478.78	512.41	468.5
34 - 1～34 - 0	1690	原型	852.51	955.64	938.70	1050.40	967.60	1039.02	1108.74	1133.15
		模型	1126.65	1203.49	1008.30	1207.28	1194.14	1151.82	1197.32	1100.93
34 - 0～34	560	原型	959.80	1108.58	1087.62	1183.45	1088.03	1183.84	1262.69	1288.01
		模型	1278.45	1381.91	1192.92	1389.48	1362.12	1311.64	1379.06	1268.01
34～33 - 1	1310	原型	1256.06	1479.40	1497.19	1560.07	1441.39	1568.98	1653.50	1699.76
		模型	1662.21	1774.52	1615.24	1819.03	1722.89	1651.90	1794.30	1668.40
33 - 1～33 - 0	1290	原型	1512.32	1732.16	1779.32	1902.80	1747.23	1860.91	1955.45	1997.65
		模型	1890	2009.62	1855.22	2119.12	1964.61	1895.01	2068.76	1928.93
33 - 0～33	550	原型	1573.69	1767.36	1828.49	1990.34	1822.65	1910.79	2007.92	2054.05
		模型	1932.47	2064.57	1911.35	2192.63	2027.28	1964.66	2154.15	1966.5
33～32 - 1	930	原型	1715.15	1901.05	1965.01	2159.81	1969.51	2099.88	2200.72	2267.15
		模型	2101.96	2272.98	2120.77	2393.51	2232.68	2149.22	2387.67	2250.61
32 - 1～32	1140	原型	2041.83	2293.82	2350.27	2549.98	2370.15	2559.21	2672.83	2746.62
		模型	2445.46	2743.30	2560	2802.88	2663.91	2575.52	2845.68	2750.17
32～31 - 1	1150	原型	2364.33	2689.86	2755.35	2962.88	2693.06	2979.11	3106.61	3208.02
		模型	2837.31	3284.50	3082.57	3249.07	3134.63	3099.95	3375.08	3250.08

续表

分段	间距/m	项目	累积淤积量/万 m³							
			1986 年 12 月	1987 年 12 月	1988 年 5 月	1988 年 12 月	1989 年 5 月	1989 年 9 月	1989 年 12 月	1990 年 4 月
31-1~31	1470	原型	2863.93	3217.20	3337.20	3582.35	3266.55	3581.81	3696.99	3844.13
		模型	3335.42	3871.52	3692.61	3730.91	4325.35	3641.32	3945.43	3825.98
31~30-2	1520	原型	3486.81	3795.40	3994.45	4296.60	3917.43	4281.80	4345.63	4508.29
		模型	3872.22	4426.38	4241.73	4237.34	4056.93	4154.73	4480.18	4409.57
30-2~30	1370	原型	3932.02	4270.01	4536.67	4939.09	4455.44	4847.28	4928.57	5089.63
		模型	4368.63	4929.81	4721.86	4750.02	4511.17	4636.34	5004.33	4963.68

注 1. 计算长度 14710m（35-1~30 号断面）。

2. 原型淤积量系 1991 年 5 月初收到实测固定断面资料后的计算值。

3. 计算高程 155m。

4. 1986 年 12 月累积淤积量为 1976 年 12 月—1986 年 12 月的累积淤积量。

（二）三峡工程蓄水运用后原型观测资料验证试验

在原有泥沙实体模型上采用原有的模型各项比尺，根据三峡工程 2003 年初期蓄水运用后三峡水库变动回水区和坝区的原型水文泥沙观测资料进行验证试验，以进一步说明原有泥沙实体模型试验成果的可靠性。长江科学院、清华大学和西南水运工程科学研究所在各自的重庆主城区河段泥沙实体模型上进行了 2003—2007 年验证试验，内容包括水面线、流速分布和河段冲淤验证[77-80]。长江科学院和南京水利科学研究院在各自的坝区泥沙模型上进行了2003—2006 年坝区流速分布和泥沙淤积、左电厂前泥沙淤积以及引航道泥沙淤积验证试验[81-82]。

重庆主城区河段泥沙实体模型验证试验结果表明：模型与原型沿程各水位站水位的误差在 0.15m 以内；寸滩断面流速分布基本一致，垂线平均流速值一般误差在 10% 以内；各段河床冲淤总量误差一般在 30% 以内，各段分年误差在 36% 以内（表 2-10 和图 2-19）[77]。

表 2-10　　　　　　　　　重庆主城区河段分段累积淤积量

年份	月份	累积淤积量/万 m³							
		九龙坡河段		朝天门河段		嘉陵江河段		寸滩河段	
		原型	模型	原型	模型	原型	模型	原型	模型
2003	5	0	0	0	0	0	0	0	0
	6	21.3		23.6		0.9		21.4	
	7	73.2	64.17	46.8	33.30	−0.4	−3.8	93.0	68.20
	8	83.9		14.7		2.8		−5.2	−13.10
	9	106.9	116.0	13.5	27.10	23.5	16.5	25.2	

续表

年份	月份	累积淤积量/万 m³							
		九龙坡河段		朝天门河段		嘉陵江河段		寸滩河段	
		原型	模型	原型	模型	原型	模型	原型	模型
2003	10	71.5	85.9	57.9	53.70	4.6		35.3	
	11	63.6		41.7		−3.3		45.0	
	12	65.7	61.73	36.6	37.20	−17.0	3.9	23.6	28.30
2004	5	58.4	61.0	−2.5		0.9	3.5	−30.1	−28.10
	6	94.7		5.8		5.4		25.8	
	7	109.4	83.1	38.7	30.50	4.8		28.5	35.80
	8	89.4	76.6	3.5	3.10	11.4		−35.0	−21.70
	9	125.8	137.0	47.8	29.00	23.9	28.9	10.1	3.80
	10	96.9		24.5	23.10	4.9		−12.7	−29.50
	11	87.1	76.4	32.3	24.30	−5.5		20.8	17.40
	12	82.4	73.4	20.8	23.20	−12.9	−0.84	−14.7	−31.60
2005	5	72.1	73.0	8.1		−17.8		−17	
	6	51.8		−6.5	1.10	−10.9		−28.7	
	7	16.2		−23.5		−16.8		0.1	−3.00
	8	196.3	208.8	−15.0		48.8	45.0	31.7	
	9	79.8	98.2	17.1	45.70	11.7	17.8	−7.9	
	10	30.5		3.7	2.70	−2.0		−26.9	
	11	18.0		−25.1		−18.3		−31.9	−25.60
	12	17.5	25.6	−22.0	−21.40	−18.3	7.1	−44.4	−33.54
2006	5	22.1		−29.2		−19.6		−40.7	
	6	42.7	52.5	−19.2		−14.9		−19.4	−28.80
	7	11.3	16.8	−15.3	−10.20	−2.9	13.6	−35.1	−37.41
	8	41.4		−19.7		−13.1		−48.9	
	9	36.6	40.5	−31.3	−19.80	−30.9	4.4	−43.2	−44.60
	10	40.5		−16.9		−19.0		−35.8	
	11	25.2	34.0	−23.5	−18.26	−16.4	12.8	−43.8	−57.20
	12	21.8	22.5	−17.4	−17.00	−15.0	6.2	−38.9	−38.00

年份	月份	累积淤积量/万 m³							
		九龙坡河段		朝天门河段		嘉陵江河段		寸滩河段	
		原型	模型	原型	模型	原型	模型	原型	模型
2007	5	−9.8	−6.8	−27.7	−24.70	−32.1	0	−51.9	−49.10
	6	−18.5		−27.8		−41.7		−60.0	
	7	16.3		−13.1		−39.7		−59.2	
	8	54.2	72.0	−31.3	−24.40	−32.7	−30.8	−45.1	−46.70
	9	−20.4		−53.2		−33.8		−60.3	
	10	−8.0	−5.8	−43.7	−45.50	−50.1	−35.4	−66.9	−52.60
	11	−50.3		−28.5		−50.1		−50.1	
	12	−25.40	−23.50	−34.70	−27.60	−49.70	−37.10	−52.20	−37.40

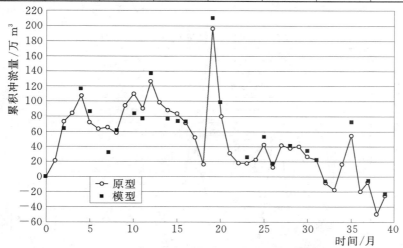

（a）九龙坡河段累积冲淤量（自 2003 年 5 月起累积值）

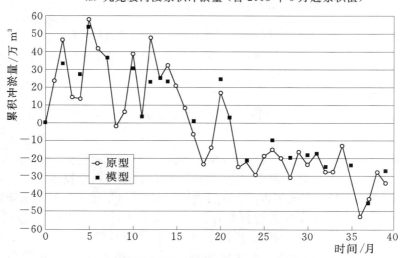

（b）朝天门河段累积冲淤量（自 2003 年 5 月起累积值）

图 2-19（一） 2003—2007 年原型与模型累积淤积量

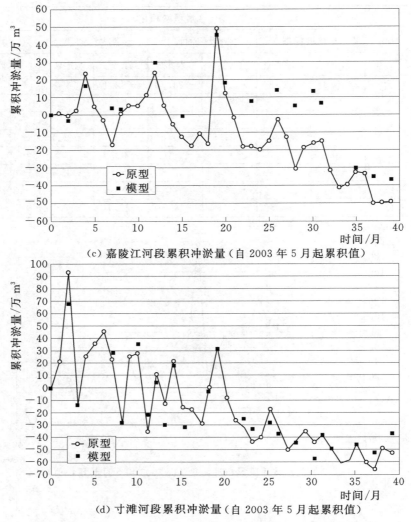

（c）嘉陵江河段累积冲淤量（自 2003 年 5 月起累积值）

（d）寸滩河段累积冲淤量（自 2003 年 5 月起累积值）

图 2-19（二）　2003—2007 年原型与模型累积淤积量

参　考　文　献

［1］　长江水利委员会. 长江志（卷二）［M］. 北京：中国大百科全书出版社，2000.

［2］　长江水利委员会. 三峡工程水文研究［M］. 武汉：湖北科学技术出版社，1997.

［3］　曹广晶，王俊. 长江三峡工程水文泥沙观测与研究［M］. 北京：科学出版社，2013.

［4］　韩其为，黄煜龄. 水库冲淤过程的计算方法及电子计算机的应用 ［G］∥ 长江水利水电科研成果选编（第 1 期）. 长江水利水电科学研究院，1974.

［5］　黄煜龄，庞午昌，万建蓉. 水库泥沙冲淤过程的数学模型程序说明及方法验证［R］. 长江科学院，1990.

[6] 欧阳履泰，黄煜龄. 三峡水利枢纽下游河床冲刷对防洪航运影响研究 [C]//长江三峡工程泥沙与航运关键技术研究专题研究报告集（下册）. 武汉：武汉工业大学出版社，1993.

[7] 黄煜龄，黄悦. 三峡工程下游河道冲刷一维数学模型计算分析（"八五"国家重点科技攻关 85－16－02－03－05）[R]. 长江科学院，1995.

[8] 黄悦. 三峡水库下游宜昌至大通河段冲淤一维数模计算分析（二）[C]//长江三峡工程泥沙问题研究（1996—2000）：第七卷. 北京：知识产权出版社，2002.

[9] 韩其为，何明民. 三峡水利枢纽（175 方案）下游河道冲刷和演变的计算与初步研究 [C]//长江三峡工程泥沙与航运关键技术研究专题研究报告集（下册）. 武汉：武汉工业大学出版社，1993.

[10] 韩其为，王崇浩. 三峡水库下游河道冲刷计算和分析以及河床演变趋势研究（"八五"国家重点科技攻关 85－16－02－03－04）[R]. 中国水利水电科学研究院，1995.

[11] 毛继新，韩其为，鲁文. 三峡水库下游河道冲淤计算研究 [C]//三峡工程泥沙问题研究（1996—2000）：第七卷. 北京：知识产权出版社，2002.

[12] 林秉南. 关于一维动床数学模型的讨论 [G]//三峡工程泥沙问题研究成果汇编（160～180m 蓄水位方案）. 水利电力部科学技术司，1988.

[13] 杨美卿. 坝下游河道冲刷粗化及水位下降预估 [G]//三峡工程泥沙问题研究成果汇编（160～180m 蓄水位方案）. 水利电力部科学技术司，1988.

[14] 陆永军，张华庆. 水库下游冲刷的数值模拟——模型的构造 [J]. 水动力学研究与进展（A 辑），1993（1）.

[15] 陆永军. 三峡工程坝下游浅滩整治一维及二维泥沙数值模拟研究 [C]//长江三峡工程泥沙问题研究（1996—2000）：第六卷. 北京：知识产权出版社，2002.

[16] 周建军. 数学模型初步验证及各蓄水方案的水库淤积计算 [C]//长江三峡工程泥沙问题研究（2001—2005）：第五卷. 北京：知识产权出版社，2008.

[17] 毛继新. 三峡水库近期淤积计算研究 [C]//长江三峡工程泥沙问题研究（2006—2010）：第二卷. 北京：中国科学技术出版社，2013.

[18] 黄仁勇. 三峡水库蓄水运用 20 年水库淤积计算 [C]//长江三峡工程泥沙问题研究（2006—2010）：第二卷. 北京：知识产权出版社，2013.

[19] 李义天，黄颖，韩飞. 三峡建库后宜昌至沙市河段数模计算报告 [C]//长江三峡工程泥沙问题研究（2001—2005）：第四卷. 北京：知识产权出版社，2008.

[20] 李义天，吴伟民. 三峡水库变动回水区（平面二维及一维嵌套）泥沙数学模型研究及初步应用 [C]//长江三峡工程泥沙与航运关键技术研究专题研究报告集（下册）. 武汉：武汉工业大学出版社，1993.

[21] 高凯春，李义天. 三峡工程坝下游沙卵石浅滩河段一、二维泥沙数学模型计算 [C]//长江三峡工程泥沙问题研究（1996—2000）：第六卷. 北京：知识产权出版社，2002.

[22] 黄成涛. 宜昌至大埠街河段一、二维嵌套数学模型验证报告 [C]//长江三峡工程

泥沙问题研究（2001—2005）：第四卷. 北京：知识产权出版社，2008.

[23]　丁道扬，童中山. 三峡水利枢纽下游河床下切数学模型方法探讨［C］// 长江三峡工程泥沙与航运关键技术研究专题研究报告集（下册）. 武汉：武汉工业大学出版社，1993.

[24]　窦国仁，赵士清. 三峡水库变动回水区二维全沙数学模型的研究及初步应用［C］// 长江三峡工程泥沙与航运关键技术研究专题研究报告集（下册）. 武汉：武汉工业大学出版社，1993.

[25]　范北林. 三峡工程坝下游重点河段河道冲刷二维数学模型计算分析（"八五"国家重点科技攻关 85 - 16 - 02 - 03 - 06）［R］. 长江科学院，1995.

[26]　周建军. 平面二维泥沙数学模型研究及其在三峡工程中的初步应用［C］// 长江三峡工程泥沙与航运关键技术研究专题研究报告集（下册）. 武汉：武汉工业大学出版社，1993.

[27]　陈国祥. 三峡以下重点浅滩河段二维水流泥沙数值模型［C］// 长江三峡工程泥沙与航运关键技术研究专题研究报告集（下册）. 武汉：武汉工业大学出版社，1993.

[28]　陆永军，张华庆. 平面二维河床变形的数值模拟［J］. 水动力学研究与进展（A辑），1993（3）.

[29]　陆永军. 葛洲坝枢纽船闸航道水深问题二维泥沙数学模型研究［C］// 三峡工程泥沙问题研究（1996—2000）：第六卷. 北京：知识产权出版社，2002.

[30]　董耀华. 葛洲坝枢纽下游近坝段整治二维水流泥沙数学模型研究［C］// 长江三峡工程泥沙问题研究（1996—2000）：第六卷. 北京：知识产权出版社，2002.

[31]　彭凯，喻国良. 重庆港区推移质二维数学模拟研究报告［C］// 长江三峡工程泥沙与航运关键技术研究专题研究报告集（下册）. 武汉：武汉工业大学出版社，1993.

[32]　彭凯，方铎，温贤云. 二维正交数值网格生成的解析——数值势流理论方法［J］. 成都科技大学学报，1989（5）.

[33]　方春明. 长江圳湖堤河段泥沙二维冲淤计算［C］// 长江三峡工程泥沙问题研究（1996—2000）：第七卷. 北京：知识产权出版社，2002.

[34]　方春明. 重庆河段水流泥沙二维数学模型计算［C］// 长江三峡工程泥沙问题研究（2001—2005）：第五卷. 北京：知识产权出版社，2008.

[35]　张杰. 重庆主城区河段二维水沙数模计算分析［C］// 长江三峡工程泥沙问题研究（2001—2005）：第五卷. 北京：知识产权出版社，2008.

[36]　陆永军，韩龙喜，杨向华. 三峡坝区泥沙冲淤的三维数值模拟研究［C］// 长江三峡工程泥沙问题研究（2001—2005）：第三卷. 北京：知识产权出版社，2008.

[37]　何明民，韩其为. 挟沙能力级配及有效床沙级配的概念［J］. 水利学报，1989（3）.

[38]　何明民，韩其为. 挟沙能力级配及有效床沙级配的确定［J］. 水利学报，1990（3）.

[39]　韩其为. 悬移质不平衡输沙研究［C］// 第一次河流泥沙国际学术讨论会论文集. 北京：光华出版社，1980.

[40]　韩其为. 非均匀悬移质不平衡输沙的研究［J］. 科学通报，1979（17）.

[41]　武汉水利电力学院河流泥沙工程学教研室. 河流泥沙工程学［M］. 北京：水利出

版社，1981.

[42] 谢鉴衡. 河流模拟 [M]. 北京：水利电力出版社，1988.

[43] 黄煜龄，梁栖蓉. 三峡水库泥沙冲淤计算分析报告 [C] // 长江三峡工程泥沙与航运关键技术研究专题研究报告集（下册）. 武汉：武汉工业大学出版社，1993.

[44] 韦直林，等. 黄河泥沙数学模型研究 [J]. 武汉水利电力大学学报，1997 (10).

[45] 吴伟民，李义天. 河道水流泥沙运动一维、二维模型嵌套及交界面连接问题 [R]. 武汉水利电力学院科研报告，1990.

[46] 李昌华，金德春. 河工模型试验 [M]. 北京：人民交通出版社，1981.

[47] 谢鉴衡. 河流模拟 [M]. 北京：水利电力出版社，1990.

[48] 惠遇甲，王桂仙. 河工模型试验 [M]. 北京：中国水利水电出版社，1999.

[49] 中华人民共和国水利部. 河工模型试验规程（SL 99—95）. 北京：水利电力出版社，1995.

[50] 中华人民共和国交通部. 内河航道与港口水流泥沙模拟技术规程（JTJ/T 232—1998）. 北京：人民交通出版社，1998.

[51] 长江科学院. 三峡工程坝区泥沙模型试验研究综合报告 [R]，1990.

[52] 长江科学院. 三峡水利枢纽泥沙淤积、施工通航、永久通航及枢纽防淤减淤措施的研究 [C] // 长江三峡工程泥沙与航运关键技术研究专题研究报告集（下册）. 武汉：武汉工业大学出版社，1993.

[53] 南京水利科学研究院. 三峡工程 175m 方案坝区泥沙模型试验报告（二）[C] // 长江三峡工程泥沙研究文集. 北京：中国科学技术出版社，1990.

[54] 南京水利科学研究院. 三峡水利枢纽泥沙淤积、施工通航、永久通航及枢纽防淤减淤措施的研究 [C] // 长江三峡工程泥沙与航运关键技术研究专题研究报告集（下册）. 武汉：武汉工业大学出版社，1993.

[55] 长江科学院. 三峡工程 175m 方案初步设计阶段坝区泥沙模型试验报告 [C] // 长江三峡工程坝区泥沙研究报告集（1992—1996）：第一卷. 北京：专利文献出版社，1997.

[56] 南京水利科学研究院. 三峡工程初步设计船闸上游缓建隔流堤方案坝区泥沙模型试验研究报告 [C] // 长江三峡工程坝区泥沙研究报告集（1992—1996）：第一卷. 北京：专利文献出版社，1997.

[57] 清华大学. 三峡工程坝区泥沙模型试验研究报告 [C] // 长江三峡工程坝区泥沙研究报告集（1992—1996）：第一卷. 北京：专利文献出版社，1997.

[58] 潘庆燊，杨国录，府仁寿. 三峡工程泥沙问题研究 [M]. 北京：中国水利水电出版社，1999.

[59] 武汉水利电力学院河流动力学及河道整治教研组. 河流动力学 [M]. 北京：中国工业出版社，1961.

[60] 窦国仁. 全沙模型相似律及设计实例 [C] // 窦国仁论文集. 北京：中国水利水电出版社，2003.

[61] 长江科学院. 三峡水库变动回水区铜锣峡河段泥沙模型试验研究综合报告 [C] //

长江三峡工程泥沙与航运关键技术研究专题研究报告集（下册）. 武汉：武汉工业大学出版社，1993.

[62]　武汉水利电力学院. 三峡水库变动回水区青岩子河段泥沙模型试验研究 [C]// 长江三峡工程泥沙与航运关键技术研究专题研究报告集（下册）. 武汉：武汉工业大学出版社，1993.

[63]　张瑞瑾，谢鉴衡，王明甫，黄金堂. 河流泥沙动力学 [M]. 北京：水利电力出版社，1989.

[64]　唐日长，饶庆元，张植堂，胡冰. 葛洲坝工程坝区泥沙模型设计和验证试验[G]// 葛洲坝枢纽工程泥沙问题研究成果汇编. 长江水利水电科学研究院，1984.

[65]　南京水利科学研究院. 三峡水库变动回水区泥沙问题试验研究 [C]// 长江三峡工程泥沙与航运关键技术研究专题研究报告集（下册）. 武汉：武汉工业大学出版社，1993.

[66]　清华大学水电系泥沙研究室. 三峡水库变动回水区重庆河段泥沙冲淤问题的试验研究总报告 [C]// 长江三峡工程泥沙与航运关键技术研究专题研究报告集（下册）. 武汉：武汉工业大学出版社，1993.

[67]　水利水电科学研究院. 三峡水库重庆河段泥沙问题试验研究总报告 [C]// 长江三峡工程泥沙与航运关键技术研究专题研究报告集（下册）. 武汉：武汉工业大学出版社，1993.

[68]　长江科学院. 三峡水库重庆河段泥沙模型试验研究综合报告 [C]// 长江三峡工程泥沙与航运关键技术研究专题研究报告集（下册）. 武汉：武汉工业大学出版社，1993.

[69]　唐日长. 葛洲坝工程丛书（第二册）. 泥沙研究 [M]. 北京：水利电力出版社，1990.

[70]　张瑞瑾. 关于河道挟沙水流比尺模型相似律问题 [C]// 张瑞瑾论文集，北京：中国水利电力出版社，1996.

[71]　长江水利委员会长江科学院. 长江防洪模型设计及若干关键技术研究报告 [R]，2008.

[72]　天津水运工程科学研究所. 三峡水库变动回水区王家滩河段泥沙模型试验总报告 [C]// 长江三峡工程泥沙与航运关键技术研究专题研究报告集（下册）. 武汉：武汉工业大学出版社，1993.

[73]　王兆印，黄金池. 泥沙模型试验中的时间变态问题及其影响 [J]. 水利学报，1987（10）.

[74]　吕秀贞，戴清. 泥沙河工模型试验中的时间变态问题及其误差校正途径 [J]. 泥沙研究，1989（2）.

[75]　陈稚聪，安毓琪. 河工模型中时间变态与水流挟沙力关系的试验研究 [J]. 人民长江，1995（8）.

[76]　长江科学院. 丹江口水库变动回水区油房沟河段泥沙模型试验研究报告 [C]// 长江三峡工程泥沙与航运关键技术研究专题研究报告集（下册）. 武汉：武汉工业大

学出版社，1993.

[77]　清华大学水利水电工程系. 重庆主城区河道泥沙模型验证试验报告［R］，2008.

[78]　清华大学水利水电工程系. 重庆主城区河道实体模型试验研究报告［C］∥长江三峡工程泥沙问题研究（2006—2010）：第三卷. 北京：中国科学技术出版社，2013.

[79]　长江水利委员会长江科学院. 重庆主城区河段冲淤变化与整治方案试验研究［C］∥长江三峡工程泥沙问题研究（2006—2010）：第三卷. 北京：中国科学技术出版社，2013.

[80]　重庆西南水运工程科学研究所. 重庆主城区河段冲淤变化与整治方案试验研究［C］∥长江三峡工程泥沙问题研究（2006—2010）：第三卷. 北京：中国科学技术出版社，2013.

[81]　南京水利科学研究院. 三峡工程坝区河段泥沙淤积试验研究［C］∥长江三峡工程泥沙问题研究（2006—2010）：第五卷. 北京：中国科学技术出版社，2013.

[82]　长江水利委员会长江科学院. 三峡工程坝区河段泥沙淤积试验研究报告［C］∥长江三峡工程泥沙问题研究（2006—2010）：第五卷. 北京：中国科学技术出版社，2013.

第三章 三峡水库来沙问题研究

第一节 概　述

一、三峡水库以上流域概况

长江发源于青藏高原唐古拉山北麓的格拉丹东山西南侧。江源为沱沱河，与当曲河及楚玛尔河汇合后称为通天河，自直门达到岷江入汇的宜宾称为金沙江，宜宾至宜昌又称川江。从河源至宜昌统称长江上游，干流全长4500km，流域面积 100.5 万 km²，有雅砻江、横江、岷江、沱江、赤水河、嘉陵江及乌江较大支流汇入（图 3-1）。

长江上游地势高峻、山峦起伏，多高原、台地和峡谷。按地貌形态及其特性分为青藏高原、川藏纵谷山地、云贵高原及四川盆地四个区。流域西部的青藏高原平均海拔在 4000m 以上，山岭一般海拔在 6000m 左右。川藏纵谷山地是我国著名的横断山脉地区，山脉河流互相平行，均为南北走向，山脉海拔为 2000~4000m，下游河谷又低于 1000m，地形差异悬殊。云贵高原海拔一般为 1000~2000m，地势大致西高东低，中部平坦，多局部平坝及陷落湖泊。四川盆地平均海拔在 500m 左右，边缘山地海拔为 1000~2000m，四周高山环绕，北有大巴山、米仓山，西有岷山、邛崃山山脉，南有大娄山山脉，东有巫山。

雅砻江为金沙江最大支流，源于青海巴颜喀拉山南麓，几乎与金沙江上段流向平行，在攀枝花以下 14km 汇入金沙江，为典型的峡谷型河流。干流全长 1637km，总落差 4420m，流域面积 128444km²。

横江发源于云贵高原，在云南省水富市云富镇汇入金沙江，全长 307km，落差 2080m，流域面积 15000km²。

岷江为径流量最大的长江支流，源于岷山南麓，在宜宾汇入长江，干流全长 735km，落差 3560m，流域面积 133000km²。大渡河是岷江最大的支流，长 1062km，落差 4175m，流域面积 91000km²。

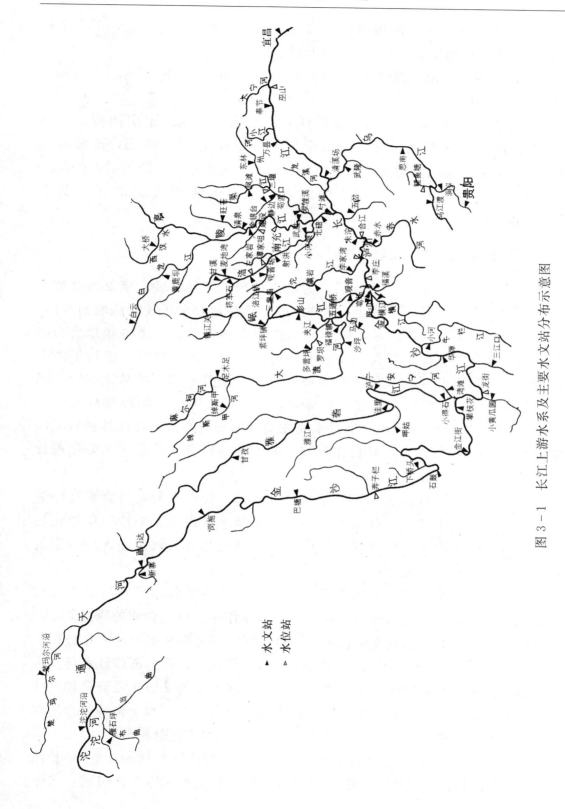

图 3-1　长江上游水系及主要水文站分布示意图

沱江主源绵远河源于四川茂县九顶山南麓，在泸州汇入长江，干流全长629km，落差2832m，流域面积27860km²。

赤水河发源于云南，流经贵州和四川，在合江汇入长江，全长436.5km，流域面积20440km²。

嘉陵江源于陕西秦岭南麓，流经陕西、甘肃、四川、重庆四省（直辖市），于重庆主城区汇入长江。干流全长1120km，落差2300m，流域面积160000km²。流域包括嘉陵江干流、渠江、涪江三大水系，于合川附近汇合。

乌江源于乌蒙山东麓，在涪陵汇入长江，干流全长1037km，落差2124m，流域面积87920km²。

二、三峡水库来沙问题研究过程

1950年长江水利委员会成立后，为适应治理长江的需要，恢复、调整了原有的长江流域水文网，并增设了部分测站，系统地收集了长江流域的水位、流量、含沙量、降水量等资料，1960年后增加推移质测验。1959年以后为研究川江卵石推移质特性，调查三峡水库卵石推移质来源和数量，进行了多次查勘调查。1974年以来在长江上游主要水文站全面开展卵石推移质测验，同时，对照卵石岩性（矿物）调查分析成果，进一步查明三峡河段推移质的来源和数量。20世纪70年代以来通过水文测站沙样分析，研究长江悬移质泥沙的物质组成；80年代以来，对长江上游流域产沙特性及来沙量多年变化进行了分析研究。

1986—1990年三峡工程可行性重新论证阶段，长江水利委员会水文局等单位对长江三峡以上流域泥沙来源、来沙数量和地区组成、来沙历年变化趋势、已建和拟建水库群拦沙淤积率与拦沙淤积量及其对三峡水库入库沙量的可能影响进行了分析研究[4-7]。

在三峡工程技术设计和施工阶段，1996—2000年长江水利委员会水文局等单位就嘉陵江水土保持措施对三峡水库的减沙作用进行了全面的研究[8]。

2001—2005年长江水利委员会水文局对三峡水库上游来水来沙变化进行了研究，重点对20世纪50年代至2000年金沙江、岷江、沱江、嘉陵江和乌江流域的水沙特性进行了全面的分析研究，包括各流域主要测站历年径流量和输沙量变化分析、1991—2000年新建水库拦沙作用的调查分析、水土保持综合治理措施减沙作用的调查分析，以及寸滩站沙质推移质的推移量分析[9-11]。

2006—2010年长江水利委员会水文局根据20世纪50年代至2007年长江上游流域主要测站50多年的实测水沙资料，对三峡水库入库水沙组成、入库水沙变化特性，以及气候变化、水库拦沙及水土保持等因素对入库水沙的影响作了全面分析。在此基础上，提出 1991—2000 年水沙系列并考虑上游新建水库拦沙作用作为三峡水库近期（2008—2027 年）入库水沙代表系列[12]，对长江上游横江、赤水河和綦江流域水沙变化进行了调查分析[13]；对三峡水库区间（寸滩至枢纽坝址）的支流水沙变化特征进行了分析[14]。

三峡水库 2003 年 6 月初期蓄水运用以来，长江水利委员会水文局先后利用原设的干流清溪场和寸滩、乌江武隆、嘉陵江北碚水文站作为入库站，以及 1995 年 11 月设立的坝下游黄陵庙专用水文站作为出库站，统计各站所测的水沙资料，得出三峡水库逐年水库泥沙淤积量，并与地形法测得的水库泥沙淤积量对照分析[15]。

第二节 长江上游产沙特性

根据历年上游来沙实测资料和调查成果分析，长江上游地区产沙有如下特点[1-4]。

（1）强产沙区面积小，分布比较集中。根据统一的水土流失等级标准统计资料，由于地表侵蚀造成的水土流失，1985 年长江上游水土流失面积为 35.2 万 km^2，占上游总土地面积的 35%；长江上游地区的地面固体物质平均侵蚀量为 15.68 亿 t，水土流失区的年平均侵蚀量为 14.05 亿 t。按地质、地貌、植被和水土流失状态，将长江上游地表侵蚀分成微度、轻度、中度和强度 4 类。

1）微度侵蚀区。该区包括青藏高原、金沙江上游、雅砻江中上游、大渡河、岷江与白龙江的上游以及成都平原，面积约 47.42 万 km^2，占长江上游总面积的 47.16%，年平均地表侵蚀量为 2.054 亿 t，占年平均总侵蚀量的 13.1%。青藏高原区主要指长江河源及高山、高原地带，包括四川西北部、甘肃南部的小部分草地和青海境内的南部地区；东部与秦巴山区接壤，南部与横断山脉相连；由于人烟稀少，植被较好，主要以微度侵蚀为主，局部地区有冻融侵蚀。金沙江、雅砻江和岷江高山峡谷区的地质构造与地层复杂，地震活动比较强烈，极易引起水土流失，但植被较好，水土流失尚轻。成都平原区包括北部的涪江平原、中部成都附近岷江、沱江平原以及南部的青衣江、大渡河平原，由于第四纪以来以沉积为主，又受近期灌溉引水的影响，至今侵蚀模数仍为负值。

2）轻度侵蚀区。该区包括四川盆地东北、西北部山区（大通江与渠江上游、岷江中游、大渡河下游、青衣江与安宁河上游），乌江中下游以及綦江上游地区，总面积 17.62 万 km²，年平均地表侵蚀量 2.0914 亿 t，占长江上游年平均总侵蚀量的 13.34%。地貌以中山深切割为主，低山下部多已垦为耕地，山区以天然次生植被和荒山残林为主，加之雨量集中，耕作粗放，往往造成水土流失，局部地区有滑坡、泥石流发育。

3）中度侵蚀区。该区包括四川盆地的丘陵区与南部山地，川东鄂西低山丘陵区以及云贵高原的滇东、黔西高原山地。以水系来划分，包括嘉陵江中下游大部分，岷江与雅砻江下游，乌江上游，牛栏江、横江流域、永宁河、綦江、赤水河、普渡河、龙川江等支流的下游，以及寸滩至宜昌的干流区间，总面积 24.31 万 km²，年平均地表侵蚀量 7.6994 亿 t，占长江上游年平均总侵蚀量的 49.1%。坡耕地是该地区地表侵蚀的主要场所。

4）强度侵蚀区。该区包括西汉水和白龙江的中下游土石山区、雅砻江和安宁河的下游、金沙江下游渡口（现称攀枝花市）至屏山高山峡谷区，面积 11.20 万 km²，年平均地表侵蚀量 3.8352 亿 t，占长江上游地区年平均总侵蚀量的 24.5%，其中重力侵蚀量为 1.2023 亿 t，占 7.7%。该区以面蚀和沟蚀为主，大部分土石山地属重力侵蚀区，有较普遍的山崩、滑坡和泥石流。

利用长江上游地区干支流水文站 1950—1986 年泥沙观测资料分析悬移质输沙模数分布（表 3-1 和图 3-2），说明上游地区地表侵蚀强度的分区与输沙模数的大小分区是对应的。强度产沙区面积 70000km²，只占长江上游地区面积的 7%，但其输沙模数大于 2000t/(km²·年)，年平均输沙量达 2.28 亿 t，占宜昌的 43%，主要分布在嘉陵江上游支流西汉水和白龙江中游，大渡河、岷江和金沙江等河流的下游地区。其中，西汉水和白龙江中游地区输沙模数大于 3000t/(km²·年)，金沙江下游干流区间的输沙模数超过 2000t/(km²·年)。

表 3-1　　　　　　　　长江上游地区悬移质输沙模数的分布

输沙模数		面　积		输沙量		分 布 地 区
等级	数值/[t/(km²·年)]	数值/万 km²	占宜昌百分数/%	多年平均值/万 t	占宜昌百分数/%	
1	<200	51.5	51.2	2800	5.3	上游地区西部和东南隅，包括金沙江中上游、雅砻江中上游、大渡河上游、白龙江上游、乌江中游、牛栏江上游、普渡河上游
2	200～500	18.1	18.0	6710	12.7	四川盆地腹部和盆地周边部分山区，包括渠江中游、永宁河、西河、涪江中游、沱江、赤水河、大渡河下游支流

等级	输沙模数		面 积		输沙量		分 布 地 区
	数值 /[t/(km²·年)]		数值 /万 km²	占宜昌 百分数 /%	多年 平均值 /万 t	占宜昌 百分数 /%	
3	500～1000		15.9	15.8	9790	18.5	乌江上游和下游、川江下段、渠江上游、东河、岷江上游上段和中游一部分、西溪河、雅砻江下游、安宁河、龙川江、横江
4	1000～2000		8.0	8.0	10900	20.5	四川盆地周边部分山区，包括渠江下游和上游支流大通江、嘉陵江中上游部分地区和下游、白龙江下游、美姑河上游
5	>2000		7.0	7.0	22800	43.0	西汉水、白龙江中游、小江、大渡河下游、岷江下游、金沙江等河流下游
合 计			100.5	100	53000	100	

（2）泥沙输移比远小于1。长江上游地区地表侵蚀的物质，颗粒组成一般较粗，一部分将以山前堆积、沟口冲积扇和洼地淤积等形式滞留下来，其余则由水流挟带进入河流。而进入河流的泥沙在输移过程中，又受到水库、塘堰、灌溉引水等工程的拦截。一般在一定时段内通过河流某一断面的实测输沙量与该断面以上流域地表侵蚀量之比，称为泥沙输移比。泥沙输移比受流域面积、地质、地貌及人类活动等因素的影响。根据20世纪80年代的调查，长江上游典型小区域的泥沙输移比列于表3-2。长江上游地区输移比远小于1，宜昌站的输移比为0.338，各支流的输移比为0.1～0.5，最高为西汉水（达0.66），最低为梓潼江（0.07）。按地貌、岩性、地表侵蚀等情况的不同，长江上游各地区的输移比差别较大，青藏高原为0.15，金沙江下游高、中山切割区为0.34～0.40，横断山脉为0.15，乌江流域灰岩区为0.30。川中丘陵区为0.07，将塘、库、堰、坝等拦蓄还原为天然状态后为0.35～0.41；川东丘陵、中低山区为0.32。

长江上游泥沙输移比小的主要原因之一是侵蚀物质一般以山前淤积、洼地淤积、沟口冲积扇等形式在短距离内就地淤积了一定数量的泥沙，流域的各支流河床大多由石质、卵石、粗沙组成，河流沿程补给沙量有限，而地面侵蚀物质粗颗粒成分较多，不易为河流远距离输移。据金沙江支流小江的大桥河及白龙江的柳湾沟泥石流取样分析，大于0.1mm的粗沙分别占沙量的

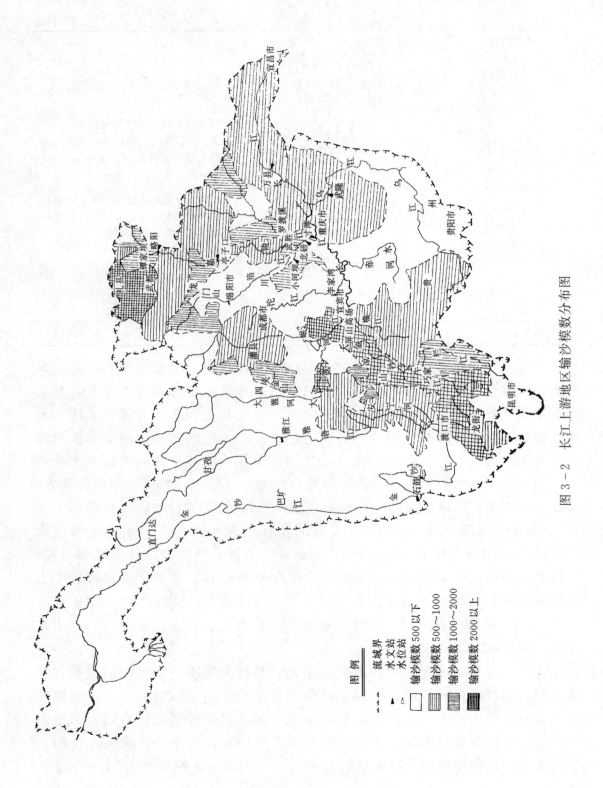

图 3-2　长江上游地区输沙模数分布图

表 3 - 2   长江上游典型小区域的泥沙输移比

区域	输移比	地貌类型	主要岩性及土壤类型
贵州毕节	0.30	中山深切割	石灰岩、紫色砂页岩、山地黄壤
云南小江	0.25	高原高山深切割	板岩、页岩、千枚岩
甘肃礼县	0.51	土石山区	第四纪黄土
甘肃白龙江中游	0.20	中低山中深切割	千枚岩、页岩、第四纪黄土
甘肃北峪河	0.39~0.59	中低山中深切割	粉砂岩、灰岩、夹砂岩、千枚岩、板岩
四川琼江	0.10	丘陵	紫色页岩、紫色土
四川乐至	0.10	盆地	紫色砂岩、泥岩
寸滩至万县	0.17	低山丘陵	砂岩、泥岩、灰岩
奉节至宜昌	0.13	中山山地	灰岩、紫色泥岩、砂岩、页岩

85.91%和68.3%，而小于0.1mm能悬移的泥沙只占一小部分，大量的粗粒物质在短距离内就地淤沉。

长江上游泥沙输移比小的另一个主要原因是水库、塘堰及农业设施等起到一定的拦沙作用。据调查统计，截至20世纪80年代末，长江上游地区已建各类水库11931座，总库容205.05亿 m³。其中，大型水库（库容大于1亿 m³）13座，总库容97.53亿 m³；中型水库（库容0.1亿~1亿 m³）165座，总库容39.61亿 m³；小型水库（库容0.001亿~0.1亿 m³）11753座，总库容67.90亿 m³。各支流水系中，嘉陵江已建水库数量及库容均居首位（表3-3）。

表 3 - 3   长江上游地区已建水库的统计

水 系	水库合计		大型		中型		小型		流域面积 /km²	单位面积库容 /(万 m³/km²)
	数量 /座	总库容 /亿 m³	数量 /座	总库容 /亿 m³	数量 /座	总库容 /亿 m³	数量 /座	总库容 /亿 m³		
金沙江	1880	28.13	1	5.53	44	10.42	1835	12.18	485099	0.58
岷江	893	16.01	2	7.17	17	3.34	874	5.5	135378	1.18
沱江	1364	18.31	1	2.25	22	5.92	1341	10.14	23283	7.86
嘉陵江	4542	56.11	3	21.50	50	13.91	4489	20.70	156142	3.59
乌江	1630	44.06	3	31.33	16	3.40	1611	9.33	83035	5.31
干流区间	1622	42.43	3	29.75	16	2.62	1603	10.06	104774	4.05
合计	11931	205.05	13	97.53	165	39.61	11753	67.90	987711	2.08

注　1. 流域面积指各流域下游水文站控制的集水面积。

　　2. 统计截至20世纪80年代末。

（3）来沙量与来水量存在密切关系，但也与降雨的强度、落区有关。河流输沙量的大小主要取决于径流量的大小，但降雨的落区与强度对输沙量有明显影响。当暴雨中心在主要产沙区或主要产沙区发生大面积集中降雨时，河流输沙量大。1984 年 8 月 2—11 日和 1979 年 9 月 19—28 日两次降雨过程，嘉陵江北碚以上日平均降雨量分别为 80.5mm 和 79.6mm，径流量分别为 67.8 亿 m³ 和 66.8 亿 m³，数值相当接近，但降雨中心不同，1984 年降雨中心在主要产沙区（图 3-3），而 1979 年在非主要产沙区（图 3-4），1984 年和 1979 年两次输沙量分别为 6830 万 t 和 1290 万 t，前者为后者的 5 倍多。

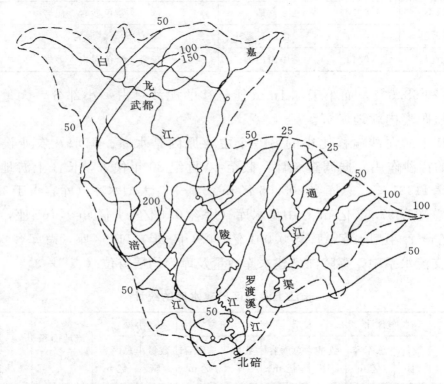

图 3-3　1984 年 8 月 2—11 日嘉陵江雨量（单位：mm）

关于降雨强度对输沙量的影响，分析嘉陵江流域降雨落区相同的两次过程。1984 年 8 月 2—11 日和 1978 年 9 月 1—10 日，北碚站两次洪水过程径流量接近，分别为 67.8 亿 m³ 和 68.8 亿 m³；而面平均降雨强度分别为 26.3mm/d 和 10.1mm/d；输沙量分别为 6830 万 t 和 3630 万 t，前者为后者的近 2 倍（图3-3和图 3-5）。

就降雨对整个长江上游地区河流输沙量而言，由于上游地区地域辽阔，降雨时间和空间变异大，产沙地区分布不均匀和强度产沙地区集中，汛期各支

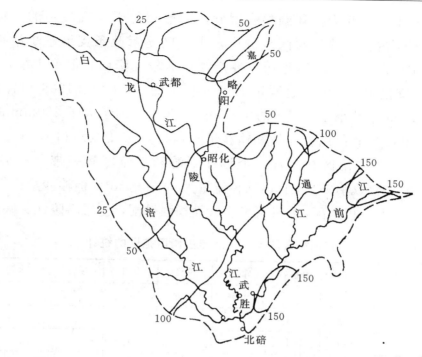

图 3-4 1979 年 9 月 19—28 日嘉陵江雨量（单位：mm）

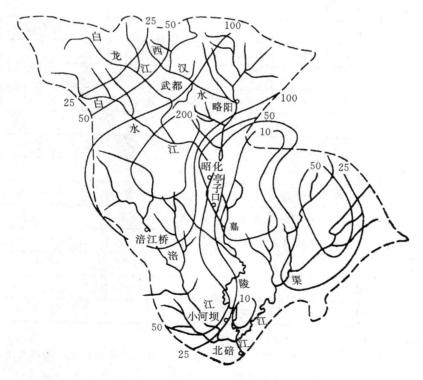

图 3-5 1978 年 9 月 1—10 日嘉陵江雨量（单位：mm）

流沙量增减不一，互为稀释调整。因此，一般年份干流宜昌站的年输沙量保持在一定变幅内；大沙年雨区范围广，主雨区笼罩几条支流；小沙年主雨区没有波及主要产沙区，或其流域主要产沙区有较大降雨，但范围窄，强度小。表 3-4 为宜昌站 5—9 月输沙量大于 6 亿 t 的 1954 年、1968 年、1974 年、1984 年、1998 年及小于 3 亿 t 的 1992 年、1994 年雨量大于 200mm 的主雨区范围[16]。1954 年宜昌站径流量和输沙量分别为 5751 亿 m³ 和 7.54 亿 t，该年雨区范围特广，主雨区在乌江、金沙江下游和干流区间一带，降雨时间长，乌江降雨强度特大。1981 年宜昌站径流量为 4420 亿 m³，但输沙量达 7.28 亿 t，该年 7 月出现大面积暴雨，8 月又发生大面积强暴雨，笼罩嘉陵江、岷江、沱江

表 3-4　　　　　　　宜昌站大沙年、小沙年主雨区范围的统计

年份		月份	金沙江	嘉陵江	岷江	沱江	乌江	横江	赤水河	干流区间
大沙年	1954	6	下游		中游	中游	√			√
		7	下游	渠上			√	√	√	√
		8	下游	渠上	下游	√	√	√		√
	1981	7	√	√	√					
		8	√	√	√					
	1968	7	下游		下游	√	√	√	√	
		8	下游	渠上	中下游					
	1974	7	下游		下游	√				
		8	下游	下游	下游			√		
	1984	7	√	√	√					
		8	√	√	上游					
	1998	6	下游	下游		下游	下游		√	√
		7	中下游	中下游	中游	下游	下游		下游	√
		8	中下游	中下游	中下游	下游	中下游	√	√	√
小沙年	1992	7	中下游	渠上（少）	中游（沙）					
		8		涪上（少）	中游					干区（少）
	1994	7	下游（少）							上干（少）
		8	中游（少）							干区（少）

注　1. 主雨区为月降雨量大于 200mm 的雨区范围。
　　2. "√"表示主雨区笼罩流域大部分地区；主雨区笼罩流域局部地区，则用文字标明，渠上（少）表示渠江上游少部分地区，干区（少）表示干流区间少部分地区，上干（少）表示干流区间上段少部分地区。

等几条支流。1998 年宜昌站径流量和输沙量分别为 5233 亿 m³ 和 7.43 亿 t，该年主雨区笼罩范围很广，金沙江中下游主要产沙区月雨量为 200~400mm，输沙量比 1954 年同期大；嘉陵江 7 月、8 月降雨虽然较大，但主雨区不在西汉水等主要产沙区，输沙量比 1954 年同期小。

（4）地表侵蚀进入长江干流的泥沙以悬移质泥沙为主，推移质泥沙相对很少。以寸滩站为例，其多年平均输沙量悬移质为 43900 万 t（1953—2000年），卵石推移质为 22.5 万 t（1966—2001 年），砾石推移质为 0.8 万 t（1986—1987 年），沙质推移质为 27.7 万 t（1991—2001 年），卵石、砾石和沙质推移质输沙量仅占总输沙量的 1.2‰左右。

（5）人为因素对流域产沙有增沙和减沙两方面的影响。人为因素对流域产沙的增沙影响，主要表现在陡坡开荒、林木滥伐造成植被覆盖的破坏，土壤流失加剧；交通、矿业、建筑、水电等建设项目缺乏必要的水土保持措施，也导致水土流失加剧。

水土保持工程对流域产沙的减沙作用效果最为显著。1989 年开始实施的长江上中游水土保持重点防治工程，初步控制了水土流失，改善了治理区的环境。长江上游地区 20 世纪 50 年代以来修建的水库、塘堰及农业设施，也起到了一定的拦沙作用。20 世纪 80 年代以来长江上游地区河道砂石料采挖量日益增加，一定程度上减少了河道输沙量。

第三节　悬移质来沙研究

1950 年长江水利委员会成立后，恢复和调整了长江流域水文站网，系统进行长江干支流水位、流量和泥沙观测，悬移质取样采用横式采样器。20 世纪 60 年代，水文缆道测验技术逐步推广，以后长江上游采用 JL-1 型和 JL-3 型锤击取样的调压积时式采样器[1]。

1986 年三峡工程可行性重新论证阶段，长江水利委员会根据长江上游干流悬移质测验资料，分析了长江上游悬移质来沙变化趋势[1-7]。以后又根据 20世纪 90 年代以来长江上游悬移质来沙情况，进一步分析了长江上游悬移质来沙的变化趋势，对长江上游悬移质泥沙特性有如下的认识。

（1）长江上游悬移质泥沙主要来源于金沙江和嘉陵江。长江上游悬移质泥沙主要来源于金沙江，其沙量占上游来沙总量（以宜昌站为代表）的 54.4%，嘉陵江次之，占 23.7%（表 3-5）。金沙江和嘉陵江平均年输沙量之和占上游来沙总量的 78.1%，个别年份可高达 90%左右。长江上游干流河段各支流和区间悬移质泥沙入汇，悬移质输沙量沿程增加，宜昌站年输沙量约为屏山站的2倍。金沙江主要产沙区位于下游区，嘉陵江主要产沙区位于其上游支流西汉水和白龙江中游。

表3-5 长江上游干支流主要测站水沙特征值

项目	统计年份	金沙江屏山	干流寸滩	干流宜昌	岷江高场	沱江李家湾	嘉陵江北碚	乌江武隆
平均年径流量/亿 m³	1951—1960	1430	3574	4377	914	136	685	483
	1961—1970	1511	3689	4552	893	132	753	510
	1971—1980	1342	3285	4187	834	112	616	520
	1981—1990	1419	3518	4433	908	132	763	455
	1991—2000	1483	3361	4336	824	109	548	538
	2001—2012	1429	3271	3989	786	97	623	435
	2013—2018	1372	3336	4282	816	128	597	468
	历年最大	1971 (1998)	4475.2 (1954)	5751 (1954)	1089 (1954)	191.2 (1961)	1070 (1983)	732 (1954)
	历年最小	1010 (2011)	2479 (2006)	2848 (2006)	635.2 (2006)	59 (2006)	308.1 (1997)	287.7 (2006)
平均年输沙量/亿 t	1951—1960	2.520	5.091	5.202	0.575	0.137	1.449	0.267
	1961—1970	2.505	4.800	5.558	0.590	0.150	1.793	0.291
	1971—1980	2.212	3.825	4.797	0.337	0.083	1.115	0.399
	1981—1990	2.630	4.798	5.406	0.616	0.109	1.352	0.225
	1991—2000	2.946	3.561	4.171	0.356	0.033	0.411	0.221
	2001—2012	1.539	1.970	0.841	0.293	0.019	0.273	0.067
	2013—2018	0.017	0.69	0.15	0.16	0.11	0.27	0.026
	历年最大	5.010 (1974)	7.130 (1981)	7.540 (1954)	1.210 (1966)	0.356 (1981)	3.560 (1981)	0.604 (1977)
	历年最小	0.006 (2015)	0.328 (2015)	0.033 (2017)	0.048 (2015)	0.001 (2006)	0.011 (2016)	0.012 (2011)
年平均含沙量/(kg/m³)	1951—1960	1.76	1.42	1.19	0.63	1.01	2.12	0.55
	1961—1970	1.66	1.30	1.22	0.66	1.14	2.38	0.57
	1971—1980	1.65	1.16	1.15	0.40	0.74	1.81	0.77
	1981—1990	1.85	1.36	1.22	0.68	0.83	1.77	0.50
	1991—2000	1.99	1.06	0.96	0.43	0.30	0.75	0.41
	2001—2012	1.08	0.60	0.21	0.37	0.20	0.44	0.15

续表

项目	统计年份	金沙江屏山	干流寸滩	干流宜昌	岷江高场	沱江李家湾	嘉陵江北碚	乌江武隆
年平均含沙量/(kg/m³)	2013—2018	0.01	0.20	0.04	0.18	0.68	0.40	0.14
	历年最大	2.89 (1997)	1.88 (1981)	1.65 (1981)	1.22 (1966)	2.17 (2013)	3.75 (1966)	0.96 (1971)
	历年最小	0.01 (2015)	0.105 (2017)	0.01 (2015)	0.068 (2015)	0.02 (2006)	0.026 (2016)	0.02 (2012)

注　1. 各站统计的起始年份：屏山为 1954 年，寸滩为 1953 年，宜昌为 1951 年，高场为 1954 年，李家湾为 1957 年，北碚为 1954 年，武隆为 1955 年。

2. 李家湾站 2001 年上迁 7.5km 至富顺站，北碚站 2007 年下迁 7km，屏山站 2012 年下迁 24km 至向家坝站。

3. 表中括号中数据为年份。

（2）同一测站的年径流量与年输沙量的年际变化过程基本一致。就长江上游干支流同一测站而言，其年径流量和年输沙量的年际变化过程基本对应，即大水多沙、小水少沙，年输沙量的增减与年径流量的增减基本对应。由于各站的悬移质输沙量除与径流量关系密切外，还与降雨强度、降雨落区等因素有关，年输沙量的变化幅度大于年径流量的变化幅度。以变差系数 C_v 表达年际变化，年输沙量 C_{vs} 与年径流量 C_{vr} 存在以下关系：

$$C_{vs} = KC_{vr}$$

K 值的大小与河流的降雨及下垫面条件有关（表 3 - 6）[1]，其值均大于 1，说明长江上游干支流主要测站的年输沙量变化幅度均大于年径流量的变化幅度。

表 3 - 6　　　　　　　　长江上游干支流主要测站 C_{vs}、C_{vr} 及 K 值

水　系	站　名	C_{vs}	C_{vr}	K
金沙江	屏山	0.35	0.16	2.18
干流	寸滩	0.24	0.12	2.00
干流	宜昌	0.20	0.11	1.80
嘉陵江	北碚	0.46	0.24	1.90
岷江	高场	0.43	0.10	4.30
沱江	李家湾	0.63	0.23	2.74
乌江	武隆	0.39	0.18	2.16

注　统计年份为 1951—1983 年。

（3）各测站的年径流量与年输沙量年际变化过程不完全同步。就长江上游干支流各测站之间相比较，各站的年径流量、年输沙量和年平均含沙量的年际变化过程不完全同步，有其各自的水沙关系和变化过程，出现峰值的年份也不一致（图 3 - 6 和图 3 - 7）。金沙江屏山站最大年输沙量为 50100 万 t，出现

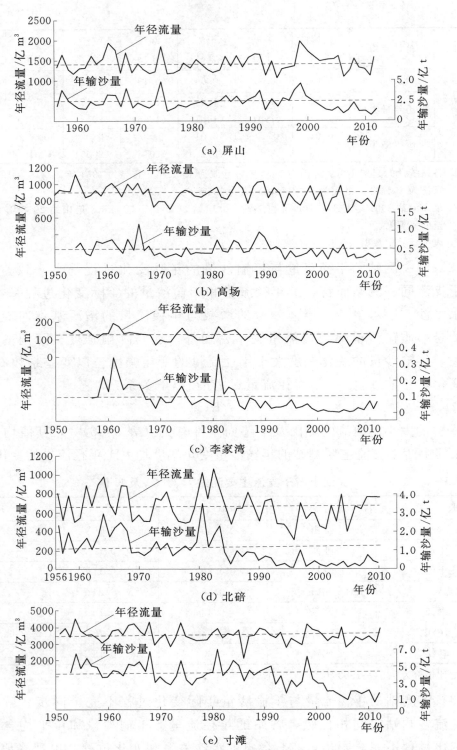

图 3-6(一) 长江上游各站年径流量与年输沙量历年变化(虚线为多年平均值)

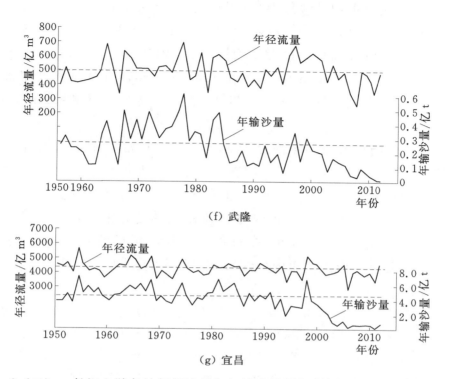

(f) 武隆

(g) 宜昌

图 3-6（二）　长江上游各站年径流量与年输沙量历年变化（虚线为多年平均值）

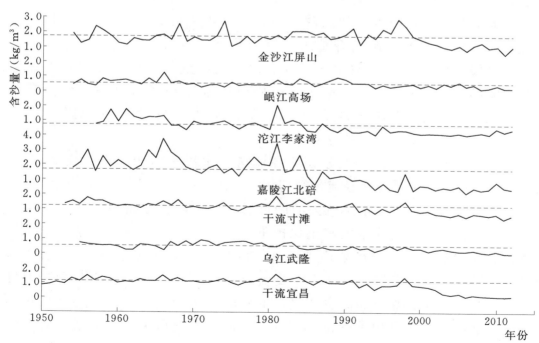

图 3-7　长江上游各站年平均含沙量历年变化（虚线为多年平均值）

在 1974 年；最大年平均含沙量为 2.89kg/m³，出现在 1997 年。嘉陵江北碚站最大年输沙量为 35600 万 t，出现在 1981 年；最大年平均含沙量为 3.75kg/m³，出现在 1966 年。岷江高场站最大年输沙量为 12100 万 t，出现在 1966 年；最大年平均含沙量为 1.22kg/m³，出现在 1966 年。乌江武隆站最大年输沙量为 6040 万 t，出现在 1977 年；最大年平均含沙量为 0.963kg/m³，出现在 1971 年。

（4）输沙量与径流量的年内分配大体相应。长江上游地区的输沙量与降水有直接关系，因此输沙量与径流量的年内分配大体相应，干支流测站的输沙量年内分配有两个特点：一是由于上游地区产沙与暴雨的关系较径流与暴雨的关系更为密切，输沙量的年内分配较径流量更为集中，干支流各站汛期（5—10 月）输沙量一般占全年的 95%～99%，而径流量占全年的 77%～87%；二是支流各站输沙量年内分配较干流站更为集中，汛期（5—10 月）输沙量占全年的 97% 以上。

（5）人类活动对长江上游来沙的影响日益明显。长江上游来沙受自然因素和人类活动因素的影响。自然因素主要为降雨条件和下垫面的地质地貌条件。降雨条件包括降雨量、降雨强度、降雨落区和范围等条件，受气候条件影响，其随机性较大；地质地貌条件包括地形、地貌和土壤状况等，具有相对稳定性。人类活动因素方面，滥伐森林、陡坡开荒造成水土流失，而水利工程和水土保持工程则可起到拦截泥沙和减少水土流失的作用。20 世纪 80 年代以前，滥伐森林、陡坡开荒现象较为严重，但由于长江上游地区温和湿润的气候条件有利于植被生长恢复，河流输沙量与流域总侵蚀量的比值即泥沙输移比较小，加上 50 年代以来修建的水库和塘堰有一定的拦沙作用，因此，80 年代以前人类活动对较大支流和干流输沙量的影响并不明显[2]。

长江上游干支流主要测站累积年径流量与累积年输沙量相关线呈直线，说明年输沙量变化主要与年径流量密切相关（图 3-8）。20 世纪 80 年代以后，滥伐森林、陡坡开荒造成水土流失的严重后果已引起各方面关注，1988 年国务院批准将长江上游列为全国水土保持重点防治区，对金沙江下游和贵州毕节市、嘉陵江中下游、陇南陕南地区和三峡库区首批实施治理；与此同时，随着国家经济建设的发展，长江上游支流修建的大量水库和农田水利工程发挥拦沙作用，长江上游干支流主要测站的年输沙量明显减少，从各站累积年径流量与累积年输沙量相关图也得到充分反映。由此可见，人类活动对长江上游来沙的影响日益明显。

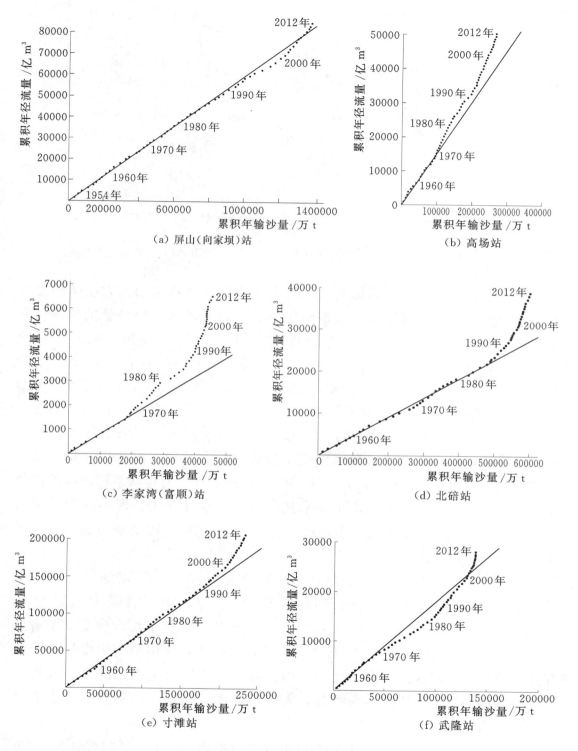

图 3-8（一） 长江上游各站累积年径流量与累积年输沙量相关曲线

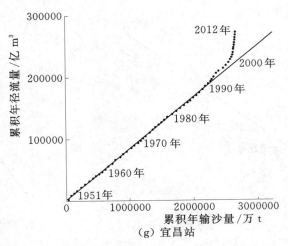

图 3-8（二）　长江上游各站累积年径流量与累积年输沙量相关曲线

受上游水库拦沙等因素影响，三峡水库入库泥沙地区组成发生了明显变化。从金沙江屏山（向家坝）站平均年输沙量占寸滩站年输沙量的比例历年变化可知：1951—1960 年、1961—1970 年、1971—1980 年和 1981—1990 年分别为 49.5%、52.2%、57.8%和 54.8%，而 1991—2000 年和 2001—2012 年分别增至 82.7%和 78.1%，金沙江向家坝和溪洛渡水电站分别于 2012 年和 2013 年蓄水运用后，2013—2018 年减少至 2.5%，2018 年仅为 1.2%（表 3-5）。

（6）长江上游来沙在较长时期内总体上呈减少趋势。三峡工程可行性重新论证阶段，对三峡水库上游来沙变化趋势问题有两种不同认识。其一是长江水利委员会水文局根据 1950—1986 年共 37 年长江上游地区悬移质泥沙实测资料分析，认为长江上游干流主要水文站输沙量年际变化呈现不规则的周期性变化，没有显著的增大或减小趋势[4-5]。其二是三峡工程论证防洪专家组专家方宗岱认为："据 1950—1979 年统计，长江宜昌站年输沙量为 5.14 亿 t；自 1980—1986 年的 7 年间，宜昌站年输沙量为 5.959 亿 t，增加了 16%。宜昌站最大输沙量和最大含沙量，均发生于 1981 年，当年输沙量为 8.32 亿 t，年平均含沙量为 1.88kg/m³，比 1954 年的年输沙量和年平均含沙量分别增加 10%和 43%。由于中上游人口剧增，大肆毁林开荒，大中小型水库拦蓄泥沙作用逐渐消失，河流泥沙有恶化的趋势。目前，长江流域严重的水土流失必须综合治理，光山秃岭需尽快绿化，人为破坏要认真遏止，不然长江变成第二黄河将指日可待。"[18]

长江三峡工程论证泥沙专家组 1988 年 2 月提出的泥沙论证报告认为："长江上游重点产沙区分布比较集中，干流年际水沙量呈现不规则的周期性变化，近三十年来流域内的人类活动还没有引起干流输沙量的单向增长。"[19]长江三峡工程论证水文专家组 1988 年 6 月提出的水文论证报告的结论为:"根据寸滩、宜昌站 35 年泥沙实测资料分析,历年来沙量主要受降雨、地貌因素作用,具有多水相应多沙、少水相应少沙的基本特点,并多次出现数年连续丰水丰沙段和少水少沙段。短期水沙丰枯段不能代表上游多年水沙变化的平均情况,根据现有泥沙资料,看不出三峡以上来沙有系统增大或减少的趋势。上游因人为因素造成的水沙流失确实严重,由于侵蚀颗粒较粗,多沉积在山前及支沟中,输移不远,在干流泥沙测验资料中无明显反映。但随时间推移,其中部分将磨蚀变细,逐渐下移。因此必须十分重视加强水土保持,减少流失,并注意监测,防止在今后出现来沙增加的趋势。"[20]长江水利委员会 1989年 5 月编制的《长江三峡水利枢纽可行性研究报告》认为:"采用多年实测悬移质泥沙资料作为三峡工程泥沙研究的基础是合理的。可以预期,随着上游水土保持工作的开展和上游水库的陆续兴建,三峡水库入库泥沙量将呈减少趋势。"[21]基于上述结论,在三峡工程可行性重新论证阶段有关水库泥沙淤积计算中采用的水文年系列为 1961—1970 年干流寸滩站和乌江武隆站实测水文年系列,因该系列既包括丰水丰沙、中水中沙、少水少沙等不同典型年,其径流量、输沙量的平均值较多年平均值略偏大。此外,在计算中还加入 1960年和 1981 年作为典型枯水年和典型洪水丰沙年,并且作了增沙和减沙对水库泥沙淤积影响的敏感性分析。

20 世纪 90 年代以来,三峡水库上游来水量变化不大,寸滩站 1991—2000年和 2001—2012 年的平均年径流量较多年平均值(1951—2012 年)分别减少1.6%和 4.3%;悬移质来沙量则明显减少,寸滩站 1991—2000 年和 2001—2012年的平均年悬移质输沙量较多年平均值(1951—2012 年)减少 8.8%和 49.5%。嘉陵江北碚站 90 年代前后的变化尤为突出,1991—2000 年和 2001—2012 年的平均年径流量较多年平均值(1951—2012 年)分别减少 16.8%和 5.5%;悬移质来沙量减少更为明显,1991—2000 年和 2001—2012 年的平均年悬移质输沙量较多年平均值(1951—2012 年)分别减少 59.7%和 73.2%。90 年代以来年输沙量减少的原因:一是新建的水利工程发挥了拦沙作用;二是水土保持治理工程的减沙效果;三是与长江上游地区降雨的时空分布、降雨量和降雨强度也有一定的关系。可以预期,随着长江上游干支流水库的陆续兴建,以及长江上游水土流失综合治理的持续实施,长江上游来沙在较长时期内总体上呈减小趋势。

(7)悬移质泥沙的基本特征。

1)悬移质颗粒级配。长江上游干支流悬移质泥沙由砂粒、粉砂和黏粒组成，以粉砂为主；大部分泥沙的粒径小于 1mm；泥沙粒径自上游向下游明显变细，悬移质中的粗颗粒泥沙含量沿程减小。三峡水库蓄水运用前，粒径大于 0.125mm 的粗颗粒泥沙含沙量由朱沱站的 11% 沿程减小至万县站的 9.4%。三峡水库初期蓄水运用后，库区粗颗粒泥沙沿程落淤，2003—2017 年粒径大于 0.125mm 的粗颗粒泥沙含量由朱沱站的 8.4% 沿程减小至万县站的 0.8%（表 3-7）[15]。

表 3-7　三峡进出库各主要控制站不同粒径级沙重百分数对比表

粒径 /mm	时段	沙重百分数/%							
		朱沱站	北碚站	寸滩站	武隆站	清溪场站	万县站	黄陵庙站	宜昌站
d≤0.031	多年平均	69.8	79.8	70.7	80.4	—	70.3	—	73.9
	2003—2017 年	73.3	82.0	77.7	82.6	81.3	89.2	88.4	86.3
	2018 年	77.5	82.5	81.1	79.8	81.5	85.5	89.6	91.1
0.031<d≤0.125	多年平均	19.2	14.0	19.0	13.7	—	20.3	—	17.1
	2003—2017 年	18.4	13.5	16.4	14.0	14.9	10.0	8.7	8.1
	2018 年	16.7	15.6	15.6	17.1	16.3	13.7	9.5	8.4
d>0.125	多年平均	11.0	6.2	10.3	5.9	—	9.4	—	9.0
	2003—2017 年	8.4	4.5	5.9	3.4	3.8	0.8	3.0	5.5
	2018 年	5.8	1.9	3.3	3.1	2.2	0.8	0.9	0.5
中值粒径	多年平均	0.011	0.008	0.011	0.007	—	0.011	—	0.009
	2003—2017 年	0.011	0.009	0.011	0.008	0.009	0.007	0.006	0.006
	2018 年	0.011	0.012	0.011	0.011	0.011	0.010	0.009	0.009

注　1. 朱沱站、北碚站、寸滩站、武隆站、万县站多年均值资料统计年份为 1987—2002 年，宜昌站资料统计年份为 1986—2002 年。
　　2. 清溪场站无 2003 年前悬移质级配资料，黄陵庙站无 2002 年前悬移质级配资料。
　　3. 2010—2018 年长江干流各主要测站的悬移质泥沙颗粒分析均采用激光粒度仪。

2）悬移质的矿物组成。长江上游干支流悬移质泥沙由以石英、长石为主的 60 余种矿物组成，硬度大于 5 的矿物含量达 80% 左右，绝大多数呈棱角状[17]。

第四节　卵石推移质来沙研究

长江水利委员会为了收集入库卵石（粒径大于 10mm）推移质输移量及级配资料，1961 年在寸滩水文站开展卵石推移质测验。经过三年试验研究，制成了长江 64 型软底网式卵石推移质采样器（简称 Y64 型采样器），解决了仪器的结构形式和操作、测次、测线、取样历时的合理确定，以及资料的整理、整编等技术问题，于 1966 年在寸滩站正式开展测验。1972 年后，又相继在长江上游干流的朱沱、万县、奉节以及宜昌等水文站开展测验。葛洲坝水利枢纽建成后，1981 年起于枢纽上游南津关开展测验[1]。对于 Y64 型采样器的取样效率，于 1967 年、1968 年和 1973 年在四川灌县柏条河对 Y64 型采样器原型进行率定。经过对采样效率试验资料的分析，最后得出 Y64 型采样器平均取样效率为 8.62%[22]。

根据近 40 年来长江上游干流朱沱等站卵石推移质输移量实测资料分析，对三峡水库入库卵石推移质输移量历年变化有如下认识：

（1）长江上游干流各站卵石推移质（粒径大于 10mm）输移量均为数十万吨，朱沱至寸滩站略有减小，寸滩至宜昌站沿程增加，其原因与粗颗粒卵石沿程沉积以及区间有中小卵石入汇有关（表 3-8）。寸滩站卵石推移质历年输移量变化见图 3-9。

表 3-8　　　　　　　　　长江上游干流各站卵石年输移量

朱 沱 站		寸 滩 站		万 县 站		宜 昌 站	
统计年份	平均年输移量/万 t	统计年份	平均年输移量/万 t	统计年份	平均年输移量/万 t	统计年份	平均年输移量/万 t
1975—1980	26.3	1968—1980	28.1	1973—1980	27.6	1974—1979	75.8
1981—1990	34.8			1981—1990	41.4	1981—1990	50.2
1991—2000	18.6	1981—1990	19.9	1991—2002	32.3	1991—2002	5.2
2001—2012	17.3	1991—2000	16.2	2003—2012	0.21	2003—2012	3.1
		2001—2012	5.6				

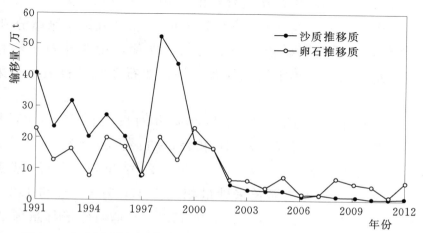

图 3-9　寸滩站卵石推移质和沙质推移质历年输移量变化情况

（2）各站卵石输移量的年际变化幅度主要取决于各年来水量与来水过程，以及所在河段的河床形态。例如朱沱站河床横断面呈 V 形，主流集中，断面流速随来水大小不同而有较大差别，因而卵石输移量年际变幅较大，最大与最小年输移量比值为 11.4；寸滩站汛期受其下游铜锣峡峡谷段壅水影响，断面流速随各年来水不同的差别相对较小，因而卵石输移量年际变幅相对较小，最大与最小年输移量比值仅为 3.8。

（3）卵石推移质颗粒级配及其沿程变化的特点是：颗粒粒径沿程细化，d_{95} 和 d_{50} 朱沱站分别为 150mm 和 57.0mm，沿程递减，至宜昌站分别为 80mm 和 26mm（表 3-9）。其原因主要是粗颗粒卵石在输移过程中沿程沉积，以及区间中小卵石的入汇[1]。

表 3-9　长江上游各站卵石推移质（粒径大于 10mm）年平均输移量

站名	年平均输移总量/万 t	各粒径组年平均输移量/万 t					特征粒径/mm		统计年份
		10～20mm	20～50mm	50～100mm	100～200mm	>200mm	d_{50}	d_{95}	
朱沱	32.4	1.2	12.5	13.3	5.3	0.1	57.0	150	1975—1984
寸滩	28.2	2.8	10.8	10.6	3.8	0	50.0	133	1966—1984
万县	32.0	5.8	15.0	7.8	3.0	0.1	39.5	122	1972—1984
奉节	38.7	8.4	18.0	10.1	2.2	0	36.0	10.4	1974—1978 1981—1984
宜昌	75.8	37.4	27.7	10.1	0.6	0	26.0	80	1973—1979

（4）20 世纪 80 年代以来，各测站卵石年输移量明显受上游干支流修建水利工程和所在河段开采卵石建筑骨料的影响。朱沱和寸滩站累积年径流量与累积卵石年输移量关系线（图 3-10）表明，朱沱站和寸滩站分别从 1991年和 1981 年起，关系线明显较此前的关系线左偏，说明卵石年输移量明显减小；除与上游干支流修建水利工程有关外，卵石建筑骨料大量开采也是重要原因。

长江水利委员会水文局于 1993 年和 2002 年对长江上游河道采砂情况进行了调查[23-24]。调查结果表明（表 3-10 和表 3-11）：20 世纪 80 年代以来，长江上游砾卵石建筑骨料开采量较大，1993 年和 2002 年砾、卵石年开采量分别为 415 万 t 和 453 万 t，单位河长采砂量相应为 1.0 万 t/km 和 1.2 万 t/km。1985 年以前朱沱站和寸滩站（朱沱站下游 152km）卵石年输移量为 30 万 t 左右，1985 年以后则减小为不足 20 万 t。

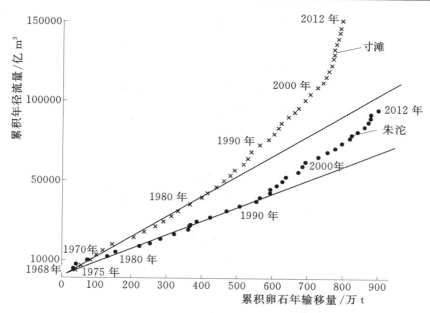

图 3-10　朱沱站、寸滩站累积年径流量与累积卵石年输移量关系

表 3-10　　　　　　　　　　长江上游 1993 年采砂调查成果

河流	起止范围	河段长度/km	采砂量/万 t			单位河长采砂量/(万 t/km)		
			砂	砾卵石	总和	砂	砾卵石	总和
长江	长寿—程家溪	202	455	195	650	2.25	0.97	3.22
长江	沙溪口—大渡	135	100	115	215	0.74	0.85	1.59
嘉陵江	朝天门—盐井	75	245	105	350	3.27	1.40	4.67

表 3-11　　　　　　　　　　长江上游 2002 年采砂调查成果

河流	起止范围	河段长度/km	采砂量/万 t				单位河长采砂量/(万 t/km)		
			砂	砾卵石	条石	总和	砂	砾卵石	总和
长江	铜锣峡—沙溪口	179	416.9	100.4		517.3	2.33	0.56	2.89
长江	沙溪口—泸州	98	90.9	285.8	0.4	377.1	0.93	2.92	3.85
嘉陵江	朝天门—渠河嘴	104	289.7	66.8	0.2	356.7	2.79	0.64	3.43

（5）川江卵石推移质出三峡后，主要沉积在宜昌至江口河段。该河段长约 110km，河床由卵石、砾石夹沙组成；江口以下河床主要由中细砂组成。由于川江出三峡的卵石推移质年输移量仅数十万吨，1974—1979 年宜昌站平均卵石年输移量为 75.8 万 t。宜昌至江口河段河床长时期处于相对冲淤平衡状态，反映为宜昌站 1950—1990 年的枯水期水位流量关系曲线变化很小（图3-11）。但从 20 世纪 70 年代以来，为满足城镇建设和葛洲坝水利枢纽工程建

设需要，在宜昌至江口河段大量开采建筑骨料，1971—1980 年（葛洲坝水利枢纽 1981 年开始蓄水运行）卵石开采量为 1080.1 万 m³，平均卵石年开采量为 108 万 m³[25]。宜昌站枯水期流量 4000m³/s 相应的水位 1980 年较 1970 年下降 0.22m。以上分析说明：砂石料开采改变了该河段原有的输沙平衡状态，卵石开采量大于宜昌站卵石输移量是导致宜昌站枯水期同流量水位下降的主要原因。

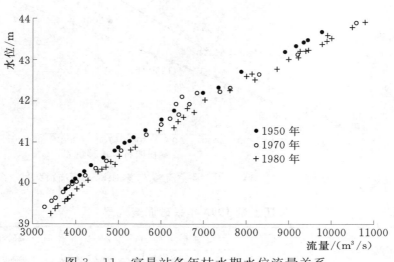

图 3-11 宜昌站各年枯水期水位流量关系

（6）三峡工程可行性重新论证阶段，对于长江上游卵石推移质年输移实测值的可靠性问题，有两种不同认识。一种认识认为长江水利委员会提出的长江卵石年输移实测值不可靠，清华大学黄万里教授认为可以从上游小流域的实测资料按流域面积比例推算宜昌站的卵石推移量；或者移用小流域出口实测的悬移质和卵石年输移量的比例关系，根据宜昌站实测的悬移质年输移量推算卵石年输移量；据此提出宜昌站年卵石输移量的多年平均值可以估定为 1 亿 t/年[27-28]。另一种认识根据长江干支流葛洲坝等 8 座水库的实测资料分析，认为宜昌站卵石年输移量不可能达到亿吨的数量，应与长江水利委员会实测的宜昌站卵石年输移量处于相同的数量级[29-32]。清华大学张仁教授等根据葛洲坝水库 1981 年蓄水运用后的实测资料分析，葛洲坝水库的总淤积量仅 1.3 亿 m³ 左右，水库运用三年即达到基本平衡；水库变动回水区淤积量甚小，河床和同流量的水位均未抬高；1985 年通过南津关出峡的卵石年输移量仅 0.88 万 t，宜昌站卵石年输移量为 4.26 万 t。综合分析认为，根据葛洲坝水库蓄水运用后水库淤积和坝下游宜昌至江口河段河床变化资料，宜昌站卵石年输移量的历年实测值是可靠的。由于长江上游各站卵石推移质测验方法是一致的,说明长江上游各站卵石输移测验成果也是可靠的。

第五节　砾石和沙质推移质来沙研究

长江上游干流寸滩站和奉节站砾石(粒径1~10mm)年平均输移量较小,分别为0.8万t(1986—1987年)和1.3万t(1974—1977年),仅为各自卵石推移质输移量的3.0%左右。数量较少的原因是床沙中砾石的含量很少。葛洲坝水利枢纽兴建前,宜昌站年平均砾石推移质输移量为32.5万t(1974—1979年),约为卵石推移质输移量的43%,数量较奉节站剧增的原因是两站之间的河段位于黄陵背斜区,支流入汇的砾石推移质来量较大。

长江上游干流寸滩站1991年开始进行沙质推移质(粒径小于1mm)测验,1991—2012年沙质推移质平均年推移量仅为14.8万t,仅为该站同期悬移质年输移量23500万t的0.06%。寸滩站沙质推移质历年输移量变化见图3-9。受上游来沙减少以及采砂等因素的影响,1991—2000年沙质推移质平均年输移量为28.8万t,2001—2012年则减少为3.2万t;2018年仅为0.166万t。葛洲坝水利枢纽运用前,宜昌站沙质推移质平均年输移量为845万t,为该站同期悬移质输移量49100万t的1.7%。

参　考　文　献

[1] 长江水利委员会.三峡工程水文研究[M].武汉:湖北科学技术出版社,1997.

[2] 史立人,魏特.长江上游悬移质泥沙来源与特性的初步分析[C]//长江水利水电科研成果选编(第11期).长江水利水电科学研究院,1982.

[3] 余剑如.长江上游地面侵蚀与河流泥沙问题的探讨[J].人民长江,1987(9).

[4] 长江流域规划办公室水文局.长江三峡以上地区来沙历年变化趋势变化[C]//三峡工程泥沙问题研究成果汇编(160~180m蓄水位方案).水利电力部科学技术司,1988.

[5] 长江流域规划办公室水文局.长江三峡以上地区来沙历年变化趋势分析补充报告[C]//长江三峡工程泥沙研究文集.北京:中国科学技术出版社,1990.

[6] 长江水利委员会水文测验研究所.三峡水库来水来沙条件分析研究论文集[M].武汉:湖北科学技术出版社,1992.

[7] 长江水利委员会水文测验研究所,等.三峡水库来水来沙条件的分析研究[C]//长江三峡工程泥沙与航运关键技术研究专题研究报告集(上册).武汉:武汉工业大学出版社,1993.

[8] 长江水利委员会水文局,等.嘉陵江水土保持措施对长江三峡工程减沙作用的研究

[C]//长江三峡工程泥沙问题研究（1996—2000）：第四卷. 北京：知识产权出版社，2002.

[9] 长江水利委员会水文局，三峡水库上游来水来沙变化分析研究 [C]//长江三峡工程泥沙问题研究（2001—2005）：第一卷. 北京：知识产权出版社，2008.

[10] 长江水利委员会水文局. 长江上游干支流主要测站水沙量变化统计分析 [C]//长江三峡工程泥沙问题研究（2001—2005）：第一卷. 北京：知识产权出版社，2008.

[11] 长江水利委员会水文局. 长江上游 20 世纪 90 年代新建大中型水库蓄水拦沙作用的调查与分析 [C]//长江三峡工程泥沙问题研究（2001—2005）：第一卷. 北京：知识产权出版社，2008.

[12] 长江水利委员会水文局. 三峡水库近期（2008—2027 年）入库泥沙系列分析[C]//长江三峡工程泥沙问题研究（2006—2010）：第一卷. 北京：中国科学技术出版社，2013.

[13] 长江水利委员会水文局. 长江上游横江、赤水河、綦江流域水文变化调查与分析 [C]//长江三峡工程泥沙问题研究（2006—2010）：第一卷. 北京：中国科学技术出版社，2013.

[14] 长江水利委员会水文局. 长江三峡区间水沙变化特征分析 [C]//长江三峡工程泥沙问题研究（2006—2010）：第一卷. 北京：中国科学技术出版社，2013.

[15] 长江水利委员会水文局. 2018 年度三峡水库进出库水沙特性、水库淤积及坝下游河道冲刷分析 [R]，2019.

[16] 长江水利委员会水文局. 1998 年长江洪水及水文监测预报 [M]. 北京：中国水利水电出版社，2000.

[17] 魏特，周旅复，史立人. 长江悬移质泥沙物质组成研究 [J]. 长江水利水电科学研究院院报（院庆三十五周年专刊），1986.

[18] 方宗岱. 长江泥沙日增，情况堪虞，不可忽视 [J]. 水土保持学报，1988（1）.

[19] 长江三峡工程论证泥沙专家组. 长江三峡工程泥沙与航运专题泥沙论证报告 [R]，1988.

[20] 长江三峡工程论证水文专家组. 长江三峡工程水文与防洪专题水文论证报告 [R]，1988.

[21] 水利部长江流域规划办公室. 长江三峡水利枢纽可行性研究报告 [R]，1989.

[22] 高焕锦，苏一凡，汤运南，郑五榕. 川江卵石推移质观测研究 [C]//长江三峡工程泥沙研究文集. 北京：中国科学技术出版社，1990.

[23] 张美德，周凤琴. 长江三峡库尾上游河段河床组成勘测调查分析报告 [R]. 长江水利委员会荆江水文水资源勘测局，1993.

[24] 刘德春. 重庆主城区及以上河段采砂调查与推移质输沙量变化研究 [C]//长江三峡工程泥沙问题研究（2001—2005）：第二卷. 北京：知识产权出版社，2008.

[25] 长江流域规划办公室水文局. 葛洲坝水利枢纽坝下至江口河段建筑骨料开挖量调查报告 [C]//长江三峡工程泥沙研究文集. 北京：中国科学技术出版社，1990.

[26] 李云中，孙伯先，樊云，等. 长江葛洲坝水利枢纽泥沙原型观测研究 [R]. 长江水

利委员会长江三峡水文水资源勘测局，2000.

[27] 黄万里. 关于长江三峡砾卵石输移量的讨论 [J]. 水力发电学报，1993（3）.

[28] 黄万里. 关于长江三峡砾卵石输移量的讨论（续）[J]. 水力发电学报，1995（1）.

[29] 张仁. 关于长江卵石输移量的讨论 [J]. 人民长江，1994（3）.

[30] 唐日长. 三峡水库末端卵石推移质堆积问题 [J]. 人民长江，1989（2）.

[31] 陈济生. 对长江上游水利水电工程推移质的几点认识 [J]. 水力发电学报，1994（2）.

[32] 长江水利委员会水文局. 对黄万里估算长江三峡卵石输移量一文的讨论 [J]. 水力发电学报，1994（2）.

第四章 水库泥沙问题研究

第一节 概 述

一、库区河道概况

三峡水库正常蓄水位为 175m，相应的库区范围从坝址至上游 660～760km（江津至朱沱），库区面积 1084km²。图 4−1 为库区朱沱至坝址段的示意图。三峡水库穿行于川东低山丘陵区和川鄂中低山峡谷区，根据河道地形地貌特征，库区朱沱至坝址可分为以下四段：

（1）朱沱至江津油溪段，长约 100km，两岸为起伏平缓的丘陵，地质构造为宽广的复向斜，没有峡谷，地形平缓，河床开阔，枯水河宽 300～500m，洪水河宽 600～1000m，河床组成多为卵石，部分河段的江底层为岩盘。

（2）江津油溪至涪陵段，长 222km，沿江地势起伏较大。长江自西向东依次横切 6 个背斜山脉，形成华龙峡、猫儿峡、铜锣峡、明月峡、黄草峡、剪刀峡等峡谷。经过向斜谷地则河谷宽广，故该河段峡谷与宽谷相间，江面宽窄悬殊，最宽处达 1500m，最窄处如黄草峡仅 250m。峡谷一般不长，江面狭窄，谷坡陡峭，基岩裸露，两岸山峰矗立，高出江面 300～400m；宽谷段江面开阔、岸坡缓坦，河道弯曲，两岸山峰距江较远，阶地发育，河漫滩宽，江心常有石岛，岸边则多碛坝。

（3）涪陵至奉节段，长约 323km，其中上段长江流向东北，至万州市急转东，到白帝城入三峡。河段内河谷基本沿向斜层发育，流向与构造线一致。谷地宽阔，江面最宽处达 1500～2000m，谷坡平缓，河道弯曲，碛坝很多，两岸丘陵起伏，冲沟稠密。万州市以下的巴阳峡，系长江下切石质河漫滩造成，江面窄，水流湍急。奉节稍上是关刀峡，宽仅 150～200m，至奉节河谷又放宽。

（4）奉节至坝址长约 167km，为著名的三峡河段，由瞿塘峡、巫峡、西陵峡三个主要峡谷段组成。峡谷为中、高山峡谷，峡谷间为低山丘陵宽谷，白帝城至庙河为碳酸盐岩夹碎屑岩中山峡谷库段，庙河至坝址为结晶岩低山

丘陵宽谷段。峡谷段江面狭窄，岸壁陡峭，基岩裸露，河宽一般为 200～
300m，最窄处仅约 100m；宽谷段江面比较开阔，岸壁平缓，汛期河宽一般为
达 600～800m，个别达 1000～1500m。峡谷上游的开阔段，往往形成峡口滩，
呈汛期淤积、汛后冲刷的周期性冲淤变化。两岸溪流入汇，且来沙颗粒较粗，
停于溪口，形成溪口滩。滩段或束窄江流，或流势险恶，或形成跌水，成为
碍航的急流滩或险滩。葛洲坝水利枢纽修建后，其中大部分滩险已被淹没或
得到改善。

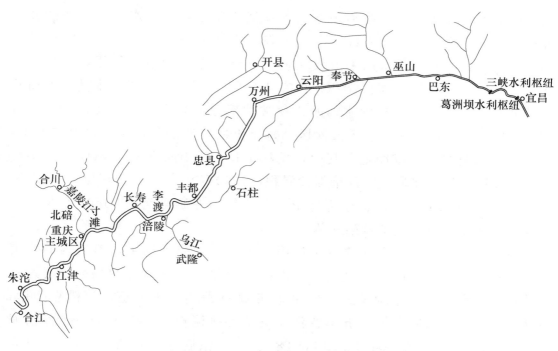

图 4-1　三峡水库库区朱沱至坝址段的示意图

库区河道水位年变幅大，年内水位变幅达 30～50m。河道洪峰陡涨陡落，
汛期水位日上涨幅度可达 10m，水位日降落幅度可达 5～7m。库区河道水面
比降大，水流湍急。江津至长寿河段为 2.29‰～1.79‰，随着流量增大而减
小；长寿至丰都河段为 2.15‰～1.65‰，随流量增大而增大；丰都至奉节河
段为 1.90‰～0.98‰，随流量增大而减小；奉节至坝址为 3.17‰～2.07‰，
随流量增大而增大。全库区河道平均水面比降约为 2‰，急流滩处水面比降达
10‰以上。

库区河道泥沙输移以悬移质运动为主，推移质输移量不大。由于河床比
降大，河床大部分又由基岩或卵石组成，故水流挟沙能力有较大的富余。库
区河道卵石运动具有明显的不连续性，由于河谷宽窄相间，在峡谷上游的宽

阔河段，汛期峡谷壅水，卵石输移率减小，而枯水期则增大；峡谷段则相反。

二、建库前库区河道演变特性

库区河道在建库前的演变特性受河道边界条件的制约以及来水来沙条件的影响，具有如下特点。

（1）河道平面和纵横断面形态保持不变，年际间各河段弯道、汊道、深槽和洲滩的冲淤规律保持不变，泥沙冲淤平衡。由于河道河岸稳定，控制了河段内的泥沙冲淤部位，且河道水流挟沙能力富余，一个水文年内泥沙冲淤即可达到基本平衡。一般来说，由于峡谷段汛期的壅水作用，其上游段发生局部泥沙淤积，宽谷段汛期主流线变动，或凸出岸线的阻水作用，均会形成缓流区和回流区而发生泥沙淤积。但在当年汛末水位下落期，流量较大而水位较低时，即形成所谓走沙水，淤积物被大部分或全部冲走。臭盐碛、兰竹坝和土脑子淤沙区是川江三大淤沙区，每年汛期泥沙淤积量达数百万立方米，汛期末落水期即被水流冲走。其中瞿塘峡上口的臭盐碛河段，汛期峡谷壅水较强，加以水流漫滩取直，深槽泥沙淤积，1962 年汛期实测淤积量达 1740 万 m^3，汛期后落水期泥沙即被全部冲走，深槽年内冲淤幅度达 20m。有关臭盐碛河段的演变特点详见本章第三节。

（2）由于河床边界条件的控制作用，水流运动受到约束，河道内的弯道段、汊道段以及局部岸线凹进段，泥沙冲淤变化具有许多与冲积平原河道不同的特点。弯道段如距坝址 460km 的丝瓜碛河段为一大弯道，深槽靠凸岸，汛期主流居中，凸岸深槽受五羊背河岸突嘴的挑流作用，土脑子一带深槽泥沙淤积，1985 年汛期实测淤积量达 728 万 m^3，汛后水流归槽，当年 12 月底淤积物全部被水流冲走。汊道段如坝址上游 410km 的兰竹坝汊道段，左汊为主汊，右汊为支汊，汛期支汊口门迎流，主汊发生泥沙淤积；1983 年汛期主汊实测淤积量达 260 万 m^3，汛期后水流集中主汊，淤积物至当年 11 月即全部被水流冲走，主支汊地位长期保持不变。局部岸线过于凹进的河段，形成回流区（俗称回水沱），泥沙冲淤年内保持平衡，如铜锣峡上口的唐家沱和下口的郭家沱均为长期存在的回流区，沱内建有码头（图 4-2）。有关丝瓜碛河段和兰竹坝河段的河道演变特点详见本章第三节。

三、干流库区形态特征

三峡水库受河道地形地貌约束，库面平面形态宽窄相间（图 4-3），除坝区段和宽谷河段外，大部分库段库面宽度不超过 1000m，宽于 1000m 的库段

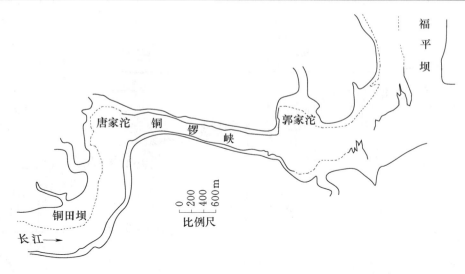

图 4-2 唐家沱与郭家沱位置示意图

大都分布在万州至忠县库段内。水库淤积前干流库区深泓纵剖面变化较大，一般峡谷段深泓高程较低，宽谷段的深泓高程相对较高，平均深泓变幅在 11～67m，呈锯齿形态（图 4-4）。由图 4-4 看出，奉节至坝址段的巫峡深泓最低点高程达到－34m，平均最低与最高点变幅大于 77m；丰都河段的灶门子附近深泓最低点高程达到 44.5m，最低与最高点变幅大于 80m。按水库蓄水运用前的起始地形和入库流量 4100m³/s 的水面线计算，相应坝前水位 175m 的库区各段平均库面宽度及平均水深分述如下。

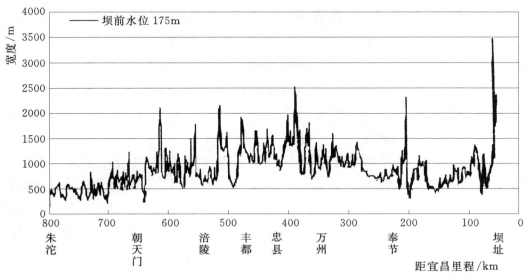

图 4-3 三峡水库淤积前干流库区库面宽度变化情况

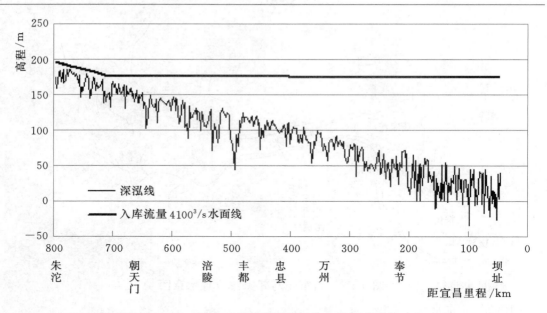

图 4-4 三峡水库淤积前干流库区深泓纵剖面图

三峡水库坝区段（太平溪至坝址）库面较宽，坝前水位 175m 时，平均库面宽度为 2387m，平均水深为 76.22m。

奉节白帝城至太平溪段主要为峡谷河段，区间有诸多中小支流和小溪入汇，形成较宽的溪口滩。坝前水位达到 175m 时，该段峡谷段平均库面宽度为 684m，平均水深为 89.87m；宽谷河段平均库面宽度为 1225m，平均水深为 92.11m。

万州沱口至奉节白帝城段为开阔至峡谷过渡段，库面宽度比下游段稍宽。坝前水位 175m 时，峡谷段平均库面宽度为 829m，平均水深为 66.65m；宽谷段平均库面宽度为 1317m，平均水深为 65.74m。

涪陵至万州沱口段主要为开阔段或宽谷河段，库面较宽。坝前水位 175m 时，涪陵至忠县段平均库面宽度为 1125m，平均水深为 42.51m；忠县至万州段平均库面宽度为 1232m，平均水深为 51.47m。

朱沱至涪陵段为平缓的丘陵河段和宽谷与峡谷交替段，处于回水变动区，蓄水后该段水位抬高相对下游段小，库面宽度较库区常年回水区小。坝前水位 175m 时，朱沱至朝天门、朝天门至涪陵宽谷河段平均库面宽度分别为 558m、930m，平均水深分别为 6.93m、24.96m；峡谷段平均库面宽度分别为 249m、402m，平均水深分别为 30.82m、39.31m。

由上述库区形态分析可见，三峡库区干流段除坝区段和局部库段外，干流库区库面宽度一般为 700~1700m，为典型的河道型水库。

第二节　水库长期使用问题研究

20 世纪 50 年代以来，三峡水利枢纽在规划过程中，由于该项工程规模宏大，具有防洪、发电、航运等巨大综合效益，成为举世瞩目的大型水利工程。国家领导人对三峡水库泥沙淤积和水库寿命问题十分重视，1958 年夏听取了长江水利委员会主任林一山关于水库寿命问题的汇报，对三峡水库寿命表示担心。1963 年林一山将论证水库可以长期使用的报告送国家领导人审阅[1]。1964 年 8 月林一山亲自带领科技人员到华北、东北、西北地区，对多沙和少沙河流的 8 个水库进行考察。同年，长江科学院对大量国内外水库泥沙淤积和水库运行资料进行了综合分析，编写了《水库淤积调查报告》[2]。报告认为，根据水库泥沙淤积的一般规律及河流来水来沙大多集中于汛期的特点，汛期降低坝前水位，行洪排沙，汛末蓄水运用，通过水库这种合理调度方式，水库可以长期保留大部分有效库容，达到长期发挥综合效益的目的。在调查研究基础上，林一山根据国内外资料加以系统的分析，提出水库长期使用理论，认为依据河流学原理，通过选择峡谷河段为库区、水库调度、排沙工程的合理设计等措施可以做到水库长期使用。1966 年林一山将此研究成果向国家领导人作了书面报告，该报告后来改名为《水库长期使用问题》正式发表[3]。

20 世纪 70 年代末及 80 年代初，长江科学院等单位进一步从理论上对水库长期使用有关基本问题进行了研究，通过分析国内外大量控制水库淤积发展的实际资料，从理论上深化了对水库长期使用问题的认识。在长期使用水库的相对平衡状态、水库长期使用与水库运用方式的关系，以及水库长期使用与水库效益关系等方面均取得进一步的认识[4-5]。

一、三峡水库长期使用的有利条件

（1）长江水量大、含沙量小，三峡水库库区建库前河床主要由基岩、卵石组成，河床平均坡降约为 2.0‰，水流挟沙不饱和程度大。库区泥沙淤积平衡后的河床坡降与长江中下游河道输沙总体处于平衡状态的河床坡降接近，其中荆江河段河床平均坡降约为 0.5‰，两者的比值为 0.25，表明三峡水库库区水流挟沙能力较为富余。

（2）三峡水库属于河道型水库，坝址上游长约 660km 的库区主要为峡谷与宽谷相间。大部分库段的水面宽度不超过 1000m，小于长江中下游河道的河宽，上荆江河段的平滩河宽为 1320m。水库的有效库容主要为槽库容组成，滩库容所占比例很小。

（3）三峡水库上游来水来沙主要集中在汛期，寸滩站 6—9 月径流量和输沙量分别占全年总量的 63% 和 89%。上游来沙以悬移质泥沙为主，推移质年输移量较小，寸滩站卵石（粒径大于 10mm）、砾石（粒径 1～10mm）和沙（0.1～1.0mm）年输移量分别为 16.2 万 t（1991—2000 年）、0.8 万 t（1986—1987 年）和 28.8 万 t（1991—2000 年）。

（4）三峡水利枢纽是长江中下游防洪体系的一项关键性的控制工程，汛期降低库水位，腾出库容准备调洪，汛期弃水多，有利于排沙，加上三峡水库的总库容与年径流量的比值小于 0.1，有利于汛后蓄水。

二、三峡水库长期使用的运行方式

长江三峡工程论证泥沙专家组 1988 年 2 月提出的《长江三峡工程泥沙专题论证报告》认为："三峡水库系河道型水库，在长 600 多 km 的库区中，库面宽度一般小于 1000m，只有一小部分库段的库面宽度为 1000～1700m，根据长江输沙量主要集中在汛期的特点，每年汛期 6—9 月坝前水位降到防洪限制水位，即水库采用'蓄清排浑'的运用方式；防洪限制水位以上的防洪库容和枯季的限制水位以上的调节库容，除滩地部位淤积外，大部分库段可以长期保留。"[6]

长江水利委员会 1989 年 5 月编制的《长江三峡水利枢纽可行性研究报告》认为："三峡枢纽采用'蓄清排浑'调度运用方式，水库又具有前述优越条件，当库区淤积平衡后，形成的稳定河床坡降约为 0.7‰，约为建库前平均坡降的 1/3，加以库面窄，滩地少，因此，既可以做到既发挥水库的综合效益，又能长期保留大部分有效库容。"[7]

从 20 世纪 50 年代开始，对三峡水库正常蓄水位方案进行了反复研究，研究范围为 128～260m。1986 年三峡工程可行性重新论证阶段，根据防洪、发电、航运和水库长期使用的需求，集中研究了正常蓄水位 150m、160m、170m、175m 和 180m 五个代表方案（表 4-1）。经过综合分析，最终选定正常蓄水位 175m、防洪限制水位 145m、枯水期消落低水位 155m 的水库调度运用方案[7]。水库运用方式为：每年 5 月末到 6 月初，坝前水位降到防洪限制水位 145m，整个汛期 6—9 月，水库一般维持此低水位运行，仅当入库流量较大时，根据下游防洪需要，水库拦蓄洪水，库水位抬高，洪峰过后，仍降至 145m 运行；汛末 10 月，水库蓄水，坝前水位逐步升高至 175m 运行，少数年份蓄水过程将延续至 11 月；12 月至次年 4 月底，水库应尽量维持在较高水位，当入库流量低于电站保证出力对流量的要求时，库水位开始降低，但 4 月末以前坝前水位不低于 155m，以保证库区航道必要的航深。正常蓄水位 175m 方案的总库容为 393 亿 m^3，防洪库容（高程 175～145m）为 221.5 亿 m^3，兴利调节库容（高程 175～155m）为 165 亿 m^3。三峡水库运行方式如图 4-5 所示。

表 4-1　　　　　　　　　　　　三峡工程特征水位方案

方案	正常蓄水位 /m	坝顶高程 /m	防洪限制水位 /m	枯水期消落低水位 /m
1	150	175	130	135
2	160	175	145	135
3	170	175	150	140
4	175	185	145	155
5	180	185	160	150

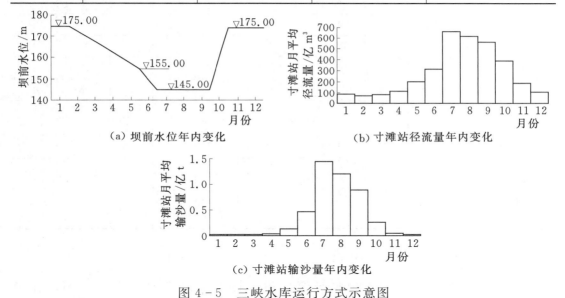

（a）坝前水位年内变化　　（b）寸滩站径流量年内变化

（c）寸滩站输沙量年内变化

图 4-5　三峡水库运行方式示意图

三、三峡水库泥沙淤积预测

1986 年三峡工程可行性重新论证阶段，采用悬移质不平衡输沙数学模型进行水库泥沙淤积计算。该模型经丹江口水库、川江臭盐碛河段、下荆江裁弯河段和上荆江严家台放淤区大量原型观测资料验证，1975 年应用于葛洲坝水库泥沙冲淤计算[8-9]。长江科学院和中国水利水电科学研究院分别进行了不同水库调度方案的长系列年水库泥沙淤积计算，计算年限一般为 80～120 年。计算中选用 1961—1970 年入库水沙系列年，其中包括丰水丰沙、中水中沙、小水少沙等不同典型年，该 10 年的水沙量平均值较多年平均值略偏大（表 4 - 2）。此外，在计算过程中还加入了 1960 年典型枯水年和 1981 年典型丰水丰沙年。计算成果列于表 4 - 3[10-17]。

表 4 - 2　　　　　　　　典型系列年径流量与输沙量特征值

年份	寸滩站			武隆站			寸滩站＋武隆站			径流量年份特征	输沙量年份特征
	径流量/亿 m³	输沙量/亿 t	含沙量/(kg/m³)	径流量/亿 m³	输沙量/亿 t	含沙量/(kg/m³)	径流量/亿 m³	输沙量/亿 t	含沙量/(kg/m³)		
1961	3756	4.66	1.24	426	0.116	0.273	4182	4.78		中	中偏小
1962	3828	4.64	1.21	466	0.120	0.270	4294	4.76		中	中偏小
1963	3455	4.09	1.18	494	0.327	0.662	3949	4.42		中偏小	小
1964	4067	5.42	1.33	679	0.421	0.619	4746	5.84		大	大
1965	4179	5.25	1.25	536	0.274	0.511	4715	5.52		大	大
1966	3769	5.74	1.52	319	0.111	0.350	4088	5.85		中	大
1967	3482	4.54	1.31	621	0.494	0.797	4103	5.03		中	中
1968	4259	6.88	1.61	572	0.303	0.529	4831	7.18		大	大
1969	2836	3.09	1.09	507	0.438	0.863	3343	3.53		小	小
1970	3261	3.76	1.16	508	0.303	0.597	3769	4.06		小	小
1961—1970 年平均值	3689	4.81	1.30	513	0.291	0.567	4202	5.10	1.21		
多年平均值	3500	4.65	1.33	501	0.328	0.656	4001	4.98	1.24		
1961—1970 年平均值与多年平均值偏离百分数	5.4	3.4	−2.2	2.4	−11.3	13.6	5.0	2.4	−2.4		

注　1. 1967 年实测资料不全，系插补值。
　　2. 多年平均值统计年份为 1953—1984 年。

根据三峡水库泥沙数学模型计算成果，按上述水库调度方式运用，在未考虑三峡水库上游干支流新建水库和水土保持工程的拦沙效果条件下，三峡水库按正常蓄水位 175m 方案运用 100 年后，高程 145～175m 之间的防洪库容可保留约 86％，高程 155～175m 之间的调节库容可保留约 92％。

排沙比是指一定时期内水库出库沙量与入库沙量之比，是水库拦截泥沙程度的指标之一。表 4 - 4 和表 4 - 5 为三峡水库各运用方案不同时期的排沙比。三峡水库蓄水初期的排沙比约为 30％，其后逐渐增大，排沙比增至 85％以上时，水库河槽淤积达到初步平衡状态。正常蓄水位 175m 方案约在水库运用 80 年后河槽淤积达到初步平衡状态。

表 4-3

三峡水库泥沙数学模型计算成果总表

项目		150m—135m—130m方案 长江科学院	150m—135m—130m方案 中国水利水电科学研究院	160m—135m—145m方案① 长江科学院	160m—135m—145m方案① 中国水利水电科学研究院	170m—140m—150m方案 长江科学院	170m—140m—150m方案 中国水利水电科学研究院	175m—145m—155m方案② 长江科学院	175m—145m—155m方案② 中国水利水电科学研究院	180m—150m—160m方案 长江科学院	180m—150m—160m方案 中国水利水电科学研究院
库区干流淤积量/亿m³	30年	77.8		78.0		82.1		85.7		90.2	
	36年		73.9		80.0		86.0		74.9		94.0
	48年				94.0		106.0		115.4		120.0
	50年	96.1	99.3	105.4		118.4		128.9		138.7	
	80年	103.1	111.4	120.7		138.4		157.6		175.9	
	84年				108.0		129.0		144.6		167.0
	100年	106.7	116.1	127.1		145.1		166.6		183.3	
	108年		123.22（150年） 128.66（220年）		113.0		136.0		151.2		179.0
库区支流淤积量/亿m³	嘉陵江（100年）	1.1		1.8	1.8	2.1	2.1	3.3	1.8	4.7	3.4
	乌江（100年）	0.4（80年）	13.17（200年）	0.8	0.3	1.3	0.7	1.8	0.9	2.2	1.5
淤积分布（100年，亿m³）	坝址至丰都	99.1	102.0	112.6		127.4	119.0	145.6	129.5	158.9	151.0
	丰都至涪陵	4.4	6.2	7.8		9.1	8.6	10.1	9.7	11.2	12.7
	涪陵至长寿	2.6	2.5	3.4		3.7	3.8	4.9	4.5	5.6	6.2
	长寿至重庆	0.6	1.1	2.5		3.8	3.2	4.6	4.2	5.4	6.8
	重庆以上	0	0.1	0.8		1.1	0.2	1.3	0.7	2.1	1.5
淤积末端（距坝km）	运用20年	522		550		560		570		579	
	运用100年	550		579		604		616		628	
防洪库容/亿m³	初始	72.9	138.0	138.0	147.1	197.0	197.0	222.0	222.0	248.8	248.8
	100年后保留/%	87（80年）	91（108年）	83	90（108年）	85	90（108年）	86	91（108年）	87	89（108年）
调节库容/亿m³	初始	93.5	40.2	90.5	108.1	147.1	147.1	165.0	165.0	183.7	183.7
	100年后保留/%	82（80年）	96（108年）	91	96（108年）	92	94（108年）	92	96（108年）	93（108年）	96（108年）

注 表中各方案的水位相应为正常蓄水位—防洪限制水位—枯水期消落低水位。

① 中国水电科学研究院为160m—135m—154m方案，长江科学院为160m—135m—145m方案。

② 长江科学院为方案，中国水电科学研究院为175m—145m—163m方案。

表 4-4 三峡水库排沙比计算成果（长江科学院）

水库运用方案	排沙比/%									
	1～10 年	11～20 年	21～30 年	31～40 年	41～50 年	51～60 年	61～70 年	71～80 年	81～90 年	91～100 年
150m—135m—130m	31.6	39.5	51.4	70.3	86.4	93.5	94.8	95.2		
160m—135m—145m	33.5	39.7	47.2	60.5	74.5	84.2	89.2	90.1	91.9	92.7
170m—140m—150m	31.1	36.5	42.1	50.0	63.6	77.1	85.1	89.4	90.8	92.1
175m—145m—155m	29.9	31.0	36.6	43.3	52.7	67.4	77.4	84.5	87.6	89.7
180m—150m—160m	25.5	28.9	32.3	38.2	45.2	56.1	71.0	82.6	89.4	90.5

表 4-5 三峡水库排沙比计算成果（中国水利水电科学研究院）

水库运用方案	排沙比/%								
	12 年	24 年	36 年	48 年	60 年	72 年	84 年	96 年	108 年
150m—135m—130m	34.6 (10 年)	38.5 (20 年)		76.5 (50 年)			91.0 (80 年)		96.9 (150 年)
160m—135m—154m	36.1	40.6	50.1	69.2	84.7	90.2	92.7	94.6	95.7
170m—140m—150m	34.1	37.6	43.8	56.3	73.6	85.3	89.5	91.5	92.9
175m—145m—163m	32.4	35.5	40.2	48.5	63.3	78.5	86.6	89.4	91.4
180m—150m—160m	30.6	33.0	36.5	42.1	51.4	65.8	79.4	85.7	88.4

水库泥沙淤积引起库区水位抬高，特别是洪水位的抬高，直接影响到库区的淹没范围。长江科学院和中国水利水电科学研究院分别对三峡水库不同运用方案、不同运用阶段，遇不同频率的洪水时坝区至重庆主城区河段沿程洪水位抬高值进行了计算，结果表明，各方案均以忠县至寸滩抬高较多，向坝区和库尾递减。175m—145m—155m 方案长江科学院的计算成果见表 4-6[14]。表列的洪水位均以吴淞基面计（下同）。

表 4-6 175m—145m—155m 方案运用不同阶段沿程洪水位

断面地名	距坝/km	运用年限/年	1%频率洪水		5%频率洪水		20%频率洪水	
			水位/m	抬高值/m	水位/m	抬高值/m	水位/m	抬高值/m
三斗坪	0	0	175.00		175.00	0	175.00	0
万县	288.3	0	175.50	0	175.20	0	175.10	0
		30	175.87	0.37	175.56	0.36	175.36	0.26
		100	176.42	0.92	175.96	0.76	175.66	0.56

续表

断面地名	距坝/km	运用年限/年	1%频率洪水		5%频率洪水		20%频率洪水	
			水位/m	抬高值/m	水位/m	抬高值/m	水位/m	抬高值/m
忠县	370.3	0	175.50	0	175.30	0	175.10	0
		30	176.18	0.68	175.79	0.49	175.51	0.41
		100	177.92	2.42	176.33	1.03	175.92	0.82
丰都	432.5	0	175.60	0	175.30	0	175.10	0
		30	176.37	0.77	175.93	0.63	175.62	0.52
		100	180.49	4.89	177.70	2.40	176.11	1.01
涪陵	483.0	0	176.00	0	175.60	0	175.30	0
		30	179.63	3.63	176.41	0.81	175.90	0.60
		100	185.21	9.21	182.39	6.79	180.24	4.94
长寿	529.3	0	182.50	0	178.00	0	175.70	0
		30	186.69	4.19	183.11	5.11	179.67	3.97
		100	191.14	8.64	188.24	10.24	185.51	9.81
寸滩	596.7	0	193.10	0	189.20	0	184.80	0
		30	195.21	2.11	191.97	2.77	188.07	3.27
		100	198.46	5.36	195.54	6.34	192.05	7.25
重庆（朝天门）	603.7	0	194.30	0	190.20	0	185.90	0
		30	195.94	1.64	192.72	2.52	188.81	2.91
		100	199.09	4.79	196.16	5.96	192.61	6.71

注　1. 本表为长江科学院计算成果。

2. 1%、5%和20%频率洪水的寸滩流量分别为88700m³/s、75300m³/s和61400m³/s。

关于水库淤积引起重庆市主城区洪水位抬高值，从表4-6可见，水库运用30年，如遇1%频率洪水，重庆市主城区朝天门水位为195.94m；如遇1%频率洪水则为199.09m。

中国水利水电科学研究院计算175m—145m—163m方案水库运用109年后，当进库流量83421m³/s（1981年寸滩站洪峰流量为82800m³/s）时，重庆市主城区朝天门水位为199.05m，与长江科学院计算成果比较一致[15]。

南京水利科学研究院三峡工程变动回水区河段长模型试验成果为：175m—145m—155m方案水库运用100年后，1%、5%、20%频率洪水，重庆市主城区朝天门水位分别为200.85km、197.65m、194.04m。考虑到长江干流与嘉陵江洪水组合以及试验误差，认为三峡水库运用 100 年后，1％频率洪水流量，重庆市主城区洪水位为（201±0.5）m[18]。

三峡工程论证泥沙专家组 1988 年 2 月提出的《长江三峡工程泥沙专题论证报告》认为：水库淤积对重庆市主城区的洪水位抬高主要与防洪限制水位的选定有关，175m—145m—155m 方案运用 100 年，如遇 100 年一遇洪水流量，重庆市主城区朝天门水位约为 199.00m；考虑到计算水位与糙率、淤积量和淤积部位关系较大，计算值可能还有约 1～3m 的变幅，如考虑上游干支流建库的拦沙作用，重庆市洪水位可以降低[6]。

四、入库沙量变化对三峡水库泥沙淤积的影响分析

1. 入库沙量变化对三峡水库泥沙淤积影响敏感性分析

在三峡工程可行性重新论证阶段，长江科学院为比较不同来沙条件对三峡水库淤积的影响，以上述蓄水位 175m—145m—155m 方案水库淤积计算采用的 1961—1970 年共 10 年入库水沙典型系列年为入库水沙条件基本方案，与考虑入库泥沙颗粒级配不变而入库沙量增加或减少的方案进行敏感性分析。增沙方案假定三峡枢纽建成后，入库年沙量较 1961—1970 年平均值 5.1 亿 t 增加 30％，即 6.63 亿 t。减沙方案假定三峡枢纽建成并运行 10 年后，上游金沙江和嘉陵江新建水库可拦截泥沙 50％，即 2.55 亿 t。水库泥沙数学模型计算结果如下[16]：

（1）增沙方案。水库淤积速率较基本方案增加。水库运用 80 年淤积达到初步平衡。水库运用 100 年后，库区总淤积量为 202.1 亿 m³，较基本方案多淤 18％（表 4 - 7）。

表 4 - 7　　　　　　　　　三峡水库淤积计算成果

项　　　目	水库运用 30 年			水库运用 50 年			水库运用 100 年		
	增沙方案	基本方案	减沙方案	增沙方案	基本方案	减沙方案	增沙方案	基本方案	减沙方案
长寿以上干流库区淤积量/亿 m³	3.382	1.473	0.382	5.92	2.78	0.60	9.899	5.973	1.649
坝址至长寿干流库区淤积量/亿 m³	105.621	84.265	62.764	149.06	126.1	90.89	178.978	160.622	126.293
干流库区总淤积量/亿 m³	109.0	85.74	63.14	154.9	128.9	91.5	188.9	166.6	127.9
嘉陵江库区淤积量/亿 m³	4.202	1.377	0.177	6.11	2.07	0.17	10.49	3.311	0.170

项　　目	水库运用 30 年			水库运用 50 年			水库运用 100 年		
	增沙方案	基本方案	减沙方案	增沙方案	基本方案	减沙方案	增沙方案	基本方案	减沙方案
乌江库区淤积量/亿 m³	1.284	0.746	0.567	1.88	1.10	0.72	2.637	1.789	1.093
全库区总淤积量/亿 m³	114.5	87.86	63.89	162.89	132.07	92.39	202.1	171.7	129.2
防洪库容保留百分数/%				86.0	92.2	97.5	76.0	85.8	94.1
调节库容保留百分数/%				91.0	96.5	98.2	83.0	91.5	96.5
重庆市主城区 1% 频率洪水位/m	196.67	195.94	194.89	198.21	196.94	195.26	200.63	199.09	196.06

变动回水区长寿以上库段淤积较基本方案显著增加。水库运用 100 年末为 9.899 亿 m³，较基本方案多淤 66%。

水库运用 100 年末，防洪库容可保留 76%，调节库容可保留 83%，较基本方案分别减少 9.8 个百分点和 8.5 个百分点。

水库运用 100 年末，重庆主城区 1% 频率的洪水位为 200.63m，较基本方案高 1.54m。

（2）减沙方案。水库淤积速率较基本方案减缓，运行 100 年末的库区淤积量仅相当于基本方案的 75.2%。运行 100 年库区淤积仍未达到平衡（表 4-7）。

变动回水区长寿以上的库段淤积量较基本方案显著减少，运行 100 年末的淤积量仅为基本方案的 27.6%。

水库运用 100 年末，防洪库容可保留 94.1%，调节库容可保留 96.5%，较基本方案分别增加 8.3 个百分点和 5.0 个百分点。

水库运用 100 年末，重庆市主城区 1% 频率的洪水位为 196.06m，较基本方案低 3.03m。

2. 上游新建水库对三峡水库泥沙淤积的影响

在初步设计阶段，长江科学院参照长江流域综合利用规划拟定的上游干支流大型水库的建设程序，拟定三种上游建库方案（2030 年前）进行三峡水库泥沙淤积计算[19]。方案Ⅰ除已建、在建水库外，基本按长江流域综合利用规划所安排的程序；方案Ⅱ第一个 10 年（2004—2013 年）同方案Ⅰ，但以后不再考虑新建水库；方案Ⅲ考虑的水库同方案Ⅰ，但建设进度较慢，第一个 10 年只考虑已建、在建的水库。有关三个方案的水库特征值及建设程序见表 4-8 和表 4-9。水库淤积计算采用1961—1970 年系列年作为入库水沙条件。

表 4-8　　　　　长江上游 2030 年前可能建设的大型水库特征值

水　系	枢纽名称	正常蓄水位/m	总库容/亿 m³	有效库容/亿 m³
乌江	洪家渡	1140.00	46.96	33.53
	东风	950.00	5.40	3.00
	乌江渡	760.00	21.40	13.60
	构皮滩	630.00	56.90	36.60
	彭水	293.00	11.68	5.07
嘉陵江	碧口	704.00	5.21	2.21
	宝珠寺	588.00	25.10	13.10
	亭子口	460.00	52.00	24.10
	合川	221.00	18.20	6.90
岷江	紫坪铺	877.00	9.63	7.58
	瀑布沟	850.00	52.50	38.70
	龚嘴（高坝）	590.00	18.60	8.20
金沙江	二滩（雅砻江）	1200.00	58.00	33.70
	向家坝	385.00	54.40	9.80
	溪洛渡	600.00	120.60	66.20
合　计			556.58	302.29

表 4-9　　　　　　　长江上游大型水库建设程序

方案	时　段	投 入 运 行 的 水 库
Ⅰ	2004—2013 年	乌江：洪家渡，东风，乌江渡，构皮滩，彭水 嘉陵江：碧口，宝珠寺，亭子口，合川 岷江：紫坪铺，瀑布沟 雅砻江：二滩
	2014—2023 年	金沙江：向家坝
	2024—2033 年	岷江：龚嘴（高坝） 金沙江：溪洛渡

方案	时　段	投　入　运　行　的　水　库
Ⅱ	2004—2013 年	乌江：洪家渡，东风，乌江渡，构皮滩，彭水 嘉陵江：碧口，宝珠寺，亭子口，合川 岷江：紫坪铺，瀑布沟 雅砻江：二滩
Ⅲ	2004—2013 年	乌江：东风，乌江渡 嘉陵江：碧口，宝珠寺，合川 岷江：紫坪铺 雅砻江：二滩
	2014—2023 年	乌江：洪家渡，彭水 嘉陵江：亭子口 岷江：瀑布沟
	2024—2033 年	乌江：构皮滩 岷江：龚嘴（高坝） 金沙江：向家坝
	2034—2043 年	金沙江：溪洛渡

　　计算结果（表 4-10）表明：三峡水库运行 30 年，上游建库拦沙方案干流库区淤积量均为不建库拦沙方案的 38.5％～68.1％；三峡水库运行 100 年，上游建库拦沙方案干流库区淤积量约为不建库拦沙方案的 64.2％～85.7％。三峡水库运行 100 年，方案Ⅰ与方案Ⅲ干流库区淤积量接近，仅相当于不建库拦沙方案约 40 年的淤积量，上游建库拦沙方案的拦沙作用十分显著。

表 4-10　　　　　　　　　三峡库区泥沙淤积量及淤积分布

方案	运用年限/年	淤积量/亿 m³							
		合江至重庆	重庆至长寿	长寿至涪陵	涪陵至丰都	丰都至坝址	合江至坝址	嘉陵江	乌江
上游不建库拦沙	20	0.300	0.453	2.279	4.598	51.66	59.10	1.28	0.53
	30	0.374	1.099	2.844	5.477	75.94	85.74	1.38	0.75
	50	0.547	2.230	3.625	7.366	115.11	128.98	2.07	1.10
	80	0.951	4.102	4.522	9.348	138.65	157.58	2.82	1.59
	100	1.336	4.637	4.912	10.106	145.57	166.56	3.31	1.79
上游建库拦沙（Ⅰ）	20	0.016	0.030	0.800	0.627	26.67	27.42	0.05	0.01
	30	0.016	0.056	0.109	0.789	32.02	32.99	0.08	0.01
	50	0.016	0.130	0.205	1.260	44.89	46.51	0.21	0.01
	80	0.017	0.343	0.670	3.659	76.56	81.25	0.48	0.03
	100	0.021	0.591	2.050	5.181	100.24	108.08	0.54	0.12

方案	运用年限/年	淤积量/亿 m³							
		合江至重庆	重庆至长寿	长寿至涪陵	涪陵至丰都	丰都至坝址	合江至坝址	嘉陵江	乌江
上游建库拦沙（Ⅱ）	20	0.024	0.102	0.880	2.964	35.95	39.92	0.05	0.02
	30	0.029	0.194	1.275	3.569	53.37	58.43	0.08	0.04
	50	0.037	0.499	2.220	4.983	85.98	93.72	0.22	0.09
	80	0.052	1.746	3.237	6.853	118.48	130.37	0.55	0.21
	100	0.070	2.379	3.610	7.991	128.68	142.73	0.67	0.41
上游建库拦沙（Ⅲ）	20	0.028	0.104	0.929	3.169	38.34	42.57	0.06	0.06
	30	0.025	0.115	0.301	1.529	46.70	48.67	0.08	0.02
	50	0.025	0.187	0.397	1.799	57.64	60.05	0.22	0.02
	80	0.025	0.371	0.671	3.633	80.46	85.16	0.47	0.03
	100	0.028	0.592	1.866	5.196	99.27	106.95	0.51	0.14

上游建库拦沙方案水库变动回水区的泥沙淤积明显减缓，三峡水库运用30年，变动回水区长寿以上库段泥沙淤积量为不建库拦沙方案的5%～15%；三峡水库运用100年，前者为后者的11%～42%。

3. 20世纪90年代水沙变化和溪洛渡、向家坝、亭子口水库运行对三峡水库泥沙淤积的影响

2001—2005年，长江科学院和中国水利水电科学研究院针对20世纪90年代水沙变化和溪洛渡、向家坝、亭子口三座水库建成后对三峡水库泥沙淤积的影响，分别采用一维水流泥沙数学模型进行了水库泥沙淤积计算[20]。长江科学院采用的 HELIU‐1（V3.0）模型和中国水利水电科学研究院采用的 M1‐NENUS‐3 模型，均经过三峡水库蓄水运用后2003年和2004年实测资料的验证，并取得了较好的结果。两模型在统一的计算条件下进行方案计算。

方案1：入库水沙条件为1961—1970年系列年；水库运用方式为2003年6月15日—2006年9月30日坝前水位按139m—135m方式运行，2006年10月1日—2013年9月30日坝前水位按156m—135m—140m方式运行，2013年10月1日—2102年12月31日坝前水位按175m—145m—155m方式运行。

方案2：入库水沙条件为1991—2000年系列年，水库运用方式与方案1相同。1991—2000年系列年平均径流量较1961—1970年系列年偏小5.6%，但平均年输沙量则偏小32%（表4‐11）。

表 4 - 11　　　　　　三峡水库入库控制站年径流量与年输沙量

年　份	朱　沱		北　碚		武　隆		总　计	
	年径流量/亿 m³	年输沙量/亿 t	年径流量/亿 m³	年输沙量/亿 t	年径流量/亿 m³	年输沙量/亿 t	年径流量/亿 m³	年输沙量/亿 t
1961	2765	4.2	898.7	1.72	425.6	0.116	4089.3	6.036
1962	2964	3.34	652.1	1.06	444.7	0.120	4060.8	4.520
1963	2531	2.38	875.4	1.72	493.6	0.328	3900.0	4.428
1964	2962	3.12	986.6	2.93	679.1	0.421	4627.7	6.471
1965	3257	3.72	704.8	1.72	535.8	0.274	4497.6	5.714
1966	3066	4.23	583.0	2.19	318.7	0.111	3967.7	6.531
1967	2279	2.233	844.8	2.53	620.5	0.495	3744.3	5.258
1968	2887	5.157	867.2	2.15	571.9	0.303	4326.1	7.970
1969	2050	2.016	505.0	0.93	506.9	0.438	3061.9	3.384
1970	2401	2.946	576.6	0.979	507.5	0.303	3485.1	4.228
10 年平均	2716	3.334	749.4	1.793	510.4	0.291	3975.8	5.418
1991	2867	4.07	495.9	0.484	492.5	0.260	3855.4	4.814
1992	2399	1.86	723.8	0.748	447.9	0.152	3570.7	2.760
1993	2707	3.18	739.0	0.626	509.1	0.205	3955.1	4.011
1994	2087	1.73	483.5	0.190	394.3	0.0751	2964.8	1.995
1995	2642	2.99	472.6	0.348	583.2	0.218	3697.8	3.556
1996	2504	2.49	420.9	0.135	657.5	0.358	3582.4	2.983
1997	2374	3.19	308.1	0.061	537.2	0.164	3219.3	3.415
1998	3170	4.84	709.0	0.990	574.5	0.317	4453.5	6.147
1999	3059	3.38	529.3	0.164	601.9	0.235	4190.2	3.779
2000	2882	2.77	593.1	0.363	579.7	0.225	4054.8	3.358
10 年平均	2669	3.05	547.5	0.411	537.8	0.221	3754.3	3.682
多年平均	2696	3.06	654.9	1.158	497.5	0.273	3848.4	4.491

注　朱沱站 1967—1970 年实测资料不全，系插补值。多年平均值统计至 2002 年。

　　方案 3：入库水沙条件与方案 1 相同；金沙江溪洛渡、向家坝枢纽于 2015 年起同时运用至 2102 年，嘉陵江亭子口枢纽于 2018 年起运行至 2102 年。三峡水库运用方式同方案 1。

　　各方案的计算结果分析如下：

　　（1）三峡水库总淤积量。20 世纪 90 年代系列年上游来沙方案（方案 2）和上游溪洛渡、向家坝、亭子口枢纽建成运用方案（方案 3），三峡水库泥沙淤积量均较 60 年代系列年上游来沙方案（方案 1）明显减小，水库淤积进程相应后延（表 4-12）。三峡水库运用 30 年末，方案 2 和方案 3 的水库淤积量分别为方案 1 的 58%～67.1% 和 68.7%～71%。三峡水库运用 100 年末，方案 2 和方案 3 的水库淤积量分别为方案 1 的 72.1%～79.3% 和 76.9%～77.9%。

表 4-12　　　　　　　　三峡水库运用不同时期各方案淤积量

方案	模型	淤 积 量/亿 m³									
		10 年末	20 年末	30 年末	40 年末	50 年末	60 年末	70 年末	80 年末	90 年末	100 年末
方案 1	长江科学院	30.033	61.325	91.009	117.722	138.628	148.968	155.102	159.945	164.020	167.686
	中国水利水电科学研究院	30.872	62.103	90.711	114.781	132.863	145.480	154.631	162.110	168.434	173.897
方案 2	长江科学院	16.888	35.038	52.816	70.020	86.449	101.638	114.547	123.960	129.323	132.932
	中国水利水电科学研究院	20.014	40.827	60.890	78.619	93.431	104.662	112.484	117.913	122.063	125.433
方案 3	长江科学院	30.212	49.054	62.621	75.896	88.821	101.037	111.997	120.885	126.701	130.626
	中国水利水电科学研究院	30.872	48.702	64.388	78.667	90.775	100.030	106.380	110.959	114.618	118.056

（2）三峡水库泥沙淤积分布。90 年代系列年上游来沙方案（方案 2）和上游溪洛渡、向家坝、亭子口枢纽建成运用方案（方案 3），三峡水库变动回水区长寿以上库段泥沙淤积量较 60 年代系列年上游来沙方案（方案 1）减小更为明显；其减小程度大于常年回水区（表 4-13）。例如，三峡水库运用 30 年末，方案 2 和方案 3 变动回水区长寿以上河段淤积量较方案 1 分别减小 32.3%～41.2% 和 19.5%～55.5%；三峡水库运用 100 年末，方案 2 和方案 3 较方案 1 分别减小 32.1%～44.9% 和 17%～42%。

表 4-13　　　　　　　　三峡水库运用不同时期各方案淤积分布

水库运用时期	方案	模 型	淤 积 量/亿 m³								
			长寿以上	长寿至涪陵	涪陵至丰都	丰都至坝址	干流库区	嘉陵江库区	乌江库区	重庆主城区	全库区
30 年末	方案 1	长江科学院	3.153	2.955	6.001	76.407	88.516	1.885	0.608	1.191	91.009
		中国水利水电科学研究院	4.786	3.530	4.987	73.604	86.907	3.236	0.568	1.38	90.711
	方案 2	长江科学院	1.301	1.482	3.699	45.94	52.422	0.231	0.163	0.321	52.816
		中国水利水电科学研究院	1.545	1.972	2.992	53.828	60.337	0.421	0.132	0.182	60.890

续表

水库运用时期	方案	模型	淤积量/亿 m³								
			长寿以上	长寿至涪陵	涪陵至丰都	丰都至坝址	干流库区	嘉陵江库区	乌江库区	重庆主城区	全库区
30年末	方案3	长江科学院	1.749	1.504	3.972	53.698	60.923	1.225	0.473	0.624	62.621
		中国水利水电科学研究院	0.935	1.702	3.248	56.094	61.979	2.000	0.409	0.406	64.388
100年末	方案1	长江科学院	7.874	4.974	8.885	141.248	162.981	3.414	1.291	2.488	167.686
		中国水利水电科学研究院	10.83	6.834	9.83	140.632	168.127	4.373	1.397	3.627	173.897
	方案2	长江科学院	3.533	3.29	6.453	118.452	131.728	0.657	0.547	0.898	132.932
		中国水利水电科学研究院	3.478	3.463	5.447	119.937	124.324	0.744	0.365	0.449	125.433
	方案3	长江科学院	3.309	3.021	6.304	115.261	127.894	1.595	1.137	0.996	130.626
		中国水利水电科学研究院	1.839	2.577	4.828	105.798	115.041	2.347	0.668	0.561	118.056

4. 入库沙量变化对三峡水库泥沙淤积影响综合分析

上述三峡水库上游新建水库和不同水沙典型年系列导致的入库沙量变化对三峡水库泥沙淤积影响的研究成果说明，按照长江流域综合利用规划拟定于 2030 年以前在三峡水库上游干支流新建的水库群可以明显减缓三峡水库泥沙淤积的进程，特别是对减缓变动回水区泥沙淤积作用更为明显。20 世纪 90 年代上游来沙较多年平均值减小的原因，与上游修建水利工程和水土保持治理工程的拦沙作用，以及上游降雨地区时空分布、降雨量及强度有关，其中上游修建水库发挥重要作用。总体上估计，按上游干支流新建水库群方案，三峡水库运用 100 年末，水库泥沙淤积量约为不考虑新建水库群方案的 2/3；变动回水区长寿以上库段泥沙淤积量约为不考虑新建水库群方案的 1/3。金沙江溪洛渡、向家坝和嘉陵江亭子口水利枢纽总库容约占拟建水库总库容的 40%，按照施工进度安排，向家坝、溪洛渡水电站分别于 2012 年 11 月和 2013 年 7 月初期蓄水发电，亭子口水利枢纽也已于 2013 年 8 月初期蓄水发电，三座水库完建后，对减轻三峡水库泥沙淤积发挥了极其重要的作用。

五、三峡工程初期蓄水运用以来水库泥沙淤积观测分析

三峡工程 2003 年 6 月开始初期蓄水运用，至 2018 年 12 月止，三峡水库蓄水运用以来坝前水位变化见图 4-6。

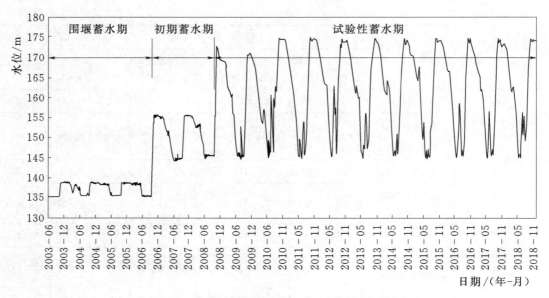

图 4-6　三峡水库蓄水运用以来坝前水位变化过程

（1）围堰蓄水运行阶段。该阶段为 2003 年 6 月—2006 年 6 月，坝前水位为 135（汛期）～139m（非汛期）。2003 年 6 月 1 日三峡工程下闸蓄水后，左岸大坝和三期围堰挡水，6 月 10 日坝前水位抬高至 135.00m，6 月 18 日船闸试通航，7 月 10 日左岸电站首台机组并网发电，11 月 5 日坝前水位抬高至 139m。

（2）初期运行阶段。该阶段为 2006 年 9 月—2008 年 9 月，水库调度运用方案为坝前水位 144.00（汛期）～156.00m（枯水期）。2006 年 10 月 6 日三期上游围堰拆除，大坝全线挡水。坝前水位从 2006 年 9 月 20 日的 135.00m 上升至 10 月 28 日的 155.68m，以后按既定调度方案运用。

（3）175m 蓄水位试验性蓄水阶段。从 2008 年 9 月开始进入 175.00m 蓄水位试验性蓄水阶段，水库调度方案为正常蓄水位 175m、防洪限制水位 145.00m、枯水期消落低水位 155.00m。2008 年 11 月 10 日坝前水位最高达到 172.80m。2009 年 11 月 24 日坝前水位最高达到 171.41m。2010 年 10 月 26 日坝前水位首次最高达到 175.00m。2011 年 10 月 30 日坝前水位最高达到 175.00m。2012 年 10 月 30 日坝前水位最高达到 175.00m。以后各年 10 月末坝前水位最高值均达到 175.00m。

20 世纪 90 年代以来，长江上游各年径流量变化不大，输沙量减小趋势明显。三峡工程蓄水运用以后，2003—2012 年三峡水库入库年径流量为 3701 亿 m³，年悬移质输沙量为 1.92 亿 t，较 1990 年前平均值分别减少 7.8% 和

60.9％；较 1991—2002 年平均值分别减少 4.4％和 46.3％。金沙江向家坝和溪落渡水电站分别于 2012 年和 2013 年蓄水运用后，2013—2018 年三峡水库入库年径流量为 3804 亿 m³，较 2003—2012 年增加 2.8％，年悬移质输沙量为 0.72 亿 t，较 2003—2012 年减少 63％（表 4-14）[21]。

表 4-14　　　　　　三峡水库上游干支流主要水文站水文特征值

项目	时　段	金沙江屏山	岷江高场	沱江富顺	长江朱沱	嘉陵江北碚	长江寸滩	乌江武隆	三峡水库入库（寸滩＋武隆）
年径流量/亿 m³	1990 年前	1440	882	129	2659	704	3520	495	4015
	1991—2002 年	1506	815	108	2672	529	3339	532	3871
	2003—2012 年	1391	789	103	2524	660	3279	422	3701
	2013—2018 年	1372	816	128	2646	597	3336	468	3804
年悬移质输沙量/万 t	1990 年前	24600	5260	1170	31600	13400	46100	3040	49140
	1991—2002 年	28100	3450	372	29300	3720	33700	2040	35740
	2003—2012 年	14200	2927	210	16800	2915	18700	570	19200
	2013—2018 年	169	1558	1087	4292	2675	6932	262	7194
年平均含沙量/(kg/m³)	1990 年前	1.71	0.596	0.907	1.19	1.90	1.31	0.61	1.22
	1991—2002 年	1.87	0.423	0.344	1.10	0.703	1.01	0.383	0.923
	2003—2012 年	1.02	0.37	0.20	0.67	0.44	0.57	0.14	0.52
	2013—2018 年	0.01	0.18	0.68	0.16	0.40	0.20	0.14	0.19

注　1990 年前水沙统计值为 1953 年以来的平均值，各站起始年份不一致。

三峡水库入库推移质输沙量很小。2003—2012 年寸滩站卵石推移质（粒径大于 10mm）年输沙量为 4.44 万 t，较 2002 年前的 22.0 万 t 减少 79.8％；砂质推移质（粒径 1～2mm）年输沙量为 1.61 万 t，较 1991—2002 年的 25.8 万 t 减少 93.8％。减少的原因主要是上游新建水库的拦沙作用，砂石建筑材料开采也有一定影响。

以下就根据输沙法观测资料分析得出的淤水库泥沙淤积量与排沙比以及根据地形法观测资料分析得出的水库淤积分布成果分述如下。[21]

1. 水库泥沙淤积量与排沙比

（1）水库泥沙淤积量。三峡水库围堰蓄水阶段，回水最远达涪陵区李渡镇，距大坝 498km；选取回水末端附近的清溪场站（距大坝 473.8km）作为入库控制站，大坝下游 13.5km 的黄陵庙站作为出库控制站。三峡水库初期运行阶段，回水最远达铜锣峡，距大坝 597km；选取长江干流寸滩站（距大坝 606km）和乌江武隆站作为入库控制站，坝下游黄陵庙站作为出库控制站。三峡水库 175m 试验性蓄水阶段，寸滩站受回水影响，选取长江干流朱沱站（距大坝 757km）、嘉陵江北碚站和乌江武隆站作为入库控制站，黄陵庙站作为出库控制站。

2003 年 6 月—2018 年 12 月，三峡入库悬移质泥沙 23.355 亿 t，出库（黄陵庙站）悬移质泥沙 5.622 亿 t，不考虑三峡库区区间来沙，水库淤积泥沙 17.733 亿 t，近似年均淤积泥沙 1.138 亿 t，水库排沙比为 24.1%，见表 4-15 和表 4-16。

表 4-15　　　　　　　不同年份三峡水库库区分段淤积量统计表

时段	入库沙量/万 t	出库沙量/万 t	库区总淤积量/万 t	库区分段淤积量/万 t 占库区总淤积量百分比				水库排沙比/%	汛期(5—10 月)坝前平均水位/m
				朱沱—寸滩	寸滩—清溪场	清溪场—万县	万县—大坝		
2003 年 6—12 月	20821	8400	12421			4950	7460	40.3	135.23
						40%	60%		
2004 年	16600	6370	10230			3630	6600	38.4	136.58
						35%	65%		
2005 年	25400	10300	15100			4890	10210	40.6	136.43
						32%	68%		
2006 年	10210	891	9319		590	4790	3940	8.7	138.67
					6%	51%	42%		
2007 年	22040	5090	16950		370	9610	6970	23.1	146.44
					2%	57%	41%		
2008 年	21780	3220	18560		2870	8420	7270	14.8	148.06
					15%	45%	39%		
2009 年	18300	3600	14700	860	−756	7700	6900	19.7	154.46
				6%	−5%	52%	47%		
2010 年	22900	3280	19620	1220	2260	7900	8220	14.3	156.37
				6%	12%	40%	42%		
2011 年	10200	692	9508	850	483	5740	2398	6.8	154.52
				9%	5%	60%	25%		

续表

时段	入库沙量/万 t	出库沙量/万 t	库区总淤积量/万 t	库区分段淤积量/万 t 占库区总淤积量百分比				水库排沙比/%	汛期（5—10月）坝前平均水位/m
				朱沱—寸滩	寸滩—清溪场	清溪场—万县	万县—大坝		
2012 年	21900	4530	17370	780	2118	7600	6870	20.7	158.17
				4%	12%	44%	40%		
2013 年	12700	3280	9420	490	94	3610	5210	25.8	155.73
				5%	1%	38%	55%		
2014 年	5540	1050	4490	−280	234	3250	1290	19.0	156.36
				−6%	5%	72%	29%		
2015 年	3200	425	2775	−206	−112	2390	705	13.3	154.87
				−7%	−4%	86%	25%		
2016 年	4220	884	3338	−363	448	2160	1088	20.9	153.44
				−11%	13%	65%	33%		
2017 年	3440	323	3117	−172	570	1960	757	9.4	155.42
				−6%	18%	63%	24%		
2018 年	14300	3880	10420	740	349	3100	6220	27.1	155.81
				7%	3%	30%	60%		
累积	233551	56215	177336	3919	9518	81700	82106	24.1	
				2%	5%	46%	46%		

（2）库区泥沙淤积实测值与计算值对比。上述水库泥沙淤积量实测值与三峡工程可行性重新论证阶段水库泥沙数学模型计算值比较，长江科学院采用1961—1970年系列水沙资料计算得出三峡水库运用初期10年的平均年淤积量为3.55亿 t[14]，中国水利水电科学研究院采用1961—1970年、1981年与1960年系列年水沙资料计算得出三峡水库运用初期12年的平均年淤积量为3.28亿 t[15]。2003—2012年实测平均年淤积量为1.44亿 t，实测值仅为计算值的40%左右。差别的主要原因是实测入库沙量仅为计算采用水文系列年入库沙量的40%左右，而入库径流量则仅偏小6%左右（表4-17）；水库调度运用方案的差异也有一定影响。

（3）水库排沙比。三峡水库采用"蓄清排浑"的运用方式，以达到水库大部分有效库容能长期使用的目的。水库排沙比（出库泥沙量与入库泥沙量的比值）是反映水库能否长期使用的重要指标。水库排沙比与水库来水来沙特

表4-16　三峡水库进出库泥沙与水库淤积量

时间	三峡水库坝前平均水位/m（汛前5—10月）	入库						出库（黄陵庙）						水库淤积			
		水量/亿m³	各粒径级沙量/亿t					水量/亿m³	各粒径级沙量/亿t					各粒径级沙量/亿t			
			d≤0.062mm	0.062mm<d≤0.125mm	d>0.125mm		小计		d≤0.062mm	0.062mm<d≤0.125mm	d>0.125mm		小计	d≤0.062mm	0.062mm<d≤0.125mm	d>0.125mm	小计
2003年6—12月	135.23	3254	1.85	0.11	0.12		2.0821	3386	0.72	0.03	0.09		0.84	1.13	0.08	0.03	1.24
2004年	136.58	3898	1.47	0.10	0.09		1.66	4126	0.607	0.006	0.027		0.637	0.863	0.094	0.063	1.02
2005年	136.43	4297	2.26	0.14	0.14		2.54	4590	1.010	0.010	0.010		1.03	1.25	0.13	0.13	1.51
2006年	138.67	2790	0.948	0.0402	0.0323		1.021	2842	0.088	0.0012	0.00027		0.0891	0.860	0.039	0.032	0.932
2007年	146.44	3649	1.923	0.419	0.132		2.204	3987	0.500	0.002	0.007		0.509	1.423	0.147	0.125	1.695
2008年	148.06	3877	1.877	0.152	0.149		2.178	4182	0.318	0.003	0.001		0.322	1.559	0.149	0.148	1.856
2009年	154.46	3464	1.606	0.113	0.111		1.83	3817	0.357	0.002	0.001		0.36	1.249	0.111	0.110	1.47
2010年	156.37	3722	2.053	0.132	0.103		2.29	4034	0.322	0.005	0.001		0.328	1.731	0.127	0.102	1.96
2011年	154.52	3015	0.924	0.057	0.036		1.02	3391	0.065	0.003	0.001		0.069	0.860	0.054	0.034	0.948
2012年	158.17	4166	1.844	0.169	0.177		2.19	4642	0.439	0.010	0.005		0.453	1.405	0.159	0.172	1.737
2013年	155.73	3346	1.155	0.059	0.056		1.27	3694	0.322	0.005	0.001		0.328	0.834	0.0540	0.0550	0.942
2014年	156.36	3820	0.489	0.035	0.030		0.554	4436	0.100	0.003	0.002		0.105	0.389	0.0317	0.0281	0.449
2015年	154.87	3358	0.282	0.018	0.020		0.320	3816	0.038	0.002	0.002		0.0425	0.244	0.0153	0.0184	0.277
2016年	153.44	3719	0.370	0.027	0.024		0.422	4247	0.082	0.004	0.003		0.0884	0.288	0.0229	0.0216	0.333
2017年	155.42	3728	0.312	0.018	0.014		0.344	4365	0.030	0.002	0.001		0.0323	0.282	0.0165	0.0135	0.312
2003年6月—2017年12月		54103	19.364	1.319	1.235		21.925	59565	4.998	0.088	0.151		5.234	14.368	1.230	1.083	16.692
2018年	155.81	4294	1.310	0.066	0.054		1.430	4717	0.378	0.007	0.003		0.3880	0.932	0.0592	0.0505	1.042
总计		58398	20.674	1.385	1.289		23.355	64282	5.375	0.095	0.155		5.622	15.300	1.289	1.133	17.734

注　1. 入库水沙量未考虑三峡库区区间来沙；入库水量考虑三峡库区区间来水；2006年1—8月入库控制站为清溪场，2006年9月—2008年9月入库控制站为寸滩站+武隆站，2008年10月—2018年12月入库控制站为朱沱站+北碚站+武隆站。

2. 2010—2018年长江干流各主要测站的悬移质泥沙颗粒分析均采用激光颗粒度仪。

表 4-17　　　　　　　　三峡水库泥沙淤积量实测值与计算值比较

项　　目	时段及水文系列年	入库年均水量 /亿 m³	入库年平均沙量 /亿 t	水库年均淤积量 /亿 t	水库年均排沙比 /%
实测值	2003—2012 年	3701（寸滩+武隆）	1.92（寸滩+武隆）	1.44	24.4
数学模型计算值（长江科学院）	水库运用初期 10 年（1961—1970 年）	4202	5.10	3.55	29.9
数学模型计算值（中国水利水电科学研究院）	水库运用初期 12 年（1961—1970 年、1981 年、1960 年）	4006	4.88	3.28	32.4

性（包括流量大小与年内变化过程、来沙量的多少与年内变化过程、来沙的颗粒级配等）、水库特征水位（正常蓄水位、防洪限制水位、枯水期消落低水位）及水库调度运用方式密切相关。分析 2003—2018 年三峡水库排沙比（未计入水库区间来沙）、入库流量及汛期坝前平均水位变化（表 4-15），得出如下认识：

1）汛期坝前水位对排沙比的影响最为明显。三峡工程围堰发电期 2003 年 6 月—2006 年 8 月，汛期（5—10 月）坝前平均水位为 136.7m，平均排沙比为 37.0%；初期蓄水期 2006 年 9 月—2008 年 9 月，汛期坝前平均水位为 147.3m，平均排沙比为 18.8%；三峡工程 175m 蓄水运用后，2008 年 10 月—2018 年 12 月，汛期坝前平均水位为 155.5m，平均排沙比为 18.5%。

2）年入库水量的大小对排沙比也有重要影响，2006 年和 2011 年排沙比分别为 8.7% 和 6.8%，年入库水量分别为 2790 亿 m³ 和 3015 亿 m³，仅为 2003—2018 年平均年入库水量的 76.4% 和 82.6%。

2. 水库泥沙淤积沿程分布

实测地形资料分析表明，三峡水库蓄水运用以来，2003 年 3 月至 2018 年 10 月库区干流累积淤积泥沙 15.559 亿 m³，其中：变动回水区累积冲刷泥沙 0.783 亿 m³，常年回水区淤积量为 16.342 亿 m³（表 4-18）。

（1）库区干流。

1）变动回水区。江津至大渡口段（S343+1～S370，长约 26.5km），175m 试验性蓄水之前为天然河道，年际间冲淤基本平衡。三峡水库 175m 试验性蓄水后，该河段逐渐受三峡水库蓄水影响。2008 年 11 月—2018 年 11 月，江津至大渡口河段累积冲刷泥沙 4053 万 m³，其中：主槽冲刷 5025 万 m³，边滩淤积 972 万 m³（表 4-19）。

表 4 – 18   变动回水区及常年回水区冲淤量

| 时段 /(年·月) | 冲淤含量/亿 m³ | | | | | | | | |
| | 变动回水区 | | | | 常年回水区 | | | | 合计 |
	江津—大渡口	大渡口—铜锣峡	铜锣峡—涪陵	小计	涪陵—丰都	丰都—奉节	奉节—大坝	小计	
2003.03—2006.10	—	—	−0.017	−0.017	0.020	2.698	2.735	5.453	5.436
2006.10—2008.10	—	0.098	0.008	0.107	−0.003	1.294	1.104	2.396	2.502
2017.10—2018.10	−0.006	−0.029	−0.007	−0.042	0.006	0.440	0.321	0.767	0.725
2008.10—2018.10	−0.405	0.282	−0.185	−0.873	0.397	5.893	2.204	8.493	7.621
2003.03—2018.10	−0.405	−0.184	−0.194	−0.783	0.414	9.885	6.043	16.342	15.559

表 4 – 19   江津至大渡口河段冲淤计算成果表

计算时段/(年·月)	高水冲淤量/万 m³	低水冲淤量/万 m³
2008.11—2009.06	−266	−226
2009.06—2009.09	285	67
2009.09—2009.11	−220	−170
2009.11—2010.04	−9	122
2010.04—2010.06	166	158
2010.06—2010.11	186	3
2010.11—2011.10	−616	−586
2011.11—2012.04	−193	−26
2012.04—2012.10	−23	289
2012.10—2013.05	−476	−518
2013.05—2013.10	−807	−902
2013.10—2014.04	290	−205
2014.04—2014.10	−681	−657
2014.10—2015.10	−320	−543
2015.10—2016.11	−1070	−1508
2016.11—2017.10	−242	−210
2017.10—2018.10	−57	−113
2008.11—2018.10	−4053	−5025

大渡口至铜锣峡段（长约 35.5km），为重庆主城区长江干流段。175m 试验性蓄水之前（2008 年 9 月之前）为天然河道，三峡水库 175m 试验性蓄水后，该河段逐渐受三峡水库蓄水影响。

2008 年 9 月试验性蓄水以来（2008 年 9 月—2018 年 12 月），重庆主城区长江干流河道累积冲刷 1842.8 万 m^3。从冲淤分布看：长江干流朝天门以上河段冲刷泥沙 1661.9 万 m^3，长江干流朝天门以下河段冲刷泥沙 180.9 万 m^3（表 4-20）。

表 4-20　　　　　　　　　重庆主城区长江干流河段冲淤量成果表

计算时段	全河段冲淤量/万 m^3		
	朝天门以下	朝天门以上	合计
2008 年 9 月—2008 年 12 月	−37.4	+24.6	−62.0
2008 年 12 月—2009 年 11 月	−51.8	−78.2	−130
2009 年 11 月—2010 年 12 月	130.8	135.4	266.2
2010 年 12 月—2011 年 12 月	−130	−1.3	−131.3
2011 年 12 月—2012 年 10 月	94.1	−252.9	−158.8
2012 年 10 月—2013 年 10 月	−103.2	−361.8	−465
2013 年 10 月—2014 年 10 月	−65.9	−374.4	−440.3
2014 年 10 月—2015 年 10 月	43.4	−183.2	−139.8
2015 年 10 月—2016 年 12 月	−87.9	−62.6	−150.5
2016 年 12 月—2017 年 12 月	57.8	−195.0	−137.2
2017 年 12 月—2018 年 12 月	−30.8	−263.3	−294.1
2008 年 9 月—2018 年 12 月	−180.9	−1661.9	−1842.8

铜锣峡至李渡镇段（S273～S323，长约 98.9km），2008 年 175m 试验性蓄水初期总体呈淤积状态，近年来受上游来沙量持续减少及河道采砂影响，该河段逐渐转变为冲刷。2006 年 10 月—2018 年 10 月该河段累积冲刷泥沙 2201 万 m^3。

李渡镇至涪陵段（S267～S273，长约 12.5km），2003 年 3 月—2018 年 10 月该河段累积淤积 262 万 m^3。

2）常年回水区。涪陵至奉节段（S267～S118）窄深段和开阔段相间，长约 315.4km。该河段淤积强度较大，是库区淤积强度最大的河段之一。其中丰都至涪陵河段处于 135～139m 蓄水期间变动回水区近末端位置，但进入 156m 和 175m 试验性蓄水后，该河段水位抬高也较明显，已为库区常年回水区，出现累积淤积状态。2003 年 3 月—2018 年 10 月该河段累积淤积 10.300 亿 m^3，单位河长淤积量为 327 万 m^3/km，其中万县至忠县段、云阳至万县段及忠县至丰都段单位河长淤积强度较大，分别为 481 万 m^3/km、468 万 m^3/km、429 万 m^3/km。

奉节至庙河段（S118～S40-1）长约 156km，其中峡谷段长 81.4km，宽谷段长 74.6km。2003 年 3 月—2018 年 10 月该河段累积淤积 4.295 亿 m^3，单位河长淤积量为 275 万 m^3/km。从淤积部位来看，主槽部分淤积泥沙 4.158

亿 m³，占总淤积量的 97%；边滩部分淤积泥沙为 0.137 亿 m³，仅占总淤积量的 3%。奉节至庙河段累积性淤积强度最大的为白帝城至奉节关刀峡段（长约 14.2km），累积淤积 1.101 亿 m³，单位河长淤积量为 775 万 m³/km，淤积强度仅次于近坝河段，主要淤积部位在河宽较大的臭盐碛河段。其次为秭归到官渡口段，累积淤积泥沙 1.645 亿 m³，单位河长淤积量为 359 万 m³/km。

庙河至大坝段（S40～S30＋1）为近坝段，长约 15.1km。2003 年 3 月—2018 年 10 月该河段累积淤积 1.747 亿 m³，单位河长淤积量为 1157 万 m³/km，为三峡库区蓄水以来累积性淤积强度最大的河段。

（2）库区主要支流。三峡库区支沟密布，其主要支流从上至下有嘉陵江、龙溪河、乌江、渠溪、龙河、小江、汤溪河、磨刀溪、梅溪河、大宁河、沿渡河、清港河、香溪等。

实测地形和固定断面资料计算表明，2003 年 3 月—2018 年 11 月，库区 13 条主要支流累积淤积 1.35 亿 m³，占三峡库区同期淤积总量的 9.1%，除嘉陵江段冲刷 231 万 m³ 外，其余各支流河口段均呈淤积状态，见表 4-21。从沿程分布来看，绝大部分泥沙淤积均集中在常年回水区内支流（涪陵至奉节段内支流淤积泥沙 3151 万 m³，占支流总淤积量的 23%，奉节以下支流淤积泥沙 10297 万 m³，占支流总淤积量的 76%）；涪陵以上变动回水区内支流（乌江、龙溪河、嘉陵江）仅淤积泥沙 45 万 m³，占支流总淤积量的 1%。

3. 水库泥沙冲淤形态

（1）库区干流。

1）深泓纵剖面变化。2018 年库区深泓线均值较 2017 年抬高 0.4m，最深点和最高点的高程分别为 −25.8m（断面 S59-1），148.0m（断面 S320），两者高差为 173.8m；与 2017 年相比，深泓淤积抬高幅度最大为 S39-2 断面，淤高 15.9m，深泓降低幅度最大为 S282 断面，受采砂影响下降 3.7m（图 4-7 和图 4-8）。

与受三峡水库蓄水影响前相比，大坝至李渡镇河段深泓点平均淤积抬高 7.8m，最深点和最高点的高程分别淤高 10.3m 和 1.9m，李渡镇至铜锣峡河段深泓点平均冲刷 0.28m，最深点淤高 2.2m，最高点下降 0.2m。

近坝段河床淤积抬高最为明显，变化最大的深泓点为 S34 断面（位于坝上游 5.6km），淤高 66.8m，淤后高程为 37.8m；其次为近坝河段 S31＋1 断面（距坝 2.2km）深泓点淤高 59.8m，淤后高程 59.20m；第三为近坝河段 S31 断面（距坝 1.9km），其深泓最大淤高 57.9m，淤后高程为 59.60m。据统计，库区铜锣峡至大坝段深泓淤高 20m 以上的断面有 38 个，深泓淤高 10～

表 4 - 21　　三峡库区主要支流河口段断面法冲淤计算成果表

单位：万 m³

支流名称	香溪	清港溪	沿渡河	大宁河	梅溪河	磨刀溪	汤溪河	小江	龙河	渠溪河	乌江	龙溪河	嘉陵江	支流总量
河段长度	32.5km	18.7km	24.7km	46.6km	28.9km	22.0km	19.7km	51.9km	2.0km	13.9km	89.9km	7.1km	22.1km	
2003 年 3 月—2003 年 10 月	500	1277	341	346	89	—	—	—	—	—	—	—	—	2553
2003 年 10 月—2004 年 10 月	-259	15	-87	125	59	—	—	—	—	—	—	—	—	-147
2004 年 10 月—2005 年 10 月	206	86	54	339	131	-79	-21	22	28	18	31	—	—	815
2005 年 10 月—2006 年 10 月	448	146	161	233	40	183	175	53	7	29	-17	—	—	1458
2006 年 10 月—2007 年 10 月	158	100	69	400	275	253	133	253	-4	15	30	-30	—	1652
2007 年 10 月—2009 年 10 月	64	203	138	387	524	181	147	293	36	73	49	-9	-100	1986
2009 年 11 月—2010 年 11 月	77	61	36	78	58	-59	-17	149	-17	-95	84	58	79	492
2010 年 11 月—2017 年 11 月	713	80	495	1265	866	335	266	729	9	56	102	-12	-220	4686
2017 年 11 月—2018 年 11 月	—	—	—	—	—	—	—	—	—	—	-29	—	10	4686
2003 年 3 月—2018 年 11 月	1907	1968	1207	3173	2042	814	683	1499	59	96	250	7	-231	13474

20m 的断面共 38 个，这些深泓抬高较大的断面多集中在近坝段、香溪宽谷段、臭盐碛河段、黄花城河段等淤积较大的区域；深泓累积出现抬高的断面共有 253 个，占统计断面数的 80.8%。

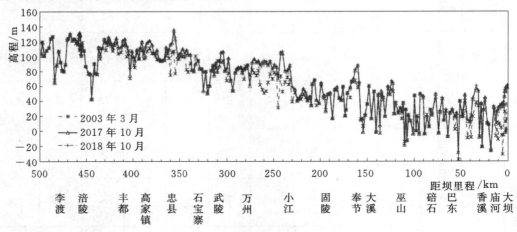

（a）纵剖面变化

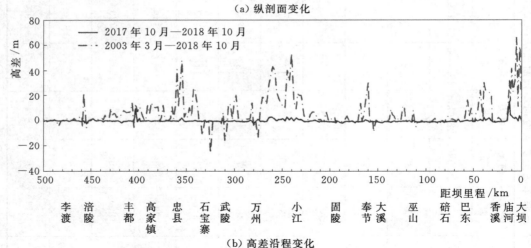

（b）高差沿程变化

图 4-7　三峡库区李渡至大坝干流段深泓变化

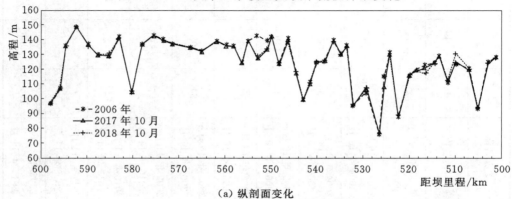

（a）纵剖面变化

图 4-8（一）　三峡库区铜锣峡至李渡干流段深泓变化

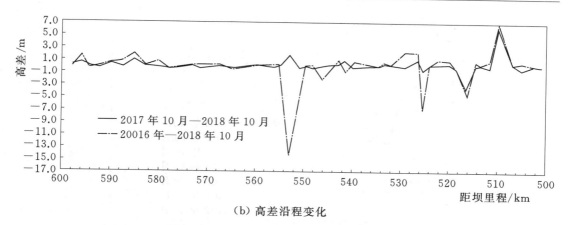

（b）高差沿程变化

图 4-8（二）　三峡库区铜锣峡至李渡干流段深泓变化

2）典型横断面变化。三峡库区两岸一般为基岩组成，岸线基本稳定，断面变化主要表现为河床的垂向冲淤变化。三峡库区淤积形态主要有三种：一是主槽平淤，此淤积方式分布于库区各河段内，如坝前段、臭盐碛河段、黄花城河段等；二是沿湿周淤积，此淤积方式也分布于库区各河段内；三是以一侧淤积为主的不对称淤积，此淤积形态主要出现在弯曲型河段，以土脑子河段为典型。

冲刷形态主要表现为主槽冲刷和沿湿周冲刷，一般出现在河道水面较窄的峡谷段和回水末端位置。

近坝区段淤积形态主要有平淤和沿湿周淤积两种。平淤主要出现在窄深型河段，如断面 S31+1 [图 4-9（a）]、S34 [图 4-9（b）]，断面 S34 位于西天嘴，是全河段抬升最大断面；沿湿周淤积一般出现在宽浅型、滩槽差异较小的河段，主槽在前期很快淤平，之后淤积则沿湿周发展，如断面 S32+1 [图 4.9（c）]。

三峡河段断面多呈 U 形断面。峡谷段冲淤变化不大，甚至部分断面出现冲刷，如瞿塘峡 S109 断面（图 4-10），2003 年 3 月—2017 年 10 月主槽累积冲刷深 8m，为全河段刷深量最大的断面，2017 年该断面深泓淤高 0.5m。

库区库面较宽段滩、槽淤积明显，且以主槽淤积为主，如臭盐碛河段的 S113（距坝里程 160km），主槽最大淤积厚度达 33.5m [图 4-10（b）]，主槽淤后高程为 92.9m。2003 年 3 月—2017 年 10 月过水面积减少了 15.6%。

库区部分主流摆动较大的分汊河段，枯水期主汊逐渐淤积，河型逐渐由分汊型向单一型转化，如黄花城、土脑子等河段。黄花城河段上游分流段的 S207 断面 [图 4-11（a）] 左侧明显淤积，其最大淤积厚度为 59.2m，淤后

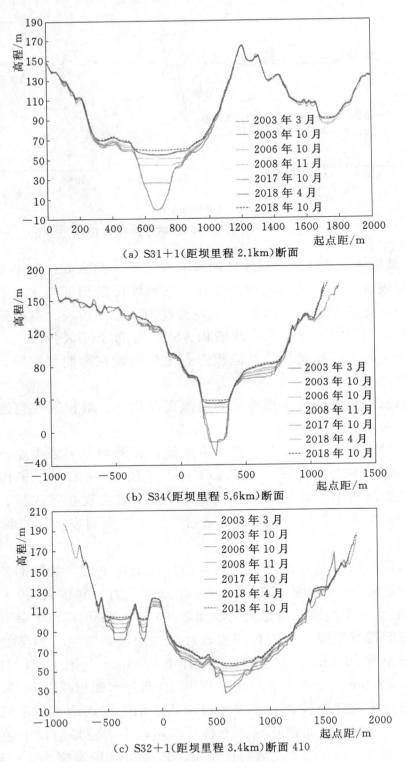

(a) S31+1(距坝里程 2.1km)断面

(b) S34(距坝里程 5.6km)断面

(c) S32+1(距坝里程 3.4km)断面 410

图 4-9 近坝区典型断面冲淤变化图

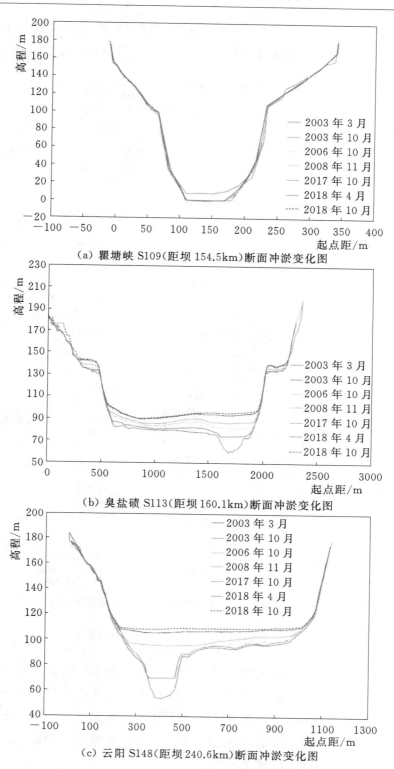

（a）瞿塘峡 S109（距坝 154.5km）断面冲淤变化图

（b）臭盐碛 S113（距坝 160.1km）断面冲淤变化图

（c）云阳 S148（距坝 240.6km）断面冲淤变化图

图 4-10　三峡河段典型断面冲淤变化图（一）

高程约 135m。土脑子河段的 S253 断面右侧也出现累积性泥沙淤积，最大淤积厚度约 28.6m，淤积后的高程约 152m ［图 4-11（b）］。

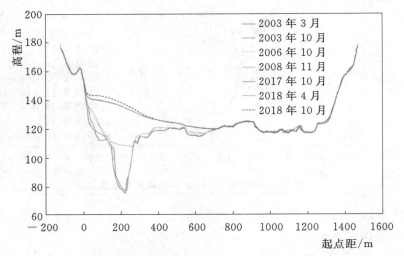

（a）黄花城 S207（距坝 360.4km）断面冲淤变化图

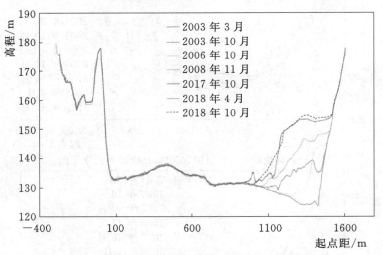

（b）土脑子河段 S253 断面（距坝 458.5km）冲淤变化图

图 4-11　三峡河段典型断面冲淤变化图（二）

（2）库区主要支流。各支流口门附近的典型断面多以 U 形或偏 V 形为主。2003 年三峡水库蓄水运用以来，支流淤积以口门或近口门区域淤积为主，主要变化区域分布在河口以上 1~15km 范围内，均以主河槽淤积为主，边滩淤积较少，淤积厚度最大的出现在清港河、梅溪河或磨刀溪，最大淤积厚度均为 16.0m，见表 4-22 和图 4-12。

表 4 - 22　　　2003 年以来主要支流入汇口典型断面淤积情况统计表

河名	距坝里程 /km	河口宽 /m	河槽底高程 /m	最大淤积厚度 /m	河名	距坝里程 /km	河口宽 /m	河槽底高程 /m	最大淤积厚度 /m
香溪河	30.8	780	75.9	14.4	汤溪河	225.2	300	107.0	17.0
清港河	44.4	380	86.6	16.0	小江河	252	600	106.8	13.7
沿渡河	76.5	180	79.7	12.1	龙河	432	340	135.1	3.9
大宁河	123	1600	87.5	14.8	渠溪河	460	180	139.6	5.7
梅溪河	161	350	104.3	16.0	乌江	487	500	132.0	1.9
磨刀溪	221	265	106.0	16.0	嘉陵江	612	547	147.5	−2.4

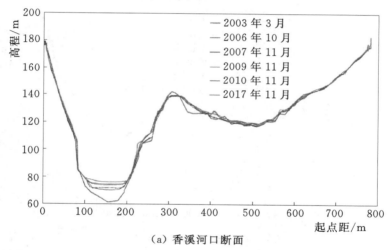

（a）香溪河口断面

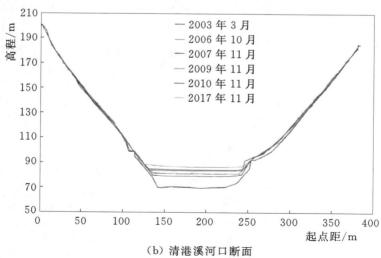

（b）清港溪河口断面

图 4 - 12（一）　三峡库区支流河口断面冲淤图

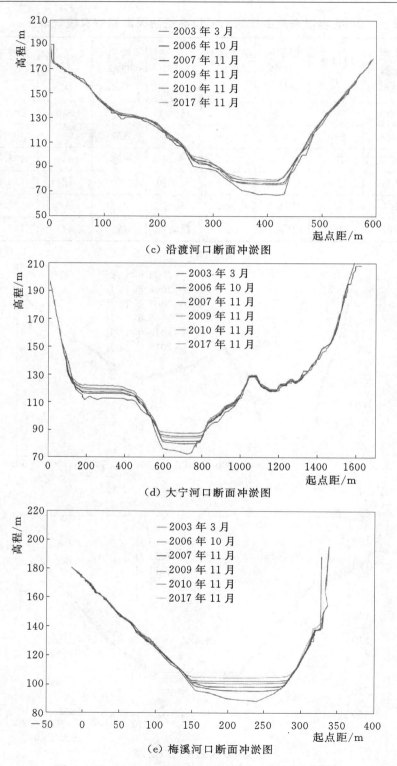

（c）沿渡河口断面冲淤图

（d）大宁河口断面冲淤图

（e）梅溪河口断面冲淤图

图 4 - 12（二） 三峡库区支流河口断面冲淤图

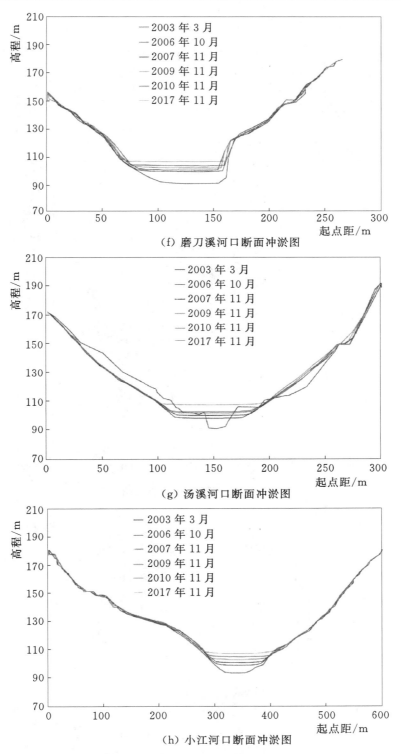

（f）磨刀溪河口断面冲淤图

（g）汤溪河口断面冲淤图

（h）小江河口断面冲淤图

图 4-12（三）　三峡库区支流河口断面冲淤图

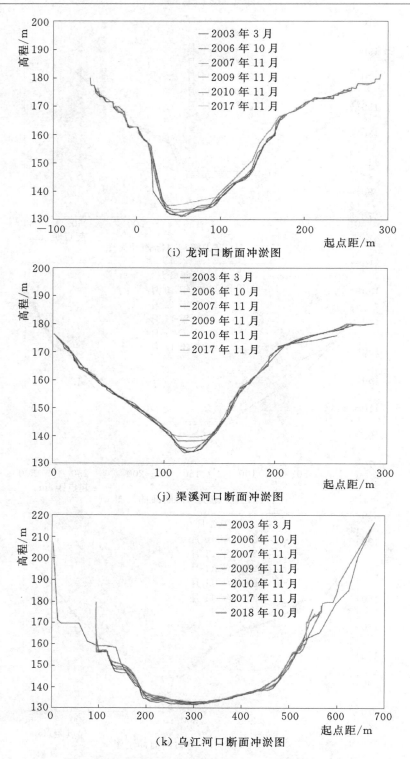

（i）龙河口断面冲淤图

（j）渠溪河口断面冲淤图

（k）乌江河口断面冲淤图

图 4-12（四） 三峡库区支流河口断面冲淤图

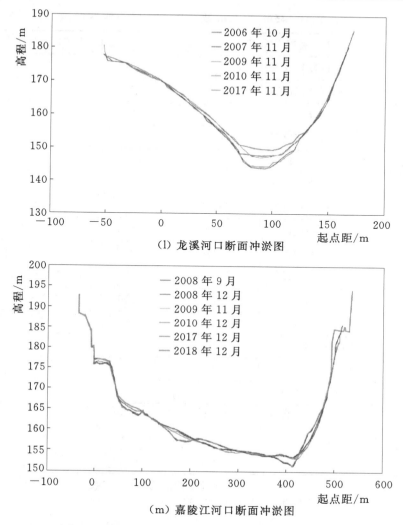

(1) 龙溪河口断面冲淤图

(m) 嘉陵江河口断面冲淤图

图 4-12（五）　三峡库区支流河口断面冲淤图

4. 水库泥沙淤积部位

2017 年 10 月—2018 年 10 月，库区大坝至江津河段高程 175.00m 以下干流淤积 7241 万 m³，其中高程 145.00m 以下淤积 6672 万 m³。

2003 年 3 月—2018 年 10 月，175m 高程以下库区干流累积淤积 15.173 亿 m³，145m 高程以下累积淤积 13.989 亿 m³，占库区干流总淤积量的 92.2%，见表 4-23，库区干流淤积在高程 145～175m 防洪库容内的泥沙为 1.184 亿 m³。其中，江津至铜锣峡段防洪库容内冲刷泥沙 0.676 亿 m³，铜锣峡至大坝段防洪库容内淤积泥沙 1.860 亿 m³。从占防洪库容泥沙沿程淤积分布看，侵占防洪库容的泥沙主要淤积在涪陵至云阳河段，占铜锣峡至大坝段总淤积量的 79.8%（长度占 44%），如图 4-13 所示。

表 4-23　　　　蓄水以来 145m、175m 高程以下库区干流冲淤量　　　　单位：万 m³

时段/（年.月）	不同高程	大坝—铜锣峡	铜锣峡—大渡口	大渡口—江津	合计
2003.3—2011.10	175m 高程以下	123381	−186	−499	122697
	145m 高程以下	108150	−59	2	108093
2011.10—2012.10	175m 高程以下	10151	−177	156	10130
	145m 高程以下	9247	12	16	9275
2012.10—2013.10	175m 高程以下	12101	−559	−1384	10158
	145m 高程以下	11390	−124	0	11266
2013.10—2014.10	175m 高程以下	1766	−428	−662	676
	145m 高程以下	1702	6	−2	1706
2014.10—2015.10	175m 高程以下	−1170	−24	−449	−1644
	145m 高程以下	−676	60	1	−614
2015.10—2016.11	175m 高程以下	2823	−206	−1738	879
	145m 高程以下	2326	16	−8	2334
2016.11—2017.11	175m 高程以下	1914	−132	−191	1591
	145m 高程以下	1147	5	5	1157
2017.11—2018.10	175m 高程以下	7582	−276	−65	7241
	145m 高程以下	6663	8	1	6672
2003.3—2018.10	175m 高程以下	158548	−1988	−4832	151728
	145m 高程以下	139950	−76	15	139889

注　2003 年 3 月—2011 年 10 月大坝—铜锣峡干流段冲淤量采用《三峡水库库容复核计算》（2014 年）中的地形法计算成果，其余均采用断面法计算成果。

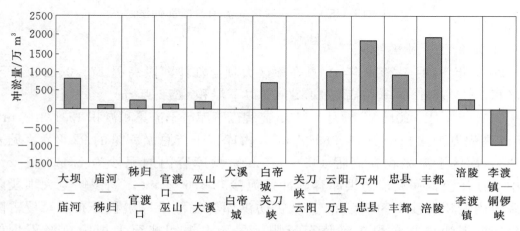

图 4-13　三峡水库蓄水以来防洪库容内泥沙沿程淤积分布（断面法）

2003—2011 年三峡库区 66 条支流累积淤积泥沙量为 1.80 亿 m^3，其中淤积在 145m 高程以下的泥沙为 1.734 亿 m^3。2010 年 10 月—2017 年 10 月，库区 13 条主要支流高程 175m、145m 以下分别淤积 0.457 亿 m^3、0.404 亿 m^3，防洪库容内淤积 532 万 m^3。

综上所述，2003—2018 年，175m 高程以下库区干、支流累积淤积泥沙 17.430 亿 m^3（干、支流分别淤积泥沙 15.173 亿 m^3、2.257 亿 m^3）。其中，在高程 145m 以下淤积泥沙 16.127 亿 m^3（干、支流分别淤积泥沙 13.989 亿 m^3、2.138 亿 m^3），占 175m 高程以下库区总淤积量的 92.5%，淤积在水库防洪库容内的泥沙为 1.303 亿 m^3，占 175m 高程以上库区总淤积量的 7.5%，占水库防洪库容（221.5 亿 m^3）的 0.56%。

第三节　三峡水库变动回水区泥沙问题研究

一、三峡水库变动回水区泥沙问题研究过程

三峡水库变动回水区泥沙问题研究内容包括正常蓄水位 150～180m 各种方案水库变动回水区冲淤变化对航道影响以及整治措施。研究过程大致分为五个阶段。

1. 1958—1970 年阶段

长江流域规划办公室根据 1958 年 3 月《中共中央关于三峡水利枢纽和长江流域规划的意见》，全面开展三峡工程初步设计工作，1959 年及 1960 年年底先后完成初步设计要点报告及初步设计报告（草稿）。1959 年 5 月长江流域规划办公室召开初步设计要点报告讨论会，与会的各单位代表一致认为枢纽位于三斗坪坝址，枢纽建筑物可按正常蓄水位 200m 设计。

该阶段变动回水区泥沙问题的主要研究内容包括：库区典型河段（猪儿碛、金沙碛、臭盐碛河段）河道演变观测研究；卵石推移质运动规律研究；三峡水库重庆港区推移质淤积实体模型试验研究。

2. 1983—1985 年阶段

1983 年 3 月长江流域规划办公室完成正常蓄水位 150m 方案的《三峡水利枢纽可行性研究报告》编制工作。国家计划委员会于同年 5 月召开的审查会议认为：长江流域规划办公室提出的可行性研究报告基本可行，建议国务院原则批准；同时提出泥沙、航运等方面的问题需要在下阶段工作中认真研究解决。根据国家计划委员会审查会议的要求，水利电力部为配合三峡水利

枢纽设计工作，在水库淤积问题及变动回水区泥沙淤积对通航影响研究方面，安排了三峡水库变动回水区水、沙及河道演变特性调查研究，典型水库变动回水区冲淤特性调查研究，变动回水区典型河段（洛碛至王家滩、青岩子、兰竹坝、丝瓜碛河段）河道演变及通航条件改善的泥沙实体模型试验研究等项目。

3. 1985—1986 年阶段

鉴于重庆市和交通部建议将三峡水库正常蓄水位提高至 180m，1985 年 5 月国务院决定由国家科学技术委员会和国家计划委员会组织对三峡工程正常蓄水位进一步论证。为此，有关单位进行了正常蓄水位 160m、170m 和 180m 方案变动回水区重庆主城区、铜锣峡、王家滩和青岩子四个河段泥沙实体模型试验研究。

4. 1986—1990 年阶段

1986 年 6 月至 1989 年三峡工程可行性重新论证阶段，有关单位对正常蓄水位 160m、170m 和 180m 方案，以及正常蓄水位 175m（初期正常蓄水位 156m）方案变动回水区重庆主城区、铜锣峡、王家滩、青岩子河段的泥沙问题进行了实体模型试验研究，同时进行了丹江口水库变动回水区浅滩观测分析工作。

5. 1991—2010 年阶段

1991 年以来三峡工程设计、施工以及初期蓄水运行阶段，有关单位继续对重庆主城区、铜锣峡、洛碛至王家滩及青岩子河段整治措施进行研究，同时进行三峡水库重庆主城区河段冲淤变化和走沙规律的原型观测分析。

20 世纪 60 年代以来，长江水利委员会及有关单位对三峡工程各种正常蓄水位方案水库变动回水区泥沙淤积问题进行了原型观测调查、泥沙数学模型计算和泥沙实体模型试验研究工作，取得了大量研究成果。变动回水区泥沙实体模型概况见表 4-24 及图 4-14。

表 4-24　　　　　　　　三峡水库变动回水区泥沙实体模型概况

模型名称	研究单位	模拟河段长度	平面比尺	垂直比尺	模型沙	试验正常蓄水位方案	试验研究时间
三峡水库推移质淤积模型	武汉水利电力大学，长江科学院	干流合江至涪陵 280km，嘉陵江 57km	500	100	天然沙	200m	1960—1964 年
重庆主城区河段	清华大学	干流 44km，嘉陵江 6km	300	120	塑料沙、核桃壳	170m、180m、175m	1986—1990 年

续表

模型名称	研究单位	模拟河段长度	平面比尺	垂直比尺	模型沙	试验正常蓄水位方案	试验研究时间
重庆主城区河段	中国水利水电科学研究院	干流 33km，嘉陵江 9km	250	100	电木粉、煤	160m、170m、175m	1986—1990 年
重庆主城区河段	长江科学院	干流 40km，嘉陵江 20km	300	120	塑料沙、煤	175m	1987—2005 年
重庆主城区河段	西南水运工程科学研究所	干流 43km，嘉陵江 25km	175	125	煤	175m	2001—2005 年
重庆主城区河段	清华大学	干流 41km，嘉陵江 7km	350	150	塑料沙、煤	175m	2001—2005 年
铜锣峡河段	长江科学院	42km	300	120	塑料沙、煤	160m、170m、175m、180m	1985—1990 年
洛碛至长寿河段	天津水运工程科学研究所	31km	250	100	塑料沙、煤	150m、160m、170m、175m	1983—1990 年
青岩子河段	武汉水利电力大学	25km	250	125	塑料沙、电木粉	150m、160m、170m、175m	1983—1990 年
丝瓜碛河段	长江科学院	24km	300	120	塑料沙	150m	1983—1985 年
兰竹坝河段	清华大学	25km	300	120	塑料沙	150m	1983—1985 年
江津青草背至剪刀峡河段	南京水利科学研究院	干流 175km，嘉陵江 18km	250	100	电木粉	175m、180m、156m	1986—2005 年

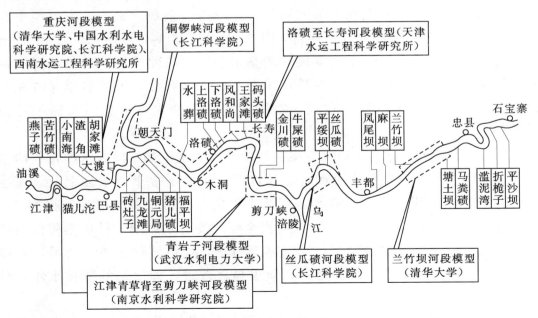

图 4-14 三峡水库变动回水区滩险及泥沙模型模拟河段位置

二、水库变动回水区泥沙问题泥沙实体模型试验研究

以下按河段分述各正常蓄水位方案变动回水区泥沙问题泥沙实体模型（以下简称泥沙模型）试验研究的主要成果。

1. 兰竹坝河段

兰竹坝河段位于丰都与忠县之间，距三峡大坝 416km。河段自丁溪至剪子沱，全长约 25km，包括兰竹坝分汊段、白家河顺直段和洋渡溪弯道段。汛期河宽一般为 800～1000m，兰竹坝分汊段最宽处达 1500m（图 4-15），白家河顺直段最窄处宽仅 550m。

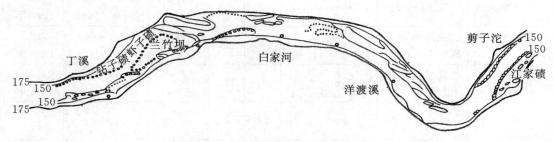

图 4-15　兰竹坝河段地形图

天然情况下兰竹坝河段河道演变的特点是：枯水期兰竹坝汊道左槽为主河槽，主流通过左槽；汛期水流取直，主流改在右槽，左槽分流减少，流速降低，加上右槽出流对左槽水流的顶托，左槽泥沙淤积，淤沙区主要集中在虾子碛、兰竹坝左槽和兰竹坝尾部，年淤积量可达 400 万～500 万 m³；汛后水位降落，左槽淤沙冲走，河段冲淤基本平衡。与此相应，兰竹坝河段的航道情况是：枯水期航道位于左槽，汛期航道位于右槽，汛后航道又改在左槽，个别情况下如水位降落过快，左槽淤沙尚未冲光，可能因航深不足而碍航。

三峡工程正常蓄水位 150m 方案枢纽坝址以上至丰都库段为水库常年回水区，丰都以上至洛碛为变动回水区。兰竹坝河段位于常年回水区上段。泥沙模型试验成果表明[22]：水库蓄水运用后，汛期全河段水位较建库前抬高 2～5m，非汛期水位抬高 20m 以上，全河段全年均受蓄水影响，呈现累积性泥沙淤积；兰竹坝分汊段左槽淤积，深泓移至右槽，汊道转化为单一河槽，河道向规顺、微弯方向发展，航深增大，航道显著改善，即使遇到特枯水年，最小航深仍大于 3m。

正常蓄水位 160～180m 各方案，该河段处于常年回水区，不会出现泥沙

淤积碍航现象。

2. 丝瓜碛河段

丝瓜碛河段位于涪陵下游 11km，距三峡大坝 479km，自清溪场至汤元石，全长约 24km（图 4-16）。全河段为中心角近 180°的大弯道，由清溪场峡谷段、平绥坝弯曲分汊段和丝瓜碛弯曲分汊段组成。清溪场峡谷段全长约 5km，汛期河宽 300～500m。平绥坝汊道段由常年不过水的碛坝分为左右两汊，左汊为主汊，右汊枯水期断流。丝瓜碛汊道段由上、中、下丝瓜碛分为左、右两汊，右汊为主汊，左汊枯水期断流。河段内有两个主要淤沙区，即平绥坝尾部甑边碛淤沙区和下丝瓜碛的土脑子淤沙区，年淤积量（1985 年 2—10 月）前者约 70 万 m^3、后者约 730 万 m^3，与臭盐碛和兰竹坝淤沙区被统称为川江三大淤沙区。土脑子淤沙区位于下丝瓜碛右汊弯曲段，汛期主流左移，凸岸一带发生淤积，航槽左移；汛后主流右移，凸岸一带淤沙冲走，年内冲淤基本平衡。若汛后淤沙没被及时冲走，则出现碍航现象。

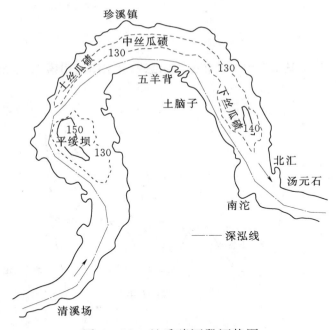

图 4-16 丝瓜碛河段河势图

该河段位于正常蓄水位 150m 方案水库变动回水区下段，泥沙模型成果表明[23]，水库运用后，一般年份全河段水面比降变平，河道顺直，航道条件有明显改善（图 4-17 和图 4-18）；在特枯水年汛前库水位消落后期，土脑子河段深槽向右回移，航道出现短时间航深不足 3m 的情况，通过实施整治工程可以解决。

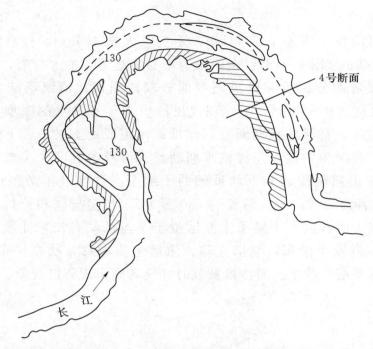

图 4 - 17　丝瓜碛河段淤积分布示意图（水库运用第 18 年汛后）

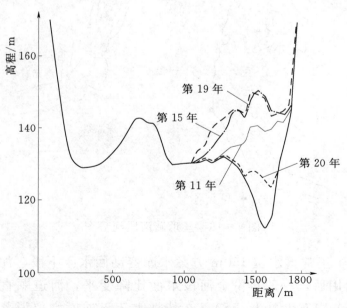

图 4 - 18　丝瓜碛河段土脑子边滩 4 号断面变化图

160～180m 各方案，该河段处于常年回水区，不会出现泥沙淤积碍航现象。

3. 青岩子河段

青岩子河段上起黄草峡，下至剪刀峡，全长 25km。河段进出口均为峡谷段，其间有金川碛和牛屎碛放宽段、反水碛顺直段和蔺市弯道段（图 4－19）。峡谷段最窄处河宽 150m，宽谷段最大河宽 1850m。河段内有沙湾、麻雀堆和燕尾碛三个主要淤沙区，分别位于金川碛分汊段的放宽段、金川碛尾部汇流区和蔺市弯道凸岸放宽段。在自然情况下，三个淤沙区均为汛期淤积，汛期末冲刷走沙；汛期淤积原因主要是主流摆动导致的回流和缓流淤积；每年汛期泥沙淤积数量以麻雀堆淤沙区最大，可达 200 万 m³ 左右，燕尾碛次之，沙湾最小；汛末走沙，年内冲淤保持基本平衡。

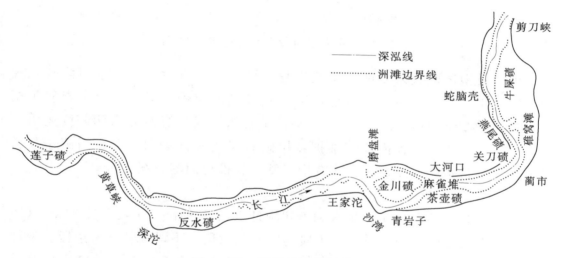

图 4－19　青岩子河段河势图

青岩子河段泥沙模型试验结果表明[24-29]：①正常蓄水位 150m 方案，该河段处于水库变动回水区上段，水库运行 20 年内基本不发生累积性泥沙淤积。②正常蓄水位 160m、170m 和 175m 方案，该河段处于水库常年回水区上段，汛期 6—9 月水库运用分别至第 23 年、第 14 年和第 12 年时，水位较自然情况壅高超过 4m，全河段出现累积性泥沙淤积，改变了建库前河床边界条件对水流的控导作用，河道向单一、规顺和微弯方向发展，表现为：反水碛顺直段深泓右移，主流改走反水碛右汊；金川碛放宽段主流改走金川碛左汊，沙湾淤沙区、麻雀堆淤沙区和金川碛连成完整高大的边滩；牛屎碛放宽段主流右移约 500m，燕尾碛淤沙区成为长 3000m、宽 600m 的大边滩。如图 4－20所示。

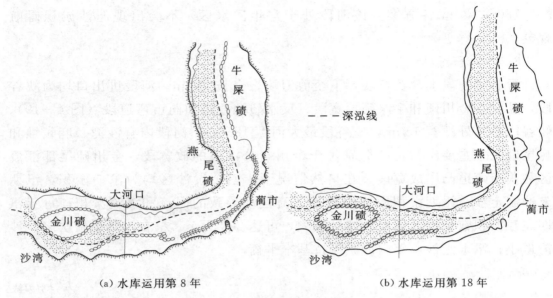

(a) 水库运用第 8 年　　　　　　　　　(b) 水库运用第 18 年

图 4-20　青岩子河段河型转化前后地形图

泥沙模型试验成果表明：三峡工程不同蓄水位方案，青岩子河段碍航现象主要发生在丰沙年后且消落走沙期流量偏枯的年份，碍航河段为青岩子至大河口长约 2km 的河段，可以采取整治工程措施或适当改变水库调度运用方式加以解决。整治工程措施有维护金川碛右汊通航方案和开辟金川碛左汊通航方案。改善水库调度运用方式有推迟蓄水和推迟消落方案[25-26]。

4．洛碛至长寿河段

洛碛至长寿河段位于三峡水利枢纽坝址上游 533km，河段全长 31km（图 4-21）。上段为南坪坝汊道段，中段为顺直微弯段，下段为长寿弯道段。南坪坝汊道左汊为主汊，右汊在流量 15000m³/s 时才分流。长寿弯道段进口有忠水碛分江流为左右两汊，左汊为主汊。

图 4-21　洛碛至长寿河段地形图

该河段河床大部分由卵石组成，卵石推移质运动在河床演变中起主要作用。两岸有基岩裸露，石梁、礁石、突嘴较多。河段内有上洛碛、下洛碛、风和尚、灶门子、码头碛 5 处浅滩和柴盘子、钓鱼嘴 2 处险滩。浅滩遵循汛期淤积、枯水期冲刷的演变规律，年内冲淤基本平衡。

根据洛碛至长寿河段泥沙模型试验结果分析[27-32]，三峡工程建成运用后，不同蓄水位方案本河段的水位壅高值和处于变动回水区的位置列于表 4 - 25。正常蓄水位 150m 方案洛碛至长寿河段处于变动回水区上端，枯水期库水位消落时，上洛碛、下洛碛和灶门子浅滩因卵石推移质淤积造成航深不足，采取整治工程措施后，碍航问题可得到解决。正常蓄水位 160m 方案洛碛至长寿河段位于变动回水区上段，水库运用 20 年，航道条件均有所改善，仅上洛碛浅滩在枯水年库水位消落期，因卵石推移质淤积导致出现航深不足 3m 的碍航现象，采取整治工程措施可以解决。正常蓄水位 175m 方案该河段位于常年回水区上段，汛期水位壅高 4m 以上，汛后蓄水期水位壅高 20～27m，全河段发生累积性泥沙淤积，河势调整主要表现为南坪坝右汊至尾部形成大边滩，上洛碛浅滩航槽左移，下洛碛浅滩航槽右移，忠水碛左汊枯水航槽淤废而右汊成为汛枯期航槽，木鱼碛航槽左移；全河段航槽规顺，仅下洛碛航槽内的五金堆和金钱罐等礁石区需要炸除，但石方量不大；长寿港处于弯道凹岸主流区，无泥沙淤积，港区水域宽度和水深均有所改善，长寿和洛碛等城镇和工厂码头则因泥沙淤积而需要改造（图 4 - 22）。

表 4 - 25　　　　　　洛碛至长寿河段不同蓄水位方案的水位壅高值

正常蓄水位方案	蓄水期水位壅高值/m		汛期水位壅高值/m		河段在库区所处位置
	初期	后期	初期	后期	
150m	0.5～3.6	—	0.2～0.5	—	变动回水区上端
160m	8～12	9～13	0.2～0.5	4～6	变动回水区上段
170m	15～17	16～18	1～3	4～7	变动回水区中段
175m	20～25	20～27	2～4	7～9	变动回水区下段

5. 铜锣峡河段

铜锣峡河段位于三峡水利枢纽坝址上游 567km，上起寸滩上游的大佛寺，下迄木洞下游的桐子溪，全长 42km（图 4 - 23），包括铜锣峡和明月峡两个峡谷河段，广阳坝和中坝两个宽谷分汊河段，以及寸滩和羊角背等弯道段。铜锣峡长约 3000m、宽约 300m；明月峡长约 1500m、宽约 450m；在两个峡谷段上下游有唐家沱、郭家沱和明月沱三处回水沱。广阳坝和中坝主、支汊河床高差均较大，在流量大于 15000m³/s 时支汊才过流，无主、支汊易位现象。该河段有水葬和木洞两处浅滩，分别位于广阳坝和中坝分汊河段下游，汛期

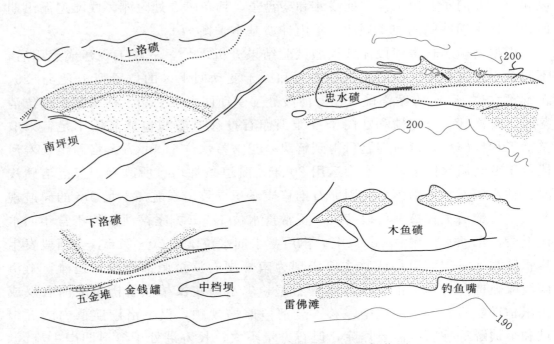

图 4-22 洛碛至长寿河段泥沙淤积部位图

主流摆动，泥沙落淤，汛后冲刷，年内冲淤基本平衡。本河段通航条件枯水期水葬河段较差，由于河中心有门闩子孤石和两岸突嘴的控制，航线急转，流态差，航行较困难；汛期通航则主要受铜锣峡峡谷段流速与局部水面比降过大所制约。

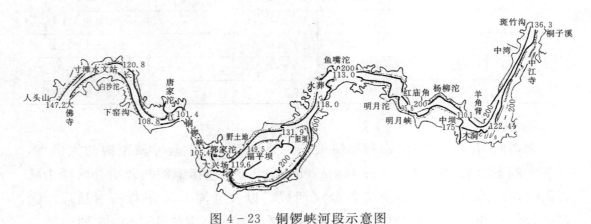

图 4-23 铜锣峡河段示意图

根据泥沙模型试验成果分析[33-34]，三峡工程建成运用后，不同正常蓄水位方案铜锣峡河段的水位壅高值和所处变动回水区的位置列于表 4-26。

表 4-26   铜锣峡河段末端水位壅高值

正常蓄水位方案	壅高值/m						河段在变动回水区所处位置
	1—5 月		6—9 月		10—12 月		
	水库运用初期20年	水库运用70～80年	水库运用初期20年	水库运用70～80年	水库运用初期20年	水库运用70～80年	
160m	1.0～5.2	2.5～6.0	0.2～1.0	3.0～5.5	1.0～6.0	3.0～6.5	上段
170m	2.0～13.0	5.0～13.5	0.7～3.0	5.0～7.5	1.0～15.0	5.5～16.0	中段
175m	2.0～17.0	8.0～19.0	0.2～3.5	7.0～10.0	1.5～20.0	7.5～21.0	下段
180m	9.0～21.0	12.0～21.0	2.0～5.0	8.0～12.0	3.0～25.0	9.0～26.0	下段

正常蓄水位 160m 和 170m 方案，汛期壅水程度不大，水库运用初期 20 年和 80 年，全河段泥沙淤积主要分布于边滩、支汊、回水沱和支沟内，航槽内无明显累积性淤积，基本上保持年内冲淤平衡，但部分汛期淤积的泥沙要推迟到次年水位消落期方可冲走；全河段航槽规顺，分汊段主、支汊稳定，无航槽易位现象，一般水文年的通航条件较建库前有所改善。正常蓄水位 175m 和 180m 方案，汛期壅水已达 4m 以上，局部河段的主槽发生累积性泥沙淤积，全河段泥沙淤积主要在弯道凸岸、峡谷上下口的回水沱，以及支汊和碛坝上（图 4-24）；全河段航槽规顺，分汊段主、支汊稳定，无航槽易位现象，航道条件较建库前有所改善；局部河段如野土地、水葬等河段主流右移，边滩淤长，航槽相应右移，若遇特枯水文年库水位消落期，边滩冲刷，航槽短期摆动；须对航槽内的礁石加以清除；羊角背急弯的弯曲半径加大，航槽右移，红花碛边滩淤长，新航槽右侧的礁石、石梁，须加清除。建库后铜锣峡内的比降、流速与天然情况改变不大，当流量达 20000m³/s 时，峡谷内最大流速仍达 2.5m/s。

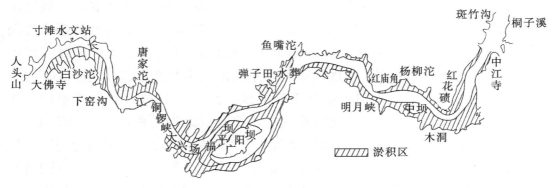

图 4-24   铜锣峡河段 175m 方案 80 年末淤积分布示意图

6. 重庆主城区河段

重庆主城区河段从大渡口至唐家沱长约 37km，嘉陵江在河段中部汇入。全河段由 5 个连续弯道组成（图 4-25）。河道宽窄相间，宽阔段汛期河宽大于 1000m，最窄处为 1400m；窄深段河宽一般为 600m，最窄处仅 300m。河床由卵石、基岩组成，宽阔段有江心碛坝。河段内主要浅滩有砖灶子、九龙滩、铜元局和猪儿碛，自然情况下，汛期淤积，汛后冲刷，年内泥沙冲淤基本平衡。

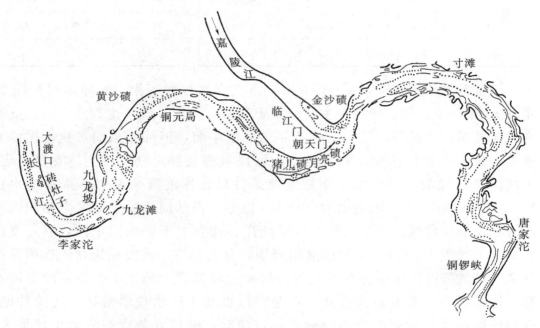

图 4-25 重庆主城区河段地形图

三峡水库变动回水区重庆主城区河段泥沙淤积问题研究历时长达 50 年，大致分为以下三个阶段：

（1）1960—1964 年，为配合三峡水利枢纽初步设计，研究重庆主城区河段泥沙淤积对港区、航道影响问题。1961 年和 1962 年长江水利委员会水文局进行了猪儿碛河段、寸滩河段和嘉陵江金沙碛河段河道演变观测，对河段内泥沙汛期淤积、汛后冲刷、年内冲淤基本平衡的基本规律取得了初步认识。

1960—1964 年长江水利水电科学研究院、武汉水利电力大学等单位，在武汉水利电力大学露天试验场进行重庆港区推移质泥沙淤积模型试验研究[35]。模型模拟河段范围：干流从合江至涪陵，长 280km；嘉陵江从北碚至河口，长 57km。模型平面比尺为 500，垂直比尺为 100，采用天然沙作为模型沙。对三峡水库正常蓄水位 200m、死水位 170m 方案，远期设计丰水年条件，水库运用 10 年期间，卵石推移质淤积及其对重庆港区、航道的影响进行了试验研究。结果表明：变动回水区内由于卵石推移量较少加之河床形态的影响，淤积分布具有不连续的特点；重庆港区卵石推移质淤积显著的部位为嘉陵江入汇口上游 6～21km 的鱼洞溪至珊瑚坝河段；水库运用 3～5 年内，卵石推移质淤积对重庆港区枯水航道水深不会有明显影响，以后随着淤积量增多并向港区输移，应采取必要的疏浚措施。

（2）1986—1989 年三峡工程可行性重新论证阶段，清华大学、中国水利水电科学研究院、长江科学院和南京水利科学研究院进行了三峡水库重庆主城区河段泥沙模型试验研究，其内容包括正常蓄水位 160m 方案、170m 方案、175m 方案和 180m 方案泥沙淤积对重庆主城区河段港区、航道和洪水位的影响[36-44]。试验成果表明：第一，正常蓄水位 160m 和 170m 方案该河段处于水库变动回水区末端，汛期基本上不受回水影响；正常蓄水位 175m 和 180m 方案该河段处于变动回水区上段，全年均受回水影响（表 4 - 27）。第二，各正常蓄水位方案的壅水程度不同，河段内产生不同程度的累积性泥沙淤积，但淤积的部位均集中在弯道凸岸边滩，放宽段的回流、缓流区，汊道内支汊和回水沱区（图 4 - 26）；淤积的沿程分布为悬移质淤积下游段大于上游段，推移质淤积则为上游段大于下游段；淤积速率随运用年限的增长而减缓。第三，各正常蓄水位方案航道条件的变化主要表现为：朝天门以下河段各蓄水位方案的航道条件均较天然情况有一定的改善；朝天门以上河段，除正常蓄水位 160m 方案航道条件接近天然情况外，各方案汛期末 10 月至次年 3 月、4 月水位消落前，航道条件优于天然情况，汛期航道条件接近或优于天然情况。第四，各正常蓄水位方案泥沙淤积对该河段航道条件的不利影响主要表现为：在大沙年以后次年的水位消落期，九龙坡、铜元局、猪儿碛和金沙碛等浅滩段出现程度不同的碍航现象。第五，对正常蓄水位 175m 方案九龙坡至朝天门河段整治工程两组设想方案进行了模型试验研究，两组方案均在九龙坡、黄沙碛、铜元局、猪儿碛和金沙碛河段修建丁坝、顺坝等整治建筑物，但工程布置略有不同（图 4 - 27）。试验结果表明，上述浅滩河段的航道港区碍航问题可以采取整治工程措施加以解决，但工程布置及实施时机还需进一步研究[40]。

（3）1992 年至 2003 年 6 月三峡工程设计和施工阶段，有关单位进行重庆主城区河段河道演变观测和泥沙模型试验研究，进一步研究河道的冲淤规律，以及三峡建库后泥沙淤积对航运的影响及解决措施。清华大学、长江科学院、南京水利科学研究院和西南水运工程科学研究所就三峡工程正常蓄水位 175m

表 4 - 27   **不同正常蓄水位方案河段壅水值**

水位站	水库运用阶段	壅水值/m					
		160m 方案		170m 方案		175m 方案	
		汛期	非汛期	汛期	非汛期	汛期	非汛期
唐家沱	初期	0	1~2.5	0	6~11	0	0
	第 20 年	0	1~2.5	0~0.5	6~11	0~2	10~14
	第 70~80 年					3~6	11~16
海关	初期	0	0.5~1.5	0	5~8	0~1.5	8~11
	第 20 年	0	0.5~1.5	0	5~8	0~1.5	8~11
	第 70~80 年					2.5~4.5	9~12
李家沱	初期	0	0~0.5	0	2~4	0~1	6~10
	第 20 年	0	0~0.5	0	2~4	0~1	6~10
	第 70~80 年					2~4	8~11

注 1. 本表为中国水利水电科学研究院试验成果。

2. 海关水位站位于嘉陵江入汇处的长江右岸。

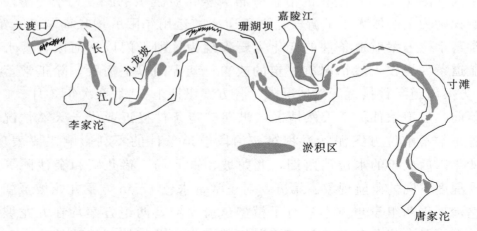

图 4 - 26　三峡水库 175m 方案运行 80 年末淤积分布图

方案水库运行初期 30 年内重庆主城区河段泥沙淤积对航运的影响问题，进行了泥沙模型试验研究，取得了以下认识[45-49]：

第一，三峡水库按正常蓄水位 175m 方案运用后，重庆主城区河段将发生累积性泥沙淤积，主要表现为滩多淤而槽少淤，边滩淤积量为槽淤积量的 4.5~5.9 倍，主河槽累积性泥沙淤积不明显；淤积集中在弯道凸岸边滩、河道的放宽段、分汊段的支汊与江心洲尾，以及回水沱等部位（图 4 - 28）。

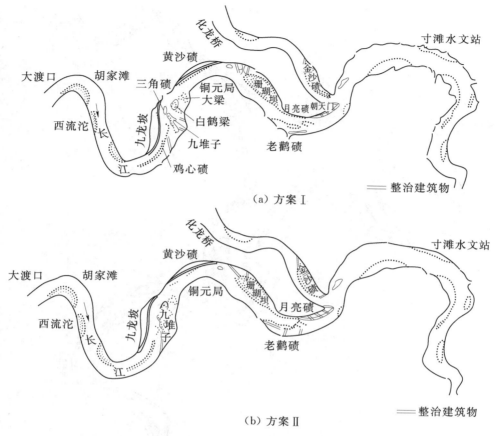

(a) 方案 I

(b) 方案 II

图 4-27　整治方案布置示意图

　　第二，三峡水库蓄水运用后，该河段的通航条件有不同程度的改善，泥沙淤积对通航的不利影响出现在特枯水年的水库水位消落期，或者是丰沙年的消落后期。港口的碍航问题，主要为九龙坡、朝天门和嘉陵江临江门港区因泥沙淤积而影响船舶进出港和靠泊作业；航道碍航问题则主要是九龙滩和朝天门两江汇流处航道的航深、航宽不足或水浅流急，影响船舶正常通行。

　　第三，上述港口、航道的碍航问题，可采取整治工程措施加以解决，九龙坡港区和航道整治工程方案一是将港区岸线外推，在九堆子修建整治建筑物，并疏浚三角碛；方案二是在九龙坡岸线上修建直立式码头，在九堆子修建顺坝（图 4-29）。朝天门河段的整治工程方案是采取爆破方法将夫归石和外梁两处礁石顶面高程降低至 160m（图 4-30）。金沙碛河段的整治工程方案一是在黄花园大桥上游布置两条丁坝；方案二是沿金沙碛右缘布置平顺弧线型顺坝（图 4-31）。上述各整治方案经泥沙模型试验，表明均有一定效果，具体工程方案及实施时机有待进一步研究。

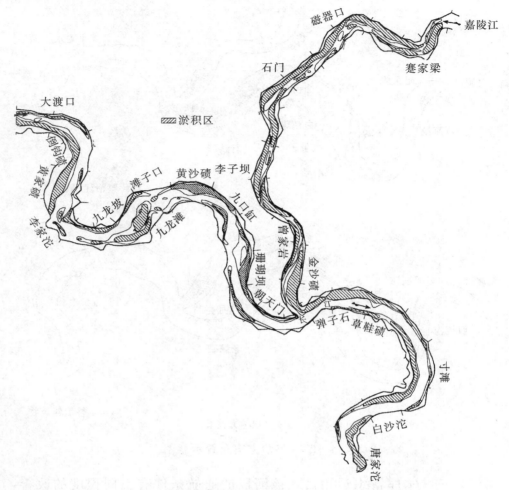

图 4 - 28 重庆主城区河段泥沙淤积分布图

三、丹江口水库变动回水区泥沙原型观测研究

20 世纪 50 年代以来，长江水利委员会丹江水文总站等单位先后开展丹江口水库系统的、长期的泥沙观测分析研究工作，对水库淤积规律取得了较全面的认识[50-56]。1986—1989 年三峡工程可行性重新论证阶段，长江水利委员会水文局和湖北省交通规划设计院进行了丹江口水库变动回水区河道演变观测分析工作，湖北省交通规划设计院等单位在白沙盘浅滩进行了试点整治工程研究，对水库变动回水区冲淤、浅滩变化及其对航道的影响取得了进一步认识[55-59]。以下就丹江口水库观测研究成果作简要综述。

1. 丹江口水库变动回水区泥沙冲淤和河道演变特性

丹江口水利枢纽设计正常蓄水位为 170m，分两期实施。初期工程正常蓄

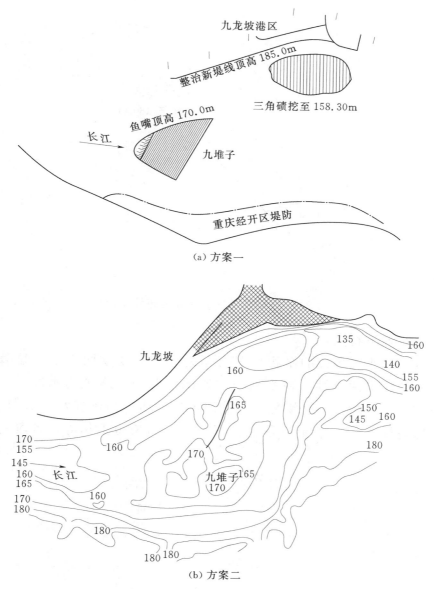

图 4-29 九龙坡整治工程布置方案示意图

水位为 157m，相应库容为 174.5 亿 m³；设计低水位为 139m，相应库容为 72.3 亿 m³。丹江口水库属不完全年调节水库，一般运用方式为：每年 4—5 月起涨，6 月 21 日—8 月 20 日防洪限制水位为 149m，8 月 21 日—9 月 30 日防洪限制水位为 152.5m，10 月 1 日以后逐渐充蓄至正常蓄水位 157m，11 月后缓降，到次年 3—4 月达到最低值，设计低水位为 139m。丹江口水库汉江库区的变动回水区自油坊沟（汉库 35-1 断面，距坝址 117.11km）至冻青沟（汉库 58 断面，距坝址 177.4km），长度约 60km（图 4-32）。其泥沙冲淤和

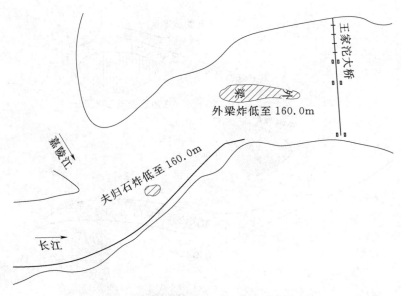

图 4-30　朝天门河段整治方案布置示意图

河道演变具有如下特点：

（1）变动回水区各段的淤积情况有明显差别。变动回水区最显著的特点是具有水库和河道两重性。在受到回水影响的时段，表现为水库的性质，而在回水影响消失的时段，又恢复为天然河道的性质。由于在水库调节过程中，变动回水区各段受到回水壅高程度、壅水历时的长短不相等，各段的泥沙冲

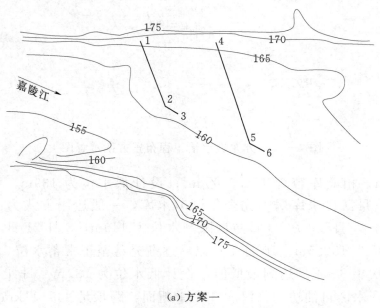

（a）方案一

图 4-31（一）　金沙碛河段整治方案布置示意图

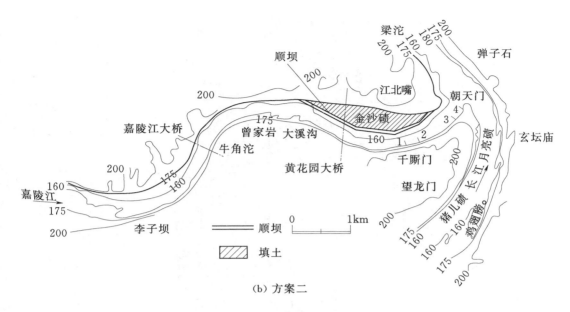

（b）方案二

图 4-31（二）　金沙碛河段整治方案布置示意图

淤情况也迥然不同。丹江口水库汉江库区变动回水区上段（距坝 159.5～177.4km）长约 18km，表现为有冲有淤，且以冲刷为主。变动回水区中段（距坝 144～159.5km）长约 15.5km，为建库后泥沙淤积的起始段，主要为推移质淤积，1968—1988 年淤积量仅为变动回水区同期总淤积量的 8% 左右，单位河长淤积量为 307m³/m。变动回水区下段（距坝 117～144km），长约 27km，为泥沙淤积的集中段，其淤积量占变动回水区同期总淤积量的 95.4%，单位河长淤积量为 2100m³/m。

（2）变动回水区总体上呈累积性泥沙淤积，但年内具有两大造床期，即汛期充水淤积期和枯季消落冲刷期。在水库正常运用条件下，汛期充水淤积期受防洪限制水位 152.5m 控制，枯季消落冲刷期受设计低水位 139m 控制。汛期充水淤积期中，有的河段在一定流量和水位条件下出现充水冲刷现象。

当汉江库区变动回水区进入悬移质输沙相对平衡后，上述两大造床期仍然存在，表现为各年的年累积淤积量变化已甚小，年内汛期的淤积量与枯季的冲刷量大致相等，而沿程的冲淤变化仍较大。

（3）分汊型河段向单槽型河段转化。丹江口水库变动回水区汉江库区共有 6 个分汊河段，建库后均由分汊河段转变为单一河槽河段（图 4-33～图 4-35）。转化的原因：一是库水位消落时，分汊河段上游河段冲刷下移的泥沙易在分汊河段的支汊口门淤积，支汊逐渐萎缩，主汊则相应冲刷扩大；二是

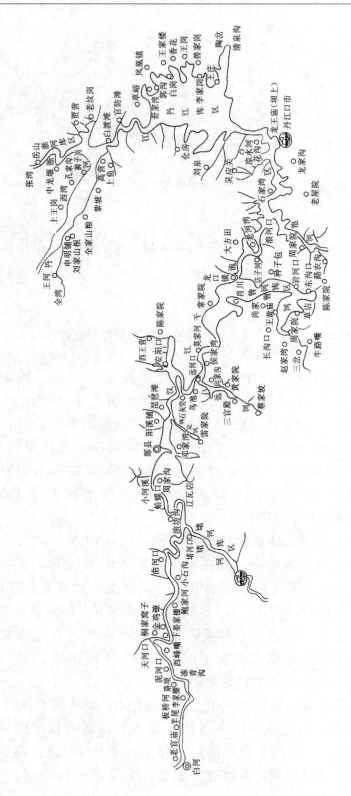

图 4-32 丹江口水库库区示意图

由于库水位抬高，分汊河段原有河岸山矶节点和礁石的控制作用减弱，导致汊道口门主流线位置调整。

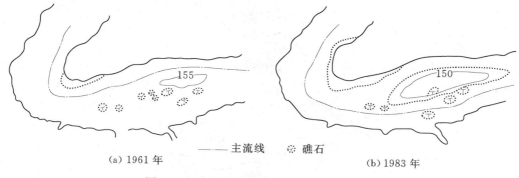

(a) 1961 年　　　　——主流线　⊙ 礁石　　　　(b) 1983 年

图 4-33　鳖滩至三朵花汊道河势变化

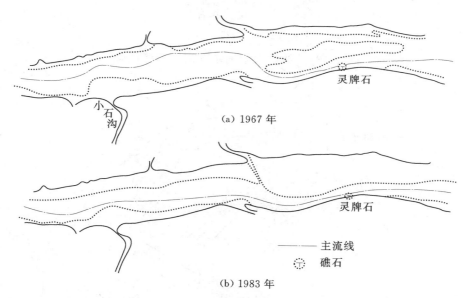

(a) 1967 年

(b) 1983 年

图 4-34　小石沟至灵牌石河段河势变化

（4）弯曲型河段的弯道平面形态趋于规顺，边滩淤高展宽和上下延伸。变动回水区具有水库与河道的两种属性，天然河道两岸边界的控制作用仍基本保持，建库后弯道的平面位置变动不大，但由于受水库水位壅高的影响，水流漫滩的历时增长，弯道环流作用则仍较强，有利于弯道凸岸边滩因泥沙淤积而抬高展宽和上下延伸，弯道平面形态趋于规顺。例如花梨湾弯道 1967 年和 1983 年地形图比较，弯道稳定发展，汊库 46 断面滩面淤高 6.6m，深泓冲深 5.4m，滩宽扩大 80m，上下延伸 1740m，滩槽高差增加 12m（图 4-36）。

（5）顺直过渡段年内汛期与枯水期主流线一致，边滩淤高、扩大、上伸下延，建库前顺直段枯水期犬牙交错的小边滩，建库后都淤积合并成整体大边滩。

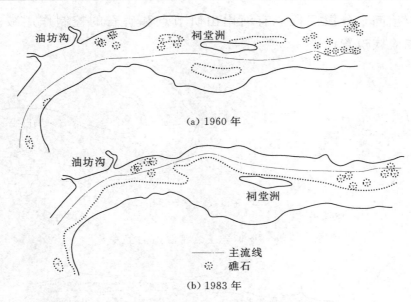

(a) 1960 年

—— 主流线
⊗ 礁石

(b) 1983 年

图 4-35　油坊沟至祠堂洲河段河势变化

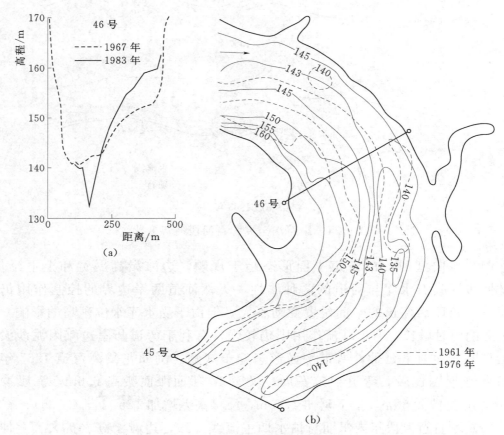

图 4-36　花梨湾弯道地形变化

（6）变动回水区横断面的变化表现为淤滩留槽或淤滩冲槽，滩槽高差增大。变动回水区沿程横断面的滩顶淤积高程，还受坝址防洪限制水位 152.5m所控制而不再淤高，原因是汛期末充水至 157m 时来沙量甚少。

（7）汉江库区淤积末端变化不大，无上延现象。汉江库区变动回水区处在狭谷河段内，变动回水区上段处在相应库水位 152.5～157m 的河段，在汛期充水淤积期内，受防洪限制水位 152.5m 所控制，该段仍为天然河道，水流输沙能力较强，而当汛期末库水位由 152.5m 抬高至正常蓄水位 157m 后，来水的含沙量已甚小。1968—1994 年该段不仅没有泥沙淤积，还冲刷 521 万 m³。

位于汉江库区变动回水区上段内、距坝 168.2km 的天河口水位站 1966—1995 年枯水期同流量 141m³/s 的水位变化甚微（表 4-28），也说明汉江库区变动回水区未出现淤积末端上延和回水位抬高的趋势。

表 4-28 天河口水位站历年同流量的水位

日期	入库流量/(m³/s)	水位/m
1966-12-11	141	157.21
1978-02-10	141	156.98
1987-02-10	141	157.14
1995-06-23	141	157.06

2. 丹江口水库变动回水区的航道

汉江库区变动回水区建库前分布有浅滩和险滩约 40 处，由于河道流路多变，建库前各年滩险数量有所变化。丹江口水库蓄水前夕 1966 年汉江库区变动回水区滩险的航道尺度及分布见表 4-29 和图 4-37。多数险滩历年枯水期的航深 0.4～0.6m，航宽仅 3～6m，航行条件很差[57]。

表 4-29 汉江库区变动回水区建库前后滩险最小航道尺度比较

滩险名称	距坝里程/km	最小航深/m		最小航宽/m		浅滩长度/m		建库前滩险特征	
		建库前1966年	建库后1979年	建库前1966年	建库后1979年	建库前1966年	建库后1979年	河床组成	碍航情况
娄子滩	91.5	0.40	0.60	4.0	20.0	190	800	卵石	浅、急
水磨滩	102.0	0.35	0.70	3.0	25.0	400	300	卵石	浅
五羊滩	106.8	0.35	0.60	3.0	15.0	100	400	卵石	浅
象鼻子	108.5	0.35		3.0		120		卵石	浅
蛤蟆口	113.5	0.35	0.70	3.0	20.0	5000	400	石质	礁、窄、急弯、浅、险
翠花滩	125.7	0.40	0.60	5.0	10.0	150	1000	石质	礁、急

续表

滩险名称	距坝里程/km	最小航深/m		最小航宽/m		浅滩长度/m		建库前滩险特征	
		建库前1966年	建库后1979年	建库前1966年	建库后1979年	建库前1966年	建库后1979年	河床组成	碍航情况
走马出洞	131.6	1.00	0.80	6.0	20.0	800	300	石质	礁、浅、急、险
贵子滩	135.8	0.60		10.0		300		卵石、石质	礁、浅、急、险
三郎滩	139.0	0.60	0.60		15.0	600	600	卵石	礁、浅、急
焕鱼滩	142.5	0.50		6.0		100		石质、卵石	浅、险
獭鱼滩	144.0	0.60	0.80	3.0	20.0	300	30	卵石	浅、急、险
灵牌石	147.2	0.40	0.60	3.0	15.0	400	600	卵石	浅、急
李拐子	148.3	0.80	0.70	15.0	15.0	150	150	卵石	浅、急、弯、两个口子
白沙盘	154.6	0.60	0.60	10.0	15.0	500	500	卵石	浅、急、两个口子
孤石	158.5	0.60	0.80	6.0	20.0	40	40	石质、卵石	礁、窄、浅、险
干鱼汉	159.5	0.70		20.6		300	260	卵石	浅
棘家坡	160.5	0.40	0.70			100	200	卵石、沙	浅、弯
三朵花	163.0	0.60	0.70	10.0	10.0	2400	500	石质、沙	礁、急、浅、险
金鸡镖	164.0	0.60		4.0		480	200	石质	急、险
老鸦滩	169.5	0.60	1.00		25.0	300	300	石质、卵石	礁、浅
小明滩	172.4	0.60	0.80	6.0	20.0	300	300	石质、卵石	礁、浅、急、险
大明滩	173.7	0.80	0.90	10.0	20.0	150	150	石质、卵石	浪、急、漩

注　1. 1966 年航道尺度摘自湖北省郧阳地区民间运输管理处 1977 年刊印的《郧阳地区民间运输资料汇编（1966—1972)》。

2. 1979 年航道尺度摘自湖北省郧阳地区民间运输管理处 1979 年刊印的《郧阳地区航道普查报告》。

建库后汉江库区变动回水区大部分滩险段航道尺度、水面比降、流速、流态等航行条件均有较大改善（表 4-29）。建库后滩险段航道改善的主要原因如下：

（1）建库后水库回水作用，有利于汛、枯期航道的改善。5—10 月汛期内水库充水，使滩险段的航深增大，比降、流速减小；汛期末水库充水至正常蓄水位，使很多滩险段特别是变动回水区下段的走马出洞、翠花滩、象鼻子等 6 个滩段在枯水期较长时间内航道条件得到明显改善。

（2）建库后变动回水区河床的再造有利于航道的改善。丹江口水库蓄水运用后，在新的水沙条件下变动回水区河段重新造床，包括河床泥沙淤积、河势调整和河型转化三方面。变动回水区中下段河床淤积抬高，碍航礁石被

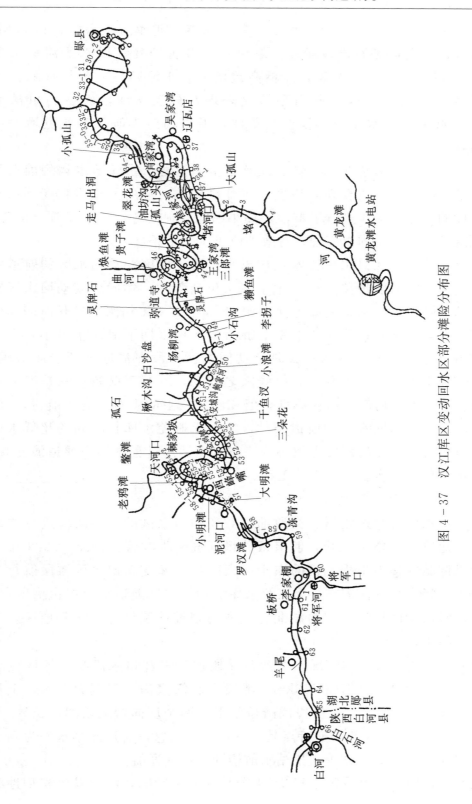

图 4-37 汉江库区变动回水区部分滩险分布图

淤埋，成为沙质组成的河床。例如走马出洞滩，建库前礁石段长达 3.8km，建库后大部分碍航礁石已被淤埋，航道得以改善。变动回水区河势调整表现为弯道和顺直段滩面淤高，滩槽高差增大，水流归槽，流线规顺，航行条件改善。变动回水区河段河型转化表现在分汊型河段转变为单槽型河段，中、低水位时水流由多汊变为单汊，航槽稳定，航深和航宽增大，航道得以改善。

（3）建库后，消落期的滩险实施航道整治工程。水库蓄水运用前夕和初期，航道部门对几个主要滩险段实施了炸礁整治，以后又逐步在变动回水区中、上段的部分滩险段进行了整治，如小明滩、孤石等滩段的丁坝导流工程，三朵花滩航道的人工固汊工程，有效地改善了航道条件。

综上所述，丹江口水库蓄水运用以来，汉江库区变动回水区的航道明显改善。由于滩险碍航现象一般发生于库水位消落期，建库后变动回水区航道出现新的问题：一是水库调度方面，如 1973—1979 年枯水期较长时间超低水位运用，对航道不利；丹江口水库上游的水库枯水期下泄流量过小，变动回水区航道出现航深不足现象；二是变动回水区河段在河床重新造床过程中，有的汊道经常发生主支汊易位，航线随之变动，不利于航行；三是河床重新塑造过程中，原有碍航礁石被淤埋，但在新航线上的礁石有碍于航行。因此，为进一步改善变动回水区的航道条件，应力求避免水库长时间的超低水位运用，上游干支流水库的调度也须协调；在水库运用过程中加强河道演变观测，根据航道变化继续实施航道整治工程。

3. 变动回水区白沙盘浅滩试验性整治工程

丹江口水库蓄水运用后，交通部门对变动回水区的主要滩段进行炸礁和修建整治建筑物等整治工程，航道条件得到进一步改善。1988—1989 年实施的白沙盘试验性整治工程，目的在于探索改善水库变动回水区滩段航行条件的整治工程特点和具体措施，为三峡水库变动回水区航道整治提供借鉴[58-59]。白沙盘浅滩试验性整治工程由湖北省交通规划设计院设计，郧阳地区航务管理局组织施工。

（1）白沙盘滩段基本情况。白沙盘滩段位于丹江口水库汉江库区变动回水区的中段，距丹江口枢纽 153km。滩段上起简家沟，下至大石沟，全长约 3km，河床由卵石组成。过渡段浅滩位于上下两个反向弯道之间，长约 300m（图 4-38）。建库前浅滩碍航特点是枯季水浅、流急，航道最小水深为 0.8m，最小航宽为 25m，每年枯季疏挖枯水航槽即可保证通航。

建库后，白沙盘滩段每年有 2～4 个月受回水影响，河床发生累积性泥沙

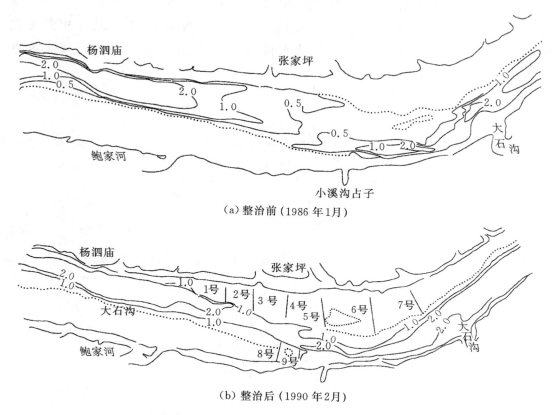

（a）整治前（1986 年 1 月）

（b）整治后（1990 年 2 月）

图 4-38　白沙盘浅滩水道地形（等深线表示）（图中编号为丁坝编号）

淤积，平均淤高 1.0～1.5m，航道最小水深减小至 0.5m，原有卵石河床已全部被中、粗砂覆盖，深泓摆幅度加大。浅滩出现时间，建库前发生在枯水期 12 月至次年 1 月，建库后则为每年 1—4 月，即从 1 月中下旬消落冲刷期开始出浅，持续整个消落冲刷期，且以初期较严重。

（2）浅滩整治原则和整治水位的选定。白沙盘滩段主要在水库消落冲刷期出浅碍航，故采取低水整治原则，控制中低水期的河势，使整治建筑物在消落冲刷期起到束水攻沙的作用，以改善航道条件。

整治水位是确定整治建筑物高程的依据，直接关系到工程量的大小和工程效果。变动回水区浅滩演变受上游来水来沙和水库调度的双重制约，具有水库和河道的两重属性，浅滩段在水库壅水状态逐渐恢复为天然状态时，浅滩开始出浅，此时也正是整治建筑物发挥加强水流冲刷河床作用的最佳时机。从库区各段水位过程线可知，浅段每年由水库属性向天然河道属性转化时，有一个临界水位值，可称为"转点水位"。高于"转点水位"时，滩段处于水库壅水范围内，滩段水位过程线与坝前水位过程线变化趋向一致；低于"转点水位"时，两者开始分离，差距逐渐增大（图 4 - 39）。各滩段的"转点水位"出现时间取决于滩段在变动回水区所处部位、水库调度、滩段冲淤变化等因素。采用"转点水位"作为整治水位既与滩段演变规律一致，又能重点解决消落期碍航问题。

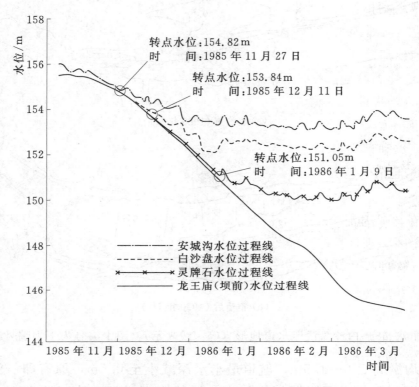

图 4 - 39　白沙盘滩段 1985—1986 年转点水位

（3）整治工程方案及其实施效果。整治线的布置考虑到左岸上深槽比较稳定，上边滩发育较完整，故以左岸为依托，充分利用上深槽，平顺向下游逐渐向右岸过渡，进入下深槽后再以微弯连续曲线向下游延伸。由于碍航浅段过长，两曲线间的直线过渡段不可能过多缩短，在适当加密丁坝间距的同时，使浅滩过渡段整治线走向与洪水流向一致，以顺导水流、提高主槽的冲刷能力。

整治工程布置为丁坝群方案。考虑到浅滩过渡段过长和下深槽严重萎缩，在 1.2km 长的河段内，布置丁坝 9 座，其中左岸 7 座，右岸 2 座，合计丁坝长度 1330m（图 4 - 38）。

整治工程于 1988 年 11 月开工，1989 年 3 月竣工，共完成丁坝抛石量 23047m³、坝面砌筑 15300m²、炸礁 2500m³。工程竣工后经过一个水文年的观测，说明滩段的上、下边滩更加完整和稳定，滩槽高差增大，过渡段及下深槽深泓线下切，深泓线稳定，浅滩水深维持在1.2m以上，达到设计要求。

四、葛洲坝水库变动回水区泥沙原型观测研究

葛洲坝水利枢纽位于长江三峡出口南津关下游2.6km，控制流域面积约100万km²。葛洲坝水利枢纽是三峡水利枢纽下游的反调节枢纽和航运梯级，是三峡水利枢纽的重要组成部分。枢纽正常蓄水位66.00m，水库总库容15.8亿m³，主要建筑物包括一座泄水闸、两座电站、三座船闸和两座冲沙闸以及防淤堤等。葛洲坝水利枢纽工程于1970年12月26日开工，分两期进行，1981年5月开始蓄水运用，1991年11月27日枢纽工程全面竣工。

葛洲坝水利枢纽既是三峡水利枢纽的重要组成部分，又为兴建三峡水利枢纽做实战准备。为满足葛洲坝水利枢纽设计、施工和运行管理需要，长江水利委员会1973年在宜昌水文站基础上成立葛洲坝水利枢纽水文实验站，1994年又在该站基础上成立三峡水文水资源勘测局，系统收集葛洲坝水库和三峡水库库区、坝区和坝下游河段的水文和河道演变资料，为枢纽工程设计、施工和运行管理提供依据。以下就葛洲坝水库变动回水区冲淤和浅滩变化的原型观测研究作简要综述[60-65]。

1. 变动回水区泥沙冲淤和河道演变特性

葛洲坝水库调度方式为定水头运用，其正常蓄水位、设计洪水位和设计航运水位均为66.00m。全年水库运行水位变化幅度为（66.0±0.5）m。葛洲坝水库处于长江三峡河段，属峡谷型水库。库区河段上起重庆奉节县的关刀峡下口，下至枢纽坝址，全长210km，其中，进库段22km，变动回水区112km，常年回水区76km（图4-40）。葛洲坝水库正常蓄水运用后，由于坝前水位较稳定，回水长度仅与入库流量有关，流量5000m³/s时，回水末端在黛溪附近，水库全长约190km；流量50000m³/s时，回水末端在秭归附近。变动回水区自黛溪至秭归附近，长约112km，沿程宽谷段和峡谷段相间，河道平面形态呈藕节状。变动回水区泥沙冲淤和河道演变具有如下特点：

（1）变动回水区泥沙淤积平衡的时间大大早于常年回水区。葛洲坝水库1981年开始蓄水，至1992年库区各段均达到淤积相对平衡，其淤积量为1.46亿m³。若仅从冲淤总量比较，水库运用至第3年，即1983年库区淤积量即达到1.24亿m³，1985年淤积量达到1.40亿m³，说明水库运用3～5年，库区总体已基本达到淤积平衡，但变动回水区1982年宽谷段和峡谷段均达到淤积平衡（表4-30和图4-41）[60,64]。

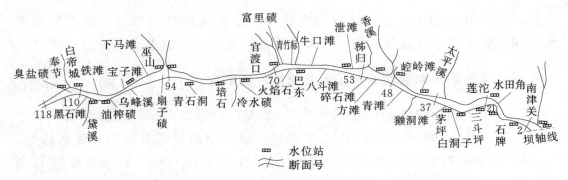

图 4-40 葛洲坝水库变动回水区滩险分布图

表 4-30 葛洲坝水库来水来沙及冲淤变化

| 年份 | 入库年径流量（奉节站）/亿 m³ | 入库年输沙量（奉节站）/亿 t | 常年回水区淤积量/万 m³ | 变动回水区淤积量/万 m³ | | | | 进库段（G107～G118）淤积量/万 m³ | 水库总淤积量/亿 m³ |
				下段（G51～G70）	中段（G70～G93）	上段（G93～G107）	合计		
1981	4290	7.19	5261.0	1044.9	1019.3	550.8	2615.0	172.2	0.805
1982	4320	5.55	2722.0	4.4	−40.7	−276.7	−313.0	−136.5	0.227
1983	4510	5.96	1897.2	161.0	11.8	9.6	182.4	3.0	0.208
1984	4270	6.64	−599.5	−243.1	−420.3	−189.2	−852.6	14.1	−0.140
1985	4420	5.36	2121.8	175.9	934.6	−195.3	915.2	−43.4	0.299
1986	3710	3.88	669.7	−199.2	−1443.4	−34.1	−1676.7	−222.7	−0.123
1987	4100	5.18							
1988	4030	4.34	516.0	284.4	−335.6	−556.1	−1176.1	−66.6	−0.073
1989	4566	4.97	−260.8	133.1	346.3	120.3	599.7	52.3	0.039
1990	4301	4.88	1375.8	−507.1	−612.3	76.3	−1043.1	55.1	0.039
1991	4202	5.22	12.8	233.4	247.5	58.6	539.4	−289.7	0.026
1992	3832	3.32	1505.4	147.9	−65.7	−6.5	−75.7	35.6	0.147
1993	4291	4.36	−1339.8	−93.9	66.0	224.6	252.5	−108.0	−0.120
1994	3197	2.20	3522.8	635.7	421.0	−42.3	1014.4	365.6	0.490
1995	3920	3.53	695.6	−381.6	−51.7	33.2	−400.0	−89.0	0.021
1996	3915	3.24	−691.0	−80.9	−263.1	−205.7	−549.7	−114.9	−0.136
1997	3434	3.37	−496.0	−196.5	−507.8	−181.1	−885.4	−314.8	−0.170
1998	4857	6.63	−5189.7	−382.0	152.7	−39.0	−268.3	115.8	−0.534
1999	4569	4.41	1306.7	167.8	−541.6	30.2	110.0	180.2	0.160
2000	4372	3.57							
总计			13070	335.6	−1083.3	−622.4	−1012	−391.7	1.165

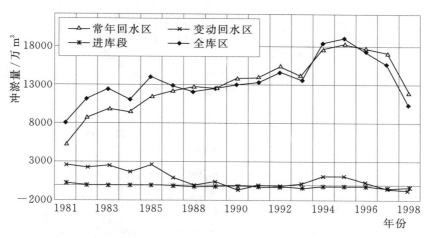

图 4-41　葛洲坝水库各库段累积冲淤量变化

（2）变动回水区横断面的冲淤形态与常年回水区有较大区别。常年回水区以主槽冲淤为主，而变动回水区宽谷段则以沿湿周的冲淤为主，峡谷段主槽的冲淤稍大（图 4-42）。

（3）变动回水区泥沙淤积末端无上延现象。水库运用至 1985 年，即库区总体上已达到淤积平衡时，淤积末端约在距坝 120km 处。以后基本稳定在距坝 116km 巫峡出口的官渡口（G70 断面）附近，该处为变动回水区开阔段与峡谷段的交界点。葛洲坝水库变动回水区淤积末端变动不大的原因：一是变动回水区末端处在峡谷段，河床由卵石和基岩组成，原河床坡降较大，水流输沙能力较强；二是坝前水位全年保持在 66m，回水末端随流量增大而下移，变动回水区水面比降加大，相应发生冲刷，限制了淤积末端的上延。

2. 变动回水区枯水滩险的变化

葛洲坝水库正常蓄水运用后，位于巫山以下的枯水滩险均被水库回水淹没，巫山至黛溪库段因受回水顶托的影响较小，枯水浅滩依然存在。该段主要枯水滩有扇子碛、下马滩、油榨碛和回水末端的铁滩，水库进口段还有臭盐碛。其中扇子碛和臭盐碛属峡口溪口滩，下马滩、油榨碛和铁滩属溪口滩。为研究三峡和葛洲坝水利枢纽建成后枯水期浅滩及其对航道的影响，长江水利委员会 1962 年和 1963 年在臭盐碛河段进行河道演变观测，1979 年 10 月—1980 年 8 月在扇子碛河段进行河道演变观测，1985 年起对变动回水区的枯水浅滩进行监测。

（1）扇子碛河段演变分析。扇子碛河段位于巫峡上首巫山县城附近，距坝 161.8km。左岸有支流大宁河入汇，溪口冲积扇伸入江中，称扇子碛，碛

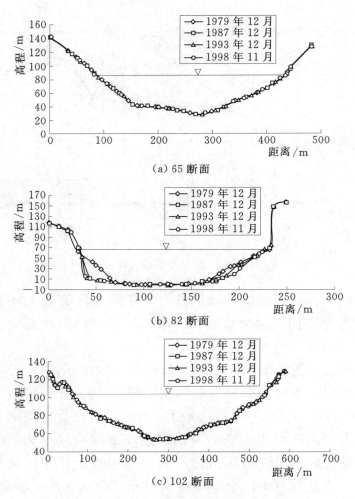

（a）65 断面

（b）82 断面

（c）102 断面

图 4-42 变动回水区峡谷段典型断面比较

长约 1000m，宽约 400m，滩体组成主要为卵砾石。葛洲坝水库蓄水运用前，扇子碛河段年内洪枯期水位变幅可达 50m 以上。主流摆幅度也较大，汛期主流随流量增大逐渐左移趋中，主槽范围为回流或缓流区。枯期主流归右岸主槽（图 4-43）。扇子碛河段位于巫峡上首，汛期受峡谷壅水影响，泥沙冲淤变化规律为汛期淤积、非汛期冲刷，年内冲淤基本平衡（图 4-44）。汛期淤积主要集中在右侧深槽和扇子碛滩唇一带。1979 年 10 月 22 日—1980 年 5 月 21 日冲刷约 230 万 m³，1980 年 5 月 21 日—8 月 7 日淤积 238 万 m³。扇子碛河段航道全年均位于右岸主槽，汛期航线偏右，枯期航线偏左，为单行航道；航道最大水深均保持在 8m 以上，水深大于 5m 的宽度在 150m 以上。

葛洲坝水库蓄水运用后，当入库流量小于 20000m³/s 时，扇子碛就明显受到回水影响（表 4-31）[62]。当流量小于 12400m³/s 时，碛面最大流速和最

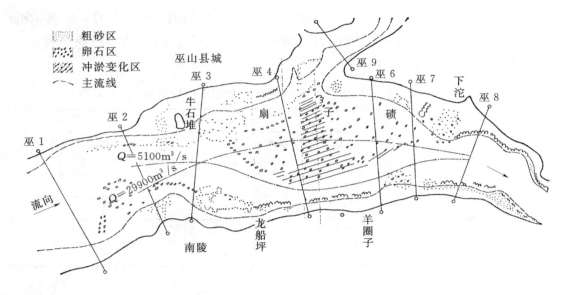

图 4-43 扇子碛河段主流线变化

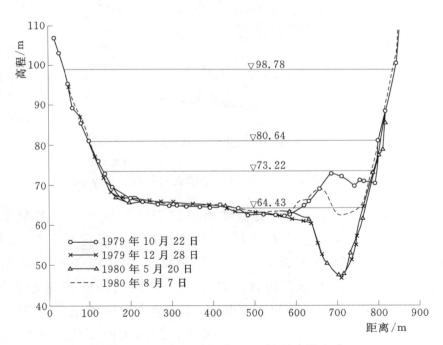

图 4-44 扇子碛河段巫 4 断面冲淤变化

大比降均随流量减小而减小，航行水流条件有较大改善。与此相应，主槽的年内变化虽仍保持汛期淤积、枯期冲刷的特性，但由于水位抬高的影响，在汛后流量过程基本相同的条件下，其水位下降的过程相对减缓，冲槽时间与主槽冲开的时间推迟。根据 1979—1998 年的实测资料分析，主槽冲开的时间由建库前 11 月中下旬至 12 月初，推迟到 12 月中下旬或次年 1 月，一般都能在年内冲开；枯水河床无累积性泥沙淤积，图 4-45 为扇子碛河段典型断面主槽槽底高程与断面水位的相关关系。

表 4-31　　　　　　葛洲坝水库蓄水后变动回水区沿程水位抬高值

流量 /(m³/s)	坝前水位 /m	水位抬高值/m						
		青石洞 (148.0)	巫山 (163.0)	下马滩 (168.6)	宝子滩 (177.3)	油榨碛 (184.7)	黛溪 (188.1)	孔明灯 (195.0)
5000	66.0	4.1	3.0	2.2	1.1	0.9	0.4	0
10000	66.0	2.2	1.3	0.9	0.4	0.2	0	0
20000	66.0	1.0	0.4	0.3	0.2	0	0	0
30000	66.0	0.5	0.1	0	0	0	0	0

注　括号内为距坝里程（km）。

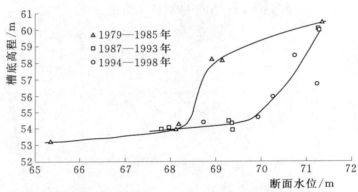

图 4-45　扇子碛河段汛后 94 断面主槽槽底高程与断面水位的相关关系

（2）臭盐碛河段演变分析。臭盐碛河段位于瞿塘峡上口，在奉节县城附近，距坝 198.4km。河段左岸有梅溪河入汇。由于梅溪河每年带来大量沙、卵石，加上瞿塘峡汛期壅水影响，自左岸至江心洲形成长约 2000m、宽达 1km 的碛坝。碛坝主要由卵石组成。枯水期臭盐碛河段的主流走右侧主槽，河宽仅 200～500m。汛期水流漫滩，随着流量增大，碛滩上的水深也随之增大，主流左移趋中，河宽可达 1.5km，河道右侧原主槽部位形成大片回流区（图 4-46）。葛洲坝水库蓄水运用前，年内水位变幅可达 50m 以上。该河段冲淤变化规律为汛期淤积、非汛期冲刷，年内冲淤基本平衡。汛期受瞿塘峡峡谷段壅水的影响，大量泥沙落淤，1962 年实测最大淤积量为 1718 万 m³，1963 年为 1583 万 m³。汛期末流量逐渐减小，右侧主槽开始冲刷，直到 11 月中旬流量减小至 800m³/s 时，水流全部归槽，淤沙逐步被冲光（图 4-47）。

臭盐碛河段航道条件受年内航槽交替的影响较大。汛期船只一般走滩面最高脊背与左岸之间宽约200m的碛槽。当碛槽水深不足3m时，航线必须改在主槽。当水位下降过快，碛槽航深不足，而主槽又未冲开时，发生碍航情况。

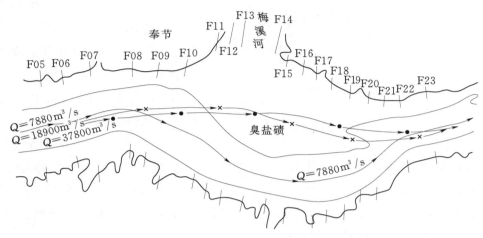

图4-46　臭盐碛河段地形及流态

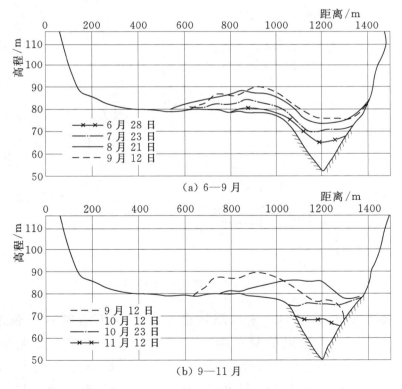

图4-47　臭盐碛河段F16断面冲淤过程（1962年）

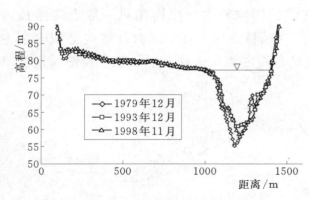

图 4-48 臭盐碛河段 113 断面冲淤比较

葛洲坝水库蓄水运用后，由于臭盐碛位于水库变动回水区的上游，河床冲淤规律与建库前相同，但由 1979—1998 年典型断面变化图比较（图 4-48），1998 年 11 月主槽冲开后的槽底高程较 1979 年 12 月抬高 1.5～2m，说明该河段可能仍受变动回水区壅水的影响。

（3）溪口滩的演变分析。葛洲坝水库两岸有众多溪沟，往往在江边形成冲积扇。当扇形冲积体增大时，江水被束窄，流速增大，流向改变，形成溪口滩而碍航。下马滩（距坝 168.6km）、油榨碛（距坝 183.3km）和铁滩（距坝 188.7km）分别由赤溪、错开峡和火炮溪冲积而成（图 4-49）。

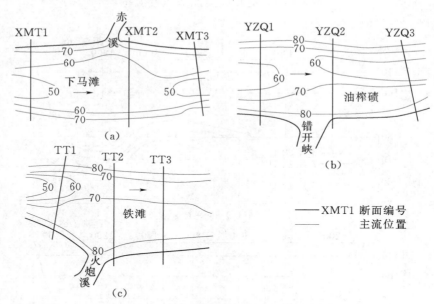

图 4-49 主要溪口滩地形

葛洲坝水库蓄水运用前，溪口滩流急水乱，滩下游常伴有强烈的泡漩，水越枯，滩越险。为了帮助船只过滩，各滩均设有绞滩站。葛洲坝水库蓄水运用后，由于回水长度与入库流量有关，各滩受回水影响程度不同（表 4-25）。流量小于 20000m³/s 时下马滩受回水影响明显，油榨碛和铁滩分别在流量小于 10000m³/s 和 5000m³/s 时受回水影响明显。各滩水流条件均较建库前有不同程度的变化。入库流量为 5000m³/s 时，下马滩水位较蓄水前抬高 2.2m，滩面最大流速由 6.53m/s 减小至 3.54m/s；油榨碛水位抬高 0.9m，最大流速由 5.07m/s 减小至 4.65m/s；铁滩水位抬高 0.4m，滩面最大流速由 4.84m/s 减小到 4.63m/s。由此可知，蓄水后各溪口滩航道的水流条件均有不同程度的改善。

葛洲坝水库蓄水运用后，根据 1981—1998 年的实测资料分析，各溪口滩年际间有冲有淤，冲淤基本保持平衡，枯水河床均未产生累积性泥沙淤积（表4-32）。

表 4-32　　　　　　　　葛洲坝水库蓄水后各溪口滩的断面要素

| 滩名 | 断面号 | 距坝里程/km | 1981 年 10 月 | | | 1985 年 11 月 | | | 1993 年 12 月 | | | 1998 年 12 月 | | |
			面积/m²	河宽/m	深泓高程/m	面积/m²	河宽/m	深泓高程/m	面积/m²	河宽/m	深泓高程/m	面积/m²	河宽/m	深泓高程/m
下马滩	1	168.92	3018	210	47.0	2788	199	48.5	2775	229	48.0	2783	209	48.8
	2	168.67	2161	230	54.7	1978	223	55.0	2026	229	55.6	1886	237	55.3
	3	168.40	2308	204	46.6	2179	194	49.0	2383	203	48.0	2430	197	47.2
油榨碛	1	183.56	2152	238	56.2	1746	232	57.0	1965	236	56.4	1774	227	56.0
	2	183.33	1774	206	58.3	1755	198	57.0	1806	202	57.5	1669	191	58.7
	3	182.99	2115	202	52.6	2241	210	52.0	2205	200	52.0	2206	201	51.9
铁滩	1	188.97	2227	320	58.0	2231	305	56.4	2235	275	54.5	2337	289	55.8
	2	188.78	935	233	64.4	927	211	63.2	1049	175	59.5	1056	163	58.5
	3	188.62	1570	184	58.8	1571	194	59.0	1894	170	54.5	1725	184	55.4

注　面积、河宽均按入库流量 5000m³/s，下马滩水位 68m（黄海基面）和油榨碛、铁滩水位 72m 量算。

五、三峡工程初期蓄水运用以来变动回水区河道演变观测分析

三峡水库变动回水区河道演变观测工作始于 20 世纪 60 年代。1960 年、1961 年长江水利委员会水文局在重庆主城区河段猪儿碛、寸滩河段和金沙碛河段进行了固定断面测量，测次分布于汛前、汛期和汛后全过程，其中 1961 年共 14 个测次（图 4-50）。1986 年和 1990 年长江航道局在九龙坡、金沙碛河段进行了多测次的观测。1992 年、1994—2001 年长江水利委员会水文局在九龙坡、猪儿碛、金沙碛和寸滩河段于每年 9—12 月进行了固定断面测量，研究各河段汛期末的走沙过程（图 4-51）。2002—2012 年长江水利委员会水文局连续进行重庆主城区河段河道演变观测，观测河段干流自大渡口至铜锣峡下口长 40km，嘉陵江自井口至朝天门长 20km，观测项目包括水道地形、

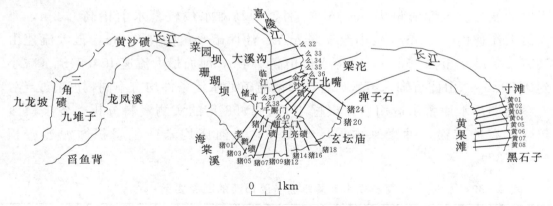

图 4-50　1961 年重庆主城区河段固定断面观测布置图

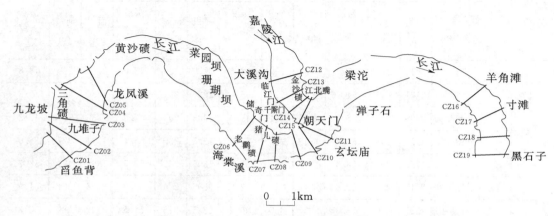

图 4-51　1992 年、1994—2001 年重庆主城区河段固定断面观测布置图

固定断面、床沙及表面流速流向[21]。

2002—2012 年，长江水利委员会水文局先后开展土脑子、涪陵、青岩子及洛碛至长寿河段河道演变观测，观测项目包括水道地形、床沙及表面流速流向[21]。长江航道局同期进行了上述河段的航道变化观测。

1. 重庆主城区河段

（1）天然情况及三峡工程 2008 年 175m 试验性蓄水期以前重庆主城区河段河床冲淤变化。三峡工程 2008 年试验性蓄水期以前，重庆主城区河段处于未受三峡大坝壅水影响的天然状态，其年内演变规律表现为汛期淤积、非汛期冲刷，年内冲淤基本平衡。全年可划分为三个阶段：年初至汛期初冲刷阶段、汛期淤积阶段、汛期末至年底的冲刷阶段。根据 1961 年、1986 年和 1990 年汛期九龙坡、猪儿碛和金沙碛河段的冲淤实测资料，各河段每年汛期 6—9 月单位河长泥沙淤积量为 300～1200m³/m（表 4-33、表 4-34 和图 4-52、图 4-53）。

表 4－33 1961 年猪儿碛与金沙碛河段冲淤量

河段	时段/(月.日)	淤积量/万m³	单位河长淤积量/(m³/m)	单位河长淤积强度/[m³/(m·d)]	冲刷量/万m³	单位河长冲刷量/(m³/m)	单位河长冲刷强度/[m³/(m·d)]
猪儿碛（长2.8km）	3.21—6.11				56.7	203	2
	6.12—6.22	192.9	689·	63			
	6.23—7.3				150.5	538	49
	7.4—7.25	130.6	466	21			
	7.26—8.16				92.2	329	15
	8.17—8.22	86.4	309	51			
	8.23—9.12				17.5	63	3
	9.13—10.4				76.5	273	12
	10.5—11.13				8.0	29	1
	累计	409.9	1464	38	401.4	1434	7
	6.12—9.12	149.7	535				
	9.13—11.13				84.5	302	
金沙碛（长2.1km）	3.21—6.12				24.0	114	1
	6.13—6.21	10.4	50	6			
	6.21—6.30	219.6	1046	116			
	7.1—7.27	5.2	25	1			
	7.28—8.17				30.0	143	7
	8.18—8.23	70.8	337	56			
	8.24—9.13				37.2	177	8
	9.14—10.5				154.4	735	33
	10.6—11.12				48.4	230	6
	累计	306.0	1457	29	294.0	1400	8
	6.13—9.13	238.8	1137				
	9.14—11.12				202.8	966	

表 4－34 三峡水库试验性蓄水前重庆主城区河段冲淤量

时段/(年.月)	嘉陵江汇口以上干流（长21.098km）		嘉陵江汇口以下干流（长14.411km）		嘉陵江（长22.072km）		全河段冲淤量/万m³
	冲淤量/万m³	单位河长冲淤量/(m³/m)	冲淤量/万m³	单位河长冲淤量/(m³/m)	冲淤量/万m³	单位河长冲淤量/(m³/m)	
2002.12—2003.5	−157.3		−273.4		−88.2		−518.9
2003.5—2003.9	+209.8	+99.4	−84.5	+58.6	+75.6	+34.3	+369.9

续表

时　段 /（年．月）	嘉陵江汇口以上干流 （长 21.098km）		嘉陵江汇口以下干流 （长 14.411km）		嘉陵江 （长 22.072km）		全河段 冲淤量 /万 m³
	冲淤量 /万 m³	单位河长 冲淤量 /（m³/m）	冲淤量 /万 m³	单位河长 冲淤量 /（m³/m）	冲淤量 /万 m³	单位河长 冲淤量 /（m³/m）	
2003.9—2003.12	+0.8		+107.0		−134.8		−27.0
2003.12—2004.5	−142.5		−398.4		−23.4		−564.3
2004.5—2004.9	+399.7	+189.4	+258.6	+179.4	+66.3	+30.0	+724.6
2004.9—2004.12	−334.0		−193.0		−143.0		−670.0
2004.12—2005.5	−65.3		−30.0		+42.9		−52.4
2005.5—2005.9	+101.8	+48.3	+305.3	+211.9	+152.5	+69.1	+559.6
2005.9—2005.12	−368.5		−186.3		−257.5		−812.3
2005.12—2006.5	+69.1		−132.9		+40.7		−23.1
2006.5—2006.9	+38.7	+18.3	+77.6	+53.8	−68.8	−31.2	+47.5
2006.9—2006.12	−47.4		+20.5		+13.1		−13.8
2006.12—2007.5	−31.8		−88.3		+36.1		−84.0
2007.5—2007.9	−109.8	−52.0	+128.9	+89.4	−67.2	−30.4	−48.1
2007.9—2007.12	+19.4		+30.5		−27.3		+22.6
2007.12—2008.5	+85.7		+99.1		+24.1		+208.9
2008.5—2008.9	+60.8	+28.8	+162.8	+113.0	+57.6	+26.1	+281.2
2008.9—2008.12	−24.6		−37.4		−66.8		−128.8
2002.12—2008.12	−295.4	−140.0	−64.9	−45.0	−368.1	−166.8	−728.4

注　1．"＋"号为淤积，"−"为冲刷。
　　2．冲淤量未扣除采砂量。

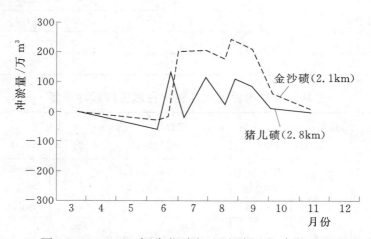

图 4−52　1961 年猪儿碛与金沙碛河段冲淤过程

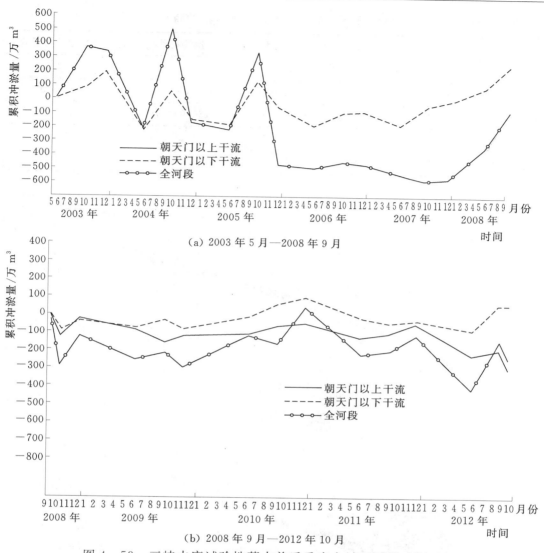

(a) 2003 年 5 月—2008 年 9 月

(b) 2008 年 9 月—2012 年 10 月

图 4-53　三峡水库试验性蓄水前后重庆主城区河段冲淤过程

　　根据 1992 年以来重庆主城区河段观测资料分析，天然情况下重庆主城区河段汛后主要走沙期多数为 9 月中旬至 10 月中旬，寸滩站相应流量为 25000～12000m³/s，相应流速为 2.5～2.1m/s；次要走沙期为 10 月中旬至 12 月下旬，寸滩站相应流量为 12000～5000m³/s，相应流速为 2.1～1.8m/s；当寸滩站流量小于 5000m³/s、流速小于 1.8m/s 时，走沙基本停止（表 4-35）。

　　（2）三峡工程试验性蓄水期重庆主城区河段河床冲淤变化。三峡工程试验性蓄水前，长江干流寸滩站水位流量关系基本不受蓄水影响，与天然状态保持一致，175m 试验性蓄水后，坝前水位抬高，变动回水区范围上延，寸滩站水位流量关系出现较为明显的调整（图 4-54）。与此相应，重庆主城区河

表 4 - 35 天然情况下重庆主城区河段走沙期的特征值

走沙特征值	主要走沙期	次要走沙期	走沙基本停止期
走沙强度/[m³/(m·d)]	12～5.0	5.0～1.0	<1.0
走沙流量（寸滩站）/(m³/s)	25000～12000	12000～5000	<5000
相应水位（寸滩站，吴淞基面)/m	171.6～165.6	165.6～161.1	<161.1
相应流速（寸滩站)/(m/s)	2.5～2.1	2.1～1.8	<1.8
铜锣峡相应水位（吴淞基面)/m	170.6～164.9	164.9～160.4	<160.4

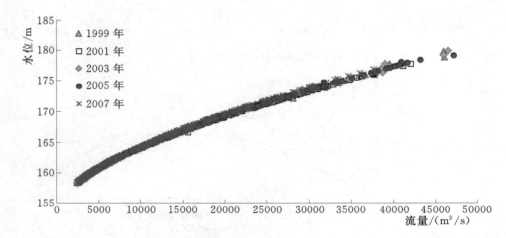

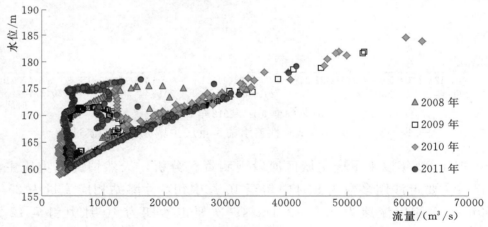

图 4 - 54 寸滩站 175m 试验性蓄水前后水位流量关系

段的冲淤变化，不仅受长江干流和嘉陵江的来水来沙及其组合的影响，还与
三峡水库坝前水位变化密切相关。为了反映坝前水位的影响，根据试验性蓄
水后的水位变化（图 4 - 55)，将每一水文年分为汛期、蓄水期、消落期分别
统计重庆主城区河段的泥沙冲淤量（表 4 - 36、表 4 - 37 和图 4 - 53)。

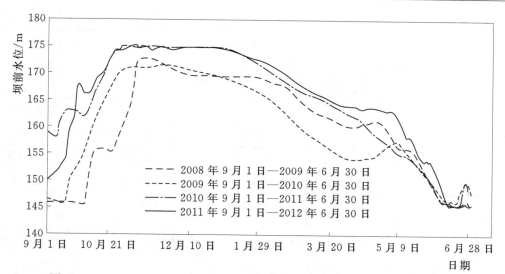

图4-55　2008—2012年蓄水期和消落期间坝前水位变化过程对比

表4-36　　　　　　　　　　　重庆主城区河段冲淤量

计算时段/(年．月．日)	冲淤量/万 m³				备注
	长江干流		嘉陵江	全河段	
	朝天门以下	朝天门以上			
2008.9—2008.12	−37.4	−24.6	−66.8	−128.8	2008年试验性蓄水前
2008.12—2009.6.11	−33.5	−73.7	−18.2	−125.4	2009年消落期
2009.6.11—2009.9.12	−59.9	42.6	57	39.7	2009年汛期
2009.9.12—2009.11.16	41.6	−47.1	−72.2	−77.7	2009年试验性蓄水期
2009.11.11—2010.6.11	16.1	70.4	94.3	180.8	2010年消落期
2010.6.11—2010.9.10	70.9	43	−154.3	−40.4	2010年汛期
2010.9.10—2010.12.16	43.8	22	139.3	205.1	2010年试验性蓄水期
2010.12.16—2011.6.17	−113.6	−84.8	−65.9	−264.3	2011年消落期
2011.6.17—2011.9.18	−28.9	29.7	16.8	17.6	2011年汛期
2011.9.18—2011.12.19	12.5	53.8	19.4	85.7	2011年试验性蓄水期
2011.12.19—2012.6.12	−51.4	−178.1	−72.6	−302.1	2012年消落期
2012.6.12—2012.9.8	166.7	30.8	91.8	289.3	2012年汛期
2012.9.8—2012.10.15	−21.2	−105.6	18.9	−107.9	2012年试验性蓄水期
2012.10.15—2013.6.13	0.4	−273	−57	−329.6	2013年消落期
2013.6.13—2013.9.10	−57.5	−28.6	−53.9	−139.9	2013年汛期
2013.9.10—2013.12.9	−47.6	−137.3	8.1	−176.8	2013年试验性蓄水期

计算时段/(年.月.日)	冲淤量/万 m³				备注
	长江干流		嘉陵江	全河段	
	朝天门以下	朝天门以上			
2013.12.10—2014.6.1	−80.4	−151.2	−78	−309.6	2014 年消落期
2014.6.1—2014.9.5	108	40.2	−3.3	144.9	2014 年汛期
2014.9.5—2014.12.18	−89.2	−238.3	−7.0	−334.5	2014 年试验性蓄水期
2014.12.18—2015.6.17	−37.3	−160.2	−53.7	−251.2	2015 年消落期
2015.6.17—2015.9.16	120.7	71.3	84.6	276.6	2015 年汛期
2015.9.16—2015.12.18	−55.1	−106.8	−46.6	−208.5	2015 年试验性蓄水期
2015.12.18—2016.6.16	67.5	−21.1	−43.8	2.6	2016 年消落期
2016.6.16—2016.10.4	−100.5	−31.0	−1.4	−132.9	2016 年汛期
2016.10.4—2016.12.15	−42.6	54	22.6	34.0	2016 年试验性蓄水期
2016.12.15—2017.6.14	25.6	−112.8	−17.2	−104.4	2017 年消落期
2017.6.14—2017.10.10	−8.2	−82.3	28.8	−61.7	2017 年汛期
2017.10.10—2017.12.12	40.4	0.1	−10.4	30.1	2017 年试验性蓄水期
2017.12.12—2018.6.10	−37.7	−164.6	−41.8	−244.1	2018 年消落期
2018.6.10—2018.10.4	14.6	−69.6	26.5	−28.5	2018 年汛期
2018.10.4—2018.12.13	−7.7	−29.1	25.4	−11.4	2018 年试验性蓄水期
2008.9—2018.12.13	−180.9	−1661.9	−230.5	−2073.3	175m 试验性蓄水期

表 4 - 37　　　　　　重庆主城区各重点河段冲淤量成果表

计算时段/(年.月.日)	冲淤量/万 m³					备注
	胡家滩	九龙坡	猪儿碛	寸滩	金沙碛	
2008.9—2008.12	7.3	−27.7	18.5	−4.2	−14	2008 年试验性蓄水前
2008.12—2009.6.11	−33	−29.1	−8.6	5.5	−0.5	2009 年消落期
2009.6.11—2009.9.12	−0.6	26.8	0.5	1.6	11.8	2009 年汛期
2009.9.12—2009.11.16	15.2	−10.8	0.9	5.6	−14.9	2009 年试验性蓄水期
2009.11.11—2010.6.11	4.5	7	−4.8	12.2	1.9	2010 年消落期
2010.6.11—2010.9.10	−7.5	42.8	−0.2	14.4	−14.4	2010 年汛期
2010.9.10—2010.12.16	14.5	−10.7	18.8	−18.9	20.1	2010 年试验性蓄水期
2010.12.16—2011.6.17	−6.4	−15.4	−5.2	2.5	−7.8	2011 年消落期
2011.6.17—2011.9.18	−4.3	14.6	4.4	−2.4	−4.6	2011 年汛期
2011.9.18—2011.12.19	14.9	0.9	−1.6	2.5	7.6	2011 年试验性蓄水期

计算时段/(年．月．日)	冲淤量/万 m³					备注
	胡家滩	九龙坡	猪儿碛	寸滩	金沙碛	
2011.12.19—2012.6.12	−14.6	−24.4	−4.4	5.4	12	2012 年消落期
2012.6.12—2012.9.8	−16.2	39.5	−11.7	13.9	20.5	2012 年汛期
2012.9.8—2012.10.15	−13.3	−19.5	5.9	−12.5	11.3	2012 年试验性蓄水期
2012.10.15—2013.6.13	−4.6	−113.4	4.8	4.3	−14	2013 年消落期
2013.6.13—2013.9.10	10.7	0.2	−3.6	−8.8	−13.3	2013 年汛期
2013.9.10—2013.12.9	−34	−64.6	−6.7	4.8	0.8	2013 年试验性蓄水期
2013.12.10—2014.6.1	−50	−18.7	1.1	−7.8	−5.7	2014 年消落期
2014.6.1—2014.9.5	−3.6	28.2	0.3	8.2	11.6	2014 年汛期
2014.9.5—2014.12.18	−140.2	−9.6	−9.2	−8	−3.9	2014 年试验性蓄水期
2014.12.18—2015.6.17	−131.6	−23.6	6.6	8.5	3.2	2015 年消落期
2015.6.17—2015.9.16	−40.4	41.7	2.5	−1.6	13.1	2015 年汛期
2015.9.16—2015.12.18	−17.6	−18.7	−2.7	−9.9	−10	2015 年试验性蓄水期
2015.12.18—2016.6.16	−1.9	−12	−1.7	−6.9	−47.9	2016 年消落期
2016.6.16—2016.10.4	5.2	−0.4	−7.4	5.6	0.7	2016 年汛期
2016.10.4—2016.12.15	17.1	−5.6	13.4	1.7	11.3	2016 年试验性蓄水期
2016.12.15—2017.6.14	−61.5	4.3	−25.9	3.5	−7.7	2017 年消落期
2017.6.14—2017.10.10	−24.1	−12.4	−3.8	−6.2	−1.3	2017 年汛期
2017.10.10—2017.12.12	11	−5.3	−1.6	5.5	0.6	2017 年试验性蓄水期
2017.12.12—2018.6.10	−14.5	−41.9	−32.9	−17.2	−1.0	2018 年消落期
2018.6.10—2018.10.4	−11.8	9.2	−29.9	12.9	15.6	2018 年汛期
2018.10.4—2018.12.13	2.5	−1.0	−9.0	4.6	4.6	2018 年试验性蓄水期
2008.9—2018.12.13	−528.8	−249.6	−93.2	19.0	−14.3	175m 试验性蓄水期

　　2008 年 9 月三峡水库进入 175m 试验性蓄水期，重庆主城区河段 2008 年 9 月—2018 年 12 月累积冲刷泥沙 2073 万 m³，其中，边滩淤积 177 万 m³，主槽冲刷 2250 万 m³。表 4−36 和表 4−37 中的冲淤量系由实测固定断面和河道地形资料计算得出，故冲淤量未扣除河道采砂量。据 2011 年和 2012 年长江水利委员会水文局分别对重庆主城区河段长 40km 河段 14 个采砂点和嘉陵江 20km 河段 10 个采砂点的调查[67]，全部为水下采砂，无洲滩采砂，2011 年和 2012 年采砂总量分别约为 147.7 万 t 和 153.5 万 t，合计为 301.24 万 t（表 4−38）。2018 年重庆主城区河段累积冲刷泥沙 284 万 m³，其

中主槽冲刷 313 万 m³，边滩淤积 29 万 m³。河段冲淤计算中没有考虑航道疏浚、采砂等人为影响，利用断面法对采砂引起的地形变化量进行了估算，2017 年 12 月—2018 年 12 月，重庆主城区河段由航道疏浚、采砂等人为影响引起的地形变化量约为 390 万 m³。[21] 由此可知，采砂数量与冲淤量为同一数量级，采砂影响不容忽略。

表 4-38　　　　　　　　　　　　重庆主城区河段采砂量

河段	起止范围	河段长 /km	年　份	采砂量 /万 t	单位河长采砂量 /(万 t/km)
长江	铜锣峡至朝天门	14	2011	79.75	5.7
			2012	65.3	4.7
	朝天门至大渡口	26	2011	38.9	1.5
			2012	76.1	2.9
嘉陵江	朝天门至井口	20	2011	29.09	1.45
			2012	12.1	0.61
合计				301.24	

由重庆主城区河段泥沙淤积分布、横断面和深泓纵断面的变化综合分析可以认为，全河段泥沙冲淤对航道和港区总体上无重大的不利影响。局部河段则因泥沙冲淤导致出现碍航现象。根据长江航道局分析[68]，三峡工程试验性蓄水运用期中，水库蓄水期当坝前水位 175m 时，寸滩水位抬高 7~17m，重庆主城区河段约有半年时间得到较大的改善；水库消落期当坝前水位消落到 165m 以下时，河段自上而下恢复天然情况，此时一般处于每年的 2—5 月，流量较小，水位较低，浅滩段易发生碍航现象。例如，九龙坡河段的九龙滩浅滩自三峡水库试验性蓄水运用以来，从 3m 等深线变化来看（图 4-56），三角碛尾下延 20m 左右，三角碛右航槽淤积，厚度约 10cm，右航槽有变窄趋势，三角碛局部 3m 等深线向主航槽移动近 20m；主航槽面临底部淤高和边滩扩展而变窄的压力，消落期受移动"沙包"的影响，出现船舶搁浅现象。又如，猪儿碛河段的猪儿碛浅滩于 2010 年初上游来水偏枯，坝前水位消落过快，猪儿碛河段在 2010 年 2 月基本成为天然河道，航槽中已有泥沙淤积，出现 2 处 3m 等深线不贯通（图 4-57），为保证通航，进行了历时 49 天的疏浚。此外，位于九龙坡河段上游的胡家滩浅滩和占碛子浅滩在 2010 年消落期的疏浚强度也明显增大。

为了进一步观测分析泥沙冲淤对航道、港口的影响程度，2012 年长江水利委员会水文局加强对重庆主城区河段冲淤监测，还增加了重点河段的局部港区水道地形测量[67]。根据 2012 年河段固定断面和地形监测资料，采用断面法计算得出 2012 年河段泥沙冲淤量，列于表 4 - 39，冲淤量中未扣除河道采砂量。河段全年累积冲刷 120.7 万 m³，其中，边滩淤积 110.8 万 m³，河槽冲刷 231.5 万 m³。重点河段冲淤变化表现为：九龙坡、猪儿碛和胡家滩河段分别冲刷 4.4 万 m³、10.2 万 m³ 和 44.1 万 m³，寸滩和金沙碛河段分别淤积 6.8 万 m³ 和 43.8 万 m³。

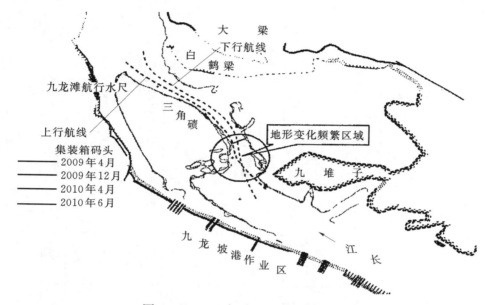

图 4 - 56　三角碛 3m 等深线变化

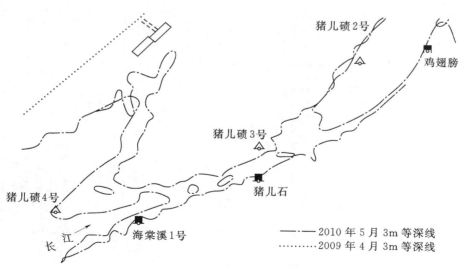

图 4 - 57　猪儿碛河段冲淤变化

表 4-39　　2012 年重庆主城区河段冲淤量

计算时段	冲淤量/万 m³				寸滩流量/(m³/s)		嘉陵江与干流的汇流比	坝前水位/m
	长江干流/万 m³		嘉陵江/万 m³	全河段/万 m³	寸滩变化范围/(m³/s)	寸滩平均流量/(m³/s)		
	汇口以下	汇口以上						
2011 年 12 月 19 日—2012 年 2 月 19 日	2.6	−55.3	−40.1	−92.8	3240~4470	3910	0.25	174.88~169.41（消落）
2012 年 2 月 19 日—3 月 18 日	−13.6	−58.5	−4.4	−76.5	3400~4340	3830	0.19	169.41~165.31（消落）
2012 年 3 月 18 日—4 月 10 日	−21.4	−24	−12.1	−57.5	3780~4480	4090	0.23	165.31~163.52（消落）
2012 年 4 月 10—20 日	−22.8	−23.2	−8.4	−54.4	4250~4380	4330	0.12	163.71~163.39（消落）
2012 年 4 月 20 日—5 月 1 日	21.3	20.4	14.8	56.5	4320~5710	4740	0.21	163.68~162.96（消落）
2012 年 5 月 1—16 日	−20.2	−14.5	−2.2	−36.9	5880~5180~10800	6780	0.23	13.09~158.11（消落）
2012 年 5 月 16—24 日	−11.4	−38.2	−14.6	−64.2	10600~7390~9600	8710	0.32	158.21~153.98（急剧消落）
2012 年 5 月 24 日—6 月 12 日	14.1	15.2	−5.6	23.7	8780~14200~10800	11000	0.34	153.98~145.52（消落）
2011 年 12 月 19 日—2012 年 6 月 12 日（2012 年消落期）	−51.4	−178.1	−72.6	−302.1				
2012 年 6 月 12 日—7 月 18 日	29.7	88.5	95.5	213.7	8990~50500（洪峰）	23200	0.44	145.36~158.81（涨）
2012 年 7 月 18 日—8 月 8 日	111.6	121.8	17.7	251.1	20500~63200（洪峰）	34700	0.17	145.98~162.95（先涨再跌）
2012 年 8 月 8 日—9 月 8 日	25.4	−179.5	−21.4	−175.5	14800~47300（洪峰）	21800	0.30	160.05~146.22（先跌再涨）
2012 年 6 月 12 日—9 月 8 日（2012 年汛期）	166.7	30.8	91.8	289.3				
2012 年 9 月 8—14 日	−21.2	2.2	5.3	−13.7	18300~33400（洪峰）	24800	0.47	159.19~164.81
2012 年 9 月 14—27 日	16.7	−67.3	−31.9	−82.5	16400~27500	19500	0.15	164.81~167.32（蓄水）
2012 年 9 月 27 日—10 月 15 日	−16.7	−40.5	45.5	−11.7	12500~20700~7500	17800	0.18	167.32~173.52（蓄水）
2012 年 9 月 8 日—10 月 15 日（2012 年蓄水期）	−21.2	−105.6	18.9	−107.9				
2011 年 12 月 19 日—2012 年 10 月 15 日（2012 全年）	94.1	−252.9	38.1	−120.7				

根据 2012 年 3 月、5 月、6 月分别对胡家滩、九龙坡、猪儿碛、寸滩和金沙碛五个重点河段进行局部港区水道地形测量的成果分析，水库消落期胡家滩、九龙坡、猪儿碛和寸滩河段主航槽水深 4.0m 以上的航宽均能达到 90m 以上，嘉陵江金沙碛河段水深 4.0m 以上的航宽达到 80m 以上，均能满足通航要求；各港口码头前沿水深均在 3.0m 以上，能满足港区正常作业要求，详见表 4－40～表 4－42 和图 4－58。

表 4－40　　　　　2012 年 3 月各重点河段测时港深航宽统计表

河段	坝前水位/m	测时水位/m	港前深度/m	航　　宽	
				统计航深/m	宽度/m
胡家滩	165.30	166.00～166.80		4.0	>100
九龙坡	165.11	164.60～165.10	>5.0	5.0	>150
猪儿碛	165.31	164.20～164.40	>4.0	>5.0	>150
寸滩	164.91	163.80～163.80	>5.0	>5.0	>150
金沙碛	165.31	164.20～164.20	>5.0	>5.0	>80

注　表内坝前水位为吴淞高程，各重点河段水位－0m＝1985 国家高程基准以上米数。

表 4－41　　　　　2012 年 5 月各重点河段测时港深航宽统计表

河段	坝前水位/m	河段上下游测时水位/m	港前深度/m	航　　宽	
				统计航深/m	宽度/m
胡家滩	153.49	169.40～170.40		8.0	>100
九龙坡	153.49	167.10～168.00	>4.0	7.0	>120
猪儿碛	153.55	163.00～164.10	>4.0	>5.0	>150
寸滩	155.86	160.50～161.20	>5.0	>5.0	>150
金沙碛	155.86	161.80～162.20	>4.0	>5.0	>80

注　表内坝前水位为吴淞高程，各重点河段水位－0m＝1985 国家高程基准以上米数。

表 4－42　　　　　2012 年 6 月各重点河段测时港深航宽统计表

河段	坝前水位/m	河段上下游测时水位/m	港前深度/m	航　　宽	
				统计航深/m	宽度/m
胡家滩	145.38	171.00～171.90		9.0	>100
九龙坡	145.38	168.40～169.40	>4.0	8.0	>150
猪儿碛	145.60	165.70～166.80	>3.0	>5.0	>150
寸滩	145.83	163.70～164.60	>5.0	>5.0	>150
金沙碛	145.83	165.50～165.80	>4.0	>5.0	>90

注　表内坝前水位为吴淞高程，各重点河段水位－0m＝1985 国家高程基准以上米数。

综上所述，三峡工程 175m 试验性蓄水以来的泥沙观测与通航情况表明，重庆主城区河段总体上（含河道采砂影响）未发生泥沙淤积上延现象，泥沙淤积对港区与航道的影响也未超过预期。

2. 洛碛至长寿河段

三峡水库按蓄水位 156m 运用前，洛碛至长寿河段处于天然河道状态，根据河道观测资料分析（图 4-59），2006 年 10 月三峡水库 156m 蓄水运用后，

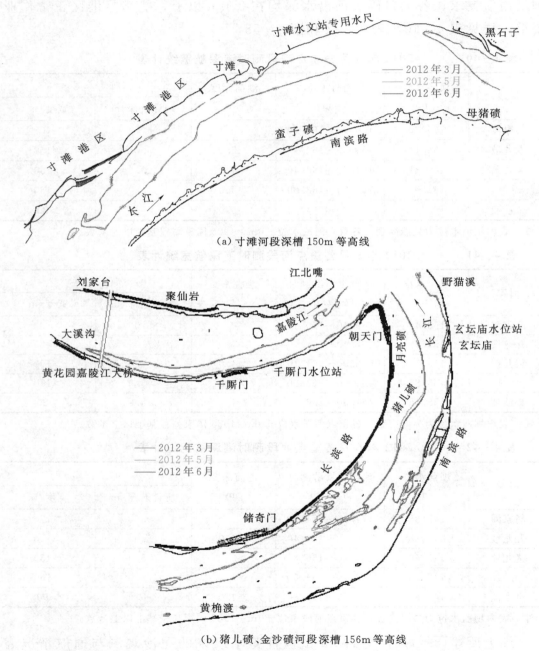

（a）寸滩河段深槽 150m 等高线

（b）猪儿碛、金沙碛河段深槽 156m 等高线

图 4-58（一） 2012 年重点河段等高线变化比较图

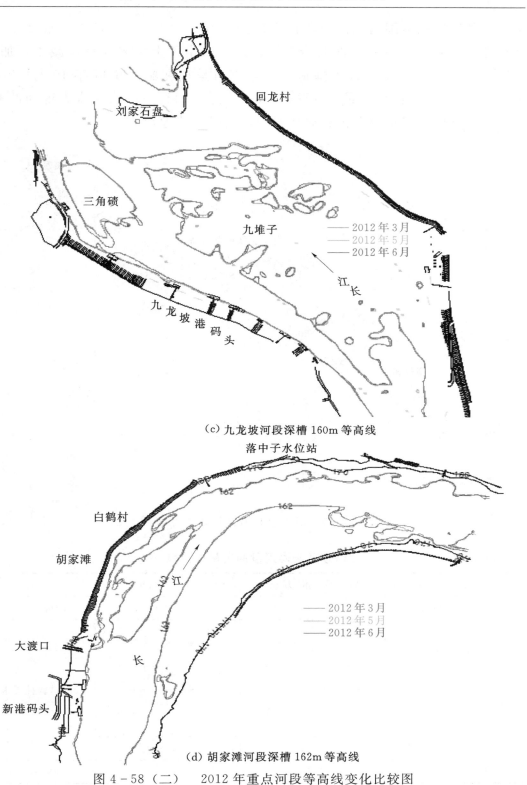

（c）九龙坡河段深槽160m等高线

（d）胡家滩河段深槽162m等高线

图4-58（二） 2012年重点河段等高线变化比较图

该河段虽属回水范围内，但河段仍表现为冲刷，2008 年 10 月三峡水库 175m 试验性蓄水后才出现累积性泥沙淤积。近年来由于上游来沙持续减少，加之采砂影响，河段内淤积程度降低，甚至有时呈现冲刷。2006 年 10 月—2018 年 10 月，河段累积冲刷量为 1577 万 m³（表 4-43）。虽然河床表现为冲刷，但在洲滩、回流与缓流区仍有泥沙淤积，河槽总体稳定。

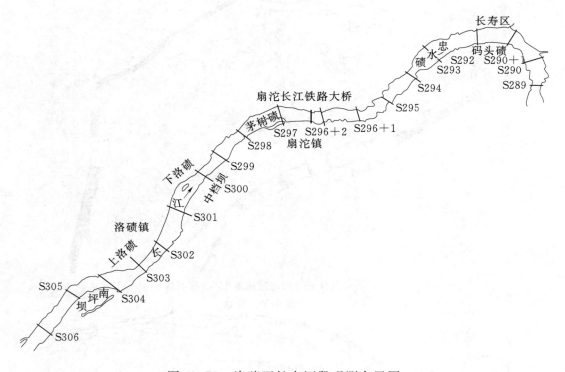

图 4-59　洛碛至长寿河段观测布置图

表 4-43　　　　　　　　　　洛碛至长寿河段冲淤量成果表

统计时段/（年．月）	累积冲淤量/万 m³	年均冲淤量/（万 m³/年）	备注
2006.10—2008.10	−40	−20	156m 蓄水期
2008.10—2013.10	275.4	55.1	
2013.10—2014.10	−655.1	−655.1	
2014.10—2015.10	−577.9	−557.9	
2015.10—2016.11	−221.9	−221.9	175m 试验性蓄水期
2016.11—2017.10	−269.1	−269.1	
2017.10—2018.10	−108.0	−108.0	
2006.10—2018.10	−1576.6	−131.4	总蓄水期

根据长江航道局观测分析，2009 年 11 月与 2008 年 11 月测图比较，上、下洛碛河段泥沙淤积在弯道凸岸下段小金堆附近，在五金堆航道内也发生小规模淤积（图 4-60）。另由 2009 年 12 月与 2008 年 11 月测图比较，王家滩河段出现多个淤积体（图 4-61），码头碛附近最大淤积厚度达 3m。以上两段消落期航道水深较小，易造成船舶搁浅事故。

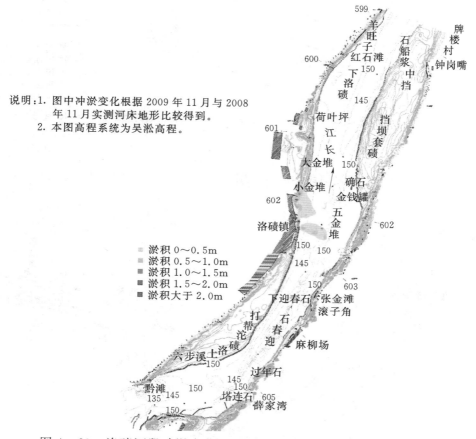

图 4-60　洛碛河段冲淤变化图（2008 年 11 月—2009 年 11 月）

3. 青岩子河段

三峡水库按蓄水位 156m 运用前，青岩子河段处于天然河道状态，根据河道固定断面观测资料分析（图 4-56），1996 年 12 月—2006 年 10 月河床冲刷 113.8 万 m^3。三峡水库按蓄水位 156m 运用后，青岩子河段位于变动回水区中下段，河床有冲有淤，蓄水期淤积，消落期冲刷，总体为淤积，2006 年 10 月—2010 年 11 月河床淤积量为 1006.6 万 m^3，单位河长泥沙淤积量为 403m^3/m。蓄水位 156m 运用期 2006 年—2007 年 8 月累积淤积 58.5 万 m^3，2007 年 8—12 月淤积 241 万 m^3，2008 年水库消落期间，2007 年 12 月—2008

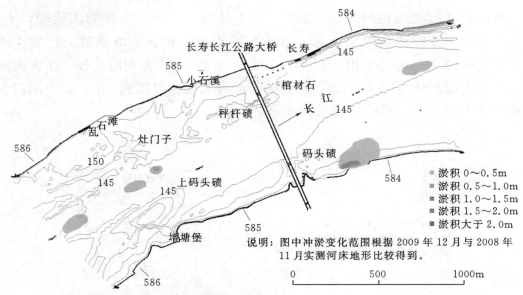

图 4-61　王家滩河段冲淤变化图（2008 年 11 月—2009 年 12 月）

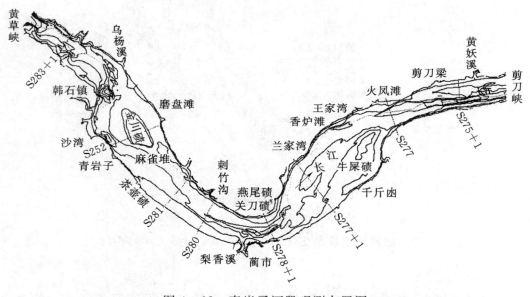

图 4-62　青岩子河段观测布置图

年 4 月冲刷 110.8 万 m³。2008 年汛末三峡水库 175m 试验蓄水后，青岩子河段位于变动回水区与常年回水区之间的过渡段。2008 年 7—11 月，河床淤积 18 万 m³。2009 年水库消落期间，自 2008 年 11 月—2009 年 6 月河床冲刷 10.2 万 m³。2009 年 6—12 月河床淤积 67.2 万 m³，2009 年 12 月—2010 年 6 月消落期河床冲刷 48 万 m³，2010 年 6 月—2010 年 11 月蓄水期河床淤积 639

万 m³（表 4－44 和图 4－63）。青岩子河段泥沙淤积分布特点是：淤积主要集中在沙湾、麻雀堆和燕尾碛三个缓流淤积区（图 4－64）。

表 4－44 **青岩子河段 1996—2010 年冲淤变化**

时段/（年.月）	冲淤量/万 m³	时段/（年.月）	冲淤量/万 m³
1996.12—2006.10	－113.8	2008.7—2008.11	＋18.0
2006.10—2007.8	＋58.5	2008.11—2009.4	＋18.1
2007.8—2007.9	＋34.2	2009.4—2009.6	－28.3
2007.9—2007.10	＋113.8	2009.6—2009.12	＋67.2
2007.10—2007.12	＋93.0	2009.12—2010.3	－109.9
2007.12—2008.2	－84.1	2010.3—2010.4	＋53.4
2008.2—2008.4	－26.7	2010.4—2010.6	＋8.5
2008.4—2008.5	＋8.5	2010.6—2010.11	＋639.0
2008.5—2008.6	＋48.5	2008.7—2010.6	＋666.0
2008.6—2008.7	＋94.9	2006.10—2010.11	＋1006.6

注 "＋"为淤积，"－"为冲刷。

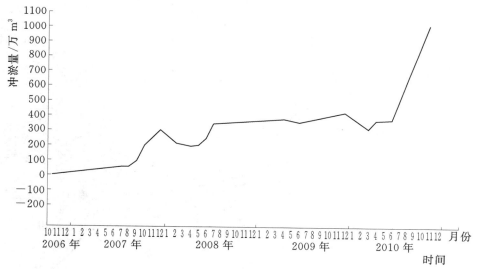

图 4－63 青岩子河段 2006—2010 年冲淤过程

4. 涪陵河段

涪陵河段位于长江、乌江两江交汇处（图 4－65），长江干流段为弯曲河段。该河段岸线参差不齐，并有石盘横卧江中，以乌江入汇处分为上、下两段，上段江中靠左侧有锯子梁、洗手梁等石梁，靠右侧有白鹤梁；下段在乌江入汇口处有锦绣洲及大灶、小灶等石梁，以下有和尚滩，属洪水急流滩。

227

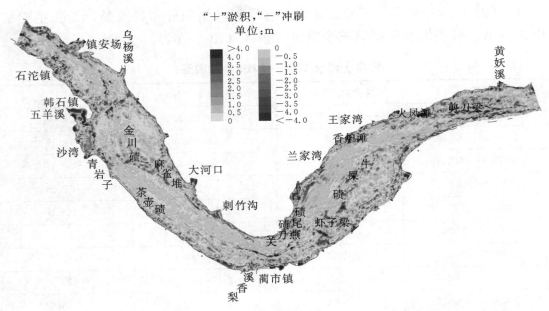

图 4-64 青岩子河段 2009 年 6 月—2010 年 6 月河床冲淤厚度平面分布图

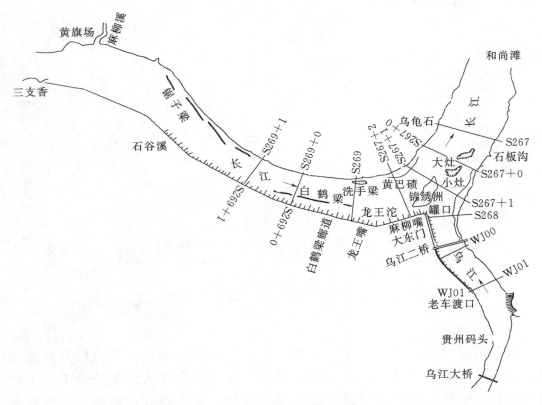

图 4-65 涪陵河段观测布置图

乌江出口呈 70°交角与长江交汇。入汇口处上游右岸为龙王沱回流区。20 世纪 90 年代后期，乌江入汇口以上长江右岸、乌江左岸修建防护大堤，岸线向江心推进约－11～110m，河宽缩窄率为－1.3%～13.9%，变化最大为龙王沱段，乌江段变化较小。三峡水库蓄水运用后，涪陵河段受来水来沙条件、两江水位相互顶托和坝前水位变化等影响，冲淤变化较为复杂。三峡水库围堰发电期，涪陵河段处于变动回水区上段，冲淤变化不大，干流段冲刷 27.3 万 m³（2003 年 3 月—2006 年 8 月），乌江段淤积 8.7 万 m³（表 4－45 和图 4－66）。三峡水库 156m 蓄水运用期和 175m 试验蓄水期，涪陵河段处于常年回水区上段，年内冲淤交替，年际总体呈累积性淤积。2006 年 8 月—2009 年 12 月，干流河段淤积 99.1 万 m³，单位河长泥沙淤积量为 283m³/m；乌江河段淤积 39.7 万 m³，单位河长泥沙淤积量为 331m³/m。三峡水库蓄水运用以来，涪陵河段淤积分布较为均匀，洲滩和深槽相对位置变化不大（图 4－67）。

表 4－45　　　　　　　涪 陵 河 段 冲 淤 变 化

时段/（年．月）	冲淤量/万 m³		
	长江干流段（长 3.5km）	乌江段（长 1.2km）	全河段（长 4.7km）
2003.9—2004.4	＋31.7	＋11.6	＋43.3
2004.4—2004.10	－52.8	－15.4	－68.2
2004.10—2005.3	－11.4	＋1.5	－9.9
2005.3—2005.7	＋5.9	－6.8	－0.9
2005.7—2005.10	－17.7	＋22.8	＋5.1
2005.10—2006.4	＋52.3	－8.6	＋43.7
2006.4—2006.8	－35.3	＋3.6	－31.7
2006.8—2006.12	－10.4	＋1.8	－8.6
2006.12—2007.4	＋59.3	＋0.8	＋60.1
2007.4—2007.8	＋14.8	＋1.0	＋15.8
2007.8—2007.12	－32.9	＋0.3	－32.6
2007.12—2008.5	＋19.8	－1.4	＋18.4
2008.5—2008.7	＋27.7	＋3.3	＋31.0
2008.7—2008.12	－39.5	＋0.5	－39.0
2008.12—2009.5	＋33.4	＋3.6	＋37.0
2009.5—2009.6	＋8.7	＋20.6	＋29.3
2009.6—2009.12	＋18.2	＋9.2	＋54.7
2003.9—2009.12	＋71.8	＋48.4	＋120.2

注　"＋"表示淤积，"－"表示冲刷。

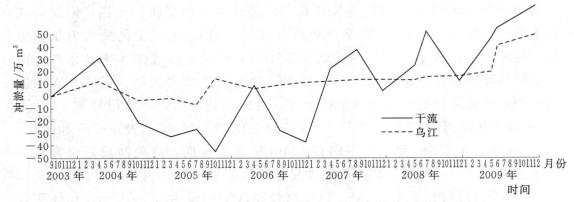

图 4-66 涪陵河段 2003—2009 年冲淤过程

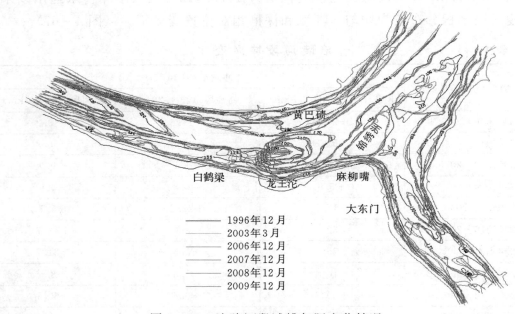

图 4-67 涪陵河段滩槽年际变化情况

5. 土脑子河段

土脑子河段全长 3km，深槽靠近弯道凸岸（图 4-68），天然情况下汛期流量增大时主流左移，深槽成为缓流区，泥沙大量落淤；汛末及汛后流量渐减，水流归槽，汛期淤积的泥沙被水流冲走。

三峡水库蓄水运用前，土脑子河段冲淤变化年内为汛期淤积、汛末及汛后冲刷，年际间冲淤基本平衡。例如 1985 年 2 月初至 10 月初淤积约 730 万 m^3，单位河长泥沙淤积量为 2430m^3/m，10 月初河床冲刷，至 11 月中旬累积冲刷 568 万 m^3。

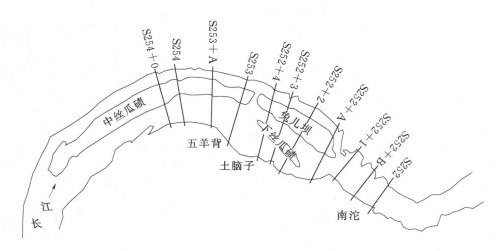

图 4－68　土脑子河段观测布置图

　　三峡水库围堰发电期（2003 年 3 月—2006 年 9 月）水库调度方案为汛期坝前水位 135m，非汛期坝前水位 139m，故年内坝前水位变幅仅 4m。入库流量 30000m³/s 时，坝前水位为 135m，回水末端距大坝 460km；入库流量 4850m³/s 时，坝前水位为 139m，回水末端距大坝 510km，土脑子河段距大坝 462km。在此期间，土脑子河段处于变动回水区下段，水位壅高 1.0～5.5m，河床冲淤变化有如下特点：一是年际总体呈累积性泥沙淤积，2003 年 3 月—2006 年 12 月累积淤积 165 万 m³，其中，2003 年 3—12 月淤积 84 万 m³，2003 年 12 月—2004 年 12 月淤积 226 万 m³，2004 年 12 月—2005 年 12 月淤积 126 万 m³，2006 年由于上游来水来沙偏少，2005 年 12 月—2006 年 12 月冲刷 271 万 m³（表 4－46 和图 4－69）；二是年内汛期为淤积，非汛期为冲刷，年内总体为淤积，2003 年 3—10 月淤积 600 万 m³，2004 年 6—10 月淤积 354 万 m³，2005 年 6—10 月淤积 340 万 m³，2006 年汛期来水来沙偏少，汛期则为冲刷，2006 年 4—8 月冲刷 181 万 m³；三是该河段深槽靠近弯道凸岸，多年淤积部位在五羊背至土脑子之间的深槽段（图 4－70、图 4－71）。

　　2006 年汛后三峡水库按蓄水位 156m 调度方案运行，土脑子河段处于常年回水区上段，河床呈累积性泥沙淤积，2006 年 12 月—2008 年 11 月淤积泥沙 575 万 m³。2008 年汛后三峡水库按正常蓄水位 175m 调度方案运行，土脑子河段处于常年回水区中段，2008 年 11 月—2010 年 11 月淤积泥沙 760 万 m³。

表 4-46　　　　　　　　土脑子河段 2003—2007 年冲淤变化

时　　段	冲淤量 /万 m³	时　　段	冲淤量 /万 m³
2003-03-03—2003-08-18	−119.6	2005-06-03—2005-10-09	+340
2003-08-19—2003-10-08	+719.6	2005-10-10—2005-12-19	−82
2003-10-09—2003-12-24	−516	2005-12-20—2006-04-18	−69
2003-12-25—2004-03-06	+86	2006-04-19—2006-08-26	−181
2004-03-07—2004-06-22	−89	2006-08-27—2006-12-15	−21
2004-06-23—2004-10-17	+354	2006-12-16—2007-04-30	+36
2004-10-18—2004-12-13	−125	2007-05-01—2007-08-22	+155
2004-12-14—2005-04-26	−39	2007-08-23—2007-12-18	+92
2005-04-27—2005-06-02	−93	2003-03-03—2007-12-18	+448

注　"+"为淤积，"−"为冲刷。

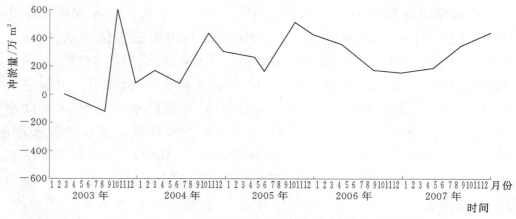

图 4-69　土脑子河段 2003—2007 年冲淤变化过程

六、综合分析

通过 50 年来三峡水库变动回水区泥沙问题的研究，包括三峡建库前后变动回水区河道演变观测，丹江口与葛洲坝水库变动回水区河道演变观测成果类比分析，以及泥沙实体模型试验、数学模型计算等方面的研究，对三峡水库变动回水区泥沙淤积规律、泥沙淤积对航运的影响及对策得出了系统的认识。

（1）变动回水区的范围随水库蓄水位的抬升而上移。三峡水库变动回水区是指正常蓄水位 175m 时回水末端与防洪限制水位 145m 时回水末端之间的库段（图 4-72）。变动回水区的具体范围则与水库上游来水流量大小、库区糙率变化以及泥沙淤积程度等因素有关。据三峡水库初期蓄水以来的实测资料分析，围堰蓄水期（坝前水位135m—139m）变动回水区范围为丰都至李渡，长约64km，丰都以下为常年回水区；蓄水位156m运用期（坝前水位144m—156m）变动回水区范围为李渡至铜锣峡，长约95km，李渡以下为常年回水区；正常蓄水位175m试验蓄水期（坝前水位175m—145m—155m）变动回水区范围为李渡至江津（距大坝约660km），长约183km，李渡以下为常年回水区。

（2）变动回水区河段的河道演变具有天然河道和水库双重属性。汛期由于上游来流量增大，坝前水位因调洪和排沙的需要而降低，河道呈天然河道状态；非汛期坝前水位抬高至正常蓄水位，河段则处于水库壅水状态。

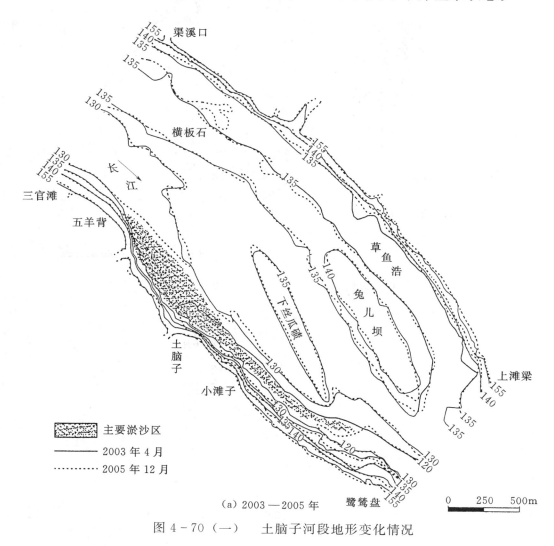

(a) 2003—2005 年

图 4-70（一）　土脑子河段地形变化情况

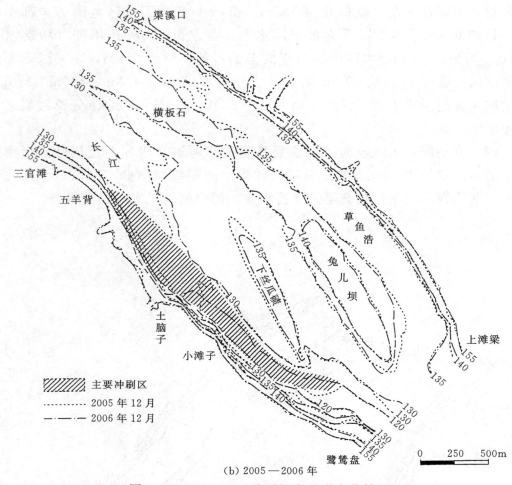

(b) 2005—2006 年

图 4-70（二） 土脑子河段地形变化情况

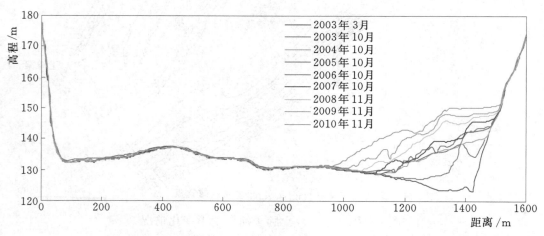

图 4-71 土脑子河段 S253 断面（距坝 458.5km）冲淤情况

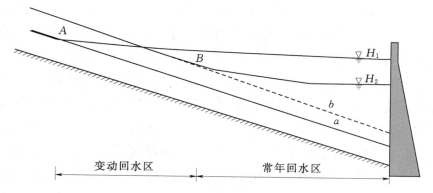

图 4-72 水库变动回水区与常年回水区位置示意图

H_1—正常蓄水位；H_2—汛期防洪限制水位；a—建库前枯水期水面线；b—建库前汛期
水面线；A—枯水期回水曲线末端；B—汛期回水曲线末端

（3）建库后因汛期末水库即开始蓄水，原来天然河道情况下汛期末的冲刷走沙期缩短，汛期泥沙淤积物不能被水流全部冲走，待次年汛前坝前水位消落时形成第二次走沙期，泥沙淤积物才能全部或部分被冲走，后者将使河段内发生累积性淤积。

（4）建库后变动回水区发生不同程度的累积性泥沙淤积，淤滩留槽，滩槽高差增大；原河床的边界对水流的控制作用减弱，局部河段的河势发生调整，河道向平顺、微弯方向发展。例如：建库后弯道段原来的河床边界条件控制减弱，主流趋中，主流线弯曲半径增大，河弯流态趋于规顺；分汊河段建库后可能因河床边界条件控制作用减弱，出现主汊和支汊易位，主汊淤塞，分汊河段转变为单槽河段。对于建库后汛期壅水值较大而发生累积性泥沙淤积，主支汊河床高差较小，支汊处于迎流状态的汊道，发生主支汊易位的可能性较大。

（5）三峡水库蓄水运用后，随着库水位抬升和河势的调整，变动回水区的航道条件有不同程度的改善。变动回水区大部分急滩和险滩段因水位抬升而消失，建库前航道弯、窄、浅、险的状况有明显改善；水位抬升后新航槽可能出现的礁石等碍航部位，则可在水库蓄水前预先清除。变动回水区的浅滩因建库后改变了天然河道的汛末冲刷走沙条件，在枯水年库水位消落后期，或在丰沙年后次年的水位消落后期，来水流量较小时，原有的某些浅滩和港区短期可能出现航道尺度和港区水深、水域不足的情况，可通过河道整治、疏浚或优化水库调度予以改善。

（6）关于变动回水区航道与港区的改善措施，三峡工程可行性重新论证阶段研究结果认为：三峡水库变动回水区中、下段的航道、港区较建库前均有较大改善；变动回水区上段的航道、港区较建库前也有改善，但在特枯水年水位消落后期或在丰沙年后次年的水位消落期，某些浅滩河段短期可能出现航道尺度和港区水深、水域不足的情况，通过水库调度，河道整治、疏浚结合码头改造等措施可以解决，下阶段将进一步研究选定具体方案[6]。

三峡工程可行性重新论证阶段结束以后，变动回水区河段出现与泥沙问题有关的新情况，主要是：20 世纪 90 年代以来水库上游来沙量明显减少；金沙江向家坝、溪洛渡水电站分别于 2012 年 11 月和 2013 年 7 月初期蓄水发电，嘉陵江亭子口水利枢纽也已于 2013 年 8 月初期蓄水发电，变动回水区来沙进一步减少；重庆主城区河段主要港口布置于铜锣峡下游河段，位于铜锣峡上游的寸滩集装箱港，泥沙淤积对该港正常运行影响不大；三峡工程 1994 年正式施工以来，长江航道局在变动回水区内相继进行了三峡工程施工期变动回水区航道整治工程、涪陵至铜锣峡河段航道整治炸礁工程和铜锣峡至娄溪沟河段航道整治炸礁工程，对确保变动回水区航运安全畅通发挥了重要作用，并且减小了按正常蓄水位 175m 方案蓄水后施工的难度和工程投资[68]；变动回水区河段砂石料开采量较大。

根据三峡工程初期蓄水运用以来的航道维护工程实践，以及上述变动回水区航道与港区出现的新情况，关于航道与港区改善措施方面有如下初步认识：

1）优化水库调度对改善变动回水区长河段的总体通航条件具有重要作用。三峡工程可行性重新论证阶段关于水库调度运用方式中明确汛期末水库蓄水至正常蓄水位 175m 运行；12 月至次年 4 月底，水库应尽量维持在较高水位运行，4 月末以前库水位不低于 155m，以保证变动回水区通航必要的航深。每年 1—4 月长江上游处于枯水期，月平均流量为 3500～4500m³/s，在此期间坝前水位不低于 155m，可使变动回水区铜锣峡以下全河段通航条件得到改善。在此前提条件下，优化消落期水库调度，掌握库水位消落的有利时机和过程，尽量使库水位消落期水位缓慢均匀下降，有利于浅滩冲刷和航道的稳定。

2）单个浅滩段航行条件的改善可采取航道疏浚或实施航道整治工程等措施加以解决。变动回水区各个浅滩出现碍航的时段和碍航程度不一，难以全部通过水库调度加以解决。目前三峡水库处于运用初期，且上游来沙减少和新建水库发挥拦沙作用，变动回水区各浅滩段的冲淤变化有待进一步观测分析，近期主要采取疏浚措施解决航道、港区泥沙淤积的碍航问题是可行的。疏浚措施方面，宜加强浅滩河道演变观测，进一步分析浅滩年内演变规律，根据当年浅滩情况及水情预报，确定疏浚工程规模，在每年库水位消落期之前提前实施，避免在碍航现象出现时采取临时疏浚措施对通航的不利影响，确保航道畅通。航道整治工程措施方面，对于变动回水区上、中段库水位消落期易发生碍航的重点浅滩段，可结合港区扩建和改建，采取航道整治工程措施改善通航条件。

3）加强变动回水区河段采砂的规划和管理，在保证航道畅通的条件下，实行有序的砂石料开采，既可满足城镇基本建设的需要，又能减小河段内粗颗粒泥沙淤积量。

第四节　三峡水库排沙调度研究

一、三峡水库蓄水运行历程

根据 1993 年 7 月国务院三峡工程建设委员会批准的《长江三峡水利枢纽初步设计报告（枢纽工程）》（以下简称《初步设计》），三峡工程采用"一级开发，一次建成，分期蓄水，连续移民"的建设方案[19]。《初步设计》确定三峡工程枢纽建筑物分三期施工。包括施工准备期在内，总工期 17 年，第一批机组发电的工期为 11 年。三峡工程大坝一次建成至最终规模，水库按分期蓄水方案逐步抬高蓄水位。工程开工第 11 年（自施工准备起算），水库水位蓄至 135m，工程开始发挥发电、通航效益。至第 15 年，水库开始按初期蓄水位 156m 运行。初期蓄水位 156m 运行若干年后，水库再抬高至最终正常蓄水位 175m 运行。初期蓄水位运用的历时可根据水库移民安置进展情况、库尾泥沙淤积实测观测成果以及重庆港泥沙淤积影响处理方案等相机确定，初步设计暂定安排 6 年，即第 21 年水库可蓄至 175m 最终正常蓄水位运行。

三峡工程于 1993 年开始施工准备，1994 年 12 月正式开工，进入一期工程施工阶段。1997 年 11 月 6 日大江截流成功。2003 年 5 月二期工程通过验收，同年 6 月水库蓄水至 135m 水位，进入围堰挡水发电期。2006 年 6 月拦河大坝全线挡水，2006 年 10 月水库蓄水至初期运行水位 156m，提前 1 年进入初期运行期。2008 年大坝、电站厂房及船闸全部建成，左、右电厂 26 台水轮发电机组全部运行，较《初步设计》工期提前 1 年，并具备蓄水至正常蓄水位 175m 的条件；移民工程 12 座县城和 114 座集镇整体迁建完成，共搬迁安置移民约 124 万人，移民工程建设、库区清理、地质灾害防治、水污染防治、生态与环境保护、文物保护等专项，经主管部门验收，可满足水库蓄水至 175m 水位的要求。

根据三峡工程开工以来，特别是 2003 年水库蓄水至 135m 运行以来泥沙观测资料分析和移民进展资料，三峡水库库尾泥沙淤积对重庆主城区河段航道的影响和库区移民搬迁已不是制约水库蓄水位抬升至正常蓄水位 175m 的条件，但库水位抬升至正常蓄水位175m运用后，枢纽建筑物和机组运行、库区泥沙淤积和坝下游河道冲刷、水库和坝下游水质和水生态环境、移民工程设施以及库区地质灾害等方面尚需通过一定时间的监测。国务院批准三峡工程2008年汛期末进行175m试验性蓄水，作为三峡工程由初期蓄水期转入正常蓄水运行期的过渡时段。在175m试验性蓄水期，对三峡水库优化调度运用方案进行实地试验研究。

二、三峡水库排沙调度运用方式研究过程

（一）三峡工程可行性重新论证阶段

1987年3月三峡工程论证泥沙专家组就三峡工程水位规划方案提出了设定非常排沙水位的建议："对于长江这样重要的河流和三峡水利枢纽这样重要的工程，必须考虑出现种种不可预见因素的可能性，如水文（包括来沙）条件的变异，违章调度水库造成的淤积，人类活动的影响等。在出现这些非常情况后，为了避免河道和港区的异常淤积，应拥有将水库降低排沙的非常措施，因此建议在泄水建筑物的设计中争取在坝前水位降至130m左右时仍能泄放流量约40000m³/s，以便必要时可短期停航排淤。以上是一种类似管道安全阀的措施，动用它的机会是较少的。但鉴于长江和长江三峡工程的重要性又不可不有。"[69]

1989年长江流域规划办公室根据1986—1988年论证成果重新编制的《长江三峡水利枢纽可行性研究报告》确定三峡水库调度运行方式为：每年5月末至6月初，水库水位降至防洪限制水位145m，整个汛期6—9月，水库一般维持低水位运行。超过电站过流能力的水量，通过泄洪坝段的底孔排至下游。仅当入库流量较大时，根据下游防洪需要，水库拦洪蓄水，库水位抬高；洪峰过后，库水位仍降至145m运行。汛末10月，水库蓄水，库水位逐步升高至175m运行，少数年份，这一蓄水过程将延续到11月。12月至次年4月底，水库应尽量维持较高水位，水电站按电网调峰要求运行。当入库流量低于电站保证出力对流量的要求时，动用调节库容，库水位开始降低，但4月末以前库水位不低于155m，以保证上游航道必要的航深。关于枢纽的泄洪能力，当坝前水位130m时，泄洪深孔等泄洪设施总流量为37380m³/s；电站泄量（按18台机组计）为14400m³/s；90%泄洪设施加电站泄量为48040m³/s，能满足枢纽在较低库水位时有较大泄洪、排沙能力的要求[7]。

（二）初步设计和技术设计阶段

1992年12月长江水利委员会编制的《长江三峡水利枢纽初步设计报告

（枢纽工程）》中的水库调度运行方式与《长江三峡水利枢纽可行性研究报告》一致[19]。

1992 年林秉南院士为避免重庆港的整治和增强三峡水库防洪能力，提出双汛限水库调度方案，设想在入库流量超过 30000m³/s 时关闭船闸，只用升船机保证少数通过两坝间的船只越过三峡大坝，同时将坝前水位降至约 135m；汛期末当流量回降至 30000～35000m³/s 时，将坝前水位回升至汛限水位（即防洪限制水位，下同）145m，同时恢复船闸使用。停止使用船闸的时间建议每年为 50 天至 3 个月[70]。

2000 年，清华大学周建军利用一维不恒定流泥沙数学模型进一步研究了双汛限水库调度方案，并且提出了多汛限水库调度方案。研究结果如下[71]：

（1）双汛限方案。假设入库洪水（寸滩站 24h 预报值）大于 45000m³/s 时，增加大坝泄量（控制在 50000m³/s 以内），在短期内将坝前水位降低到 135m；当枝城流量超过 56700m³/s 时，水库从 135m 开始拦洪，否则水库低水位运行直到洪水流量回落到 45000m³/s 后，再将水位回升到正常汛限水位（145m）。双汛限方案平均每年坝前水位 135m 运行断航时间为 4.4 天，加上降低和回蓄水位的时间，坝区平均每年洪水期断航时间约 7 天。

（2）多汛限方案是双汛限方案的优化方案。由于中小流量（流量小于 35000m³/s）的时间占汛期总时间的 80% 以上，适当抬高小流量时期的汛限水位，降低大流量时期的汛限水位，既可达到减少淤积、增加水库防洪能力的目的，又可改善通航条件，提高发电效益。多汛限方案采用三个（或更多）汛限水位，有代表性的多汛限方案为：当入库流量小于 35000m³/s 时，汛限水位为第一汛限水位 150m；当入库流量大于 45000m³/s 并可能出现 10 年一遇以上洪水时，汛限水位为第三汛限水位 135m；其余情况汛限水位为第二汛限水位 143m 或 142m。

（三）三峡水库初期蓄水运用阶段

2008 年汛期末三峡水库开始进入 175m 试验性蓄水运用阶段。2008 年，基本上按《初步设计》拟定的水库运行方式调度。2009—2012 年，有关部门根据三峡水库运行条件的变化，以及从防洪、航运、供水、抗旱等方面对水库调度提出的要求，采取了提前蓄水、中小洪水调度、防洪限制水位上浮等优化调度措施。在水库排沙调度方面，2012 年开展了汛期沙峰排沙调度试验，在沙峰到达坝前时加大水库下泄流量，排沙比明显提高。2012 年还进行了库尾减淤调度试验，试验期间（5 月 7—27 日）坝前水位由 161.92m 消落至 153.65m，消落幅度 8.27m，日均消落 0.46m；库尾整体呈沿程冲刷，大渡口至涪陵段（含嘉陵江段，总长约169km）河床冲刷量为241.1万 m³，其中李渡镇至涪陵河段（长12.5km）则淤积54.7万 m³[67]。

长江科学院根据2008—2010年三峡水库入库水沙和泥沙淤积实测资料，通过水库泥沙数学模型计算研究汛期（6—9月）水库排沙调控方式。结果表明：汛期入库流量小于27000m³/s时，适当抬高库水位，入库流量大于33000m³/s时，适当降低库水位，可以减少库区泥沙淤积；汛期坝前水位抬高，可能导致变动回水区泥沙淤积增加[72]。

三、三峡水库排沙调度方式研究

（一）影响排沙调度方式的主要因素

三峡水库大部分有效库容长期使用是选定水库运用方式的制约条件。水库排沙调度方式是三峡水库调度运用方式的重要组成部分，关系到水库有效库容的保留程度以及坝下游河道冲刷强度和发展过程。影响水库排沙调度方式的主要因素分述如下。

1. 近期上游水沙变化

三峡水库175m试验性蓄水期间，三峡水库上游来水来沙的变化，主要有两方面：一是20世纪90年代以来由于上游建库和水土保持工程的拦沙作用以及其他影响因素的改变，年径流量总体变化不大，悬移质年输沙量则明显减小；二是三峡水库上游干支流几座大型水库已经开始初期蓄水运用，其中，金沙江向家坝水电站已于2012年11月实现初期蓄水发电，金沙江溪洛渡水电站和嘉陵江亭子口水利枢纽也分别于2013年7月和8月实现初期蓄水发电，三峡水库近期来沙将进一步减少。

2. 水库综合利用的要求

水库调度运行方式的确定，除根据《初步设计》提出的防洪、发电、航运和排沙要求外，有关部门还提出了枯水期坝下游补水以及生态调度等方面的新要求。另外，重庆主城区河段的主要港口已下移至寸滩港及铜锣峡下游河段，泥沙淤积对该河段航道及港区的影响亦与水库调度运行方式有关。

3. 库区淹没标准

三峡水库的淹没迁移标准未考虑水库泥沙淤积对水库淹没的影响。《长江三峡水利枢纽可行性研究报告》认为："移民专家组经反复研究讨论后认为因淤积回水影响的居民应作实事求是、负责到底的处理，但目前难以定量。一是泥沙专家组认为淤积回水计算值虽基本合理，但计算精度达不到进行水库移民安置规划的要求，如重庆市洪水位计算可能有1～3m的变幅；二是如考虑上游干支流建库的拦沙和调洪作用，淤积回水位将会降低；三是淤积回水是库尾局部地区的临时淹没，将在工程竣工运行若干年后才能发生，届时需视影响程度，采取针对性措施解决。"[7,73]

三峡工程初步设计阶段，对于水库淹没迁移范围，根据《水利水电工程水库淹没及处理设计规范》（SD 130—1984）并结合三峡库区的实际情况确定三峡水库淹没处理标准[74-75]。其中对于人口、房屋、城乡均为 20 年一遇洪水。移民迁移线为坝前 177m（坝前正常蓄水位 175m 加 2m 风浪浸没影响）接 20 年一遇洪水回水水面线（不考虑泥沙淤积影响，图 4-73）。

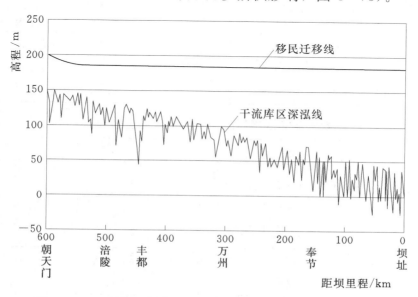

图 4-73　三峡水库淤积前干流库区深泓线及移民迁移线

4. 水库泥沙淤积预测

2011 年中国水利水电科学研究院、长江科学院和长江勘测规划设计研究院对三峡水库近期（2008—2027 年）泥沙淤积问题进行数学模型计算。采用的水库一维非恒定流水沙数学模型均通过三峡水库 2003—2007 年蓄水期间实测水沙资料进行了验证，计算结果与实测情况基本吻合。水库泥沙淤积计算采用 1991—2000 年 10 年水沙系列，计算时段为 2008—2027 年，中国水利水电科学研究院的计算中考虑 2013 年起金沙江溪洛渡、向家坝水库蓄水运用，长江科学院的计算中考虑 2013 年起金沙江溪洛渡、向家坝以及嘉陵江、乌江的水库蓄水运用。三峡水库按《初步设计》确定的水库调度运用方式运行。两模型计算结果简述如下[76-77]。

（1）库区淤积。三峡水库运用的 20 年内，库区呈累积性泥沙淤积，考虑溪洛渡和向家坝水库蓄水运用，至 2027 年水库泥沙淤积分别为 27.156 亿 m³、25.610 亿 m³，较不建溪洛渡、向家坝等水库分别减少 42.9%、44.5%（表 4-47 和表 4-48）。

表 4-47　　　　三峡水库库区累积淤积量（考虑上游建库）

模　型	运用年限	累积淤积量/亿 m³								
		朝天门以上	朝天门至长寿	长寿至涪陵	涪陵至坝址	长江干流库区	嘉陵江	乌江	全库区	重庆主城区河段
中国水利水电科学研究院	10 年	0.008	0.201	0.318	15.537	16.064	0.205	0.039	16.308	0.039
	20 年	0.009	0.203	0.281	26.368	26.861	0.256	0.039	27.156	0.058
长江科学院	10 年	0.082	0.559	0.319	16.31	17.27	0.097	0.039	17.430	0.077
	20 年	0.087	0.605	0.313	24.41	25.42	0.118	0.044	25.610	0.098

表 4-48　　　　三峡水库库区累积淤积量（不考虑上游建库）

模　型	运用年限	累积淤积量/亿 m³								
		朝天门以上	朝天门至长寿	长寿至涪陵	涪陵至坝址	长江干流库区	嘉陵江	乌江	全库区	重庆主城区河段
中国水利水电科学研究院	10 年	0.028	0.736	1.078	22.056	23.897	0.218	0.050	24.165	0.049
	20 年	0.062	1.091	1.520	44.475	47.148	0.305	0.095	47.548	0.120
长江科学院	10 年	0.157	0.904	0.808	22.750	24.620	0.154	0.097	24.900	0.126
	20 年	0.243	1.194	1.178	43.110	45.730	0.223	0.162	46.180	0.206

（2）变动回水区泥沙淤积。考虑溪洛渡和向家坝水库蓄水运用，至 2027 年三峡水库变动回水区泥沙淤积分别为 0.493 亿 m³、1.005 亿 m³，较不建溪洛渡、向家坝等水库分别减少 81.6%、61.6%。溪洛渡和向家坝等新建水库运用初期，三峡水库变动回水区（涪陵以上库段）发生冲刷（表 4-49）。

表 4-49　　　三峡水库变动回水区累积淤积量（考虑上游建库）

运用年限	累积淤积量/亿 m³									
	朝天门以上	朝天门至长寿	长寿至涪陵	涪陵至丰都	丰都至坝址	长江干流库区	嘉陵江	乌江	全库区	重庆主城区河段
1 年	0.100	0.257	0.177	0.234	2.393	3.160	0.056	0.013	3.229	0.030
2 年	0.130	0.236	0.260	0.393	3.933	4.951	0.117	0.013	5.081	0.054

续表

运用年限	累积淤积量/亿 m³									
	朝天门以上	朝天门至长寿	长寿至涪陵	涪陵至丰都	丰都至坝址	长江干流库区	嘉陵江	乌江	全库区	重庆主城区河段
3 年	0.100	0.416	0.358	0.528	6.149	7.550	0.133	0.030	7.713	0.051
4 年	0.146	0.448	0.448	0.696	7.284	9.022	0.139	0.034	9.195	0.057
5 年	0.156	0.552	0.553	0.847	9.324	11.433	0.186	0.032	11.651	0.066
6 年	0.004	0.535	0.572	0.826	10.238	12.175	0.192	0.025	12.392	0.026
7 年	0.005	0.443	0.603	0.893	11.036	12.980	0.191	0.026	13.197	0.022
8 年	0.008	0.258	0.455	0.937	12.525	14.184	0.288	0.056	14.528	0.060
9 年	0.008	0.212	0.393	0.917	13.615	15.144	0.247	0.041	15.432	0.048
10 年	0.008	0.201	0.318	0.914	14.623	16.064	0.205	0.039	16.308	0.039
11 年	0.008	0.202	0.282	0.909	15.861	17.262	0.237	0.040	17.539	0.038
12 年	0.008	0.192	0.244	0.900	16.821	18.164	0.260	0.035	18.459	0.035
13 年	0.008	0.186	0.209	0.839	17.945	19.187	0.252	0.051	19.490	0.048
14 年	0.008	0.208	0.227	0.860	18.520	19.823	0.240	0.047	20.110	0.038
15 年	0.008	0.215	0.258	0.867	19.585	20.933	0.275	0.044	21.252	0.044
16 年	0.008	0.216	0.262	0.870	20.581	21.937	0.272	0.024	22.233	0.043
17 年	0.008	0.257	0.298	0.892	21.495	22.950	0.274	0.032	23.256	0.051
18 年	0.009	0.225	0.273	0.864	23.156	24.528	0.364	0.055	24.947	0.089
19 年	0.009	0.212	0.286	0.840	24.401	25.748	0.309	0.045	26.102	0.071
20 年	0.009	0.203	0.281	0.850	25.518	26.861	0.256	0.039	27.156	0.058

注　本表为中国水利水电科学研究院计算成果。

（3）库容变化。考虑溪洛渡和向家坝水库蓄水运用，至 2027 年 175m 高程以下的库容损失分别为 27.1 亿 m³、25.61 亿 m³，145～175m 高程之间的防洪库容分别损失 1.4 亿 m³、1.46 亿 m³，防洪库容保留约 99.4%。

（二）三峡水库排沙调度的要求

根据上述三峡水库上游来沙的变化趋势、水库综合利用的各方面要求、库区淹没迁移标准，以及近期水库泥沙淤积预测等因素，为保留三峡水库大部分有效库容长期使用，按蓄清排浑的原则运用，三峡水库排沙调度的要求如下：

（1）三峡水库 145m 高程以上有效库容累积性泥沙淤积控制在合理范围

内。三峡水库泥沙淤积达到基本平衡的历时相当长，但为了充分发挥工程的综合效益，合理控制水库有效库容的年损失率仍十分必要。三峡水库145m高程以上有效库容的年损失率不应超过按《初步设计》确定的水库调度运用方式相应的有效库容年损失率。

《初步设计》确定三峡水库防洪库容（145～175m高程）为221.5亿m³，兴利调节库容（155～175m高程之间）为165亿m³。根据水库淤积数学模型计算结果，溪洛渡和向家坝水库蓄水运用后，按《初步设计》确定的水库调度运用方式运用，2027年末三峡水库防洪库容因泥沙淤积而损失1.4亿～1.46亿m³，平均每年约损失700万m³[76-77]。鉴于长江上游仍继续有大型水库建成运用，以及长江上游水土保持工程仍继续实施，进库泥沙将进一步减少，加以上述水库淤积数学模型计算结果未考虑库区砂石开采量，因此，近期（2014—2027年）三峡水库145m高程以上有效库容的年损失率应控制在500万m³范围内。

（2）三峡水库变动回水区上、中段无累积性泥沙淤积。根据库区移民规划，距坝址514km的石沱以上变动回水区上、中段，其移民迁移线由坝前水位177m接不考虑泥沙淤积而推算的20年一遇洪水水面线确定。因此，变动回水区上、中段无累积性泥沙淤积，可避免汛期遇大洪水时遭受淹没损失，也有利于航道、港口的正常运行。

（三）水库近期（2014—2027年）排沙调度运行方式

1. 汛期水库调度运行方式

《初步设计》确定："每年5月末至6月初，水库水位降至防洪限制水位145m，整个汛期6—9月，水库一般维持此低水位运行。超过电站过流能力的水量，通过泄洪坝段下泄。仅当入库流量超出下游河道安全泄量时，水库拦洪蓄水，库水位抬高；洪峰过后，库水位仍降至145m运行。"

为满足防洪、发电、航运、排沙、供水和生态等方面对三峡水库调度运用的要求，三峡水库汛期防洪限制水位仍定为145m，但在确保防洪安全的前提下，可根据不同情况允许在一定范围内上下浮动。当入库流量超过坝下游河道安全泄量时，或者长江中下游干堤发生重大险情，以及三峡与葛洲坝枢纽之间的航道发生船舶严重滞留现象等情况时，可短时间适当抬高坝前水位，允许防洪限制水位抬高的幅度和历时由有关部门研究确定。对于汛期小于坝下游河道安全泄量的一般洪水，为充分发挥三峡工程的综合效益，可以考虑采取分时段预留防洪库容的水库调度方案，但必须确保库区和坝下游河道防洪安全，并满足为保持三峡水库大部分有效库容长期使用的水库排沙调度要求，具体调度方案尚待结合上游水库群调度进一步研究。若由此导致库区泥沙淤积超过上述排沙调度的要求时，应在当年或次年汛期采取措施加以解决。根据已往研究和三峡水库初期蓄水运用 10 年的观测分析结果，对增大水库排沙比和减少水库泥沙淤积起关键作用的因素是汛期坝前水位的高低和枢纽下泄流量的大小，因此，可以采取以下措施：一是汛期短期内将坝前水位降低至 143m 运行，此时船闸第一闸首底槛高程为 139m，最小通航水深为 4m，不影响通航；二是汛期加强水沙监测，洪水过程中含沙量较大的时段，特别是沙峰出现时加大枢纽下泄流量，有利于水库排沙。

2. 汛前库水位消落期水库调度运行方式

《初步设计》确定："10 月，水库蓄水，库水位逐步升高至 175m 运行，少数年份，蓄水过程延续到 11 月。11 月至次年 4 月底，水库应尽量维持在较高水位，水电站按电网调峰要求运行。当入库流量低于电站保证出力对流量的要求时，动用调节库容，库水位开始下降，但 4 月末以前蓄水位最低高程不低于 155m。"

三峡水库蓄水运用后，汛期变动回水区内淤积的泥沙大部分在次年库水位消落期才能被水流冲刷下移。影响消落期泥沙冲刷率的主要因素为消落期入库流量与含沙量的大小及其变化过程，以及坝前水位及其消落速度，汛期泥沙淤积量和淤积物的颗粒组成也有一定影响。为达到三峡水库变动回水区上、中段无累积性泥沙淤积的要求，可加强泥沙监测，优化消落期水库调度，掌握库水位消落时机和进程，并力求消落过程中库水位平缓下落，以利于航槽和航深的相对稳定。

参 考 文 献

［1］ 林一山. 毛主席重视水库寿命问题［C］//林一山治水文选. 武汉：新华出版社，1992.

［2］ 唐日长. 水库淤积调查报告［J］. 人民长江，1964（3）.

［3］ 林一山. 水库长期使用问题［J］. 人民长江，1978（2）.

［4］ 韩其为. 长期使用水库的平衡形态及冲淤变形研究［J］. 人民长江，1978（2）.

［5］ 夏震寰，韩其为，焦恩泽. 论长期使用库容［C］//河流泥沙国际学术讨论会论文集. 北京：光华出版社，1980.

［6］ 长江三峡工程论证泥沙专家组. 长江三峡工程泥沙专题论证报告［R］，1988.

［7］ 水利部长江流域规划办公室. 长江三峡水利枢纽可行性研究报告［R］，1989.

［8］ 韩其为，等. 水库不平衡输沙的初步研究［G］//黄河水库泥沙观测研究成果交流

会水库泥沙报告汇编，1973.

[9]　韩其为，黄煜龄. 水库冲淤过程的计算方法及电子计算机的应用 [G]//长江水利水电科研成果选编：第一期. 长江水利水电科学研究院，1974.

[10]　水利部长江水利委员会. 长江三峡水利枢纽可行性研究专题报告（第十分册）：泥沙研究 [R]，1990.

[11]　长江水利水电科学研究院. 三峡水利枢纽 150m 蓄水位方案水库泥沙淤积计算与分析 [G]//三峡水利枢纽工程泥沙问题研究成果汇编（150m 蓄水位方案）. 长江流域规划办公室长江科学院，1986.

[12]　韩其为，何明民，孙卫东. 三峡水库 150m 方案悬移质淤积计算与分析 [G]//三峡水利枢纽工程泥沙问题研究成果汇编（150m 蓄水位方案）. 长江流域规划办公室长江科学院，1986.

[13]　长江科学院. 三峡工程水库泥沙淤积计算综合分析报告 [G]//三峡工程泥沙问题研究成果汇编（160～180m 蓄水位方案）. 水利电力部科学技术司，1988.

[14]　长江科学院. 三峡工程 175m 方案水库泥沙数学模型计算成果分析 [G]//三峡工程泥沙问题研究成果汇编（160～180m 蓄水位方案）. 水利电力部科学技术司，1988.

[15]　水利水电科学研究院. 三峡工程水库不同方案悬移质淤积计算及分析 [G]//三峡工程泥沙问题研究成果汇编（160～180m 蓄水位方案）. 水利电力部科学技术司，1988.

[16]　长江科学院. 三峡水库泥沙冲淤计算分析报告 [R]//长江三峡工程泥沙与航运关键技术研究专题研究报告集（下册）. 武汉：武汉工业大学出版社，1993.

[17]　水利水电科学研究院. 三峡水库泥沙淤积计算及研究报告 [R]//长江三峡工程泥沙与航运关键技术研究专题研究报告集（下册）. 武汉：武汉工业大学出版社，1993.

[18]　南京水利科学研究院. 三峡工程 175m 方案重庆地区洪水位试验报告 [C]//长江三峡工程泥沙研究文集. 北京：中国科学技术出版社，1990.

[19]　水利部长江水利委员会. 长江三峡水利枢纽初步设计报告（枢纽工程）[R]，1992.

[20]　长江科学院，中国水利水电科学研究院，等. 三峡水库淤积计算分析 [C]//长江三峡工程泥沙问题研究（2001—2005）：第二卷. 北京：知识产权出版社，2008.

[21]　长江水利委员会水文局. 2018 年度三峡水库进出库水沙特性、水库淤积及坝下游河道冲刷分析 [R]，2019.

[22]　清华大学水利系泥沙研究室. 长江三峡水利枢纽 150m 方案兰竹坝河段泥沙模型试验报告 [G]//三峡水利枢纽工程泥沙问题研究成果汇编（150m 蓄水位方案）. 长江流域规划办公室长江科学院，1986.

[23]　长江水利水电科学研究院. 三峡水利枢纽 150m 蓄水位方案丝瓜碛河段泥沙模型试验终结报告 [G]//三峡水利枢纽工程泥沙问题研究成果汇编（150m 蓄水位方案）. 长江流域规划办公室长江科学院，1986.

[24]　武汉水利电力学院. 长江三峡工程变动回水区青岩子河段泥沙模型试验研究[G]//

三峡水利枢纽工程泥沙问题研究成果汇编（150m 蓄水位方案）．长江流域规划办公室长江科学院，1986.

[25] 武汉水利电力学院．三峡工程变动回水区青岩子河段不同蓄水方案模型试验成果综述［G］//三峡工程泥沙问题研究成果汇编（160～180m 蓄水位方案）．水利电力部科学技术司，1988.

[26] 武汉水利电力学院．三峡水库变动回水区青岩子河段泥沙模型试验研究总报告［R］//长江三峡工程泥沙与航运关键技术研究专题研究报告集（下册）．水利部科技教育司，等．武汉：武汉工业大学出版社，1993.

[27] 南京水利科学研究院．三峡工程回水变动区长模型 175m 方案试验阶段报告［G］//三峡工程泥沙问题研究成果汇编（160～180m 蓄水位方案）．水利电力部科学技术司，1988.

[28] 南京水利科学研究院．三峡工程变动回水区河段长模型 175m 方案试验报告［C］//长江三峡工程泥沙研究文集．北京：中国科学技术出版社，1990.

[29] 南京水利科学研究院．三峡水库变动回水区泥沙问题试验研究［R］//长江三峡工程泥沙与航运关键技术研究专题研究报告集（下册）．水利部科技教育司，等．武汉：武汉工业大学出版社，1993.

[30] 天津水运工程科学研究所．长江三峡水利枢纽（150m 方案）回水变动回水区洛碛—长寿河段泥沙模型试验报告［G］//三峡水利枢纽工程泥沙问题研究成果汇编（150m 蓄水位方案）．长江流域规划办公室长江科学院，1986.

[31] 天津水运工程科学研究所．三峡工程回水变动区洛碛—长寿河段泥沙模型（156m、175m）分期蓄水方案试验报告［G］//三峡工程泥沙问题研究成果汇编（160～180m 蓄水位方案）．水利电力部科学技术司，1988.

[32] 天津水运工程科学研究所．三峡水库变动回水区王家滩河段泥沙模型试验总报告［R］//长江三峡工程泥沙与航运关键技术研究专题研究报告集（下册）．水利部科技教育司，等．武汉：武汉工业大学出版社，1993.

[33] 长江科学院．三峡工程变动回水区铜锣峡河段泥沙模型试验成果综合分析［G］//三峡工程泥沙问题研究成果汇编（160～180m 蓄水位方案）．水利电力部科学技术司，1988.

[34] 长江科学院．三峡水库变动回水区铜锣峡河段泥沙模型试验研究综合报告［R］//长江三峡工程泥沙与航运关键技术研究专题研究报告集（下册）．武汉：武汉工业大学出版社，1993.

[35] 武汉水利电力学院，长江水利水电科学研究院．三峡水库推移质淤积试验报告［R］，1965.

[36] 清华大学水利工程系．三峡工程 175—145—155 方案回水变动区重庆河段悬移质泥沙冲淤试验研究［G］//三峡工程泥沙问题研究成果汇编（160～180m 蓄水位方案）．水利电力部科学技术司，1988.

[37] 水利水电科学研究院．三峡工程重庆河段泥沙模型 175m 方案试验报告［G］//三峡工程泥沙问题研究成果汇编（160～180m 蓄水位方案）．水利电力部科学技术

司，1988.

[38] 长江科学院. 三峡工程变动回水区重庆河段模型 175m 正常蓄水位方案试验阶段报告 [G]//三峡工程泥沙问题研究成果汇编（160～180m 蓄水位方案）. 水利电力部科学技术司，1988.

[39] 天津水运工程科学研究所. 三峡工程库尾重庆港区泥沙淤积和整治方法的探讨 [C]//长江三峡工程泥沙研究文集. 北京：中国科学技术出版社，1990.

[40] 三峡工程论证泥沙专家组工作组. 重庆河段整治工程可行性研究阶段报告 [C]//长江三峡工程泥沙研究文集. 北京：中国科学技术出版社，1990.

[41] 清华大学水电系泥沙研究室. 三峡水库变动回水区重庆河段泥沙冲淤问题的试验研究总报告 [R]//长江三峡工程泥沙与航运关键技术研究专题研究报告集（下册）. 武汉：武汉工业大学出版社，1993.

[42] 水利水电科学研究院. 三峡水库重庆河段泥沙问题试验研究总结报告 [R]//长江三峡工程泥沙与航运关键技术研究专题研究报告集（下册）. 武汉：武汉工业大学出版社，1993.

[43] 长江科学院. 三峡水库重庆河段泥沙模型试验研究综合报告 [R]//长江三峡工程泥沙与航运关键技术研究专题研究报告集（下册）. 武汉：武汉工业大学出版社，1993.

[44] 南京水利科学研究院. 三峡水库变动回水区泥沙淤积试验研究 [R]//长江三峡工程泥沙与航运关键技术研究专题研究报告集（下册）. 武汉：武汉工业大学出版社，1993.

[45] 国务院三峡工程建设委员会办公室泥沙专家组，等. 长江三峡工程泥沙问题研究（2001—2005）：第六卷 "十五"泥沙研究综合分析 [M]. 北京：知识产权出版社，2008.

[46] 清华大学水利水电工程系. 三峡水库变动回水区重庆主城区河段泥沙模型试验研究报告 [R]//长江三峡工程泥沙问题研究（2001—2005）：第二卷. 北京：知识产权出版社，2008.

[47] 南京水利科学研究院. 三峡水库回水变动区重庆主城区河段泥沙冲淤变化对防洪航运影响及对策研究 [R]//长江三峡工程泥沙问题研究（2001—2005）：第二卷. 北京：知识产权出版社，2008.

[48] 长江水利委员会长江科学院. 三峡工程运行初期重庆主城区河段泥沙模型试验研究报告 [R]//长江三峡工程泥沙问题研究（2001—2005）：第二卷. 北京：知识产权出版社，2008.

[49] 西南水运工程科学研究所. 重庆主城区河段泥沙冲淤变化对港口、航道的影响及治理措施研究 [C]//长江三峡工程泥沙问题研究（2001—2005）：第二卷. 北京：知识产权出版社，2008.

[50] 长江流域规划办公室丹江水文总站，等. 丹江口水库汉江变动回水区淤积调查 [C]//长江水文技术交流. 长江流域规划办公室水文处，1977.

[51] 长江流域规划办公室丹江水文总站，长江水利水电科学研究院. 丹江口水库汉江库

区变动回水区冲淤特性初步分析［R］，1979.

［52］ 童中均，王玉成. 丹江口水利枢纽运用后汉江航道的改善与效益［J］. 人民长江，1982（4）.

［53］ 王玉成，童中均. 丹江口水库汉江库区河床演变和航道变化分析［J］. 人民长江，1985（5）.

［54］ 长办丹江口水利枢纽水文实验站. 丹江口水库汉江库区河床演变和航道变化分析［G］// 三峡水利枢纽工程泥沙问题研究成果汇编（150m 蓄水位方案）. 长江流域规划办公室长江科学院，1986.

［55］ 丹江口水库泥沙调查组. 丹江口水库库尾变动回水区泥沙冲淤特性调查情况简报（1984 年 4 月 9 日）［G］// 三峡水利枢纽工程泥沙问题研究成果汇编（150m 蓄水位方案）. 长江流域规划办公室长江科学院，1986.

［56］ 交通部三峡通航办公室联合调查组. 汉江丹江口水库库尾回水变动区航道调查报告（1985 年 5 月）［G］// 三峡水利枢纽工程泥沙问题研究成果汇编（150m 蓄水位方案）. 长江流域规划办公室长江科学院，1986.

［57］ 长江流域规划办公室水文局. 丹江口水库泥沙冲淤与河床演变特性和航道变化分析［G］// 三峡工程泥沙问题研究成果汇编（160～180m 蓄水位方案）. 水利电力部科学技术司，1988.

［58］ 湖北省交通规划设计院. 汉江丹江口水库回水变动区演变观测分析和航道治理措施研究［R］// 长江三峡工程泥沙与航运关键技术研究专题研究报告集（下册）. 武汉：武汉工业大学出版社，1993.

［59］ 长江水利委员会水文局，湖北省交通规划设计院，等. 原型观测及原型观测新技术研究专题报告［R］// 长江三峡工程泥沙与航运关键技术研究专题研究报告集（上册）. 武汉：武汉工业大学出版社，1993.

［60］ 潘庆燊. 长江水利枢纽工程泥沙研究［M］. 北京：中国水利水电出版社，2003.

［61］ 唐日长. 葛洲坝工程丛书之二泥沙研究［M］. 北京：水利电力出版社，1990.

［62］ 向熙珑. 葛洲坝水库蓄水运用以来库区冲淤及航道变化［R］. 长江水利委员会葛洲坝水利枢纽水文实验站，1989.

［63］ 黄光华. 葛洲坝水库变动回水区枯水险滩变化分析［R］. 长江水利委员会葛洲坝水利枢纽水文实验站，1989.

［64］ 李云中，孙伯先，樊云，成金海，牛兰花. 长江葛洲坝水利枢纽泥沙原型观测研究［R］. 长江三峡水文水资源勘测局，2000.

［65］ 李云中，牛兰花，成金海. 葛洲坝水库泥沙冲淤规律及航道变化［G］// 葛洲坝水利枢纽论文选集. 长江水利委员会. 郑州：黄河水利出版社，2002.

［66］ 长江水利委员会长江科学院，长江水利委员会水文局. 重庆主城区河段走沙规律分析［R］. 长江三峡工程泥沙问题研究（2001—2005）：第二卷. 北京：知识产权出版社，2008.

［67］ 长江水利委员会水文局. 2012 年度三峡水库进出库水沙特性、水库淤积及坝下游河道冲刷分析［R］，2013.

[68] 长江航道局. 三峡水库变动回水区冲淤规律及航道整治工程效果分析 [C] // 长江三峡工程泥沙问题研究（2006—2010）：第四卷. 北京：中国科学技术出版社，2013.

[69] 三峡工程论证泥沙专家组. 泥沙专家组对三峡工程水位规划方案的初步意见 [G] // 三峡工程泥沙问题研究成果汇编（160～180m 蓄水位方案）. 水利电力部科学技术司，1988.

[70] 林秉南. 减免重庆港整治和增强三峡水库防洪能力的水库调度方式初议——双汛限水位调度方案 [C] // 林秉南论文选集. 北京：中国水利水电出版社，2001.

[71] 周建军. 三峡水库减少淤积、增大防洪库容优化调度方案研究 [C] // 长江三峡工程泥沙问题研究（1996—2000）：第五卷. 北京：知识产权出版社，2002.

[72] 胡向阳，黄悦. 三峡水库排沙调控方案研究初探 [C] // 三峡工程运用 10 年长江中游江湖演变与治理学术研讨会论文集. 长江水利委员会长江科学院，2013.

[73] 长江三峡工程论证移民专家组. 长江三峡工程移民专题论证报告 [R]，1988.

[74] 长江水利委员会. 长江三峡工程初步设计水库淹没实物指标调查报告 [R]，1993.

[75] 长江水利委员会长江勘测规划设计研究院. 长江三峡工程库区重庆市淹没处理及移民安置规划报告 [R]，1997.

[76] 中国水利水电科学研究院. 三峡水库近期淤积计算研究 [C] // 长江三峡工程泥沙问题研究（2006—2010）：第二卷. 北京：中国科学技术出版社，2013.

[77] 长江科学院. 三峡水库蓄水运用 20 年水库淤积计算 [C] // 长江三峡工程泥沙问题研究（2006—2010）：第二卷. 北京：中国科学技术出版社，2013.

第五章 坝区泥沙问题研究

第一节 概　　述

　　三峡工程坝区泥沙问题研究内容包括枢纽总体布置、通航建筑物引航道防淤、电站防沙、施工期通航方案以及施工期取水口、码头布置方案等问题，采用泥沙实体模型（以下简称泥沙模型）试验、泥沙数学模型计算，以及原型观测调查相结合的研究方法进行研究。1970年以来，长江科学院、南京水利科学研究院、武汉水利电力大学、长江水利委员会水文局等单位就葛洲坝水利枢纽的坝区泥沙问题开展水文泥沙观测、泥沙模型试验、数学模型计算研究工作，枢纽工程泥沙问题研究取得了重要进展，为三峡工程坝区泥沙问题研究打下了良好基础。

　　1983年5月，长江流域规划办公室编制的《三峡水利枢纽可行性研究报告》经国家计划委员会组织审议通过。同年5月国务院原则批准了正常蓄水位150m方案。为配合三峡工程初步设计，水利电力部委托张瑞瑾教授主持（陈济生、谢鉴衡协助）三峡工程泥沙试验研究工作的协调事宜，重点研究初步设计中亟待解决的工程泥沙问题。1983年以来，长江水利委员会水文局进行了坝区河段系统的水文泥沙观测分析，长江科学院、南京水利科学研究院、清华大学和西南水运工程科学研究所等单位先后修建6座不同模型比尺和模型沙的坝区泥沙模型，同步进行坝区泥沙问题的试验研究，在模型试验过程中还进行了通航建筑物引航道遥控自航船模的航行试验；为研究引航道的防淤清淤和电站防沙工程措施，长江科学院、武汉水利电力大学和清华大学还建有3座局部泥沙模型，进行专项试验（表5-1）。泥沙数学模型计算方面，长江科学院的三峡水库一维泥沙数学模型为各坝区泥沙模型试验提供了进口水沙条件，清华大学的坝区二维数学模型对通航建筑物引航道的布置和清淤措施进行了多方案计算。

　　以下简述1983年以来三峡工程坝区泥沙问题研究的主要成果。

表5-1

三峡工程坝区泥沙模型一览表

模型名称	研究单位	模拟河段及长度	平面比尺	垂直比尺	模型沙	模型沙容重/(t/m³)	试验研究内容	试验研究时间
坝区泥沙模型	长江科学院	太平溪至黄陵庙，15km	150	150	煤	1.33	1.正常蓄水位150m、160m、170m、175m方案枢纽布置及通航建筑物与电站泥沙问题；2.施工期通航泥沙；3.坝区取水口及码头选址	1983—1990年
坝区泥沙模型	长江科学院	腊肉洞至晒经坪，31.5km	150	150	煤	1.33	正常蓄水位175m方案通航建筑物与电站泥沙问题	1990—2010年
坝区泥沙模型	南京水利科学研究院	太平溪至鹰子嘴，15km	200	100	电木粉	1.4	1.正常蓄水位150m、170m、175m方案枢纽布置及通航建筑物与电站泥沙问题；2.施工期通航泥沙问题	1983—1988年
坝区泥沙模型	南京水利科学研究院	庙河至青鱼背，30km	200	100	电木粉	1.4	正常蓄水位175m方案通航建筑物与电站泥沙问题	1988—2010年
坝区泥沙模型	清华大学	腊肉洞至三斗坪，20km	180	180	塑料沙	1.05	正常蓄水位175m方案通航建筑物与电站泥沙问题	1992—2005年
坝区泥沙模型	西南水运工程科学研究所、南京水利科学研究院	美人沱至乐天溪，19km	150	150	煤	1.33	二期围堰施工期临时船闸引航道泥沙问题	1992—1995年
局部泥沙模型	长江科学院	地下电站引水渠	50	50	木屑	1.04	地下电站排沙底孔布置方案	1995年
局部泥沙模型	武汉水利电力大学	上游引航道	120	60	滑石粉	2.8	上游引航道防淤措施	1994—1995年
局部泥沙模型	清华大学	下游引航道	120	120	塑料沙	1.05	下游引航道防淤措施	1994—1995年

第二节　坝区泥沙淤积及河势调整

三峡水利枢纽坝址位于长江上游三斗坪弯道段，处在葛洲坝水库常年回水区的中段。根据葛洲坝水利枢纽设计和运行的经验，水利枢纽工程布置必须考虑枢纽上下游河道即坝区河段的河势变化。三峡水利枢纽采用"蓄清排浑"原则运用，汛期坝前水位由正常蓄水位175m降低至防洪限制水位145m，枢纽下泄流量又较大，坝区河段的河势变化将影响枢纽的运行。因此，合理确定坝区河段的范围，深入研究坝区河段泥沙淤积和河势变化过程是坝区泥沙问题研究的主要内容之一。

坝区河段的范围是根据枢纽运行影响的范围和河道特性等因素综合确定的。三峡水利枢纽所在的三斗坪弯道为河谷开阔的右向弯道，其上游为庙河至太平溪左向大弯道。庙河附近为峥岭峡，河谷宽仅400m，建坝后仍具有较强的控制河势作用。三斗坪弯道下游为乐天溪左向弯道，弯道末端至莲沱为峡谷顺直段，也具有控制河势的作用。因此，坝区河段范围确定为上起庙河上端的腊肉洞，下至莲沱附近的晒经坪，全长31.5km（图5-1）。

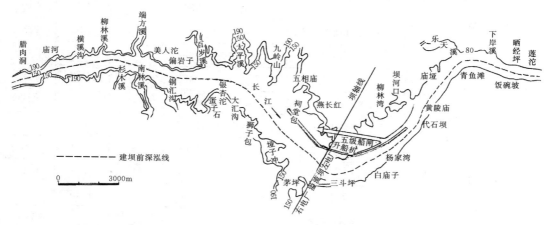

图5-1　三峡水利枢纽坝区河势图

三峡水利枢纽建成运用后，坝区河段泥沙淤积及河势调整将经历较长时期的变化过程。长江科学院、南京水利科学研究院和清华大学的坝区泥沙模型对此分别进行了试验研究，取得了基本一致的认识[1-8]。长江科学院1990年新建的坝区泥沙模型模拟的坝区上游段自腊肉洞至大坝，长17.5km，下游段自大坝至晒经坪，长14km。南京水利科学研究院1988年新建的坝区泥沙模型模拟的坝区上游段自美人沱至大坝，长7km，下游段自大坝至青鱼背，长 13km；1991 年后将模拟的坝区上游段自美人沱上延至庙河，全长 17km。清华大学坝区泥沙模型系 1992 年新建，模拟的坝区上游段自腊肉洞至大坝，长约 18km；下游段长 2km，不进行专门问题的研究。各模型的进口水沙条件均采用长江科学院水库泥沙数学模型依据 1961—1970 年水文年系列的三峡水库淤积计算成果[5]。

一、坝区上游段泥沙淤积过程

从整个坝区上游段泥沙淤积过程分析，淤积速率在枢纽运用至 54 年之间最大，以后淤积缓慢（表 5-2 和图 5-2、图 5-3）[6-8]。

表 5-2　　　　　　　　　　坝区上游段淤积量及形态特征值

项 目	模型建立单位	枢纽运用年限				
		6 年	20 年	32 年	54 年	76 年
坝区上游段（长 15.5km）累积淤积量/亿 m³	长江科学院	1.91	4.27	6.19	11.06	11.91
	南京水利科学研究院	1.18	3.35	6.12	11.86	12.19
	清华大学	1.82	4.14	6.41	11.10	12.00
深泓线离隔流堤头距离/m	长江科学院	610	580	520	420	340
	南京水利科学研究院	660	660	660	322	285
	清华大学	733	709	710	278	243
145m 水位平均过水面积/m²	长江科学院	71480	69485	57949	23789	17525
	南京水利科学研究院	94272	80472	60378	19156	16482
	清华大学	86300	72400	57300	20400	18412
145m 水位 $\frac{\sqrt{B}}{H}$ 平均值	长江科学院	0.70	0.79	0.94	1.74	1.64
	南京水利科学研究院	0.53	0.63	0.85	2.43	1.28
	清华大学	0.63	0.78	1.01	1.45	1.07
145m 水位平均河宽/m	长江科学院					933.3
	南京水利科学研究院					767.4
	清华大学					731.8

注　B 为断面河宽，H 为平均水深。

横断面淤积过程表现如下：

（1）枢纽开始运用至 54 年间，原河床深槽淤积相对最多。枢纽运用 32 年时已基本淤平，随后全断面继续淤积，形成新的深槽；枢纽运用 54 年后，断面调整幅度已较小。

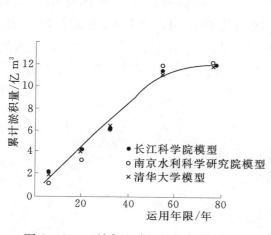

图 5-2　三峡枢纽坝区上游段淤积量
变化过程

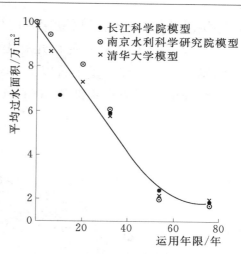

图 5-3　三峡枢纽坝区上游段平均过
水面积变化过程

（2）在淤积过程中横断面形态包括宽度和深度等特征值均相应调整，特别是近坝的宽谷段，重新塑造出适应坝区来水来沙条件和枢纽调度运用方式的相对平衡断面，其边界均由淤积物组成（图 5-4）。

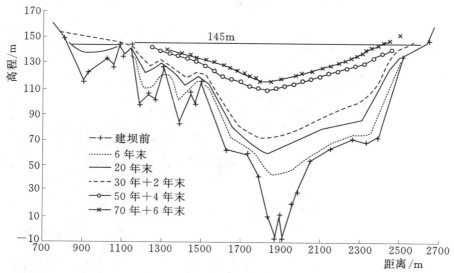

图 5-4　三峡枢纽坝区上游段典型横断面（坝上游 5.3km）变化
（长江科学院模型）

二、坝区上游段河势

枢纽运用后，坝前水位较建坝前抬高 75m 以上，部分原有山体节点控制河势的作用消失，深槽与礁滩逐渐被淤平，沿岸泥沙淤积物形成新的河床边界，坝区上游段整体河势朝平顺微弯方向发展；由于溢流坝位于原河床深槽，上游来流受左岸偏岩子、太平溪和九岭山岸线的控制作用，近坝段形成左向弯道，随着深泓线逐步左移，蛋子石以下边滩相应淤长。枢纽运用 76 年，汛期主流线与深泓线距上游隔流堤头部约 300m（表 5-2 和图 5-5、图 5-6）[6-8]。

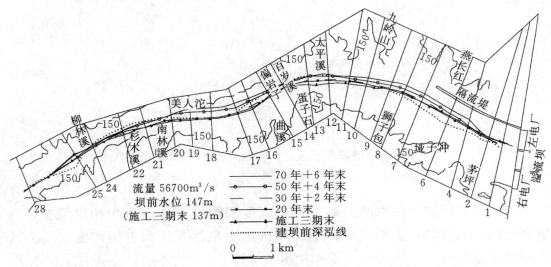

图 5-5 三峡枢纽坝区上游段主流线变化（长江科学院模型）

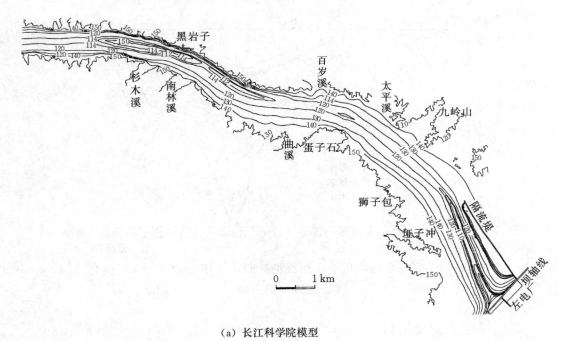

（a）长江科学院模型

图 5-6（一） 枢纽运用 70 年+6 年坝区上游段淤积地形

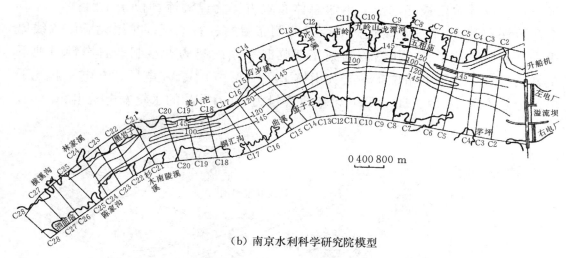

(b) 南京水利科学研究院模型

图 5-6（二） 枢纽运用 70 年＋6 年坝区上游段淤积地形

第三节 枢 纽 总 体 布 置

三峡水利枢纽主要由大坝、电站和通航建筑物三个部分组成。选定的坝轴线位于三斗坪弯道的中段（图 5-1）。从坝区河势方面分析，枢纽布置应考虑如下因素：

（1）为保持三峡水库大部分有效库容可以长期使用，水库调度方式为汛期降低坝前水位至防洪限制水位，并利用泄洪建筑物泄洪排沙。由于泄洪建筑物泄洪量大，排沙数量大，而且包括悬移质和推移质在内的不同粒径泥沙，泄洪坝段宜布置在主河槽内，并采用孔口高程较低的深孔结合溢流表孔泄流。

（2）建坝前坝区河段主河槽的走向与河谷走向基本一致，近坝段河谷两岸无突然放宽段和收缩段，泄洪坝段布置在主河槽，可使建坝前后坝区上游段主流线位置总体上无重大改变，也有利于保持坝区下游段主流线与建坝前基本一致。

（3）电站布置在泄洪坝段的两侧，有利于电站引水防沙，减少进水口前泥沙淤积。

（4）通航建筑物布置在左岸，上、下游引航道进出口与主流线平顺衔接，有利于通航。

通过对坝址地形、地质、水文条件、防洪、排沙、工程防护、电站与通航建筑物运行等方面的综合分析，并经枢纽水工模型和坝区泥沙模型试验论证，初步设计阶段最终选定的枢纽总体布置方案为：溢流坝位于主河槽，设 23 个泄流深孔和 22 个溢流表孔；溢流坝两侧布置左、右电厂；左岸设五级双线船闸和升船机。位于升船机右侧的施工期临时船闸改建为冲沙闸；右岸预留地下电站的位置，地下电站位于白岩尖山体下（图 5-7）[9]。左电厂、右电厂和地下电站分别安装 14 台、12 台和 6 台单机容量为 70 万 kW 的水轮发电机组。

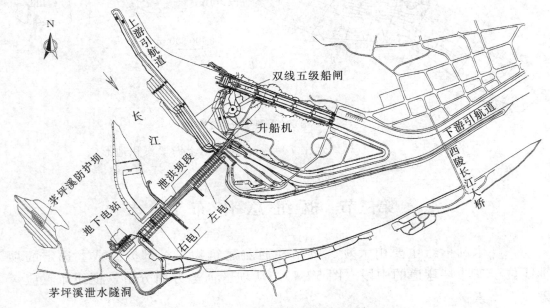

图 5-7　三峡水利枢纽布置示意图

三峡工程于 1994 年正式开工，至 2009 年，初步设计确定的工程项目，除升船机外，均已竣工。地下电站进水口预建工程于 1998 年 8 月开始施工，2004 年全部建成；主体工程于 2005 年 3 月开始施工，2012 年 6 台机组全部发电。地下电站与右电厂进水口之间原有偏岩子山体分隔，后因施工需要，在偏岩子山体开挖地下电站与右电厂之间的连通道。

第四节　通航建筑物引航道布置

一、三峡工程（150m 蓄水位方案）初步设计阶段

1983—1985 年三峡工程（150m 蓄水位方案）初步设计阶段，长江科学院和南京水利科学研究院进行了通航建筑物引航道布置方案的坝区泥沙模型试验研究[10-11]。模型模拟河段长度和比尺见表 5-1。试验研究目的之一是研究

库区泥沙淤积达到相对平衡后，泥沙淤积对引航道通航的影响，并寻求解决措施。三峡工程（150m 蓄水位方案）初步设计阶段的枢纽布置为：溢流坝段位于主河槽，四级双线船闸和升船机位于左岸，左电厂和右电厂分别位于溢流坝左、右侧，四级双线船闸和升船机下游引航道设长度为 2100m 的导堤（图 5-8）。模型试验的进口水沙条件参照长江科学院三峡水库泥沙淤积数学模型计算成果[12]。试验结果表明：当水库运用 80 年，坝区泥沙淤积达到相对平衡后，上游引航道的年碍航回淤量不少于 30 万 m^3，修建导堤后年挖泥量可减少 30%～50%；下游引航道年碍航回淤量为 80 万～160 万 m^3，需采取机械挖泥、调整引航道口门位置等措施加以解决。南京水利科学研究院坝区泥沙模型还研究了设置中间渠道的两级双线船闸布置方案，上级船闸上游和下级船闸下游均设导堤，每级船闸的两个船闸之间设冲沙闸，升船机和溢流坝、电厂布置不变（图 5-9）。

二、三峡工程可行性重新论证阶段

1986—1992 年三峡工程可行性重新论证阶段，长江科学院和南京水利科学研究院进行了三峡工程 160m、170m 和 175m 正常蓄水位方案通航建筑物引航道布置方案泥沙问题的泥沙模型试验研究[13-14]。各正常蓄水位方案的枢纽总体布置基本相同，船闸和升船机位于左岸。船闸布置方案有两类：一是连续梯级船闸方案，160m 和 170m 正常蓄水位方案为双线连续四级船闸，175m 方案为双线连续五级船闸；二是分散三级船闸方案，两船闸之间以中间渠道连接。连续梯级船闸引航道布置方案先后研究了一线、三线和四线方案（图 5-10），各方案的上游引航道又分有隔流堤和无隔流堤两种方案；下游引航道口门位置四线方案较一线方案下移 1000m，下游引航道隔流堤长度为 2560m。坝区泥沙模型试验的模型进口水沙条件按长江科学院水库淤积泥沙数学模型计算成果，计算采用的来水来沙条件为 1961—1970 年水沙系列年[15]。模型试验内容主要为枢纽运用 30 年和 81～90 年两阶段各方案上、下游引航道的泥沙淤积和通航水流条件，其中 175m 正常蓄水位方案为研究的重点，其主要研究结果简述如下。

1. 连续五级船闸方案

长江科学院和南京水利科学研究院分别在上阶段已建的坝区泥沙模型上进行试验研究，模型模拟河段上起太平溪，下至黄陵庙，全长约 15km。两模型均进行了枢纽运用 30 年和 81～90 年一线方案的试验，长江科学院模型还进行了枢纽运用 81～90 年三线、四线方案的试验。

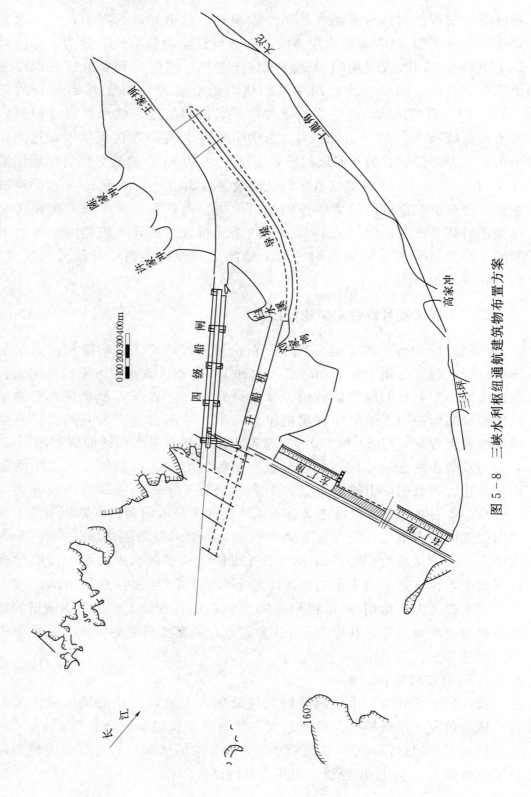

图 5 - 8 三峡水利枢纽通航建筑物布置方案

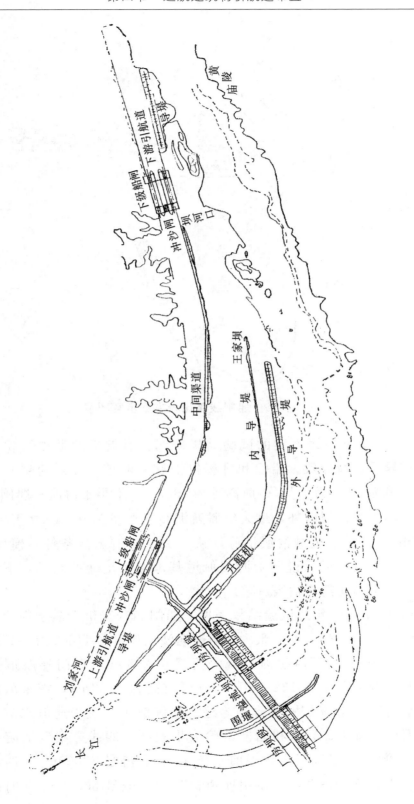

图 5-9　三峡水利枢纽两级船闸布置方案

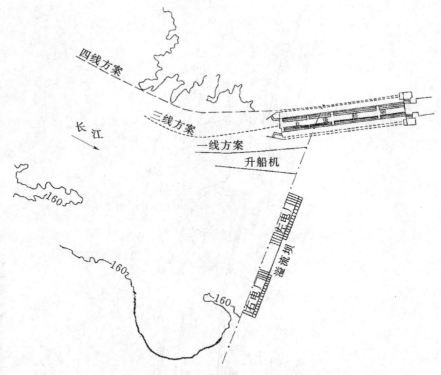

图 5-10　船闸线路比较方案示意图

　　枢纽运用 30 年一线方案的试验结果表明：引航道的泥沙淤积主要由回流、缓流和异重流所导致。船闸和升船机上游引航道（无隔流堤）最大年碍航泥沙淤积量为 0～1 万 m³（碍航高程为 139m），不至于碍航；船闸和升船机下游引航道隔流堤口门内外，最大年碍航泥沙淤积量为 0～19.2 万 m³（碍航高程为 57m），可采取机械清淤措施解决。关于通航水流条件，模型的流速、流态测量和船模试验成果说明上游引航道基本上满足通航要求，下游引航道的口门位置和走向尚需作适当调整。

　　枢纽运用 81～90 年的试验结果表明：船闸和升船机上游引航道（无隔流堤，航道长度 2530～2700m），最大年碍航泥沙淤积量为 118.4 万～157.3 万 m³（碍航高程为 139m），下游引航道（隔流堤长 2560m，口门外航道长 900m）最大年碍航泥沙淤积量为 132.7 万 m³（碍航高程为 57m），需采取修建冲沙闸、引清水削弱异重流、机械清淤等综合措施解决。关于通航水流条件，长江科学院模型的流速、流态和船模试验成果表明：四线方案（上游引航道有隔流堤），上游引航道口门区在坝前水位 145m、流量 30000m³/s 时，基本满足万吨级船队的航行条件，下游引航道口门区在流量 30000m³/s 时能满足万吨级船队通航要求，流量在 45000m³/s 和 55900m³/s 时，万吨级船队上行只能沿航道中心线以左航行。

2. 分散三级船闸布置方案

为适应不同通航建筑物布置方案的试验要求，1988 年南京水利科学研究院新建三峡工程坝区泥沙模型，模型比尺及模型沙均与原坝区泥沙模型相同，模拟河段范围上起美人沱，较原模型上延 4.5km，下至乐天溪以下 2km 的青鱼背，模拟河段全长约 20km。1989 年 7 月—1990 年 12 月进行分散三级船闸方案的试验研究。

分散三级船闸的原布置方案为：第一级双线船闸位于坛子岭上游 400m，第二级船闸位于望家坝附近，第三级船闸位于鹰子嘴附近。各级船闸之间均以中间渠道连接，各级船闸均为双线船闸，两船闸之间设冲沙闸。第一级船闸上游建长约 1600m 的防淤堤，第三级船闸下游建长 900m 的导堤（图 5 - 11）。原方案泥沙模型试验结果表明：当三峡枢纽运用至 30 年左右时，因上游右岸蛋子口山体挑流作用，主流偏靠左岸并紧贴防淤堤头部，原布置方案的船闸上游引航道口门区水流条件恶劣，无法通航（图 5 - 12）。经过多方案比较，采取开挖蛋子石山体（开挖量近 1000 万 m³），防淤堤头部筑挑流潜丁坝（长 300m）和船闸上口门左靠、上移等措施加以解决（图 5 - 13）。修改方案的试验结果表明：枢纽运用至 97 年，船闸上游和下游引航道口门区水流条件均达到通航要求，升船机上游和下游引航道的水流条件也基本上达到通航要求；船闸上游和下游引航道最大年碍航泥沙淤积量分别为 35.5 万 m³ 和 77 万 m³，利用冲沙闸引流 1000m³/s 冲沙后，平均冲沙效率在 70% 左右，如何提高冲沙闸的冲沙效率还需进一步试验研究。

三、三峡工程初步设计和技术设计阶段

在三峡工程可行性重新论证阶段，曾研究了永久船闸一线、二线、三线方案，根据航道尺度及水流条件，初选三线方案。据坝区泥沙模型试验结果，枢纽运行 30 年，上游引航道口门区水流条件可满足航行要求，但枢纽运行 50～80 年后，由于主流线左移，口门区流速增大，水流条件不能满足万吨级船队航行要求。经初步设计阶段进一步研究，选定四线方案。关于永久船闸的布置形式，初步设计阶段集中研究了双线连续五级船闸和带中间渠道的分散三级船闸两种方案，最终选定连续五级船闸方案[16]。

三峡工程技术设计阶段，根据三峡水利枢纽总体布置和坝区上游段河势变化的特点，船闸和升船机的上游引航道均布置在左岸缓流、回流区。关于

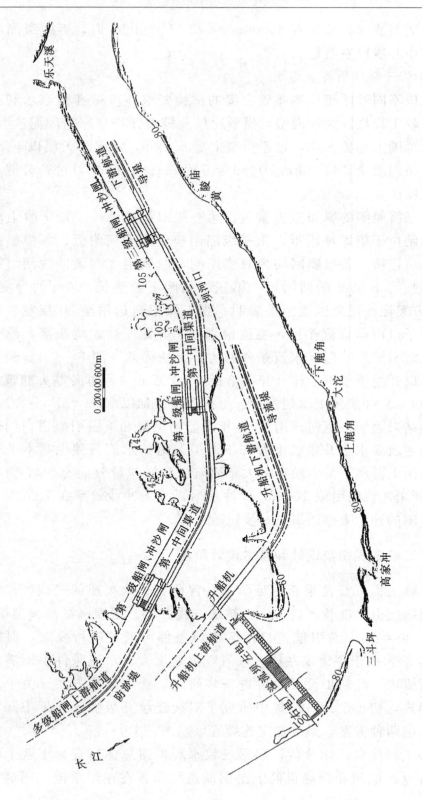

图 5 - 11 三级船闸带中间渠道方案布置图

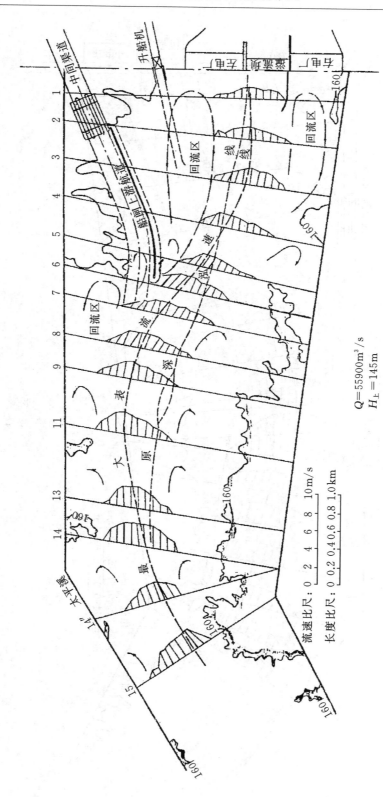

$Q=55900\text{m}^3/\text{s}$

$H_\text{上}=145\text{m}$

流速比尺：0　2　4　6　8　10m/s

长度比尺：0 0.2 0.4 0.6 0.8 1.0km

图 5-12　坝区上游段表面流速、流态（第 31 年淤积地形）

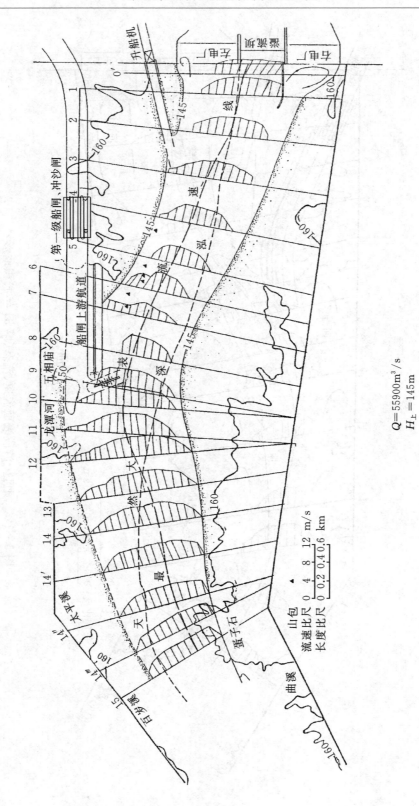

$Q=55900\text{m}^3/\text{s}$
$H_\pm=145\text{m}$

图 5 - 13　修改方案枢纽运用 97 年末坝区上游段表面流速分布图

船闸和升船机上游引航道布置，主要研究了缓建隔流堤方案、长隔流堤小包方案、长隔流堤大包方案和长隔流堤全包方案（表5-3和图5-14）。船闸和升船机下游引航道为船闸与升船机共用，布置在坝区下游段左岸，仍采用隔流堤布置方案。长江科学院、南京水利科学研究院和清华大学的坝区泥沙模型分别进行了船闸和升船机引航道各方案的泥沙淤积和流速流态试验研究，长江科学院坝区泥沙模型还进行了船模试验。模型试验的水沙条件均采用长江科学院水库淤积泥沙数学模型计算成果，计算采用1961—1970年水沙系列年，且未考虑三峡水库上游干支流新建水库和水土保持工程的拦沙效果[2-8]。

表5-3 三峡枢纽船闸和升船机上游引航道布置方案

缓建隔流堤方案	长隔流堤小包方案	长隔流堤大包方案	长隔流堤全包方案
船闸上游不设置隔流堤，仅在上游左侧设长200m的浮堤，右侧设长300m的浮堤。升船机上游右侧设置长250m的浮堤，待船闸和升船机上游引航道口门区不能满足通航条件时，才兴建隔流堤	船闸上游引航道长2113m，右侧设置隔流堤，堤头位置在祠堂包附近，口门宽度220m，堤顶高程150m。升船机上游右侧设置长250m的浮堤	枢纽运用32年内船闸上游右侧设置长660m的隔流堤，堤顶高程150m。32年后设长隔流堤，堤头位置与小包方案相同，但隔流堤下段稍向右移，升船机引航道也在长隔流堤内，船闸上游右侧660m短隔流堤仍保留。船闸充水口在短隔流堤外右侧	长隔流堤堤头位置与小包方案相同，隔流堤下段较大包方案右移，冲沙闸也在隔流堤内。隔流堤长2674m，堤顶高程150m。船闸上游右侧660m短隔流堤仍保留。船闸充水口在短隔流堤外右侧

1. 船闸和升船机上游引航道的布置

长江科学院、南京水利科学研究院和清华大学坝区泥沙模型进行了船闸和升船机上游引航道布置各种方案的试验研究。各方案泥沙淤积试验结果表明：枢纽运用30年内，坝前淤积量相对较小，坝区上游段的过水面积仍较大，不论是缓建隔流堤方案还是长隔流堤小包、大包、全包方案，船闸和升船机上游引航道泥沙淤积均不碍航。枢纽运用30年以后，长隔流堤小包、大包和全包方案的船闸上游引航道碍航泥沙淤积量相互差别不大，升船机上游引航道的泥沙淤积量则以长隔流堤小包方案相对最大，原因是隔流堤未把升船机引航道包围在内。全包方案上游引航道在枢纽运用30年内清淤量不大；枢纽运用70年后遇1954年大水年时，最大年清淤量为233.9万～495.8万m³，其中隔流堤口门内清淤量约占总清淤量的一半（表5-4）。长隔流堤全包方案将冲沙闸也包在隔流堤内，有利于充分发挥冲沙闸对上游引航道的冲沙作用。

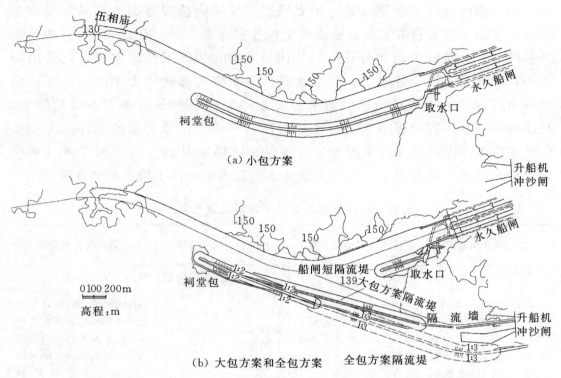

（a）小包方案

0 100 200m

高程：m

（b）大包方案和全包方案

图 5-14　三峡枢纽上游引航道长隔流堤小包、大包和全包方案

表 5-4　　　　　　　三峡枢纽上游引航道全包方案最大年清淤量

枢纽运用年限/年	模型建立单位	口门内外年总量/万 m³	口门内最大年清淤量/万 m³			口门外最大年清淤量/万 m³		
			总量	船闸引航道	升船机引航道	总量	口门区	连接段
31	长江科学院	54.5	26.7	24.5	0.5	27.8	18.5	9.3
	南京水利科学研究院							
	清华大学							
53	长江科学院	199.1	101.7	71.34	9.9	97.4	36.1	61.3
	南京水利科学研究院	(201.53)	(89.45)	82.25	7.20	112.08	51.69	60.39
	清华大学	325.2	209.0			116.2	42.0	74.2
75	长江科学院	233.9	128.2	87.8	12.2	105.7	41.0	64.7
	南京水利科学研究院	285.53	163.87	123.43	9.74	121.66	60.8	60.86
	清华大学	495.8	262.0	139.0	45.3	233.8	75.8	158.0

注　1. 清淤高程：船闸引航道为 139m，升船机引航道为 140m。

2. 清淤范围：口门外长 2300m，宽 220m。

3. 括号内数字未包括口门内船闸引航道与升船机引航道之间三角区的清淤量。

各方案水流条件和船模试验结果表明：枢纽运用 30 年内，不论是缓建隔流堤方案还是长隔流堤小包、大包、全包方案，均能满足船闸和升船机引航道的通航水流条件。枢纽运行 30 年以后，坝区上游段整体河势朝平顺微弯方向发展，近坝段形成左向弯道，深泓线逐步左移，由于长隔流堤小包、大包和全包方案的隔流堤头部均在祠堂包附近，上游引航道口门区流速、流态基本能满足通航水流条件（图 5-15）。关于船闸充水时对上游引航道的通航影响问题，长隔流堤小包方案取水口设在隔流堤外右侧，故船闸充水时对引航道通航无明显不利影响，长隔流堤大包和全包方案，船闸充水引起隔流堤内往复流的水位波幅较大，影响升船机的正常运行和船队航行，尚待进一步研究工程措施加以解决。

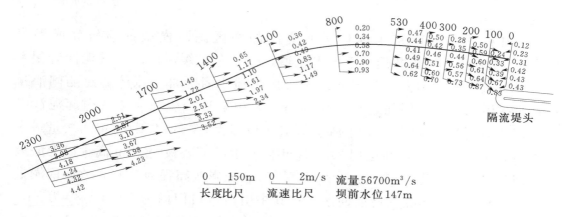

图 5-15　枢纽运用 70 年+6 年末全包方案上游引航道口门区
及连接段流速分布图（长江科学院模型）

从泥沙模型和船模试验成果的可靠性分析，泥沙模型试验条件方面留有较多的余地：一是采用的水文年系列为 1961—1970 年典型年系列，并且增加 1954 年型大水丰沙年，也未考虑三峡水库上游干支流新建水库和水土保持工程的减沙作用；二是船模试验采用的是现行 1942kW 推轮组成的万吨级船队，未考虑今后船型和性能的改进；三是万吨级船队的最大通航流量定为 56700m³/s，相当于枢纽防洪调度规划要求枢纽在防洪限制水位 145m 时应具有的泄洪能力，实际上在此流量级条件下，三峡枢纽与葛洲坝枢纽之间的航道和坝下游河道已不宜于万吨级船队航行。

三峡工程正式开工以后，有关主管部门综合分析各方案的优缺点和枢纽施工进展情况，决定采用在船闸和升船机上游引航道修建长隔流堤的全包方案，要求在 2003 年三峡水库蓄水至 135m 之前，充分利用施工弃渣将隔流堤填筑至设计堤顶高程 150m，并建成连接大坝的混凝土直立墙，取消船闸上游右侧长 660m 的短隔流堤；对船闸充水时隔流堤内往复流引起的升船机误载水深问题，需进一步研究解决措施。隔流堤全长 2670m，堤顶高程 150m。

2. 船闸和升船机下游引航道的布置

船闸和升船机下游引航道位于枢纽左岸的缓流区，枢纽运用后泥沙淤积量较大；汛期溢流坝泄洪时，坝下游河段的流速、流态对船舶（队）航行极为不利。因此，在船闸和升船机下游引航道设置共用的隔流堤，形成独立的人工静水航道，以防止枢纽泄洪时急流及波浪对船舶航行的影响；还可减少引航道内的泥沙淤积；且在引航道内泥沙淤积较多，需采用动水冲沙时，隔流堤又起到束水攻沙作用。根据坝区泥沙模型试验结果分析，选定隔流堤头部位于坝河口附近，堤长 3550m，口门宽 200m，堤顶高程：上段为 78m，中下段为 76m（图 5 - 16）[16]。

长江科学院和南京水利科学研究院的坝区泥沙模型试验研究成果表明[6-7]：船闸和升船机共用的下游引航道，位于左岸缓流区内，其泥沙淤积主要由异重流、缓流和回流所导致。由于船闸泄水时大部分水体通过船闸泄水廊道直接泄入长江，因而避免了船闸泄水入引航道产生往复流并引起泥沙淤积。枢纽运用初期 30 年内，下游引航道底板高程 56.5m 以上的年回淤量最大为 40 万～60 万 m³。枢纽运用 31～54 年内，引航道底板 56.5m 高程以上的最大年回淤量为 200 万～280 万 m³（表 5 - 5）。因碍航高程为 57m，故此回淤量相当于包括超挖 0.5m 的碍航回淤量；其中引航道口门内为 60 万～80 万 m³，约占总回淤量的 30%。枢纽运用 51～76 年内，最大年回淤量为 330 万 m³ 左右，其中引航道口门内回淤量约占总回淤量的 30%。

表 5 - 5　　　　　　　　　　三峡枢纽下游引航道最大年清淤量

枢纽运用年限/年	模型建立单位	口门内外年淤清总量/万 m³	口门内年清淤量/万 m³	口门外清淤量/万 m³		
				总量	口门区	连接段
31	长江科学院	57.7	24.4	33.3	10.0	23.3
	南京水利科学研究院	40.6				
53	长江科学院	201.8	59.9	141.9	67.3	74.6
	南京水利科学研究院	280.0	78.4	201.6	80.64	120.96
75	长江科学院	325.9	103.4	222.5	89.9	132.6
	南京水利科学研究院	323.76	90.65	233.11	93.24	139.87

注　1. 船闸引航道清淤高程为 56.5m，升船机引航道为 58.0m。
　　2. 口门外清淤范围为长 2000m、宽 200m。

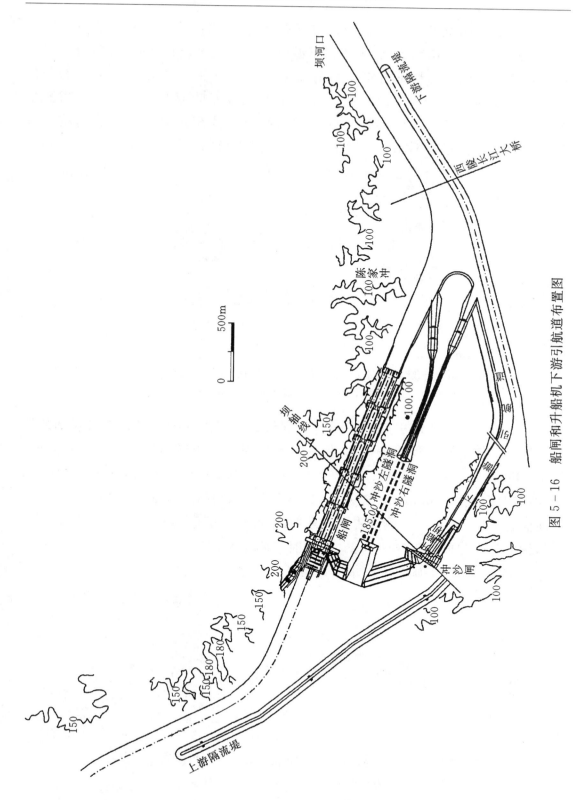

图 5-16　船闸和升船机下游引航道布置图

船闸和升船机下游引航道的水流条件和船模试验结果表明：枢纽运用初期 30 年、中期 54 年和远期 76 年，下游引航道口门区航行有效水域内的流速、流态均基本一致，在坝下游水位由葛洲坝水利枢纽坝前水位 66m 控制的条件下，当流量为 35000m³/s 时，能全面满足万吨级船队通航水流条件；当流量为 45000m³/s 和 56700m³/s 时，航道中心线以左能满足万吨级船队通航水流条件，但万吨级船队不能沿航道中心线以右进入口门（图 5-17）。

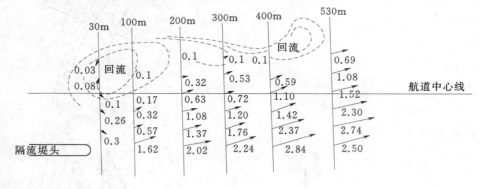

图 5-17 三峡枢纽下游引航道口门区流速流态（流速单位：m/s）
（长江科学院模型，流量为 56700m³/s）

船闸和升船机下游引航道在三峡工程第二期施工期间，兼为临时船闸的下游引航道，故下游隔流堤在 1998 年 5 月 1 日建成并正式运用。实测资料表明：流量 44800m³/s 时，口门区（堤头下游 530m、宽 200m）最大流速为 1.87m/s，最大横向流速为 0.83m/s，最大纵向流速为 1.79m/s，回流流速小于 0.4m/s；横向流速大于 0.3m/s 的测点占测点总数的 30%（图 5-18）[17]。1998 年交通部门组织的临时船闸试航结论为："从临时船闸汛期试航结果可见，当 42000m³/s 流量以下时，临时船闸及上、下引航道的水流条件尚好。"[18]

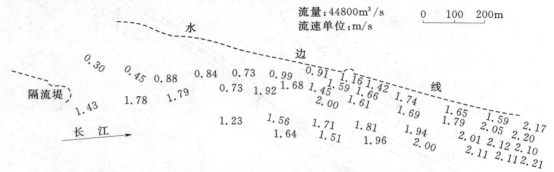

图 5-18 三峡枢纽施工二期下游引航道口门区和连接段
实测流速分布（1998 年 8 月 4 日测）

第五节　通航建筑物引航道防淤和清淤措施

一、引航道泥沙淤积的特点

根据上述坝区泥沙模型试验成果分析，船闸和升船机引航道泥沙淤积特点如下。

1. 船闸和升船机上游引航道

（1）上游引航道口门内泥沙淤积主要为异重流泥沙淤积和船闸充水引起的往复流泥沙淤积，口门外为回流和缓流泥沙淤积。

（2）上游引航道泥沙淤积量随枢纽运用年限的增长而增加，并随不同水文年来水来沙不同而变化。

（3）上游引航道口门内和口门外的清淤量约各占引航道总清淤量的一半。

（4）上游引航道泥沙淤积主要集中于汛期，而泥沙淤积碍航也主要发生于汛期坝前水位为防洪限制水位145m的时段。

2. 船闸和升船机下游引航道

（1）下游引航道口门外泥沙淤积主要为缓流和回流泥沙淤积，口门内则主要为异重流泥沙淤积。由于船闸泄水时大部分水体通过船闸泄水廊道直接排至引航道外，避免了口门内发生往复流并导致泥沙淤积；引航道口门外主河道水位涨落引起的往复流则相对较弱。

（2）引航道泥沙淤积量随枢纽运用年限的增长而增加，并随不同水文年来水来沙不同而变化。

（3）引航道口门内的清淤量约占引航道总清淤量的30％。泥沙模型试验预测枢纽运用75年后口门内的年清淤量为100万m^3左右（表5-5）。根据施工期1999年3月与1998年5月下游引航道两次测图比较，下游引航道口门内底板高程56.5m以上的泥沙淤积量为101.54万m^3，在此期间口门内未进行清淤。1998年为丰水丰沙年，与水库淤积平衡后遇1954年丰水丰沙年的水沙条件相近，说明上述泥沙模型试验结果是可信的[17]。

（4）口门内泥沙淤积分布为自口门往上游递减，淤积主要集中在近口门的1km范围内，此一特点亦与1998年实测情况基本一致。

（5）下游引航道泥沙淤积主要集中于汛期，而泥沙淤积碍航现象则主要出现在枯水期坝下游水位较低时段。

二、引航道防淤清淤措施研究

关于三峡水利枢纽通航建筑物引航道防淤清淤问题，初步设计和技术设计阶段，有关单位进行了大量的泥沙模型试验、现场试验和设计研究工作[19-36]。在防淤措施方面，先后研究了三种措施：引客水破异重流；在口门处利用射流破异重流，其中包括口门处设置水帘、气帘和近底射流破异重流；在口门处设置潜坝拦阻异重流。在清淤措施方面，先后研究了引流冲沙、引流结合松动冲沙和机械疏浚等方案。

1. 引客水破异重流

船闸引航道隔流堤内的泥沙淤积主要是由异重流从口门潜入引航道所造成。该项措施是在引航道上游端引进清水（亦称客水），使引航道内的水体形成向口门外流动的状态，以阻止异重流从口门处进入，达到防止引航道内泥沙淤积的目的。

长江科学院、武汉水利电力大学、清华大学对三峡工程引航道引客水破异重流措施进行了研究。长江科学院异重流水槽和坝区泥沙模型的试验研究结果表明：当客水流速与异重流头部运行速度之比为 1.30～1.99 时，可阻止异重流头部向上游移动；对三峡工程船闸下游引航道而言，客水流量为 200m³/s 的拦沙率仅为 10%，客水流量为 400m³/s 时的拦沙率可达 55%[19-21]。武汉水利电力大学在局部概化模型上研究了破除上游引航道异重流淤积的引客水方案，认为在上游引航道建容量为 500 万 m³ 的沉沙池，汛期引入流量 75m³/s 左右的客水，可做到引航道内基本不发生泥沙淤积[22]。清华大学在下游引航道模型上研究了下游引航道防淤清淤措施，结果认为：汛期可利用临时船闸改建成的冲沙闸引入流量约 600m³/s 的客水，可以破除下游引航道异重流及口门回流；汛期末利用冲沙闸下泄 2500m³/s 流量，同时降低葛洲坝枢纽坝前水位至 63m 进行冲沙；冲沙后辅以机械挖泥清除局部淤沙[23]。

2. 射流破异重流

船闸和升船机上、下游引航道口门内的泥沙淤积主要由异重流引起，设想在引航道口门附近利用射流来破坏异重流头部的上溯运行，阻止异重流进入引航道内，减小引航道内的泥沙淤积量。射流的形式包括水帘、气帘和水平附壁射流三种。

（1）水帘破异重流。在引航道口门附近引航道底部布置横向管道，并在管道上设均匀分布的小孔，压力水由管道小孔垂直向上喷出，形成垂直于河底的射流紊动区，相当于形成一个水帘，以阻止或减弱异重流头部潜入引航道内（图5-19）。长江科学院水槽和坝区泥沙模型试验研究结果表明[20,21,24]：水帘的拦沙率与管孔数量、布置、喷孔流速、喷孔直径等因素有关，当喷孔流速为 10.2m/s、喷水流量为 75m³/s 时，拦沙率为 26％。

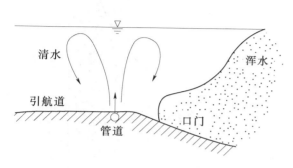

图 5-19　水帘喷孔附近流场示意图　　　　图 5-20　气帘喷孔附近流场示意图

（2）气帘破异重流。气帘拦阻异重流头部上溯运动的机理与水帘类似（图5-20）。压缩空气喷射进入静水后，由于喷孔出口处气流流速较大，气流和水体未能充分渗混，而始终保持气、液两相界面直到水面逸出，当异重流在口门处遭气帘破坏后，次生异重流现象更明显。长江科学院水槽和坝区泥沙模型试验结果表明[21,24]，气帘的拦沙率与喷孔数量、喷孔布置、喷孔流速、喷孔直径等因素有关，当喷孔流速为 72.9m/s、喷气流量为 500m³/s 时，拦沙率为 14％。

（3）水平附壁射流破异重流。在引航道口门处靠近河底加入水平附壁紊动射流客水，射流向下游发展过程中，上部边界和自由射流一样卷吸周围流体，射流厚度逐渐增大，当射流厚度大于异重流头部的厚度，且射流断面流速不小于异重流头部运动速度时，可阻止异重流自引航道口门上溯运动（图5-21）。长江科学院在异重流水槽中进行了水平附壁射流破异重流试验研究[25-26]。试验结果表明：拦沙率与水深、浑水含沙量、喷口厚度及喷口流量等因素有关，在水深为 15cm、含沙量为 3.0～4.1kg/m³ 的情况下，喷口流量为 200～600L/h、相应射流流速为 4.6～22.2cm/s 时，拦沙率为 71％～97％，说明水平附壁射流的拦沙效果较好。结合三峡水利枢纽船闸下游引航道的水流、泥沙情况估算，射流流量为 22.4m³/s。

3. 潜坝拦阻异重流

设想在引航道口门处设置可调整顶部高程的潜坝，例如通用的橡胶坝，汛期河道水位高和含沙量大的时段，潜坝顶部水深仅需保持等于通航要求的水深，就可拦阻部分异重流从河道潜入引航道口门内（图5-22）。长江科学院的试验研究结果表明：无论潜坝采用何种高度，都有一定的拦沙效果，当潜坝高度为水深的 0.6 倍时，拦沙率为 43%～62%[26]。

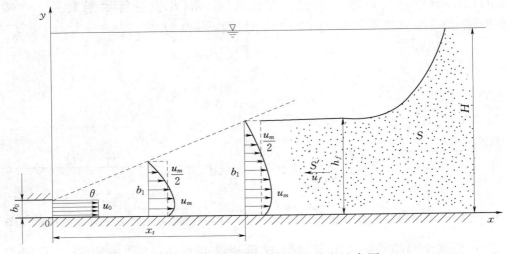

图 5-21 水平附壁射流破异重流示意图

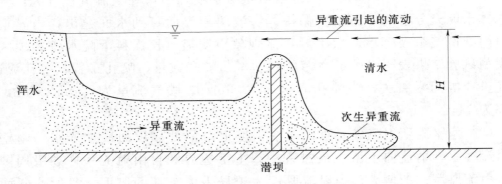

图 5-22 潜坝拦阻异重流示意图

4. 引流冲沙

引流冲沙是通过冲沙闸或冲沙隧洞引流入引航道，利用水力冲走引航道内的泥沙淤积物。引流冲沙是解决葛洲坝枢纽船闸引航道泥沙淤积的主要措施，30 年来通航实践表明：每年汛期及汛期末运用冲沙闸引流冲沙，辅以少量机械清淤，有效地保持了三江航道和大江航道畅通；冲走 1m³ 泥沙平均耗水量约为 200m³[27]。

在引流冲沙过程中利用机械直接松动床面，或利用射流冲起河底泥沙，以提高引流冲沙的效果，在三峡工程初步设计和技术设计阶段有关单位对此进行了专题研究。长江科学院等单位对垂直射流和水平射流冲动泥沙的机理进行了水槽试验研究[26]，结果表明，在引流冲沙时利用射流冲刷河底，能显著提高冲沙效果，射流冲刷坑的尺寸与喷射角度、喷嘴出口流速、喷嘴流量等因素有关，射流入射角以 15°为宜。长江水利委员会三峡水文水资源勘测局和长江航道局在葛洲坝枢纽三江下游引航道进行了射流松动冲沙试验[28]，射流系统利用长江航道局吸盘 1 号挖泥船的射流设备，包括 2 台清水流量为 1080m³/h、压强为 0.7MPa 高压水泵，2 排每排 24 只直径 22mm 的喷嘴，排宽为 8m。试验过程中三江下游引航道的冲沙流量为 1860～2680m³/s，试验结果说明射流松动冲沙有一定效果，但由于试验所用的冲沙船和射流装置并非专用设备，还有待进一步开展专项试验研究。

5. 机械疏浚

采用上述引流冲沙或引流结合松动冲沙的措施对清除引航道口门内的泥沙淤积物效果较优，但引航道口门外的清淤以及引航道口门内局部淤积物的清除仍主要依靠机械疏浚解决。

三、三峡水利枢纽引航道防淤清淤措施综合分析

三峡工程可行性重新论证阶段，根据坝区泥沙模型试验成果分析，设计部门认为在枢纽运行初期 30 年内，引航道泥沙淤积问题可以采取疏浚措施解决；当水库运行 80 年接近冲淤平衡时，暂按预留防淤冲沙工程位置，下阶段再研究确定具体方案[37]。

三峡工程初步设计阶段，根据坝区泥沙模型试验成果分析，设计部门认为在枢纽运行 30 年内，引航道泥沙淤积问题可采用机械清淤解决；水库运行 80 年后引航道泥沙淤积量较大，可采用冲沙设施解决。冲沙设施由临时船闸坝段改建的冲沙闸和永久船闸两侧各 2 条隧洞组成。冲沙闸的最大过流能力为 3500m³/s，4 条隧洞总过流能力为 6000m³/s[9]。

三峡工程技术设计阶段设计部门提出的船闸（含升船机）上游引航道防淤减淤措施为：水库运行 30 年内采取机械清淤措施；水库运行远期一般年份采取机械清淤措施，"大水大沙"年份还需辅以其他措施；隔流堤在水库运行初期不建，只利用施工弃渣填筑 130m 高程以下的堤基。船闸（含升船机）下游引航道防淤减淤措施为：兴建隔流堤；船闸最后一级闸室内的大部分水体泄到引航道外；临时船闸改建成过流量 2500m³/s 的冲沙闸；抓紧研究水力门帘、气门帘、截沙槽等措施，选择最优方案，在需要时实施[16]。

三峡工程 1994 年正式开工以来，除先后建成下游引航道隔流堤和将临时船闸改建为冲沙闸外，进一步研究了上游引航道隔流堤布置方案和下游引航道冲沙方案。在有关部门决定采用上游引航道隔流堤全包方案后，长江科学

院、南京水利科学研究院和清华大学的坝区泥沙模型进行了引航道冲沙方案试验研究[29-35]，试验条件为：上游引航道隔流堤按全包方案修建，地下电站建成运行，冲沙设施包括过流量 2500m³/s 的冲沙闸、过流量 1500m³/s 的左冲沙隧洞，过流量 1000m³/s 的右冲沙隧洞（图 5-23）；坝区上游段地形按水库运行 76 年基本达到淤积平衡的地形塑造；试验水沙条件为枢纽运用 66 年的水沙过程（1966 年型中水大沙年）。在枢纽过流量 30000m³/s、坝前水位145m、葛洲坝枢纽坝前水位 63m 的条件下，进行冲沙流量 2500m³/s、4000m³/s 和 5000m³/s 三组试验，每组试验冲沙历时均为 24h。试验结果表明[33-35]：冲沙效果随冲沙流量增加而增大，其中以冲沙流量由 2500m³/s 增大至 4000m³/s，其冲沙率增幅最大（表 5-6）；各部位的冲沙率以引航道口门内最大，口门区次之，连接段冲沙率最小；相应三种冲沙流量的口门内冲沙率最大值约为 50%，口门区约为 30%，连接段约为 5%。

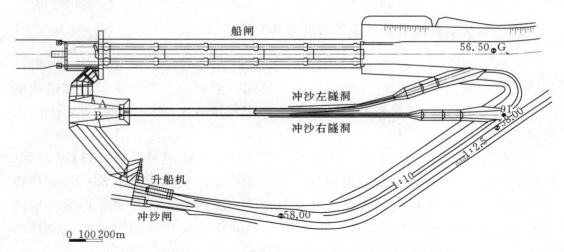

图 5-23 冲沙隧洞平面布置图

表 5-6 船闸和升船机上下游引航道冲沙效果

冲沙流量 /(m³/s)	航道	部位	冲沙前淤积量/万 m³			冲沙量/万 m³			冲沙率/%		
			长江科学院模型	南京水利科学研究院模型	清华大学模型	长江科学院模型	南京水利科学研究院模型	清华大学模型	长江科学院模型	南京水利科学研究院模型	清华大学模型
2500	上游引航道	口门内	77.3	97.2	107.0	19.6	34.8	16.3	25.4	35.8	15.2
		口门区	30.5	32.9	29.0	6.3	5.8	1.4	20.7	17.6	4.8
		连接段	41.7	30.3		0	0		0	0	
		合计	149.5	160.4		25.9	40.7		17.3	25.4	

冲沙流量/(m³/s)	航道	部位	冲沙前淤积量/万m³			冲沙量/万m³			冲沙率/%		
			长江科学院模型	南京水利科学研究院模型	清华大学模型	长江科学院模型	南京水利科学研究院模型	清华大学模型	长江科学院模型	南京水利科学研究院模型	清华大学模型
2500	下游引航道	口门内	63.8	58.4		16.5	11		25.9	18.8	
		口门区	51.1	59.4		6.0	13.2		11.7	22.2	
		连接段	85.2	93.9		0	4.4		0	4.7	
		合计	200.1	211.7		22.5	28.7		11.2	13.6	
4000	上游引航道	口门内	77.3	97.2	107.0	37.4	56.7	25.1	48.4	58.3	23.5
		口门区	30.5	32.9	29.0	8.0	6.5	1.5	26.2	19.8	5.2
		连接段	41.7	30.3		0	0		0	0	
		合计	149.5	160.4		45.4	63.2		30.4	39.4	
	下游引航道	口门内	63.8	58.4		31.2	25.5		48.9	43.7	
		口门区	51.1	59.4		9.0	16.4		17.6	27.6	
		连接段	85.2	93.9		0	4.4		0	4.7	
		合计	200.1	211.7		40.2	46.3		20.1	21.9	
5000	上游引航道	口门内	77.3	97.2	107.0	43.0	43.8	29.0	55.6	45.1	27.1
		口门区	30.5	32.9	29.0	9.5	1.8	1.8	31.1	5.5	6.2
		连接段	41.7	30.3		0.5	0		1.2	0	
		合计	149.5	160.4		53.0	45.7		35.5	28.5	
	下游引航道	口门内	63.8	58.4		34.8	29.1		54.5	49.8	
		口门区	51.1	59.4		11.3	23.0		22.1	38.7	
		连接段	85.2	93.9		0	5.6		0	6.0	
		合计	200.1	211.7		46.1	57.7		23.0	27.3	

　　根据以上各设计阶段对三峡水利枢纽船闸与升船机引航道泥沙淤积碍航问题的研究，对引航道防淤清淤措施作如下综合分析。

　　1. 关于三峡水库上游来沙变化

　　在三峡工程可行性重新论证、初步设计阶段和技术设计阶段，对于引航道泥沙淤积过程和数量的预测均采用1961—1970年典型系列年的水沙过程作为进库水沙条件，且不考虑上游干支流新建水库和水土保持工程的拦沙作用。20世纪90年代以来上游来沙量明显减小，而且金沙江溪洛渡、向家坝和嘉陵江亭子口水利枢纽已初期蓄水发电，三峡水库上游来沙量在较长时期内将继续保持减小趋势。引航道泥沙淤积进程和碍航程度将较设计阶段的预测推迟和减轻。

2. 关于引航道泥沙淤积碍航的时段

三峡水利枢纽上游引航道泥沙淤积碍航主要发生在汛期坝前水位较低的时段，在此期间坝前水位一般保持在防洪限制水位 145m，可能因泥沙淤积而碍航，防淤清淤的目标主要是保证汛期航道畅通。对于下游引航道而言，泥沙淤积碍航主要发生在枯水期枢纽下泄流量较小、坝下游水位较低的时段，可能因前期的泥沙淤积而发生碍航，防淤清淤的目标主要是保证枯水期航道畅通。

3. 关于引航道泥沙淤积特点

（1）上游引航道口门内的泥沙淤积主要为异重流泥沙淤积和船闸充水引起的往复流泥沙淤积，口门外为缓流和回流泥沙淤积；下游引航道口门内的泥沙淤积主要为异重流引起的泥沙淤积，口门外主要为缓流和回流泥沙淤积。吸取葛洲坝水利枢纽二江、三江船闸下游引航道运行经验，三峡船闸泄水直接进入大江，避免因泄水进入下游引航道而产生往复流并导致泥沙淤积。

（2）上、下游引航道泥沙淤积量随枢纽运用年限的增长而增加，并随不同水文年来水来沙不同而变化。

（3）枢纽运用 75 年末，上游引航道最大年清淤量为 233.9 万～495.8 万 m³；上游引航道口门内和口门外的碍航清淤量各约占引航道碍航总清淤量的一半。枢纽运用 75 年末，下游引航道最大清淤量为 330 万 m³ 左右；下游引航道口门内的碍航清淤量约占碍航总清淤量的 30%，且主要集中在近口门的 1km 范围内。

4. 关于引航道防淤措施

上述三种引航道防淤措施均有一定的防淤效果，但需要配置专用设施和水源，汛期内连续运行，还需长期维护。枢纽运用初期 30 年，即使采用 1961—1970 年典型系列年的水沙条件，上、下游引航道的最大年清淤量也各为 50 万 m³ 左右，根据三峡工程施工期临时船闸下游引航道的航道维护实践经验，可以利用冲沙闸引流冲沙和采取机械清淤措施保持航道畅通，无需新建引航道防淤设施。

5. 关于引航道引流冲沙措施

引流冲沙是解决引航道泥沙淤积碍航问题的有效措施。上述试验研究成果表明：利用已建的冲沙闸和新建两条隧洞，冲沙流量达到 5000m³/s 条件下，上、下游引航道口门内的冲沙效率均为 50% 左右，口门外的冲沙效率则小于 30%，加以上、下游引航道口门内清淤量仅占上、下游引航道总清淤量的 50% 和 30%，还需采取其他清淤措施。新建两条隧洞不仅工程投资较大和需要长期维护，而且今后三峡水库上游新建水库群后，汛末冲沙水源难以得到保证。因此，宜充分发挥已建冲沙闸（流量 2500m³/s）的引流冲沙作用，并辅以机械松动以提高引航道内冲沙效率。

6. 关于引航道机械清淤措施

根据葛洲坝水利枢纽船闸引航道机械清淤的实践经验，机械清淤是解决引航道泥沙淤积碍航问题的有效措施之一。三峡水利枢纽通航建筑物上、下游引航道直线段的底宽均为 180m，机械清淤作业采取半边挖泥、半边通航的作业方式，对通航基本无影响。

综上所述，三峡水利枢纽船闸、升船机引航道的泥沙淤积碍航问题可采取机械清淤为主、冲沙闸引流冲沙为辅（冲沙流量 2500m³/s，结合机械松动）的综合措施加以解决。

第六节　电站引水防沙措施

根据三峡水利枢纽的总体布置，溢流坝位于主河槽，其两侧为左电厂和右电厂，地下电站位于与右电厂相毗邻的白岩尖山体内。不同正常蓄水位方案的枢纽总体布置基本一致。正常蓄水位 175m 方案，左电厂布置 14 台水轮发电机组，右电厂布置 12 台水轮发电机组，进水口底板高程均为 110m（技术设计阶段改为 108m）；地下电站布置 6 台水轮发电机组，进水口底板高程为 113m，地下电站与右电厂前缘有连通道相通。连通道底部高程为 140m，最小宽度为 162m。

长江科学院、南京水利科学研究院和清华大学的坝区泥沙模型先后进行了正常蓄水位 150m、160m、170m、175m 方案的电站引水防沙措施试验研究，对正常蓄水位 175m 方案通航建筑物上游引航道隔流堤小包方案、大包方案、全包方案、全包方案（地下电站联合运行）的电站泥沙问题分别进行了试验研究[6-14,38-40]。模型试验的水沙条件均按长江科学院水库淤积泥沙数学模型计算成果，计算采用 1961—1970 年水沙系列年，且未考虑三峡水库上游干支流新建水库和水土保持工程的拦沙效果[5]。以下简述正常蓄水位 175m 方案的研究成果。

一、电站前的水流状态

1. 左、右电厂前流速流态

三峡水利枢纽运用后，坝区上游段的河势逐步向规顺、微弯方向调整，主流正对溢流坝段。左、右电厂前流速、流态的特点为：①汛期一般情况下坝前水位维持145m，洪水从泄洪深孔下泄，左、右电厂前形成两个方向相反的大回流区，非汛期坝前水位逐步抬高至175m，回流强度大为减弱；②汛期回流强度随枢纽泄洪流量的加大而增强；③随着枢纽运用年限的增长，坝前两侧边滩逐渐形成并淤高扩大，回流范围逐渐缩小，回流强度则逐渐增大。

枢纽运用不同时期，左电厂前均形成一逆时针方向的回流区，右电厂前则为顺时针方向的回流区。回流区的最大表面流速随枢纽运用年限增长和枢纽下泄流量加大而增加。枢纽运用不同时期，左、右电厂前和地下电站联合运行条件下，左、右电厂前的最大回流表面流速见表5-7和图5-24[39]。

表5-7 枢纽运用不同时期左、右电厂前最大回流表面流速

部 位	表面流速/(m/s)								
	枢纽运用32年			枢纽运用54年			枢纽运用76年		
	35000 m³/s	45000 m³/s	56700 m³/s	35000 m³/s	45000 m³/s	56700 m³/s	35000 m³/s	45000 m³/s	56700 m³/s
左电厂前	0.44	0.47	0.51	0.56	0.62	0.67	0.84	0.96	1.16
右电厂前	0.37	0.38	0.45	0.57	0.61	0.84	1.02	1.07	1.12

注 1. 表中所列流量为枢纽总泄量，坝前水位均为145m。
 2. 地下电站6台机组均运行，过流量共5400m³/s。

2. 地下电站前流速流态

地下电站的来水由两部分组成，大部分来源于电站引水渠进口，小部分来源于地下电站引水渠与右电厂前之间的连通道。电站前引水渠流态复杂，形成电站前左侧和右侧以及引水渠进口3个回流区。随着枢纽运用年限增长，引水渠泥沙淤积增加，电站前回流区范围有所缩小，回流流速有所增加，电站前缘流速也相应加大。枢纽运用76年末，电站前缘最大表面流速为1.06~1.25m/s（表5-8、图5-25）；同时，连通道进流比例加大，流速增加，最大表面流速为1.90~2.27m/s，电站前缘和连通道流速增加，水头损失加大，减少电站发电出力。修建连通道隔流堤（堤顶高程为150m），使汛期电站进水由正向和侧向混合进流变为正向单一进流，效果较好[39]。

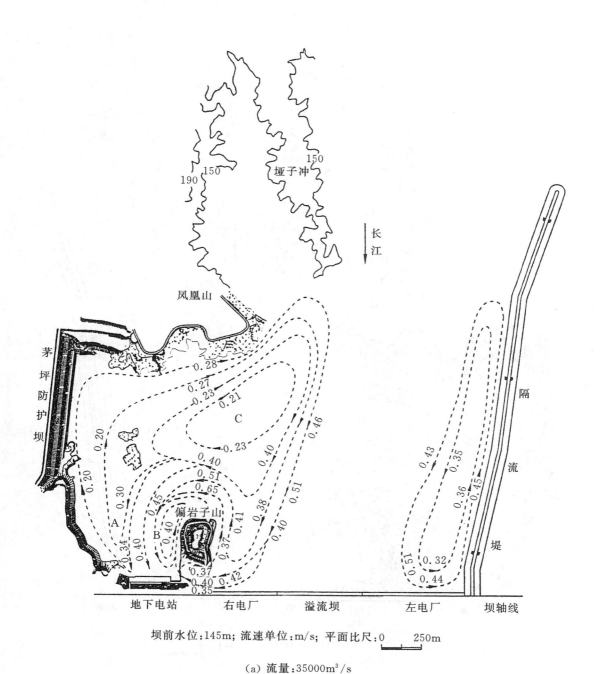

坝前水位：145m；流速单位：m/s；平面比尺：0 ⊢ 250m

(a) 流量：35000m³/s

图 5－24（一）　枢纽运用 30 年＋2 年末电厂前流场图

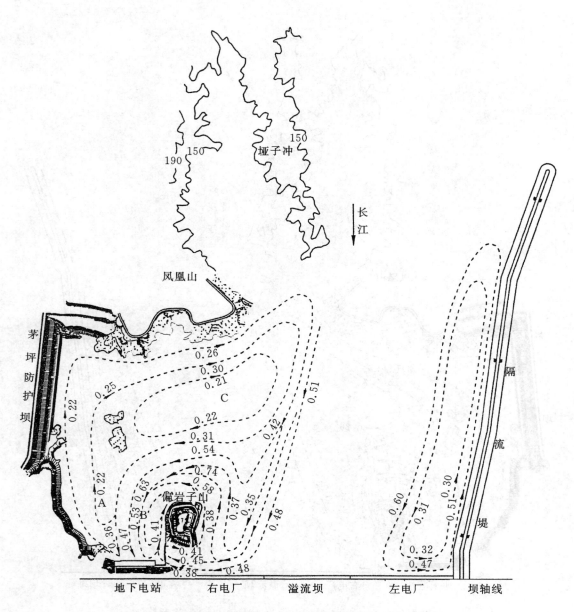

坝前水位:145m;流速单位:m/s;平面比尺:0 ⊢───┤ 250m

(b)流量:45000m³/s

图 5-24(二)   枢纽运用 30 年+2 年末电厂前流场图

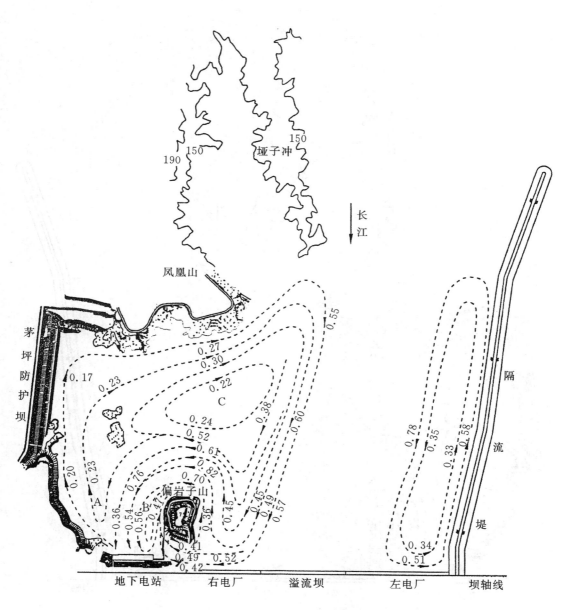

坝前水位：147m；流速单位：m/s；平面比尺：0 250m

（c）流量：56700m³/s

图 5-24（三） 枢纽运用 30 年+2 年末电厂前流场图

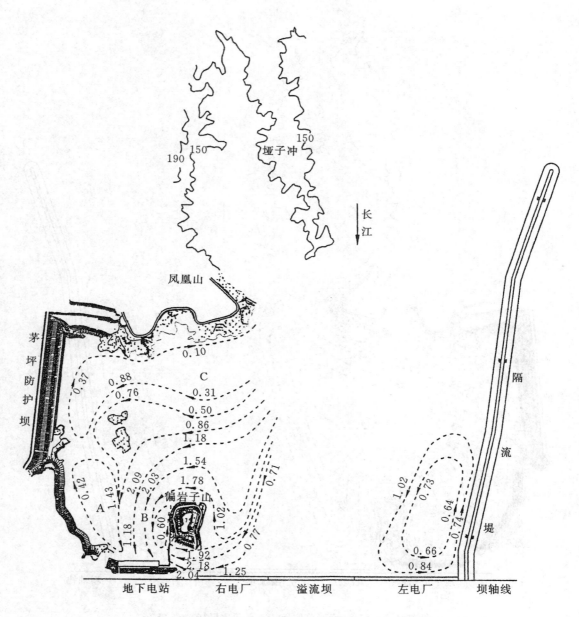

坝前水位:145m；流速单位:m/s；平面比尺:0 —— 250m

(a) 流量:35000m³/s

图 5 - 25 (一)　枢纽运用 70 年＋6 年末电厂前流场图

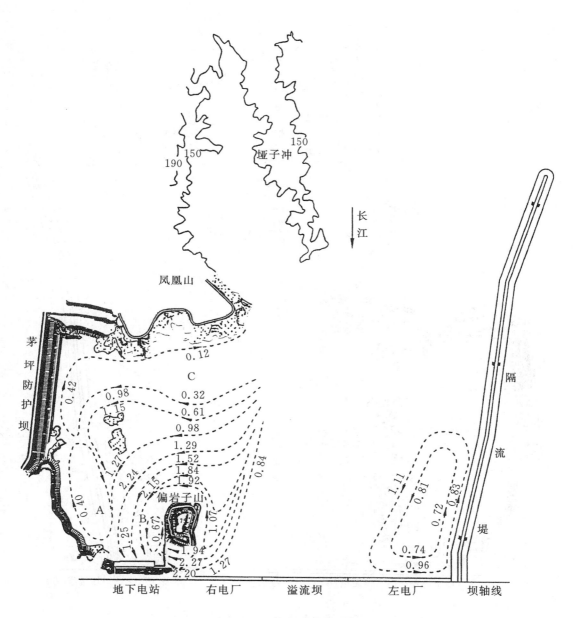

坝前水位:145m; 流速单位:m/s; 平面比尺:0 ⊢——⊣ 250m

(b) 流量:45000m³/s

图 5-25（二） 枢纽运用 70 年＋6 年末电厂前流场图

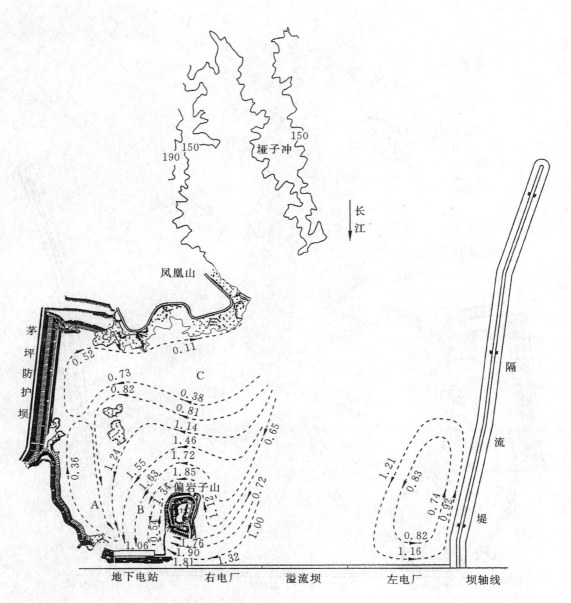

坝前水位:147m;流速单位:m/s;平面比尺:0 ⊢———⊣ 250m

(c)流量:56700m³/s

图 5-25(三) 枢纽运用 70 年＋6 年末电厂前流场图

表 5-8　　枢纽运用不同时期地下电站引水渠最大表面流速和
最大回流表面流速

部　位	表面流速/(m/s)								
	枢纽运用 30 年＋2 年			枢纽运用 50 年＋4 年			枢纽运用 70 年＋6 年		
	35000 m³/s	45000 m³/s	56700 m³/s	35000 m³/s	45000 m³/s	56700 m³/s	35000 m³/s	45000 m³/s	56700 m³/s
电站前缘	0.40	0.47	0.54	0.57	0.67	0.86	1.18	1.25	1.06
引水渠进口	0.65	0.74	0.82	0.84	0.95	1.12	1.78	1.92	1.85
电站前左侧回流区	0.40	0.42	0.47	0.58	0.61	0.62	0.61	0.67	0.54
电站前右侧回流区	0.21	0.25	0.23	0.24	0.23	0.24	0.42	0.40	0.36

注　1. 表中所列流量为枢纽总泄量，坝前水位均为 145m。

　　2. 地下电站 6 台机组均运行，过流量共 5400m³/s。

二、电站尾水渠水流状态

左电厂下游尾水渠左岸开挖边线突出，距左电厂下游隔流堤最窄处宽度仅 300m。枢纽运用不同年份尾水渠流速、流态基本相似，在尾水渠 220m 范围内，流态较为紊乱，该范围以下流态相对稳定，尾水渠最大表面流速为 2.05～2.79m/s（表 5-9、图 5-26）[39]。左岸突出岸线有一定阻水作用，但未形成明显壅水。

表 5-9　　　　　　　电站尾水渠最大表面流速

部　位	表面流速/(m/s)								
	枢纽运用 30 年＋2 年			枢纽运用 50 年＋4 年			枢纽运用 70 年＋6 年		
	35000 m³/s	45000 m³/s	56700 m³/s	35000 m³/s	45000 m³/s	56700 m³/s	35000 m³/s	45000 m³/s	56700 m³/s
左电厂尾水渠	2.69	2.53	2.05	2.76	2.64	2.18	2.79	2.62	2.19
右电厂尾水渠	2.55	2.15	2.07	2.59	2.26	2.13	2.66	2.24	2.15
地下电站尾水渠	2.43	2.08	1.88	2.38	2.12	1.93	2.45	2.14	1.98

注　1. 表中所列流量为枢纽总泄量。

　　2. 地下电站 6 台机组均运行，机组过流量共 5400m³/s。

右电厂尾水渠原为导流明渠，岸线平顺，基本无阻水作用。枢纽运用不同年份尾水区流速、流态基本相似。尾水渠 225m 范围内流态紊乱，该范围以下流态相对稳定。尾水渠最大表面流速为 2.07～2.66m/s[39]。

　　地下电站尾水渠位于右电厂尾水渠右侧，中心线交角约为 44°。尾水渠右岸岸线顺直，基本无阻水作用。地下电站与右电厂同时运行时，两股尾水交汇，地下电站尾水渠出流顺畅。尾水渠最大表面流速为 1.88～2.45m/s[39]。

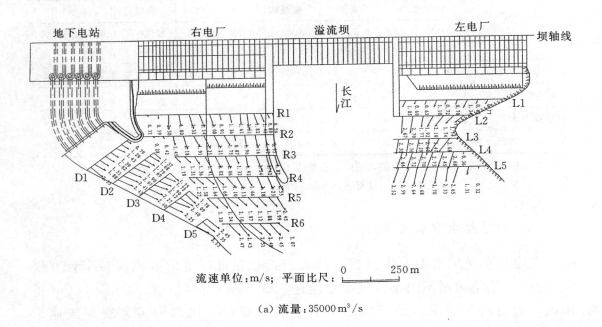

(a) 流量：35000m³/s

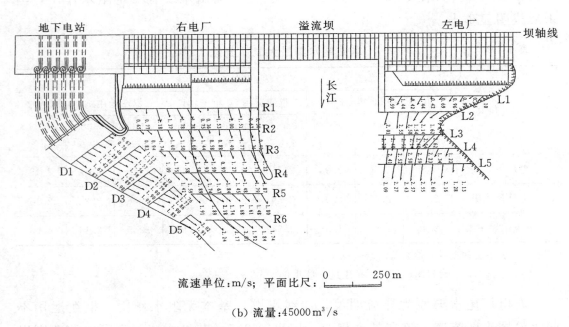

(b) 流量：45000m³/s

图 5-26（一）　枢纽运用 70 年＋6 年末左右电厂和地下电站尾水渠流速分布图

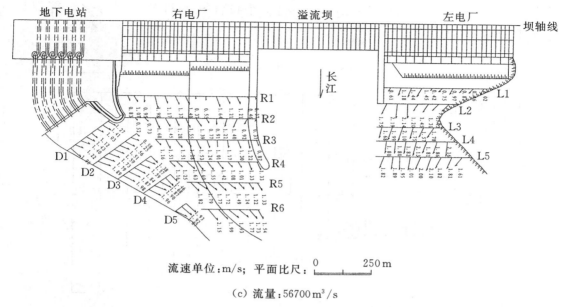

流速单位：m/s；平面比尺：0 ————— 250m

(c)　流量：56700m³/s

图 5-26（二）　　枢纽运用 70 年＋6 年末左右电厂和地下电站尾水渠流速分布图

三、电站前泥沙淤积及排沙措施

1. 左、右电厂前泥沙淤积及防沙措施

根据不运用电站排沙设施条件下的坝区泥沙模型试验成果，枢纽运用初期 30 年末，左、右电厂前缘 30m 最大泥沙淤积高程均低于电站进水口底板高程 110m。枢纽运用 54 年末，左电厂有 2 台机组前缘 30m 处泥沙淤积高程超过 110m，最大淤积高程为 112m；右电厂前缘 30m 处最大淤积高程未超过 110m。枢纽运用 76 年末，左电厂有 5 台机组前缘 30m 处泥沙淤积高程超过 110m，最大淤积高程为 114.3m；右电厂有 6 台机组前缘 30m 处泥沙淤积高程超过 110m，最大淤积高程为 112.6m[2]。因此，在不运用排沙设施条件下，枢纽运用 54 年，左、右电厂前缘虽略有泥沙淤积，但不影响电站正常取水。

左、右电厂排沙设施的布置为：在充分发挥溢流坝深孔泄洪排沙作用的条件下，电厂中部和端部的安装场段下部设置 7 个排沙孔，其中左电厂 3 个，右电厂 4 个。排沙孔直径为 4.5m。排沙孔底高程：靠枢纽左、右两侧的 2 孔为 90m，中间 5 孔为 75m[16]。在坝区泥沙模型上对排沙孔的排沙效果进行了试验研究，左、右电厂在枢纽运用 54 年末和 76 年末，分别两次开启 7 个排沙孔，排沙总流量为 3500m³/s，排沙历时各为 35h。排沙后，左、右电站前缘的泥沙淤积高程均低于 110m，并形成冲刷漏斗，其纵坡为 1：8.3～1：13.8，横坡为 1：3～1：3.8（图 5-27），说明 7 个排沙孔的排沙效果显著，能保证电站长期正常取水[2]。

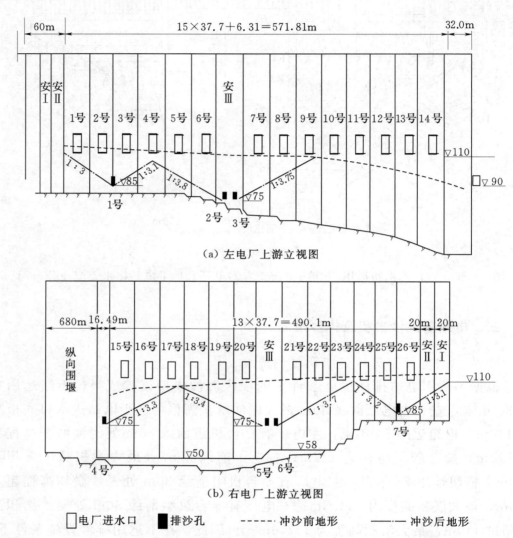

（a）左电厂上游立视图

（b）右电厂上游立视图

□电厂进水口　■排沙孔　------冲沙前地形　——冲沙后地形

图 5-27　枢纽运用 70 年＋6 年末电厂前排沙孔开启前后地形变化情况（高程单位：m）

2. 地下电站引水渠泥沙淤积及解决措施

三峡工程蓄水运用后地下电站引水渠发生累积性泥沙淤积。原因之一是随着枢纽运行年限增长，坝区上游段右岸蛋子石以下的边滩持续淤长并向下游延伸，导致地下电站引水渠口门泥沙淤积，引水渠进流口逐渐下移至偏岩子山附近（图 5-28）；原因之二是地下电站运行过程中，泥沙在引水渠淤积（图 5-29）[39]。

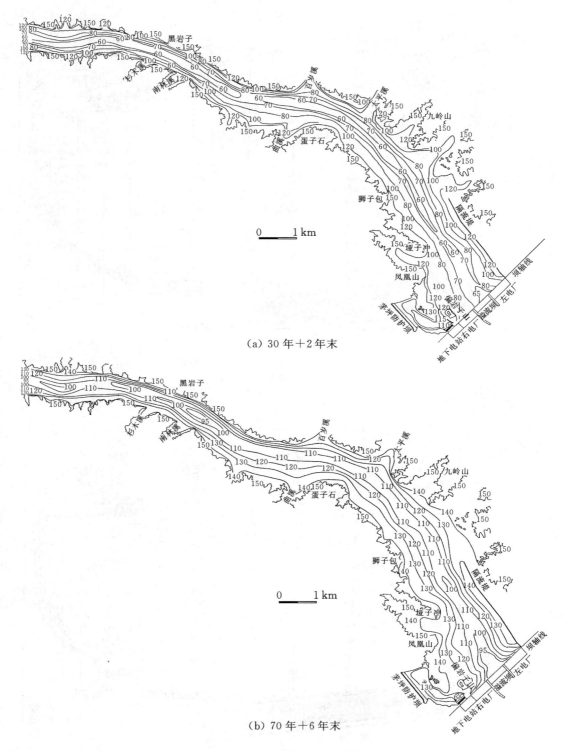

（a）30年＋2年末

（b）70年＋6年末

图 5－28 枢纽运用后坝区淤积地形图

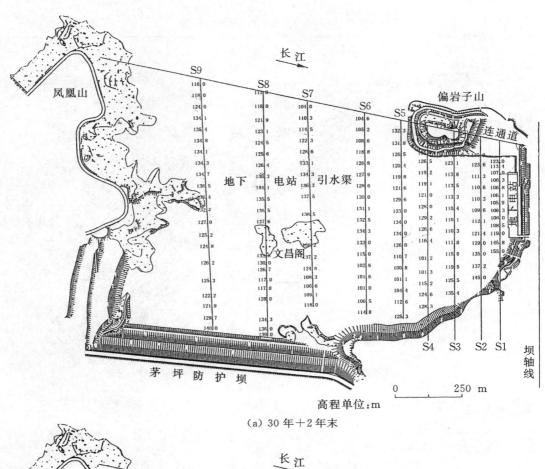

（a）30 年＋2 年末

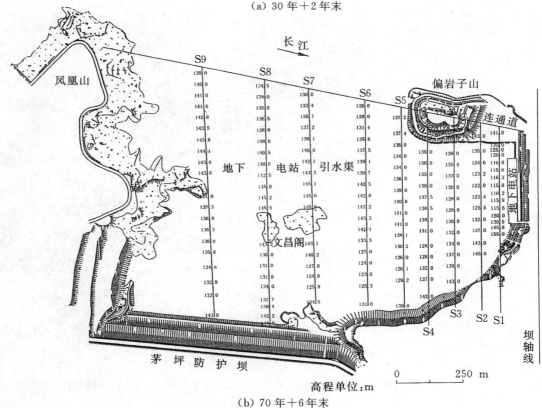

（b）70 年＋6 年末

图 5-29　枢纽运用后地下电站前淤积地形图

地下电站引水渠累积性泥沙淤积对地下电站运行带来的不利影响：一是电站行近流速加大，发电水头损失增加，在汛期枢纽按防洪限制水位运行时尤为突出；二是随着泥沙淤积增加，引水渠过流面积减小，连通道过流量增加，因其底部高程为140m，故流速较大，增加发电水头损失；三是随着引水渠泥沙淤积，进入地下电站前缘及过水轮机的泥沙也相应增加。

上述地下电站引水渠累积性泥沙淤积的不利影响在三峡枢纽运行后将逐步显现，可修建连通道隔流堤（堤顶高程为150m）以改善汛期地下电站进流状态，以及适时实施引水渠机械清淤加以解决。

3. 地下电站排沙措施

地下电站排沙设施为分散布置的排沙洞，每2台机组之间设1条排沙支洞，6台机组共3条支洞，后接1条排沙总洞。各条支洞的直径均为4m，进口底板高程为102m，引流量为120m³/s。

三峡工程右岸地下电站可行性研究阶段，长江科学院在坝区泥沙模型和局部泥沙模型（模型比尺分别为150和50）对地下电站排沙洞分散布置方案和集中布置方案的排沙效果进行了试验研究[40]。试验条件为：地下电站6台机组进水口底板高程均为116m（技术设计阶段改为113m），排沙洞分散布置方案为3条支洞，进口底板高程为107.4m（技术设计阶段改为102m），总排沙流量为360m³/s；排沙洞集中布置方案为1条排沙洞，进口底板高程为93m，排沙流量为350m³/s。试验结果表明：三峡枢纽运用不同时期，两种排沙洞布置方案的排沙效果显著，但分散方案相对较优；分散方案各排沙洞开启后，电站前缘形成冲刷漏斗，其纵坡为1：6.8～1：9.3，横坡为1：2.9～1：3.7（图5-30），电站前缘泥沙淤积高程均低于电站进水口底板高程，可长期保持电站正常取水。

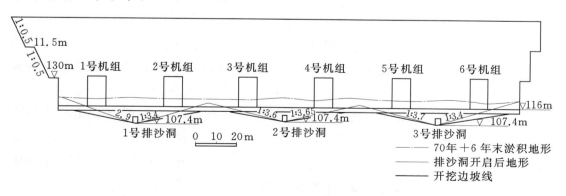

图5-30　枢纽运用70年+6年末地下电站排沙洞开启前后地形变化图

四、电站尾水渠泥沙淤积

由于左、右电厂和地下电站尾水渠的边界比较平顺，水流紊动较强，枢纽运用不同年份尾水渠泥沙淤积较少。枢纽运用 50 年＋4 年末，左、右电厂尾水渠近坝段 300m 范围内基本无泥沙淤积，以后随着枢纽运用年限增长，尾水渠内出现局部泥沙淤积。地下电站尾水受右岸电厂尾水的顶托影响，尾水渠内有一定的泥沙淤积，但对尾水出流和尾水位基本无影响[39]。

第七节 三峡工程施工期坝区泥沙问题研究

三峡水利枢纽施工采用三期施工导流方案。第一期为在河床右侧修筑一期围堰，进行导流明渠、临时船闸及部分主体工程施工，长江主河槽仍可正常通航。第二期为大江截流后修筑二期围堰，进行溢流坝、左电厂、永久船闸和升船机施工，江水由导流明渠下泄，船舶从临时船闸和导流明渠通过。第三期为导流明渠截流并修筑三期围堰，进行右岸大坝和电厂施工，江水由溢流坝段的深孔、施工导流底孔和溢流缺口下泄，船舶由永久船闸通过。因此，施工期坝区泥沙问题研究重点是施工期第一期和第二期的有关问题。研究内容主要有：施工期坝区航道的泥沙淤积对通航的影响，施工期取水点和码头位置的选择以及施工期岸线防护措施等[41-50]。

一、坝区航道泥沙淤积对通航的影响

设计部门对于三峡工程施工期通航问题主要研究三种方案：明渠导流结合通航方案、明渠结合临时船闸和升船机通航方案、临时船闸和升船机通航方案，综合分析后最终选定明渠结合临时船闸通航方案[16]。

1. 三峡工程技术设计阶段试验研究

三峡工程（175m 正常蓄水位方案）技术设计阶段选定的明渠结合临时船闸施工通航方案为：导流明渠宽 350m，复式断面，浅槽宽 100m，底部高程为 58m；深槽宽 250m，坝轴线上游 30m 以上的底部高程为 50m，以下为45m。临时船闸位于左岸河漫滩，上游引航道底宽 80m，高程为 60m，碍航高程为 61.7m；下游引航道长 2722m，底宽 180m，底部高程为 56.5m，碍航高程为 61.6m（图 5-31）。对长江科学院坝区泥沙模型和西南水运工程科学研究所、南京水利科学研究院的坝区泥沙模型进行了明渠和临时船闸引航道泥沙淤积和通航水流条件的试验研究[43-44]。两座模型的几何比尺均为 150，前者

的起始地形按 1978—1979 年实测地形图制作，后者按 1984 年实测地形图制作。两模型均采用 1964—1968 年的实测水沙资料，进行连续 5 年的试验，其中 1966 年为中水大沙年，1968 年为丰水大沙年。

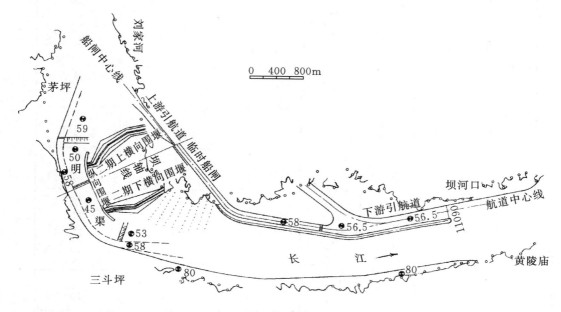

图 5-31　明渠结合临时船闸施工通航布置图

试验成果表明（表 5-10）：在二期施工期间，明渠内基本无泥沙淤积；临时船闸上游引航道碍航高程 61.7m 以上的最大年碍航回淤量为 39.35 万～46.10 万 m³，下游引航道底板高程 56.5m 以上的最大年回淤量为 61.3 万～111.89 万 m³。因宜昌站全年流量小于 20000m³/s 的平均天数为 271.6 天，在此期间明渠可以通航，故可采用机械清淤措施解决。

2. 三峡工程施工期水流泥沙实测资料分析

三峡工程二期施工期从 1997 年 11 月—2002 年 11 月共 5 年，船舶从临时船闸和导流明渠通过。临时船闸于 1998 年 5 月正式启用。2002 年 11 月 6 日明渠封堵截流，至 2003 年 6 月坝前水位蓄至 135m 期间，船舶从临时船闸通过，但当上下游水位差超过 6m 时，长江暂时断航数天。2003 年 6 月，永久船闸开始正式通航。在二期施工期间，长江水利委员会水文局对坝区及临时船闸引航道的水流及泥沙淤积情况进行了系统的观测工作。现将 1998—2001 年的观测成果简述如下[45-46]。

临时船闸运行以来，三峡工程坝区经历了不同水文年。1998 年为丰水大沙年，1999 年和 2000 年为丰水少沙年，2001 年为枯水少沙年（表 5-11）。

表 5-10　临时船闸上、下游引航道各年回淤量

回淤量/万 m³

淤积部位	淤积类别	计算范围	第1年末(1964年型)		第2年末(1965年型)		第3年末(1966年型)		第4年末(1967年型)		第5年末(1968年型)		5年平均值	
			长江科学院模型	西南水运工程科学研究所模型	长江科学院模型	西南水运工程科学研究所模型	长江科学院模型	西南水运工程科学研究所模型	长江科学院模型	西南水运工程科学研究所模型	长江科学院模型	西南水运工程科学研究所模型	长江科学院模型	西南水运工程科学研究所模型
船闸上游引航道	口门内回淤量	长度800m,宽度80m,碍航高程61.7m	7.50	4.9	7.90	4.3	8.10	8.9	7.30	8.8	8.90	10.5	7.9	7.5
	口门外回淤量	直线段长度400m,连接段长度80~120m,宽度120m,碍航450m,高程61.7m	25.79	14.6	26.66	21.7	28.83	31.1	24.51	34.0	30.45	35.6	27.2	27.4
	口门内外回淤量合计		33.29	19.5	34.56	26.0	36.93	40.0	31.81	42.8	39.35	46.1	35.2	34.9
船闸下游引航道	口门内外回淤量合计	引航道内及口门区(长530m,宽度200m),碍航高程均为56.5m	95.37	61.3	99.52	51.8	101.51	57.4	94.67	46.9	111.89	59.8	100.6	55.4

注　下游引航道口门区长度,长江科学院模型为450m。

表 5-11				三峡工程坝区年水沙特征值（宜昌站）	
年份	年径流量/亿 m³	年平均流量/(m³/s)	年输沙量/亿 t	年平均含沙量/(kg/m³)	年份特征
1964	5205	16500	6.23	1.19	丰水大沙
1965	4924	15600	5.77	1.17	丰水大沙
1966	4297	13600	6.60	1.54	中水大沙
1967	4499	14300	5.43	1.20	中水中沙
1968	5154	16300	7.12	1.38	丰水大沙
1997	3631	11500	3.37	0.927	枯水少沙
1998	5233	16600	7.43	1.38	丰水大沙
1999	4818	15300	4.33	0.894	丰水少沙
2000	4711	14900	3.90	0.840	丰水少沙
2001	4155	13200	2.99	0.741	枯水少沙

临时船闸上游引航道口门区和连接段流向平顺，回流区范围较小；口门区泥沙淤积高程较口门内低（图 5-32 和图 5-33）。1998 年 4 月—2001 年 11 月由地形图算得的泥沙淤积总量为 103.21 万 m³（表 5-12），表中所列的冲刷量实为机械清淤量，故未计算在内。其中，引航道内的淤积量为 40.19 万 m³，引航道口门外的口门区和连接段的淤积量为 63.02 万 m³。在此期间，机械清淤量为 92.33 万 m³，故引航道内外的泥沙淤积总量为 195.54 万 m³，平均年淤积量为 48.9 万 m³，平均年清淤量为 23.1 万 m³。

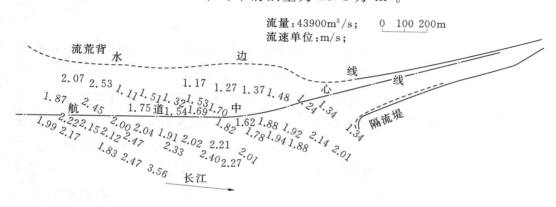

图 5-32　临时船闸上游引航道口门区和连接段流速分布

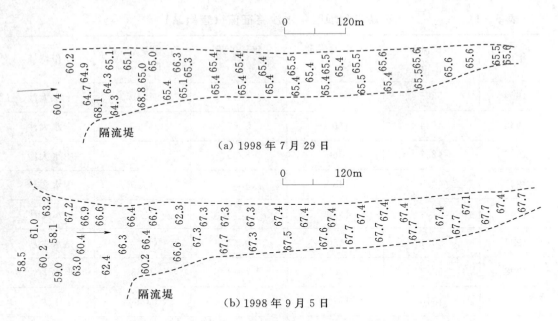

(a) 1998 年 7 月 29 日

(b) 1998 年 9 月 5 日

图 5-33 临时船闸上游引航道泥沙淤积高程（单位：m）

表 5-12　　　　临时船闸上游引航道泥沙淤积量及机械清淤量　　　单位：万 m³

项　　　目	1998 年 4—9 月	1998 年 9—12 月	1998 年 12 月—1999 年 11 月	1999 年 11 月—2000 年 11 月	2000 年 11 月—2001 年 4 月	2001 年 4—11 月	1998 年 4 月—2001 年 11 月	4 年平均值
引航道内淤积量	18.31	−16.77	7.79	7.89	−9.40	6.20	40.19	10.05
口门区及连接段淤积量	−5.17	25.67	18.39	−5.05	−5.14	18.96	63.02	15.76
机械清淤量	41.89		12.88	16.02		21.54	92.33	23.08

注　1. 口门区及连接段计算范围为长 1100m，宽 120m，水位 66m。

　　2. 正值为淤积，负值为冲刷（实为机械清淤量）。

临时船闸下游引航道隔流堤头部下游水流扩散，口门区左侧形成回流、缓流区；口门区泥沙淤积量较大，并形成拦门沙槛（图 5-34 和图 5-35）。1997 年 10 月—2001 年 11 月由地形图算得的泥沙淤积总量为 291.52 万 m³（表 5-13），表中所列的冲刷量实为机械清淤量，故未计算在内。其中，引航道内的淤积量为 159.1 万 m³，引航道口门外的口门区和连接段为 132.42 万 m³。在此期间，机械清淤量为 259.53 万 m³，故引航道内外的泥沙淤积总量为 551.05 万 m³，平均年淤积量为 137.8 万 m³，平均年清淤量为 64.9 万 m³。

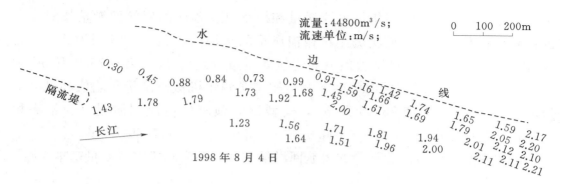

图5-34　临时船闸下游引航道口门区和连接段流速分布

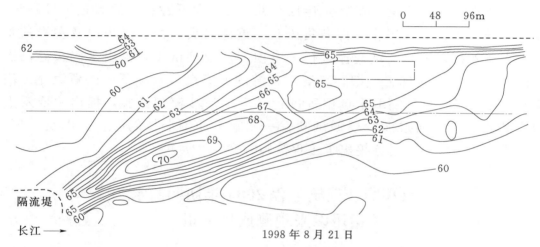

图5-35　临时船闸下游引航道泥沙淤积高程（单位：m）

表5-13　　　　临时船闸下游引航道泥沙淤积量及机械清淤量　　　　单位：万 m³

项　目	1997年10月—1998年4月	1998年4—9月	1998年9—12月	1998年12月—1999年11月	1999年11月—2000年11月	2000年11月—2001年11月	1997年10月—2001年11月	4年平均值
引航道内淤积量	24.7	89.2	−9.21	26.29	7.71	11.2	159.1	39.78
口门区及连接段淤积量	86.0			46.42		−1.41	132.42	33.11
机械清淤量	39.95			—	69.63	76.15	73.80	259.53	64.88

注　1. 口门区及连接段计算范围为长965m、宽200m，水位66m。
　　2. 正值为淤积，负值为冲刷（实为机械清淤量）。

对照临时船闸引航道水流泥沙实测资料与泥沙模型试验成果，由于实测水沙条件与模型试验采用的水沙条件有一定差异（表5-11），实测的和模型的地形条件、泥沙淤积量以及机械清淤的标准与清淤量的计算条件也不一致，不宜作直接对比，但可对实测年机械清淤量和模型试验预测的碍航回淤量作对比分析。临时船闸上游引航道实测年机械清淤量的平均值和最大值分别为 23.08 万 m³ 和 41.89 万 m³，模型试验预测的碍航回淤量分别为 34.9 万～35.2 万 m³ 和 39.35 万～46.1 万 m³。临时船闸下游引航道实测年机械清淤量平均值和最大值分别为 64.88 万 m³ 和 76.15 万 m³，模型试验预测的碍航回淤量（底板高程 56.5m 以上）分别为 55.4 万～100.6 万 m³ 和 61.3 万～111.89 万 m³。

由此说明，模型试验预测的碍航回淤量与施工期实际机械清淤量基本一致。

二、施工期坝区专用码头与取水点位置选择及岸线防护工程措施

长江科学院坝区泥沙模型对施工一期、二期坝下游右岸的砂石 1 号码头、砂石 2 号码头、散件码头、件杂货码头、重件码头、客运码头以及左岸的重件码头、砂石码头的位置选择进行了专项泥沙模型试验，提出了码头停泊点的位置坐标[47]；对施工一期、二期坝上游的苏家坳以及坝下游的覃家沱、高家冲、白庙子、鹰子嘴取水点位置进行了专项泥沙模型试验，提出了取水点的位置坐标[48]；通过泥沙模型试验就一期施工期围堰体的防护，以及一期、二期施工期岸线防护措施提出了工程措施方案[49-50]。

第八节　三峡工程 2003 年初期蓄水运用以来观测成果分析

一、坝区上游段泥沙淤积过程

1. 泥沙淤积量及淤积分布

2003 年 6 月三峡水库初期蓄水运用以来，根据坝区上游段河道演变观测分析（图 5-36），坝区上游段处于持续的泥沙淤积过程[51-52]，其特点为：一是以深槽淤积为主，2003 年 3 月—2009 年 11 月，全段累积泥沙淤积总量为 10553 万 m³，其中 90m 高程以下的深槽淤积量为 7985 万 m³，占淤积总量的 75.7%。二是下段（距坝 816～3812m，长 2996m）淤积强度最大，2003 年 3 月—2009 年 11 月单位河长淤积量为 14666m³/m；中段（距坝 3812～11778m，长 7966m）次之，为 6941m³/m；上段（距坝 11778～15117m，长 3339m）最小，为 1887m³/m；下段单位河长淤积量为上段的 7.8 倍（表 5-14 和图 5-37），主要原因在于上段为狭谷段，下段为宽谷段，其过水面积为上段的 2 倍以上。三是汛期淤积幅度大，枯水期淤积幅度小，甚至因淤积物

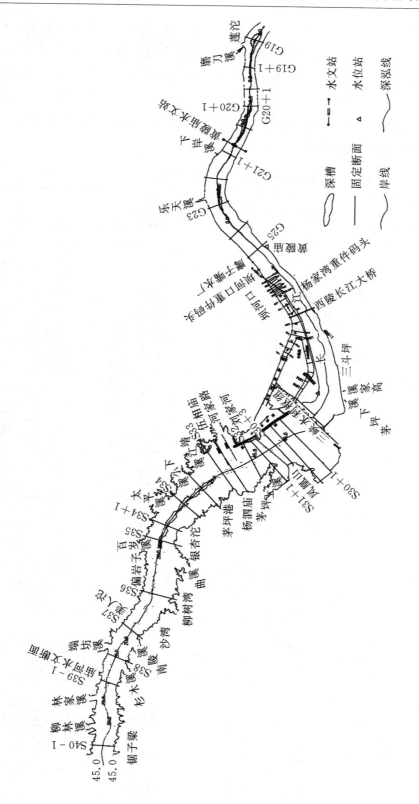

图 5－36 三峡工程坝区河道演变观测布置图

固结而发生"冲刷",例如坝区上游段的下段 2005 年 4 月—2005 年 10 月淤积 867 万 m³,而 2005 年 10 月—2006 年 3 月"冲刷"达 292 万 m³,占汛期淤积量的 33.7%。四是下段宽谷段过水断面面积较大,蓄水运用后第 1 年即 2003 年的淤积量远大于以后各年的淤积量。

2003 年 3 月至 2018 年 11 月坝区上游段累积泥沙淤积量为 1.75 亿 m³,其中,90m 高程下河槽淤积量占 74.7%。

表 5－14   三峡水库坝区上游段淤积量

时 段 /(年.月)	淤积量/万 m³							
	下段（S30＋1～S33, 长 2.996km）		中段（S33～S38, 长 7.966km）		上段（S38～S40－1, 长 3.339km）		全河段（S30＋1～ S40－1, 长 14.301km）	
	高程 90m	高程 135m (156m)	高程 90m	高程 135m (156m)	高程 90m	高程 135m (156m)	高程 90m	高程 135m (156m)
2003.3—2003.10	1071	1420	931	1359	47	89	2049	2868
2003.10—2004.4	－237	－303	－195	－224	110	150	－322	－377
2004.4—2004.10	708	857	905	1105	－76	－72	1537	1890
2004.10—2005.4	－150	－124	－226	－208	－7	－9	－383	－341
2005.4—2005.10	803	867	1346	1261	145	182	2294	2310
2005.10—2006.3	－261	－292	－340	－248	19	32	－582	－508
2006.3—2006.10	293	347	347	394	59	－73	581	668
2006.10—2007.11	245	257	341	342	－27	－29	559	570
2007.11—2008.4	18	65	65	98	21	23	104	186
2008.4—2008.11	464	769	591	937	104	151	1159	1857
2008.11—2009.11	349	531	499	713	141	186	989	1430
2003.3—2009.11	3303	4394	4264	5529	418	630	7985	10553

注 1. 下段 S30＋1 断面距坝 0.816km。

    2. 2003 年 3 月—2006 年 10 月冲淤量计算的高水位为 135m,其余时段为 156m。

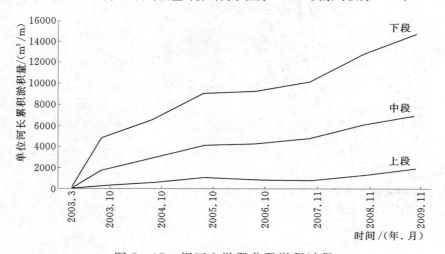

图 5－37 坝区上游段分段淤积过程

2. 深泓纵断面变化

三峡水库蓄水运行以来,坝区上游段河床普遍发生泥沙淤积和深泓抬高,其特点为:一是深泓最低点淤积幅度最大,深泓纵断面趋向平坦化,2003年3月—2009年11月,全河段深泓平均淤积厚度为30.0m,深泓累积淤高幅度最大的是距离大坝5.565km的S34断面,原河床深泓最低,淤积厚度达60.5m;二是深泓纵断面以S33断面为界形成两个高程不同的平台,S33断面以下至大坝段(距坝1~4km)深泓平均高程为54.21m,S33断面以上至S38断面段(距坝4~12km)深泓平均高程为27.92m(图5-38和图5-39)。

2003年3月—2018年11月,坝区上游段深泓均表现为淤高,深泓平均淤厚37.3m,其中淤积厚度最大的为S34断面,深泓淤积厚度为66.8m。

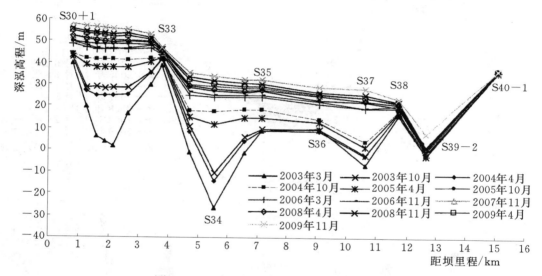

图 5-38 坝区上游段深泓纵断面变化

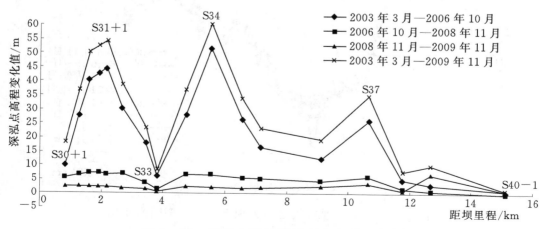

图 5-39 坝区上游段深泓点高程沿程变化

3. 横断面变化

2003 年 6 月—2009 年 11 月，坝区上游段横断面变化的特点是：大坝至 S37 断面、长 11.6km 的河段为宽谷段，滩槽高差大，深槽窄深，以深槽淤积为主，深槽以上滩地淤积很少；S38 断面以上河段，为滩槽差不明显的狭谷段，淤积较少，呈沿湿周淤积（图 5-40 和图 5-41）。

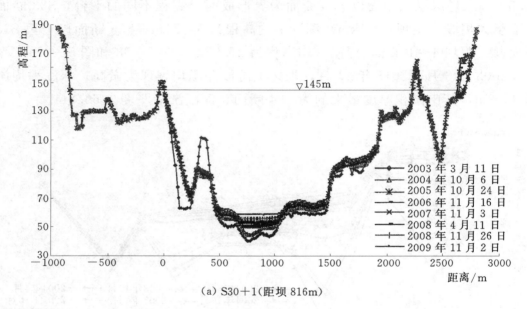

（a）S30+1（距坝 816m）

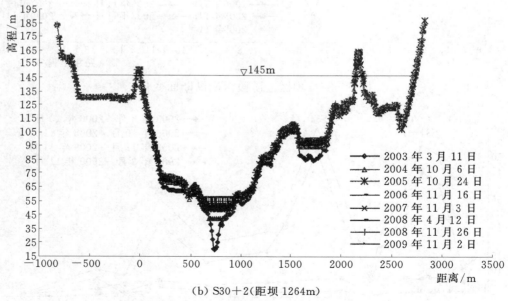

（b）S30+2（距坝 1264m）

图 5-40（一）　坝区上游段大坝至 S37 段横断面变化

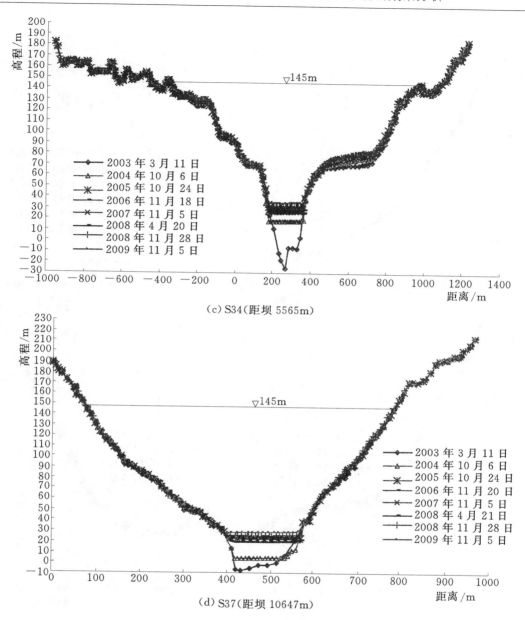

(c) S34（距坝 5565m）

(d) S37（距坝 10647m）

图 5-40（二）　坝区上游段大坝至 S37 段横断面变化

4. 原型观测资料与模型试验成果对比

对比上述三峡工程初期蓄水运用后坝区上游段泥沙淤积实测资料与泥沙模型试验成果[6-8]，由于两者各年来水来沙条件、起始地形和水库调度不同，难以作定量比较。从总体上分析，各分段的单位河长淤积量模型大于原型实测值，但其沿程分布两者基本一致，即下段单位河长淤积量最大，中段次之，上段最小（表 5-15）；深泓纵断面也显示下段淤积抬高值相对

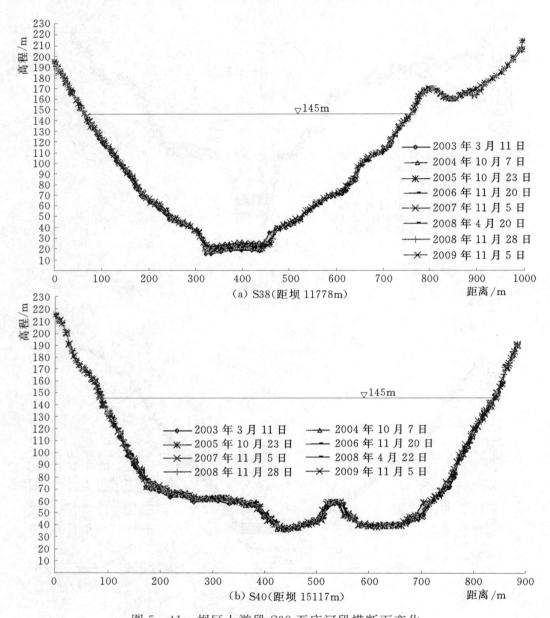

(a) S38（距坝 11778m）

(b) S40（距坝 15117m）

图 5-41　坝区上游段 S38 至庙河段横断面变化

较大（图 5-42）。泥沙模型试验起始地形（1978—1979 年）145m 高程以下上、中、下段的断面面积分别为 59960m²、91457m² 和 134290m²，说明下段过水断面面积相对较大是导致上述淤积沿程分布不同的主要原因。模型试验得出的坝区泥沙淤积横断面分布也与实测资料基本一致，两者都表现为：宽谷段以深槽淤积为主，滩地淤积较少；狭谷段淤积沿湿周均匀分布（图 5-43）。

表 5-15　　　　　坝区上游段各分段单位河长淤积量　　　　　单位：m³/m

项　目	时段/（年.月）	下段（长 2.996km）	中段（长 7.966km）	上段（长 3.339km）
原型实测	2003.3—2009.11	14666	6941	1887
模型预测	枢纽运用 6 年	39627	26239	13865

注　模型预测值为长江科学院模型试验成果。

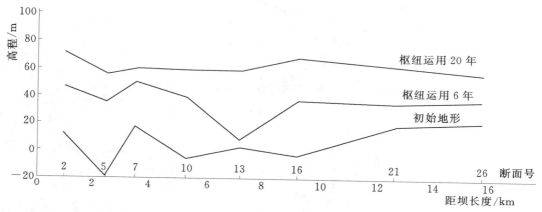

图 5-42　枢纽运用 6 年及 20 年坝区上游段纵断面变化
（长江科学院模型）

二、船闸引航道流速、流态与泥沙淤积

三峡水利枢纽的船闸线路布置在河床左岸。船闸引航道布置的标准为：闸前直线段长度 930m；弯曲半径不小于 1000m；底部宽度不小于 180m；最小水深上游引航道为 6.0m，下游引航道为 5.5m；口门区纵向流速不大于 2.0m/s，横向流速不大于 0.3m/s，回流流速不大于 0.4m/s，涌浪高度小于或等于 0.5m。船闸主体段的长度 1621m，其上、下游均设有弯段，在上、下游右侧布置长度分别为 2670m 和 3700m 的隔流堤。上游引航道长度 2113m，底部开挖高程 130m，后期控制高程 139m；下游引航道长度 2708m，底部开挖高程 56.5m。船闸线路总长 6442m。上、下游引航道口门区长度均为 530m，口门区与主航道之间为连接段。

三峡工程 2003 年围堰蓄水运用以来，长江水利委员会水文局对船闸引航道的流速、流态进行了系统的观测[51]。观测布置见图 5-44。以下简述 2003—2009 年的观测成果分析。

1. 上游引航道

三峡水库不同蓄水运用期，根据过坝流量 28500～49800m³/s 的实测资

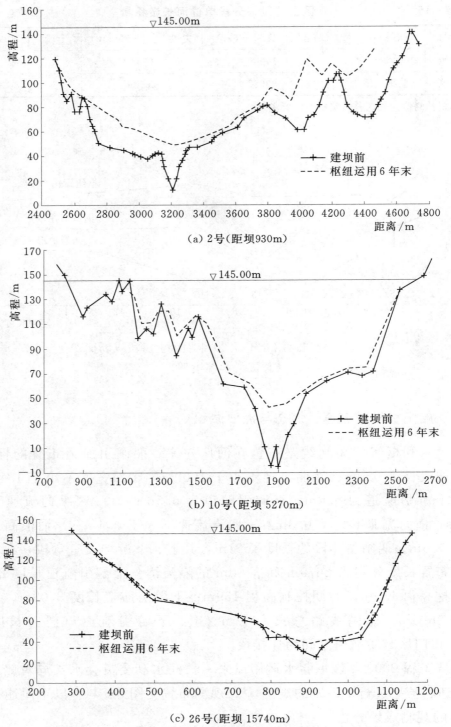

(a) 2号(距坝930m)

(b) 10号(距坝5270m)

(c) 26号(距坝15740m)

图 5-43　枢纽运用 6 年末坝区上游段横断面变化情况

(长江科学院模型)

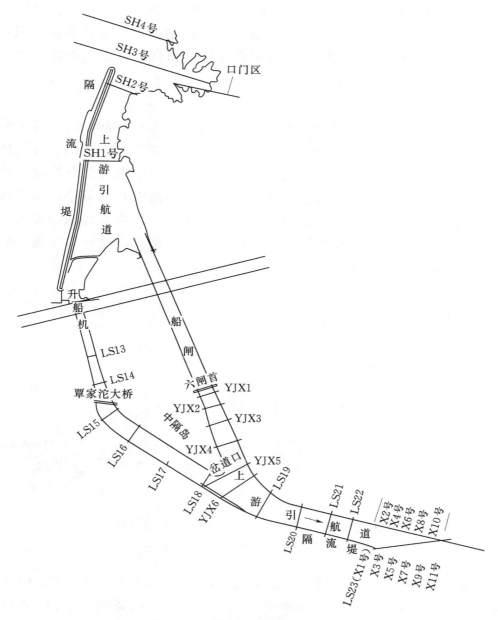

图 5-44　船闸引航道观测布置图

料，船闸上游引航道口门内和口门区，水面流速、流态基本相似，航道内存在回流、缓流和往复流等流态，但流速均较小。口门内最大纵向流速为 0.54m/s，口门区最大回流流速为 0.41m/s，口门区隔流堤头部附近存在向大江扩散的横向水流，最大横向流速 0.24m/s。

上游引航道口门内在围堰蓄水期无明显泥沙淤积；坝前水位 156～144m

运行期口门内航道发生一定的泥沙淤积，底部平均高程为131.4m。上游引航道口门外在围堰蓄水期和156～144m运行期，局部范围内虽有泥沙淤积，但未高于130m高程。以上说明上游引航道泥沙淤积高程均低于碍航高程，流速、流态也未超出设计标准。

2. 下游引航道

三峡工程不同蓄水运行期，根据过坝流量28500～49800m³/s的实测资料，船闸下游引航道口门内和口门区，水面流速、流态基本相似。口门内水流较顺直，最大流速0.45m/s；船闸引航道与升船机引航道汇合处存在流速较小的横向水流，最大横向流速0.15m/s。口门区流态较为复杂，口门区左侧存在大范围的回流及缓流区；口门区右侧水流从隔流堤头部斜向流入口门区，其方向与拦门沙槛轴线平行，流速较为均匀，最大流速一般出现于隔流堤头部靠大江一侧，达2.08m/s（图5-45）。

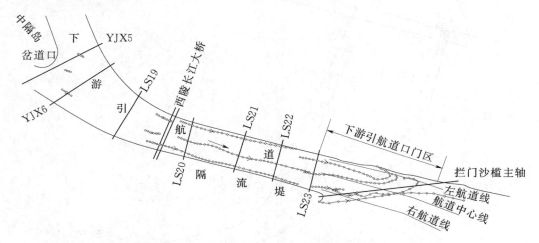

图5-45　2007年7月31日船闸下游引航道
流量49800m³/s时水面流速、流向

三峡工程不同蓄水运行期，下游引航道口门内和口门区均处于淤积状态，其淤积量主要受来水来沙、水库调度和航道前期清淤的影响。2003—2009年下游引航道口门内外泥沙淤积总量为170万m³，其中，口门内为98.2万m³，口门外为71.8万m³，口门外的淤积量占淤积总量的42.2%；下游引航道口门内外机械清淤总量为107.6万m³（表5-16）。2008年三峡工程175m正常蓄水位运用以来，泥沙淤积量明显减小。

下游引航道口门区泥沙淤积形态的特点是口门区左侧的回流缓流区泥沙淤积厚度较大，并且形成拦门沙槛（图5-45）。由于隔流堤的导流作用，引航道口门外的水流抵达隔流堤头部后突然扩散，斜向流入口门区，并产生分

表 5-16　　　　　　三峡工程蓄水运用后下游引航道淤积量及清淤量

年份	口门内淤积量/万 m³	口门外淤积量/万 m³	口门内外总淤积量/万 m³	口门内清淤量/万 m³	口门外清淤量/万 m³	口门内外总清淤量/万 m³
2003	22.5	27.5	50.0	0	24.7	24.7
2004	10.5	8.4	18.9	0	8.3	8.3
2005	36.8	11.7	48.5	28.4	12.7	41.1
2006	6.6	5.2	11.8	0	0	0
2007	8.8	8.3	17.1	20.56	12.94	33.5
2008	13.0	7.3	20.3	0	0	0
2009	未测	3.4	3.4	0	0	0
总计	98.2	71.8	170.0	48.96	58.64	107.6

注　口门外航道长度为 750m。

离现象，口门区近左岸一带出现大范围的回流及缓流区，斜向水流与回流缓流区交界处较粗的泥沙易发生落淤，从而形成拦门沙槛。拦门沙槛汛期从隔流堤头部逐渐向口门区延伸，顶部高程自隔流堤头部逐渐降低，长度和顶部高程一般均在汛期末 9 月达到最大值。拦门沙槛轴线与引航道中心线成 20°交角，并与斜向水流的流向大致平行。拦门沙槛的顶部高程及长度与当年大坝下泄流量和含沙量的大小和过程有直接关系，但其位置基本相同。2004 年、2006 年因水库上游来沙较少，2008 年、2009 年则因坝前水位抬高，枢纽下泄沙量减少，基本上未形成拦门沙槛。2003 年和 2005 年枢纽下泄沙量较大，拦门沙槛较为发育，其顶部最高点高程分别为 64.2m 和 63.7m，高出引航道碍航高程 57m 约 7m（图 5-46 和图 5-47）。

3. 原型观测资料与模型试验成果对比

对比三峡工程初期蓄水运用后船闸上、下游引航道原型观测资料与泥沙模型试验成果[6-8]，由于两者各年来水来沙条件、水库调度和计算范围有差别，只能从总体上作比较。坝区泥沙模型试验成果表明：上游引航道在坝前水位 135m 运用的 6 年中，碍航高程为 130m，航道内外年碍航清淤量为 16.0万~27.3 万 m³；下游引航道在枢纽运用 10 年中，碍航高程为 57m，年碍航清淤量为 0~33.2 万 m³（表 5-17）。在枢纽初期蓄水运用的 2003—2009 年中，上游引航道无需清淤，下游引航道实际年碍航清淤量为 0~41.1 万 m³，说明模型试验预测的年清淤量与原型实际年清淤量基本一致。

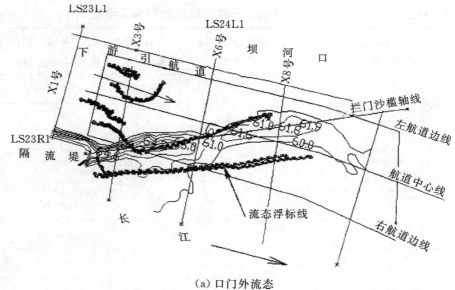

（a）口门外流态

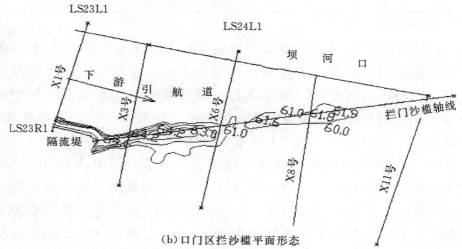

（b）口门区拦沙槛平面形态

图 5 - 46　下游引航道外流态与口门区拦门沙槛平面形态

（2003 年 9 月 7 日）

表 5 - 17　　　　　　　　　　船闸上下游引航道年清淤量

部　位	项　目	枢纽运用 时段	清淤高程 /m	口门内年 清淤量 /万 m³	口门外年 清淤量 /万 m³	口门内外年 清淤总量 /万 m³
上游 引航道	原型实测	2003—2009 年		0	0	0
	长江科学院模型	1～6 年	130	16.9～27.3	0	16.9～27.3
	南京水利科学研究院模型	1～6 年	130	16.0～23.2	0	16.0～23.2

续表

部 位	项 目	枢纽运用时段	清淤高程/m	口门内年清淤量/万 m³	口门外年清淤量/万 m³	口门内外年清淤总量/万 m³
下游引航道	原型实测	2003—2009 年		0～28.4	0～24.7	0～41.1
	长江科学院模型	1～10 年	57	0	0	0
	南京水利科学研究院模型	1～10 年	57	—	—	12.3～33.2

注 坝前水位原型 2003—2006 年为 135m，2007—2009 年为 156m；模型 1～6 年为 135m，7～10 年为 156m。

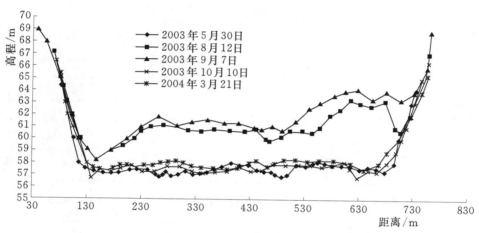

图 5-47 下游引航道口门外拦门沙槛轴线断面变化图

三、地下电站引水区域泥沙淤积

三峡枢纽右岸地下电站引水区域位于三峡大坝坝前右岸一侧，止于茅坪副坝，以原偏岩子山体为界，偏岩子山体右侧为右岸地下电站引水区域，偏岩子山体左侧则为右电厂厂前水域（图 5-48）。

2006 年 3 月—2018 年 10 月右岸地下电站前沿引水区域总计淤积量达到 424.0 万 m³，年均淤积量为 33.9 万 m³/年[52]。从泥沙淤积量空间分布上看，关门洞以上区域的泥沙淤积量较为明显，而靠近大

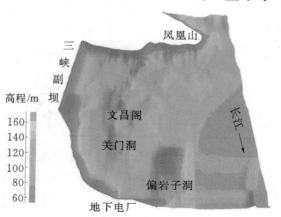

图 5-48 2018 年 10 月地下电厂前沿河床示意图

坝的区域（即关门洞以下的河段）淤积幅度相对较轻，见表5-18。

从泥沙淤积时空分布上看，2006年3月—2011年4月（约5年时间）地下电站运行前引水区域的泥沙淤积量为197.3万 m^3，该时段泥沙淤积量占总淤积量的46.5%，年均泥沙淤积量为39.5 m^3/年。

表5-18　　　　　　　　　　地下电站运行以来引水区域冲淤统计

时段/（年.月）	关门洞以下段（1~5号断面）长200m		关门洞段（5~11号断面）长300m		文昌阁及以上段（11~25号断面）长700m		全区域（1~25号断面）长1200m	
	冲淤量/万 m^3	冲淤率/（万 m^3/m）	冲淤量/万 m^3	冲淤率/（万 m^3/m）	冲淤量/万 m^3	冲淤率/（万 m^3/m）	冲淤量/万 m^3	冲淤率/（万 m^3/m）
2006.03—2011.04	19.4	0.1	78.1	0.26	99.8	0.14	197.3	0.16
2011.04—2011.11	-2.4	-0.01	1.5	0	3.6	0.01	2.7	0
2011.11—2012.11	1.6	0.01	14.9	0.05	38.3	0.05	54.8	0.05
2012.11—2013.10	10.3	0.05	16.8	0.06	53.3	0.08	80.4	0.07
2013.10—2014.10	-3.6	-0.02	3.7	0.01	7.1	0.01	7.2	0.01
2014.10—2015.10	5.9	0.03	6.9	0.02	13.7	0.02	26.5	0.02
2015.10—2016.11	-5.6	-0.03	-8.2	-0.03	-14.5	-0.02	-28.3	-0.02
2016.11—2017.10	5.2	0.03	2.9	0.01	15.3	0.02	23.4	0.02
2017.10—2018.10	2.8	0.01	16.1	0.05	41.1	0.06	60.0	0.05
2006.03—2018.10	33.6	0.17	132.7	0.44	257.7	0.37	424.0	0.35
2011.04—2018.10	14.2	0.07	54.6	0.18	157.9	0.23	226.7	0.19

2011年5月地下电站机组开始陆续发电，发电运行后至2018年10月（约7.5年时间）地下电站引水区域的泥沙淤积量为226.7万 m^3，该时段泥沙淤积量占总淤积量的53.5%，年均泥沙淤积量为30.2 m^3/年，年淤积强度较发电前有一定程度的减弱，主要是2014—2017年上游来沙量较少，地下电站

前沿泥沙淤积量不大，但 2018 年上游来沙量较前几年大幅增加导致地下电站前沿引水区域淤积泥沙量明显增加。

2018 年 4 月及 10 月地形显示，地下电站取水口前沿 20～70m 水域河床没有明显淤积，河底平均高程为 104.7m，高出地下电站排沙洞口底板 2.2m。

四、水轮机过机泥沙

根据前期监测资料及分析成果，2018 年过机泥沙监测在入库预报流量级为 30000m³/s、40000m³/s、50000m³/s 及 60000m³/s 时择机实施，取样机组位置和监测内容与 2016、2017 年保持不变[52]。

1. 含沙量

2018 年机组悬移质含沙量在 0.051～1.480kg/m³ 之间变化，较往年含沙量有较大增加，同时悬移质含沙量最大值与最小值均出现在 16 号机组，该机组平均含沙量也大于其他机组；各年份最大含沙量出现的位置没有明显规律，左、右岸电厂及地下电站机组区域均可出现最大含沙量。含沙量垂向分布上表现为水面含沙量小，河底含沙量大的一般规律，靠左岸的机组泥沙垂向分布更不均匀。

2. 粒径

2018 年平均粒径在 0.011～0.034mm 之间变化，2013 年、2016—2018 年31 号机组的过机泥沙平均粒径的最大值高于其他机组；2018 年平均粒径为 0.011～0.034mm，接近 2016 年平均粒径（0.010～0.034mm），小于 2014 年平均粒径（0.011～0.075mm）。

2018 年过机泥沙颗粒比较均匀，中值粒径在 0.008～0.019mm 之间变化，平均中值粒径为 0.010mm，接近 2011—2016 年中值粒径，小于 2017 年中值粒径（0.015mm）。

2018 年最大粒径为 0.100～0.660mm，接近 2016 年相应值，各测次悬移质最大粒径随着入库流量的不同有所改变，最大粒径出现的机组没有明显规律。

3. 级配

2018 年取样分析表明，过机泥沙多为粉砂及黏粒质，其中粒径小于 0.062mm 的泥沙占 83.2%～99.4%，其中粒径范围在 0.004～0.008mm、0.008～0.016mm 泥沙比较多，分别达 20.4%、25.7%，粒径范围在 0.500～1.000mm 的泥沙占 0.5%～0.9%。

4. 其他指标

2018 年电导率最大值为 341μS/cm，相比往年有所增加，电导率最大值出现在6号机组，但各机组变化幅度趋势一致。

2018年其他监测成果如溶解氧（4.84～7.62mg/L）变化较大；各过机水样的pH、温度分别为7.32～7.90℃、23.6～25.0℃，与2011—2017年相比变化不大；各机组的浊度含量较往年增大趋势比较明显，均值为2017年的12倍。坝前水体水温主要受来水和气温、日照等影响，水流在过机过程中没有明显的水温变化。

5. 岩性分析

结合泥沙矿物成分、硬度分析和泥沙矿物形状分析，选取2011—2018年泥沙较大硬度矿物成分含量最多的机组进行比较（表5-19）。

表5-19 历年典型机组泥沙矿物成分比较表

年份	编号	石英/%	伊利石/%	绿泥石/%	钠长石/%
2011	0810-31♯ok	17.68	16.23	7.14	39.12
	0811-31♯ok	27.73	39.21	7.84	4.15
2012	0711-28♯zg	22.83	7.56	31.54	15.00
	0727-1♯zg	15.74	50.64	10.16	13.44
	09-1♯ok	19.56	43.66	10.70	8.31
2013	0719-6♯zg	25.64	40.40	20.53	9.34
	0719-21♯zg	25.62	43.40	14.90	8.66
	0721-21♯zg	41.53	40.7	15.41	0.25
2014	0715-0717-26♯-zg	19.01	34.44	24.18	13.66
	0708-0710-16♯-ok	19.81	58.54	11.93	9.87
	0907-26♯-ok	19.08	52.60	13.11	7.15
2015	0701-26♯-bq	43.34	5.49	21.12	12.64
	0706-16♯-zg	30.42	27.67	6.20	24.65
	0630-26♯-zg	32.43	40.13	2.70	18.77
2016	0701-31♯-wk	55.90	21.35	11.82	5.41
	0724-31♯-wk	39.50	19.55	11.20	15.67
	0725-31♯-wk	47.20	32.35	4.48	4.96
2017	09-31♯-wk	43.07	6.78	25.71	18.99
	09-31♯-bq	12.82	68.58	9.10	6.39
	09-16♯-wk	14.42	50.21	15.41	19.37
2018	0714-31♯-bq	25.28	26.04	18.69	29.99
	0713-16♯-wk	22.76	32.64	22.53	21.05
	0708-16♯zg	28.84	34.15	19.17	14.87

2018 年在检出矿物中摩氏硬度最大的石英含量较 2017 年有所减少，为近几年含量较小年份，摩氏硬度次之的钠长石含量较 2017 年有所减少，但较 2016 年有所增加，为近几年含量较大年份；石英和钠长石最大值出现的位置与 2017 年相似，为大坝靠近右岸和中泓机组；硬度较小的伊利石和绿泥石的含量较 2017 年均有所增加，为近几年含量较大年份。

参 考 文 献

［1］ 长江科学院. 三峡工程 175m 方案初步设计阶段坝区泥沙模型试验报告［R］// 长江三峡工程坝区泥沙研究报告集：第一卷. 北京：专利文献出版社，1997.

［2］ 长江科学院. 三峡工程坝区泥沙模型试验研究报告——技术设计阶段成果［R］// 长江三峡工程坝区泥沙研究报告集：第一卷. 北京：专利文献出版社，1997.

［3］ 南京水利科学研究院. 三峡工程初步设计船闸上游设隔流堤方案坝区泥沙模型试验研究报告［R］// 长江三峡工程坝区泥沙研究报告集：第一卷. 北京：专利文献出版社，1997.

［4］ 清华大学. 三峡工程坝区泥沙模型试验研究报告（永久船闸引航道设隔流堤方案）［R］// 长江三峡工程坝区泥沙研究报告集：第一卷. 北京：专利文献出版社，1997.

［5］ 长江科学院. 三峡水库泥沙冲淤计算研究报告（坝区泥沙模型试验方案）［R］// 长江三峡工程坝区泥沙研究报告集：第一卷. 北京：专利文献出版社，1997.

［6］ 长江科学院. 三峡水利枢纽上游引航道"全包"方案泥沙模型试验研究报告［R］// 长江三峡工程坝区泥沙研究报告集：第三卷. 北京：知识产权出版社，2002.

［7］ 南京水利科学研究院. 三峡水利枢纽通航建筑物"全包"方案坝区泥沙淤积和通航水流条件试验研究报告［R］// 长江三峡工程坝区泥沙研究报告集：第三卷. 北京：知识产权出版社，2002.

［8］ 清华大学. 三峡水利枢纽上游引航道"全包"方案坝区泥沙模型试验研究报告［R］// 长江三峡工程坝区泥沙研究报告集：第三卷. 北京：知识产权出版社，2002.

［9］ 水利部长江水利委员会. 长江三峡水利枢纽初步设计报告（枢纽工程）［R］，1992.

［10］ 长江水利水电科学研究院. 三峡水利枢纽 150m 蓄水位方案坝区泥沙模型试验报告［G］// 三峡水利枢纽工程泥沙问题研究成果汇编（150m 蓄水位方案）. 长江水利水电科学研究院，1986.

［11］ 南京水利科学研究院. 三峡水利枢纽 150m 蓄水位方案坝区泥沙问题试验报告［G］// 三峡水利枢纽工程泥沙问题研究成果汇编（150m 蓄水位方案）. 长江水利水电科学研究院，1986.

［12］ 长江水利水电科学研究院. 三峡水利枢纽 150m 蓄水位方案水库泥沙淤积计算与分析［G］// 三峡水利枢纽工程泥沙问题研究成果汇编（150m 蓄水位方案）. 长江水

利水电科学研究院，1986.

[13] 长江科学院. 三峡水利枢纽泥沙淤积、施工通航、永久通航及枢纽防淤减淤措施的研究 [R]//长江三峡工程泥沙与航运关键技术研究专题研究报告集（下册）. 武汉：武汉工业大学出版社，1996.

[14] 南京水利科学研究院. 三峡水利枢纽泥沙淤积、施工通航、永久通航及枢纽防淤减淤措施的研究 [R]//长江三峡工程泥沙与航运关键技术研究专题研究报告集（下册）. 武汉：武汉工业大学出版社，1996.

[15] 长江科学院. 三峡水库泥沙冲淤计算分析报告 [R]//长江三峡工程泥沙与航运关键技术研究专题研究报告集（下册）. 武汉：武汉工业大学出版社，1996.

[16] 水利部长江水利委员会. 长江三峡水利枢纽单项工程技术设计报告 [R]，1994.

[17] 长江科学院. 三峡工程施工期临时船闸泥沙淤积分析报告 [R]//长江三峡工程坝区泥沙研究报告集：第三卷. 北京：知识产权出版社，2002.

[18] 三峡工程明渠、临时船闸试航领导小组办公室. 三峡工程明渠、临时船闸试航报告 [R]，1999.

[19] 姚于丽，朱云辉，魏国远，冷魁. 引客水破坏异重流临界流速的探讨 [J]. 长江科学院院报，1991（2）.

[20] 张威，熊正安，胡冰. 三峡枢纽船闸下游引航道防止异重流淤积水槽试验研究 [R]. 长江科学院，1992.

[21] 郭炜，赵爱萍，梁中贤，赵燕，陈义武. 三峡工程引航道破异重流和松动冲沙试验研究报告 [R]//长江三峡工程坝区泥沙研究报告集：第一卷. 北京：专利文献出版社，1997.

[22] 李义天，明宗富，詹义正，赵明登. 三峡工程船闸上引航道破除异重流削减往复流研究报告 [R]//长江三峡工程坝区泥沙研究报告集：第一卷. 北京：专利文献出版社，1997.

[23] 周建军. 三峡工程下游引航道防淤减淤措施试验研究 [R]//长江三峡工程坝区泥沙研究报告集：第一卷. 北京：专利文献出版社，1997.

[24] 张威，熊正安，彭熙胜. 空气及水力门帘破坏异重流水槽试验研究 [R]. 长江科学院，1994.

[25] 张正权，段文忠. 利用水平附壁射流破异重流理论探讨 [J]. 长江科学院院报，1997（2）.

[26] 潘庆燊，杨国录，府仁寿. 三峡工程泥沙问题研究 [M]. 北京：中国水利水电出版社，1999.

[27] 潘庆燊. 长江水利枢纽工程泥沙研究 [M]. 北京：中国水利水电出版社，2003.

[28] 长江三峡水文水资源勘测局，长江航道局. 葛洲坝工程三江航道小流量冲沙试验分析报告 [R]//长江三峡工程坝区泥沙研究报告集：第三卷. 北京：知识产权出版社，2002.

[29] 长江科学院. 三峡水利枢纽通航建筑物"全包方案"引航道冲沙试验研究报告 [R]//长江三峡工程坝区泥沙研究报告集：第三卷. 北京：知识产权出版

社，2002.

［30］　南京水利科学研究院. 三峡水利枢纽通航建筑物"全包方案"引航道冲沙试验研究报告［R］∥长江三峡工程坝区泥沙研究报告集：第三卷. 北京：知识产权出版社，2002.

［31］　清华大学. 三峡水利枢纽通航建筑物"全包"方案引航道冲沙试验研究报告［R］∥长江三峡工程坝区泥沙研究报告集：第三卷. 北京：知识产权出版社，2002.

［32］　清华大学. 三峡工程引航道往复流和冲沙方案数学模型研究［R］∥长江三峡工程坝区泥沙研究报告集：第三卷. 北京：知识产权出版社，2002.

［33］　南京水利科学研究院. 三峡工程上下游引航道冲淤变化及冲沙措施研究［R］∥长江三峡工程泥沙问题研究（2001—2005）：第三卷. 北京：知识产权出版社，2008.

［34］　长江科学院. 三峡工程上下游引航道冲淤变化及冲沙措施研究［R］∥长江三峡工程泥沙问题研究（2001—2005）：第三卷. 北京：知识产权出版社，2008.

［35］　清华大学. 三峡工程上游引航道冲淤变化及冲沙措施研究［R］∥长江三峡工程泥沙问题研究（2001—2005）：第三卷. 北京：知识产权出版社，2008.

［36］　长江水利委员会. 三峡工程泥沙研究［M］. 武汉：湖北科学技术出版社，1997.

［37］　水利部长江流域规划办公室. 长江三峡水利枢纽可行性研究报告［R］，1989.

［38］　南京水利科学研究院. 三峡水利枢纽地下电站水流流态及改进措施试验研究［R］∥长江三峡工程泥沙问题研究（2001—2005）：第三卷. 北京：知识产权出版社，2008.

［39］　长江科学院. 三峡工程地下电站泥沙淤积问题模型试验研究［R］∥长江三峡工程泥沙问题研究（2001—2005）：第三卷. 北京：知识产权出版社，2008.

［40］　梁中贤，郭炜，赵燕，陈义武. 三峡工程右岸地下电站可行性研究阶段泥沙问题模型试验研究报告［R］. 长江科学院，1995.

［41］　长江水利水电科学研究院. 坝区泥沙模型施工通航泥沙试验阶段报告［R］，1984.

［42］　南京水利科学研究院河港研究所. 三峡水利枢纽坝区泥沙模型施工通航方案试验阶段报告［R］，1984.

［43］　长江科学院. 三峡工程临时通航建筑物布置和施工期临时航道泥沙淤积问题及其对策研究［R］，1995.

［44］　西南水运工程科学研究所，南京水利科学研究院. 三峡工程施工通航泥沙模型试验报告（技术设计阶段）［G］∥长江三峡工程泥沙和航运问题研究成果汇编（Ⅳ）. 交通部三峡办公室，1999.

［45］　牛兰花，李云中，黄忠新. 三峡工程临时船闸引航道泥沙淤积现状分析［C］∥三峡工程设计论文集. 北京：中国水利水电出版社，2003.

［46］　长江科学院. 三峡工程施工期临时船闸泥沙淤积分析报告［R］∥长江三峡工程坝区泥沙问题研究报告集：第三卷. 北京：知识产权出版社，2002.

［47］　长江科学院. 三峡水利枢纽施工导流期坝区专用码头泥沙模型试验研究报告［R］，1993.

［48］　长江科学院. 三峡水利枢纽施工导流期水上水厂船和固定式取水点泥沙模型试验研

究报告［R］，1993.

［49］ 长江科学院. 三峡工程第一期施工期岸线防护河工模型试验研究报告［R］，1994.

［50］ 长江科学院. 三峡工程第二期施工期岸线防护河工模型试验研究报告［R］，1994.

［51］ 长江水利委员会水文局. 2003—2009 年三峡工程坝区河段及引航道泥沙淤积原型观测资料分析研究［C］//长江三峡工程泥沙问题研究（2006—2010）：第五卷. 北京：中国科学技术出版社，2013.

［52］ 长江水利委员会水文局. 2018 年度三峡水库进出库水沙特性、水库淤积及坝下游河道冲刷分析［R］，2019.

第六章 坝下游河道冲刷问题研究

第一节 概 述

一、长江中下游河道基本特性

长江中下游干流自宜昌至河口全长 1893km。宜昌至湖口为长江中游，全长 955km，其中从枝城至洞庭湖出口的城陵矶称荆江，荆江又以藕池口为界分为上荆江和下荆江。湖口以下为长江下游，全长 938km（图 6-1）。

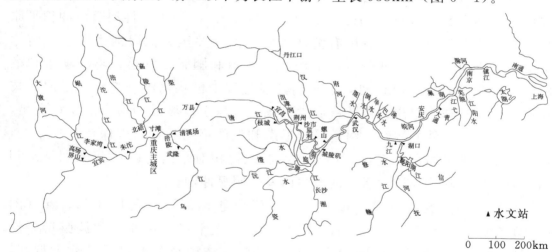

图 6-1 长江中下游水系图

长江中下游两岸有众多支流入汇。较大的支流有：枝城以上清江自右岸汇入；荆江右岸有松滋、太平、藕池、调弦四口分流入洞庭湖（其中调弦口已于 1959 年堵口建排灌闸，遇大洪水时扒口分洪），洞庭湖水系的湘、资、沅、澧四水，经洞庭湖调节后，于城陵矶汇入长江；中游城陵矶至湖口左岸有汉江入汇，鄱阳湖水系的赣、抚、信、饶、修五水经鄱阳湖调节后从右岸湖口汇入；下游左岸有皖河、巢湖水系和滁河汇入，右岸有青弋江、水阳江和太湖水系汇入。

河型是冲积平原河道河床形态和河道演变规律的综合表征。从水流运动、河床形态和河道演变特点等方面分析，可以将冲积平原河道划分为单槽型和多槽型两大类。单槽型河道水流为单一的弯曲水流，河槽单一且较为窄深，河道演变主要表现为各弯道的演变。多槽型河道水流分汊，各汊内的水流除具有弯曲水流的特点外，各汊水流相互影响；河床平面外形较顺直，河槽分汊，主支汊交替消长。根据河床形态和河道演变特点，单槽型河道可分为弯曲型和蜿蜒型河道。两者区别在于前者河床曲折率较小，弯道平缓，且其发展缓慢；后者河床曲折率一般大于 2.0，弯道发展过程中常出现撇弯、切滩和自然裁弯现象，整个河段平面上呈蠕移状态。

按照上述河型分类，结合长江中下游干流河道的自然地理环境、河床形态和河道演变特性，可划分为五大段，即宜昌至枝城段、枝城至城陵矶（荆江）段、城陵矶至湖口段、湖口至徐六泾段和长江口段。各段的河道基本特性分述如下。

（1）宜昌至枝城段。长江中游宜昌至枝城河段从长江三峡出口南津关至枝城（1958 年前称枝江），长约 60.8km（图 6-2），属山区性河道向冲积平原河道过渡的弯曲型河道，右岸有清江入汇。南津关至云池段河道顺直，南津关下游有西坝、葛洲坝两处江心洲组成的汊道和胭脂坝汊道；葛洲坝水利枢纽位于南津关下游 2.3km 处，在枢纽建设过程中已将葛洲坝挖除。云池至枝城段河道由宜都、白洋、枝城弯道段组成。宜昌至枝城段的河道演变特点是，由于两岸边界条件的制约，河道平面形态和洲滩格局长期以来保持基本不变，河床冲淤年内呈周期性变化，年际间冲淤维持相对平衡；1981 年葛洲坝水利枢纽第一期工程建成运用后，河段内即发生明显冲刷。

（2）枝城至城陵矶段。枝城至城陵矶段通称荆江，全长 347.2km（图 6-2）。左岸有沮漳河入汇，右岸有松滋口、太平口、藕池口和调弦口分流入洞庭湖，城陵矶附近洞庭湖出流汇入长江。枝城至藕池口段又称上荆江，属弯曲型河道，长 171.7km，由洋溪、江口、涴市、沙市、公安和郝穴弯道组成，各弯道多有江心洲。全河段平面形态较为平顺，曲折率为 1.72。据 1965 年测图量算，弯道段平滩河宽为 1700m，平滩水深为 11.3m；顺直段平滩河宽为 1320m，平滩水深为 12.9m。河道演变的特点是，弯道凹岸崩坍，凸岸边滩淤长，并可能被水流切割而成江心洲或江心滩；有江心洲的弯道内主支汊地位长期相对稳定，如关洲、董市洲、江口洲、火箭洲、马羊洲等汊道，仅三八滩、金城洲和突起洲分汊段的主支汊曾发生兴衰交替现象。

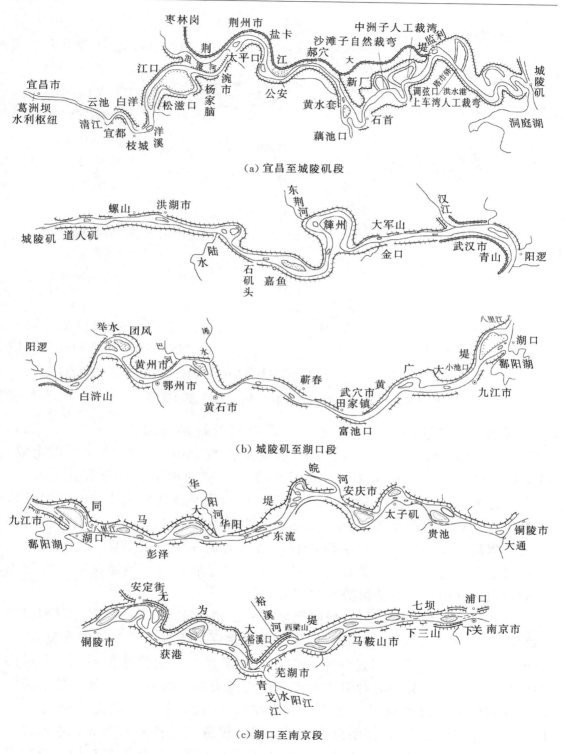

（a）宜昌至城陵矶段

（b）城陵矶至湖口段

（c）湖口至南京段

图 6-2（一） 长江中下游干流河道示意图

325

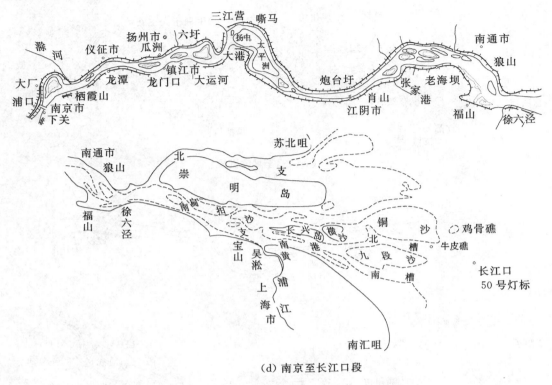

(d) 南京至长江口段

图 6 - 2（二）　长江中下游干流河道示意图

藕池口至城陵矶段又称下荆江，属典型的蜿蜒型河道，全长 175.5km（图 6-2）。20 世纪 60 年代人工裁弯前河道长约 240km，由 12 个弯道组成，河道蜿蜒曲折，曲折率达 2.83，除中洲子、监利和熊家洲弯道有江心洲外，其余均为单一弯道。据 1965 年测图量算，弯道段平滩河宽为 1300m，平滩水深为 11.8m；顺直段平滩河宽为 1390m，平滩水深为 9.86m。河道演变的特点是，弯道凹岸崩坍，凸岸边滩淤长，当弯道发展到一定形态，遇较大洪水年，易发生撇弯切滩或自然裁弯。河弯发生裁弯取直后，河道又重新发展为新的弯道，并引起其下游河势发生较大变化。

（3）城陵矶至徐六泾段。城陵矶至徐六泾段长 1303.2km，属分汊型河道（图 6-2），两岸有汉江、鄱阳湖水系、巢湖水系、太湖水系及其他支流入汇。河道两岸地质条件具有明显的不均匀性，左岸多为广阔的冲积平原，右岸多为山丘阶地。两岸分布有对河势起控制作用的天然山矶节点 88 处，形成藕节状宽窄相间的分汊型河段。河段内共有汊道 44 段，其中，城陵矶至湖口 20 段，湖口至江阴 21 段，江阴至徐六泾 3 段。汊道段总长 906.2km，占河段全长的 69.5%，其余为单一段。按汊道平面形态不同，可分为顺直形、微弯形和鹅头形三种汊道。最大河宽：顺直形汊道为 2.8～8.0km，微弯形汊道为

2.6～9.4km，弯曲形汊道为 6.1～12.5km。分汊型河段河道演变的主要特点是：第一，主支汊兴衰交替表现为主支汊原位交替和摆动交替两种形式。前者主支汊地位互换，但其平面位置基本不变，多发生于顺直形和微弯形汊道；后者为支汊通过平面位移和断面冲刷扩大而取代主汊，仅发生于鹅头形汊道。第二，汊道段的主支汊兴衰交替周期较长，大多数汊道段的主支汊地位较长时期保持不变。第三，汊道主支汊兴衰可能引起其下游的单一段和汊道段河势变化。

（4）长江口段。长江口段上起徐六泾，下迄 50 号灯标，全长 181.8km，徐六泾处河宽为 5.7km，口门处自苏北嘴至南汇嘴宽约 90km，平面呈喇叭形。崇明岛将长江口分为南、北两支，南支由长兴岛和横沙岛分为南港和北港，南港在横沙岛尾端由九段沙分为南、北两槽，形成长江口三级分汊，径流由北支、北港、北槽和南槽四汊入海的格局（图 6-2）。

长江口河道演变的主要规律是沙洲淤并，河宽缩窄，河口外伸。近 50 多年来，受自然因素和人为因素的影响，长江口段的上端点由江阴下移至其下游 80km 的徐六泾。

二、坝下游河道冲刷问题研究过程

三峡工程坝下游河道冲刷问题包括坝下游河道冲刷发展过程预测、坝下游河道演变及其对防洪、航运的影响等问题。自 20 世纪 50 年代以来，有关部门采用原型观测调查、泥沙数学模型计算和泥沙实体模型试验相结合的研究方法进行研究[1-2]。1959—1983 年，为研究三峡工程建成后坝下游河床冲刷和水位降低情况，长江水利委员会水文局于 1959 年对宜昌至涴市长约 124km 的河段进行了床沙采样和卵石夹沙层厚度探测，对三峡工程运用后河道冲刷过程中宜昌站水位下降值作了估算；20 世纪 70 年代长江科学院曾对三峡工程运用后宜昌站水位下降值进行了多次估算[3-6]。1959 年丹江口水利枢纽施工截流后，长江水利委员会水文局开展了坝下游系统的河道演变观测工作。1980—1982 年，为探查三峡、葛洲坝水利枢纽建筑砂石骨料来源，长江水利委员会勘测处进行了宜昌至宜都长约 40km 河段的河床钻探。1983—1985 年，配合三峡水利枢纽（150m 蓄水位方案）的可行性研究和初步设计，长江科学院收集整理坝下游河床组成资料，利用泥沙数学模型进行了三峡建坝后坝下游宜昌至城陵矶河段河道冲刷计算，进一步核算宜昌站水位的降低值[7-8]。

1986 年 6 月—1992 年 4 月三峡工程可行性重新论证阶段，坝下游河道冲刷问题研究方面，重点开展了三项工作：一是在继续勘测并整理坝下游河床组成资料的基础上，长江科学院、中国水利水电科学研究院、清华大学和天津水运工程科学研究所等单位对三峡水库下游河床冲刷和水位降低问题进行计算研究；二是长江水利委员会水文局、武汉水利电力大学、长江科学院、中国水利水电科学研究院、河海大学、长江航道局规划设计研究院等单位对三峡工程建成前后坝下游河道演变进行了原型观测和分析研究；三是长江科学院、武汉水利电力大学、清华大学等单位开展了三峡建坝后坝下游河道冲刷对防洪、航运影响的研究[9-22]。

三峡工程初步设计和技术设计阶段，坝下游河道冲刷问题作为三峡工程泥沙问题的研究重点之一，开展了大量研究工作，主要有以下方面：

（1）坝下游河道冲刷计算。1991—1995 年中国水利水电科学研究院、长江科学院分别进行了宜昌至大通河段河道冲刷计算，天津水运工程科学研究所进行了宜昌至武汉河段河道冲刷计算[23-25]。1996—2000 年中国水利水电科学研究院和长江科学院分别进行了宜昌至大通河段河道冲刷计算分析[26-28]。

（2）三峡工程建成后坝下游河道演变及江湖关系变化分析研究。

（3）三峡建坝后宜昌至城陵矶河段河道演变及河势控制方案研究。

（4）葛洲坝枢纽下游近坝段河道冲刷对船闸运行的影响及对策研究。

（5）坝下游河道冲刷对枝城至江口河段浅滩影响及整治研究。

三峡工程 2003 年 6 月初期蓄水运用以来坝下游河道冲刷问题研究主要内容包括两方面：一是对宜昌至湖口河段河道演变进行系统的观测分析，研究坝下游冲刷发展过程、河势变化、护岸险工和航道浅滩变化；二是开展宜昌至杨家脑长 115km 河段的综合治理方案研究。

以下简述 20 世纪 50 年代以来坝下游河道冲刷问题研究的主要成果。

第二节 坝下游河道冲刷预测

一、1959—1982 年阶段

1959 年初，长江水利委员会水文处在宜昌至浣市长约 124km 河段进行了床沙取样分析，并用手钻探测卵石夹沙层厚度。同年，采用平衡输沙有限差分法，考虑冲刷极限深度和卵石层床面的控制，估算三峡枢纽下游河床冲刷和水位下降的情况，结果认为枢纽运用 22 年后，当长江流量为 5000m³/s 时，宜昌站相应的水位降低 1.5m。20 世纪 70 年代，曾对葛洲坝水利枢纽单独运用和葛洲坝水利枢纽与三峡水利枢纽联合运用条件下坝下游河床冲刷和枯水位降低的极限情况进行了多次估算，结果认为宜昌站枯季水位降低值为1.5～2.0m[1-5]。

1980—1982年，为探查三峡、葛洲坝水利枢纽建筑砂石骨料，长江水利委员会勘测处在宜昌至宜都长约40km河段进行了大量河床钻探工作。

二、三峡工程（150m蓄水位方案）可行性研究和设计阶段

1982—1985年，三峡水利枢纽（150m蓄水位方案）可行性研究和初步设计阶段，长江科学院补充分析宜昌至枝城河段河床勘探资料，进一步查明该河段的卵石夹沙层厚度和泥沙颗粒级配，采用不平衡输沙数学模型进行了坝下游冲刷长系列年的计算[6-8]。计算河段范围为宜昌至城陵矶，在进行水库泥沙淤积计算的同时，按照水库下泄水沙过程，进行长系列年（30年）下游河道冲淤计算。典型系列年与水库计算条件相同，采用1961—1970年。计算起始地形为葛洲坝水利枢纽大江截流前夕1980年6—11月实测的水道地形。通过30年系列的计算，宜昌站各级流量下的水位降落值见表6-1。

表6-1　　　　　　　宜昌站各级流量相应的最大水位降落值

流量/（m³/s）	4050	6300	9000	11600	23400	31700	41800
最大水位降落值/m	1.55	1.46	1.24	1.10	0.84	0.63	0.32
到达最大水位降落的年限/年	5	6	7	10～15	15～17	17	17

三、三峡工程可行性重新论证阶段

1986年6月—1992年4月三峡工程可行性重新论证阶段，长江科学院、中国水利水电科学研究院、清华大学和天津水运工程科学研究所分别进行了坝下游冲刷计算。

长江科学院采用包括悬移质和推移质（粒径 $d > 1$mm）的全沙数学模型，并用汉江丹江口水库下游黄家港至襄阳河段和长江宜昌至武汉河段的河道演变观测资料加以验证[9]。计算河段为宜昌至大通河段，全长1100km，各方案计算长度不同（图6-3）。宜昌站的水沙条件取自三峡水库淤积计算成果[10]。计算所取的典型系列年为1961—1970年，计算年限为100年，前10年为蓄水位156m方案，后90年为正常蓄水位175m方案。计算结果表明：坝下游河道冲刷自上游向下游发展，初期冲刷量逐渐增加，达到最大冲刷值以后，逐渐回淤。以方案4为例，宜昌至城陵矶河段（长392.3km）在冲刷40年后达到最大累积冲刷量25.72亿m³，其后缓慢回淤；城陵矶至武汉段（长229.15km），初期冲刷发展较慢，到30年后迅速发展，至60年达最大值

13.20 亿 m³，其后回淤（表 6-2）。经过 10 年冲刷，宜昌至陈家湾河段（长 132.5km）冲刷基本完成，达到平衡；20 年冲刷以后，陈家湾至沙市河段（长 16.5km）冲刷完成；30 年冲刷以后，沙市至郝穴河段（长 52.7km）冲刷停止；经过 40 年冲刷，郝穴到城陵矶河段（长 190.7km）冲刷基本完成。河道冲刷过程中，同流量的水位降低，水位降低值与流量成反比。宜昌站流量 6500m³/s 以下，水位下降值为 1.6~2.0m。

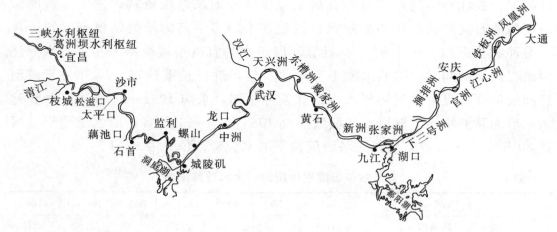

图 6-3　宜昌至大通河段示意图

表 6-2				宜昌至武汉河段累积冲淤量（方案 4）				单位：亿 m³		
河段	10 年	20 年	30 年	40 年	50 年	60 年	70 年	80 年	90 年	100 年
宜昌至城陵矶（长 392.3km）	−10.28	−17.94	−23.24	−25.72	−25.45	−24.30	−22.79	−21.25	−20.10	−19.07
城陵矶至武汉（长 229.15km）	−0.22	−0.74	−2.97	−6.96	−11.63	−13.20	−13.03	−11.80	−10.47	−9.26
宜昌至武汉（长 621.45km）	−10.50	−18.68	−26.21	−32.68	−37.09	−37.50	−35.82	−33.05	−30.57	−28.32

中国水利水电科学研究院采用一维非均匀沙不平衡输沙数学模型（M1-NENUS-2）进行坝下游冲刷多方案计算[11]。模型用长江宜昌至城陵矶河段和武汉至大通河段以及汉江丹江口水库下游黄家港至武汉河段河道演变资料进行验证。计算河段自宜昌至大通，长 1103km，各方案计算河段长度不同。宜昌站的水沙条件按水库淤积计算得出的出库水沙计算成果[12]。计算采用的典型系列年为 1960—1970 年加 1981 年，共 12 年。计算年限为 82 年，前 10 年为蓄水位 156m 方案，后 72 年为正常蓄水位 175m 方案。计算结果表

明：坝下游河道冲刷自上游向下游发展，累积冲刷量逐年递增，各河段自上至下先后达到最大累积冲刷量，以后开始回淤，累积冲刷量减少。以计算方案 8 和方案 14 为例，宜昌至城陵矶河段在冲刷 50 年后达到最大累积冲刷量38.7 亿 t（表 6-3）。经过 10 年冲刷，宜昌至沙市河段（长 149km）达到平衡，冲刷逐渐停止；经过 22 年冲刷，沙市至藕池口河段（长 90km）冲刷逐渐停止；藕池口至城陵矶河段（长 153km）冲刷 53 年后停止。河床冲刷导致同流量的水位下降，方案 8 冲刷 58 年后宜昌站流量 5000m³/s 的相应水位较 1973 年葛洲坝水利枢纽设计水位流量关系线下降 1.70m，方案 14 相应为 2.05m。

表 6-3　　　　　　　　　　各河段不同冲刷年限的累积冲刷量

计算方案	河　　段	累 积 冲 刷 量/亿 t							
		10 年	22 年	34 年	46 年	50 年	58 年	70 年	82 年
方案 8	宜昌至城陵矶	−11.8	−25.4	−34.2	−38.4	−38.7	−37.9	−30.6	−23.5
	城陵矶至武汉	−4.3	−4.0	−5.2	−8.0	−8.7	−10.1	−10.7	−9.5
	武汉至九江	−1.0	−1.0	−1.4	−1.7	−1.8	−2.8	−4.4	−5.7
	宜昌至九江	−17.1	−30.4	−40.8	−48.1	−49.2	−50.8	−45.7	−38.7
方案 14	宜昌至城陵矶	−12.8	−28.2	−37.4	−41.9	−42.1	−41.2	−35.1	−29.3
	城陵矶至武汉	−1.3	0.0	−2.2	−6.5	−7.9	−10.6	−11.1	−10.4
	武汉至九江	+0.8	+0.5	+0.4	+0.4	+0.3	−0.2	−1.7	−1.5
	宜昌至九江	−13.3	−27.7	−39.2	−48.0	−49.6	−52.0	−47.9	−41.2

注　方案 8 计算河段为宜昌至九江，方案 14 计算河段为宜昌至大通。

清华大学根据三峡水库运用情况及坝下游宜昌至江口河段的河床组成特点，建立了卵石夹沙河床长期清水冲刷的数学模型，用来估算坝下游河道的冲刷粗化，水位降落及航道条件的变化[13-14]。计算结果表明：

（1）三峡水库下游河道长期水流冲刷的结果，宜昌至江口河段冲刷总量达 2.7 亿～3.2 亿 m³，平均冲刷厚度为 2.5～3.0m。

（2）宜昌至江口河段中，存在一些对水位起控制作用的河段，如胭脂坝、虎牙滩、南阳碛和芦家河等，其中以芦家河浅滩段最为明显。假设江口下游三种边界水位降落时相应的水面线通过芦家河浅滩后，其差别明显减小。下游边界水位降落 1m，仅能造成宜昌站水位降低 2～3cm，说明控制河段对维持宜昌站水位具有重要作用（图 6-4）。

（3）经长期水流冲刷作用，5000m³/s 流量时宜昌站水位降落 1.5～1.7m。

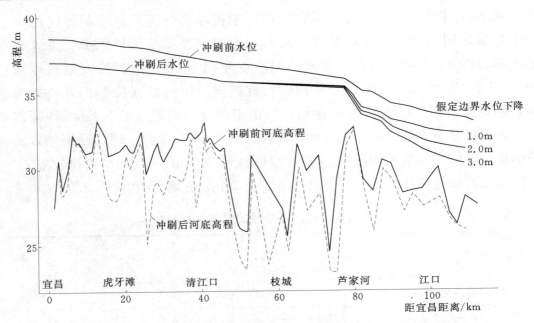

图 6-4　冲刷前后平均河底高程线及相应 5000m³/s 流量的水面线

四、三峡工程设计与施工阶段

1991—2002 年期间，长江科学院和中国水利水电科学研究院均先后三次进行坝下游宜昌至大通河段河道冲刷计算研究，天津水运工程科学研究所于 1991—1995 年期间进行了坝下游宜昌至武汉河段河道冲刷计算研究[23-29]。有关计算研究成果简述如下。

（一）长江科学院数学模型计算成果

长江科学院于 1991—1995 年、1996—1997 年和 1998—2000 年三次进行坝下游宜昌至大通河段河道冲刷计算[23,26-27]。三次计算均采用 HELIU-2 数学模型，包括悬移质和推移质冲淤，分汊河段的分流分沙等计算内容。采用宜昌至大通河段 1980—1987 年和 1981—1993 年以及汉江丹江口水库下游襄阳至仙桃河段 1978—1988 年地形和水沙资料进行验证，对模型的有关参数作了调整。计算河段范围均为宜昌至大通河段，但依据的起始地形第一次计算按 1980—1981 年地形测图，第二、三次按 1992—1993 年地形测图。计算采用的进口水沙条件均采用长江科学院三峡水库淤积计算得出的三峡水库单独运用 100 年出库水沙过程，水文年系列为 1961—1970 年，未考虑上游新建水库和水土保持工程的拦沙效果。各次计算的水库调度方案略有不同，第三次计算采用的水库调度方案为：2003 年 6 月 16 日—2007 年 9 月 30 日，水库按坝前水位 135m 常年运用；2007 年 10 月 1 日—2009 年 9 月 30 日，坝前水位按 156m—135m—140m（正常蓄水位—防洪限制水位—枯季消落低水位，下同）方式运用，2009 年 10 月 1 日以后坝前水位按 175m—145m—155m 方式运用。计算过程中假定荆江三口分流仅随长江干流冲淤而变化。第三次计算的结果表明[27]：

（1）坝下游河道冲刷遵循"冲刷—平衡—回淤"发展过程，宜昌至大通河段悬移质最大冲刷量为 42.95 亿 t，出现在水库运用第 60 年；其中第 1～10 年冲刷速度最大，平均每年冲刷 1.13 亿 t，随后冲刷逐步减弱，至第 60 年冲刷停止，以后各年逐渐回淤（表 6-4 和图 6-5）。

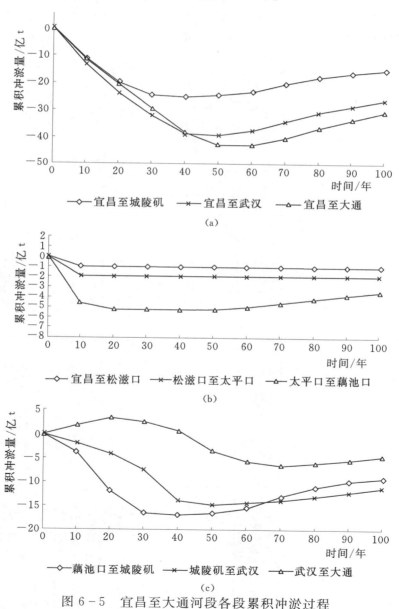

图 6-5　宜昌至大通河段各段累积冲淤过程

表 6-4　　　　　　　　宜昌至大通河分段悬移质累积冲淤量

单位：亿 t

时段	模　型	宜昌至松滋口 (75.7)	松滋口至藕池口 (147.3)	藕池口至城陵矶 (170.2)	城陵矶至武汉 (230.0)	武汉至九江 (251.0)	九江至大通 (249.0)	宜昌至城陵矶 (393.2)	宜昌至武汉 (623.2)	宜昌至九江 (874.2)	宜昌至大通 (1123.2)
10年	长江科学院	-0.98	-6.53	-3.73	-1.87	1.38	0.41	-11.25	-13.12	-8.69	-11.34
	中国水利水电科学研究院	-1.40	-4.65	-6.65	-2.39	3.22	1.00	-12.70	-15.09	-11.87	-10.88
20年	长江科学院	-0.98	-7.09	-11.74	-3.88	1.33	2.14	-19.81	-23.69	-16.57	-20.23
	中国水利水电科学研究院	-1.48	-4.79	-13.64	-4.49	4.94	2.54	-19.91	-24.41	-19.47	-16.92
30年	长江科学院	-0.98	-7.11	-16.44	-7.35	-0.05	2.67	-24.53	-31.89	-23.66	-29.27
	中国水利水电科学研究院	-1.48	-4.82	-18.74	-7.24	4.55	4.77	-25.05	-32.29	-27.74	-22.98
40年	长江科学院	-0.98	-7.11	-16.94	-13.74	-0.65	1.43	-25.04	-38.78	-29.20	-37.99
	中国水利水电科学研究院	-1.47	-4.92	-22.06	-9.74	3.11	6.10	-28.45	-38.18	-35.07	-28.97
50年	长江科学院	-0.98	-7.09	-16.47	-14.69	-2.19	-1.17	-24.54	-39.23	-30.68	-42.59
	中国水利水电科学研究院	-1.44	-5.06	-23.35	-12.23	1.57	6.33	-29.86	-42.08	-40.51	-34.18
60年	长江科学院	-0.97	-6.83	-15.45	-14.24	-4.09	-1.36	-23.26	-37.49	-30.80	-42.95
	中国水利水电科学研究院	-1.41	-4.90	-23.48	-14.70	0.30	5.98	-29.79	-43.86	-43.57	-37.59
70年	长江科学院	-0.95	-6.44	-12.86	-13.73	-4.15	-2.15	-20.25	-33.98	-28.24	-40.28
	中国水利水电科学研究院	-1.40	-4.89	-22.20	-15.55	-0.81	5.21	-28.50	-44.05	-44.86	-39.66
80年	长江科学院	-0.91	-5.97	-10.89	-12.83	-3.20	-2.59	-17.77	-30.60	-25.04	-36.39
	中国水利水电科学研究院	-1.23	-4.88	-20.20	-16.13	-1.53	4.36	-26.40	-42.53	-44.06	-39.70
90年	长江科学院	-0.90	-5.57	-9.69	-11.89	-2.90	-2.29	-16.17	-28.06	-22.94	-33.25
	中国水利水电科学研究院	-1.03	-4.84	-18.24	-16.03	-2.35	4.22	-24.11	-40.15	-42.50	-38.28
100年	长江科学院	-0.89	-5.24	-8.86	-11.06	-2.50	-1.75	-14.99	-26.05	-21.15	-30.31
	中国水利水电科学研究院	-0.94	-4.79	-16.94	-15.33	-2.83	4.20	-22.67	-37.99	-40.82	-36.63

注　1. 表中为三峡工程单独运用各时段的计算成果。
　　2. 正值为淤，负值为冲。
　　3. 括号内数字为河段长度，km。

（2）坝下游河道冲刷自上游至下游逐步发展，宜昌至松滋口河段水库运用 10 年冲刷基本完成，松滋口至太平口河段水库运用 20 年冲刷基本完成，太平口至藕池口河段水库运用 30 年冲刷基本完成，藕池口至城陵矶河段在水库运用 40 年后冲刷基本停止，城陵矶至武汉和武汉至大通河段分别在水库运用 50 年和 70 年后冲刷停止，开始回淤。

（3）河床冲刷导致沿程同流量的水位下降。以枯水期流量为例，宜昌站流量 5500m³/s，相应的水位较三峡工程运用前（1993 年）最大降低值为 0.95m，沙市、石首、监利站分别为 2.13m、3.29m、3.03m（表 6-5 和表 6-6）。

表 6-5　　　　　　　三峡水库运用后宜昌站水位下降值　　　　　　　单位：m

流量	4 年末	6 年末	10 年末	20 年末	30 年末
3200m³/s	0.40	0.57	0.68	0.77	
5500m³/s	0.44	0.65	0.78	0.93	0.95
10000m³/s	0.41	0.61	0.71	0.85	0.97
20000m³/s	0.33	0.54	0.67	0.80	0.91
30000m³/s	0.26	0.44	0.55	0.68	0.79
40000m³/s	0.18	0.33	0.44	0.57	0.67
50000m³/s	0.15	0.25	0.35	0.48	0.54

表 6-6　　　　　　　三峡水库运用后沙市站水位下降值　　　　　　　单位：m

流量	10 年末	20 年末	30 年末	40 年末
5500m³/s	1.05	1.67	1.97	2.13
10000m³/s	1.20	1.88	2.20	2.38
20000m³/s	0.68	1.40	1.70	1.82
30000m³/s	0.43	1.17	1.44	1.55
40000m³/s	0.10	0.56	0.80	0.90

（4）荆江三口分流分沙变化。此次计算假定荆江三口分流道不发生冲淤变化，三口分流随长江干流河床冲刷、水位下降而减少。当水库运用 50 年后，由于荆江河段冲刷停止并转入回淤期，水位下降也趋于稳定，三口分流分沙也达到最小值（表 6-7）。三峡水库运用 41～50 年时，松滋口、太平口、藕池口年分流比由建库前（1981—1996 年）的 8.5%、3.0%、4.2% 分别减小至 5.5%、1.9%、1.7%。

三口分沙量的变化与三口分流量和口门上游干流含沙量的变化有关，三峡水库运用至 41～50 年，松滋口、太平口、藕池口年分沙比由建库前

（1981—1996 年）的 9%、3.3%、6.8% 分别减小至 7.9%、2.8%、2.9%（表 6-7）。其变化趋势与分流量变化基本一致。

表 6-7 三峡建库后荆江三口分流分沙比

项目	运用时段	枝城量值	松滋口		太平口		藕池口		三口合计	
			量值	占枝城/%	量值	占枝城/%	量值	占枝城/%	量值	占枝城/%
年均径流量/亿 m³	1981—1996 年	4430	375	8.5	133	3.0	185	4.2	693	15.6
	1~10 年	4564	303	6.6	121	2.7	217	4.8	641	14.0
	11~20 年	4717	276	5.9	101	2.1	143	3.0	520	11.0
	21~30 年	4717	267	5.7	93	2.0	99	2.1	459	9.7
	31~40 年	4717	263	5.6	90	1.9	84	1.8	437	9.3
	41~50 年	4717	261	5.5	88	1.9	80	1.7	429	9.1
	51~60 年	4717	261	5.5	88	1.9	83	1.8	432	9.2
	61~70 年	4717	261	5.5	89	1.9	85	1.8	435	9.2
	71~80 年	4717	261	5.5	89	1.9	88	1.9	438	9.3
	81~90 年	4717	261	5.5	89	1.9	88	1.9	438	9.3
	91~100 年	4717	261	5.5	89	1.9	88	1.9	438	9.3
年均输沙量/亿 t	1981—1996 年	4.88	0.442	9.1	0.16	3.3	0.330	6.8	0.932	19.1
	1~10 年	1.70	0.161	9.5	0.074	4.4	0.188	11.1	0.423	24.9
	11~20 年	1.69	0.140	8.3	0.054	3.2	0.085	5.0	0.279	16.5
	21~30 年	1.88	0.151	8.0	0.056	3.0	0.064	3.4	0.271	14.4
	31~40 年	2.18	0.173	7.9	0.063	2.9	0.064	2.9	0.300	13.8
	41~50 年	2.67	0.212	7.9	0.076	2.8	0.077	2.9	0.365	13.7
	51~60 年	3.36	0.270	8.1	0.099	2.9	0.102	3.0	0.471	14.0
	61~70 年	3.85	0.311	8.1	0.114	3.0	0.120	3.1	0.545	14.2
	71~80 年	4.25	0.346	8.1	0.126	3.0	0.135	3.2	0.607	14.3
	81~90 年	4.40	0.356	8.1	0.129	2.9	0.139	3.2	0.624	14.2
	91~100 年	4.50	0.359	8.0	0.130	2.9	0.140	3.2	0.629	14.1

（二）中国水利水电科学研究院数学模型计算成果

中国水利水电科学研究院于 1991—1995 年、1996—1997 年和 1998—2000 年三次进行坝下游宜昌至大通河段河道冲刷计算研究[24,28-29]。三次计算均采用在 M1-NENUS-2 模型的基础上建立和完善的一维恒定非均匀沙不平衡输沙模型（M1－NENUS－3），该模型较 M1－NENUS－2 模型增加了微冲微淤模型。采用武汉至大通河段 1981—1984 年和宜昌至大通河段 1981—1987 年水文和河道地形资料进行验证，对模型参数作了调整。三次计算的河段范围均为宜昌至大通河段，第一、二次计算依据的起始地形为 1980 年实测地形图，第三次计算为 1993 年实测地形图。第一、二次计算采用的进口水沙条件为中国水利水电科学研究院三峡水库淤积计算得出的三峡水库单独运用 84 年的出库水沙过程，水文年系列为 1960—1970 年加 1981 年，未考虑上游新建水库和水土保持工程的拦沙效果；第三次计算采用的进口水沙条件为长江科学院三峡水库淤积计算得出的三峡水库单独运用 100 年的出库水沙过程，水文年系列为 1961—1970 年，未考虑上游新建水库和水土保持工程的拦沙效果。第三次计算共进行 6 个方案计算，各方案的计算方法及荆江三口分流假定略有不同。其中方案 1 采用微冲微淤模型，假定荆江三口分流仅随长江干流冲淤而变化。

鉴于长江科学院和中国水利水电科学研究院第三次计算依据的水沙、地形等条件基本一致，为便于相互对比，选取第三次计算的成果作进一步分析。第三次计算方案 1 的结果表明[29]：

（1）三峡水库建成后，坝下游河道冲刷是一个长时期过程，冲刷距离可达九江，甚至更远，冲刷自上游至下游逐步发展，初期以武汉为界，后期以九江为界，呈上冲下淤趋势（表 6－4）。宜昌至城陵矶河段在水库运用 50 年后冲刷量达到最大值，方案 1 为 29.86 亿 t，相应单位河长冲刷量为 7590t/m；其中宜昌至太平口河段在 20 年后即达到最大值 2.95 亿 t，相应单位河长冲刷量为 2160t/m。宜昌至九江河段在水库运用 70 年后冲刷量达到最大值，方案 1 为 44.86 亿 t，相应单位河长冲刷量为 5132t/m。

（2）九江至大通河段水库运用前 50 年为淤积，以后转冲，但至 100 年前期淤积物尚未冲光。淤积的原因是河床补给泥沙使武汉以下悬移质普遍变粗，特别是九江以下，致使挟沙能力明显降低。

（3）由于水流长期冲刷，干流武汉以上同流量的水位普遍降低（表 6－8）。各站水位下降最大值与所在河段的冲刷强度相应，荆江河段及城陵矶至武汉河段冲刷量大，沙市、监利、城陵矶、螺山站水位较冲刷前（1993 年）下降值最大。荆江以上河段多为卵石夹沙河床，冲刷较快达到相对平衡，冲刷量不太大，水位下降也不太大，宜昌站水位下降最大值为 0.60～1.15m。

（4）荆江三口分流分沙变化。计算假定三口分流量仅随干流冲淤变化而改变。水库开始运用至 60 年，三口分流比随干流冲刷而减小。水库运用至 60 年末，相应枝城流量 50000m³/s 的松滋口、太平口、藕池口分流比分别从建库初始的

11.83%、4.65%和10.06%减小至8.98%、2.69%和1.15%，以后分流比有所恢复（表6-9）。分沙比的变化趋势与分流比变化基本一致。藕池口分沙比从建库初始的4.98%减小至水库运用60年的最小值为0.31%；太平口分沙比建库初始为3.85%，水库运用41~50年分沙比最小为2.15%；松滋口的分沙比建库初始为9.67%，此后一直衰减，水库运用91~100年分沙比为7.78%（表6-10）。

表6-8　　　　　　　　　三峡建坝后各站同流量水位下降最大值

站名	水位下降最大值/m					
	5500m³/s	10000m³/s	20000m³/s	30000m³/s	40000m³/s	50000m³/s
宜昌	1.15	0.79	0.69	0.66	0.60	
沙市	3.06	3.40	3.40	3.42	2.94	
监利	4.27	3.81	3.56	3.29		
城陵矶	2.22	1.98	1.33	1.11		
螺山		2.45	2.15	1.75	1.38	1.00
汉口		1.50	1.25	0.75	0.69	0.62
九江		0.78	0.57	0.55	0.49	0.50

表6-9　　　　　　　　　枝城不同流量级的三口分流比变化

水库运行时段	分流口	分流比/%					
		5000m³/s	10000m³/s	20000m³/s	30000m³/s	40000m³/s	50000m³/s
初始	松滋口	0.03	6.62	10.69	11.00	11.59	11.83
	太平口	0.00	1.85	3.48	3.65	3.79	4.65
	藕池口	0.00	1.71	3.43	4.62	6.65	10.06
20年末	松滋口	0.04	4.65	7.57	8.61	9.02	9.62
	太平口	0.00	0.22	1.63	2.05	2.71	3.24
	藕池口	0.00	0.00	0.00	0.38	1.13	2.78
40年末	松滋口	0.04	4.08	7.15	8.36	8.65	9.13
	太平口	0.00	0.09	1.48	1.79	2.37	2.80
	藕池口	0.00	0.00	0.00	0.00	0.38	1.24
60年末	松滋口	0.02	3.44	6.90	8.20	8.56	8.98
	太平口	0.00	0.10	1.48	1.78	2.36	2.69
	藕池口	0.00	0.00	0.00	0.00	0.37	1.15
80年末	松滋口	0.02	2.60	6.80	8.22	8.70	9.16
	太平口	0.00	0.35	1.60	1.94	2.51	2.87
	藕池口	0.00	0.00	0.00	0.00	0.59	1.60
100年末	松滋口	0.02	1.22	6.59	8.10	8.65	9.18
	太平口	0.00	0.78	1.81	2.22	2.72	3.07
	藕池口	0.00	0.00	0.00	0.00	0.85	2.14

表 6-10　　　　　　　　　三峡水库运用各时段三口分沙量与分沙比

分流口	项　目	1～10年	11～20年	21～30年	31～40年	41～50年	51～60年	61～70年	71～80年	81～90年	91～100年
松滋口	分沙量/万t	16949	14414	15627	17488	21508	26919	30328	33690	34661	34758
	分沙比/%	9.67	8.56	8.32	8.13	8.06	8.01	7.91	7.99	7.91	7.78
太平口	分沙量/万t	6638	4190	4091	4390	5275	6773	7865	9041	9866	10559
	分沙比/%	3.85	2.73	2.38	2.21	2.15	2.19	2.23	2.34	2.44	2.55
藕池口	分沙量/万t	9665	2611	1171	790	772	924	1181	1592	2089	2677
	分沙比/%	4.98	1.73	0.69	0.41	0.32	0.31	0.35	0.42	0.55	0.68

（三）天津水运工程科学研究所计算成果

天津水运工程科学研究所于 1991—1995 年进行了坝下游宜昌至武汉河段河道冲刷计算[25]。计算所用的数学模型为该所建立的包括悬移质、推移质及床沙分选的一维全沙模型（NSDDR）。采用汉江丹江口水库下游黄家港至仙桃长 442km 河段冲刷 28 年的实测资料以及长江宜昌至武汉长 628km 河段 1981—1987 年冲淤实测资料对模型进行了检验，说明模型计算值与实测值符合良好。计算河段范围为宜昌至武汉河段，依据的起始地形为 1981 年 3 月实测地形图。计算采用的进口水沙条件依据长江科学院三峡水库淤积计算得出的三峡水库单独运用 100 年出库水沙过程，水文年系列为 1961—1970 年，未考虑上游新建水库和水土保持工程的拦沙效果。水库调度方案为水库运用初期 10 年为 156m—135m—140m 方案，以后各年均为 175m—145m—155m 方案。进行了范围为宜昌至城陵矶和宜昌至武汉两类共 14 个方案的计算。其中方案 11 以武汉作为出口计算边界，糙率随冲刷发展而增加，三口分流量随口门水位降落而减小，以及洞庭湖汇入水量与 1961—1970 年系列比值为 0.9。方案 11 的计算结果表明：

（1）坝下游河道呈冲刷至冲刷极限至回淤的演变规律。宜昌至武汉河段最大冲刷量为 46.01 亿 t，出现在建库后 70 年（表 6-11）。

（2）冲刷自上游向下游发展，宜昌至松滋口河段达到冲刷平衡的时间为建库后 10 年，松滋口至新厂河段为 50 年，新厂至城陵矶河段为 60 年，城陵矶至武汉河段为 100 年。

（3）河道冲刷过程中同流量的水位下降。宜昌站同流量的水位较建库前下降 1.4～1.8m，且水位下降过程仅需 5～10 年。

表 6-11　　　　　　　宜昌至武汉河段分段悬移质累积冲淤量　　　　单位：亿 t

时段	宜昌至松滋口	松滋口至新厂	新厂至城陵矶	城陵矶至武汉	宜昌至城陵矶	宜昌至武汉
10 年	−1.97	−5.34	−3.81	−2.60	−11.14	−9.44
20 年	−1.97	−8.61	−8.46	−2.50	−19.05	−19.03
30 年	−1.97	−9.58	−13.77	−3.32	−25.34	−28.66
40 年	−1.97	−9.61	−18.44	−6.81	−30.05	−36.85
50 年	−1.97	−9.75	−21.53	−9.81	−33.27	−43.08
60 年	−1.97	−9.66	−21.90	−12.07	−33.56	−45.62
70 年	−1.97	−9.18	−21.21	−13.62	−32.38	−46.01
80 年	−1.95	−9.03	−19.11	−14.74	−30.11	−44.86
90 年	−1.96	−8.68	−17.11	−15.38	−27.77	−43.15
100 年	−1.94	−8.28	−15.45	−15.49	−25.69	−41.18

（四）计算成果综合分析

三峡工程设计与施工阶段中的 1991—2002 年期间，长江科学院、中国水利水电科学研究院和天津水运工程科学研究所各自研制了水利枢纽下游河道冲淤一维数学模型，并用长江宜昌至大通河段和汉江丹江口水库下游襄阳至仙桃河段的实测河道演变资料进行验证后，对三峡工程建成后坝下游河道冲刷进行了长河段、长时段和多方案的计算，取得了大量研究成果。以下就计算条件相近的长江科学院模型和中国水利水电科学研究院模型的计算成果作对比分析。

1. 坝下游冲刷计算条件

为深入分析三峡工程建成后坝下游河道的冲刷过程，1999—2000 年两模型均采用宜昌至大通河段 1981—1987 年河道冲淤实测资料重新验证。在此基础上进行不考虑上游新建水库和水土保持工程拦沙效果条件下，三峡水库运行 100 年内，宜昌至大通河段的冲淤变化过程，两模型的计算条件基本一致，详见表 6-12。

表 6-12　　　　　　　　　　　两模型主要计算条件

项　　目	长江科学院模型	中国水利水电科学研究院模型
三峡水库运用调度方案	2003 年 6 月 16 日—2007 年 9 月 20 日，坝前水位 135m； 2007 年 10 月 1 日—2009 年 9 月 30 日，坝前水位 156m—135m—140m； 2009 年 10 月 1 日—2102 年 12 月 31 日，坝前水位 175m—145m—155m	同长江科学院模型

续表

项　　目	长江科学院模型	中国水利水电科学研究院模型
水文年系列	1961—1970 年	1961—1970 年
计算起始地形	1992—1993 年实测地形	1992—1993 年实测地形
河床组成	根据长江水利委员会水文局 1984 年以来的钻孔、坑测和床沙取样综合确定	根据长江水利委员会水文局研究成果对原床沙级配作了调整
计算河段范围	宜昌至大通河段	宜昌至大通河段
进口水沙条件	长江科学院三峡水库淤积计算提供的出库水沙过程（不考虑上游新建水库和水土保持工程拦沙效果）	同长江科学院进口水沙条件
荆江三口分流分沙	假定三口分流道不发生冲淤变化，三口分流量随干流河床冲淤而变化	三口分流随干流河床冲淤而变化
洞庭湖出湖沙量	出湖水流含沙量为 1981—1996 年平均值，泥沙级配为 1981—1986 年平均值	出湖沙量为系列年相应的四水沙量和三口分沙量之和的 40%
汉江入汇沙量	入汇水流的含沙量由汉江仙桃站流量与含沙量关系求得	系列年内相应的实测值，并考虑丹江口建库后沙量的递减
鄱阳湖出湖水沙量	系列年内相应的实测值	系列年内相应的实测值，悬移质级配为多年平均值
出口水位	由大通站 1981 年、1987 年、1993 年的水位流量关系求得	由大通站 1981—1987 年的水位流量关系求得

2. 河床冲淤过程和冲淤量

两模型的计算结果有如下共同认识：

（1）坝下游冲刷遵循"冲刷—平衡—回淤"发展过程。水库运用初期，库区发生大量泥沙淤积，出库泥沙量减少，泥沙颗粒变细，坝下游河道水流挟沙能力增强，河床发生冲刷。随着水库运用历时增长，水库排沙比增大，进入下游河道的沙量增加，粒径变粗；加以坝下游河床粗化，抗冲能力增强，水位降低、水面比降变缓，使河床冲刷减弱，直至冲刷达到平衡，河床暂时达到相对稳定。其后，水库泥沙淤积逐渐减少，趋于冲淤平衡，下泄沙量增加，坝下游河道由冲刷平衡转为回淤（表 6-4 和图 6-6）。

两模型的计算结果与上述坝下游冲刷规律一致，但各河段最大冲刷量的数值和出现的时段不同。例如长江科学院模型和中国水利水电科学研究院模型宜昌至城陵矶河段最大冲刷量分别为 25.04 亿 t 和 29.86 亿 t；出现的时段分别为建库后 40 年和 50 年，城陵矶至武汉河段和武汉至九江河段也有一定差别，但九江至大通河段冲淤则有定性差别（表 6-13）。

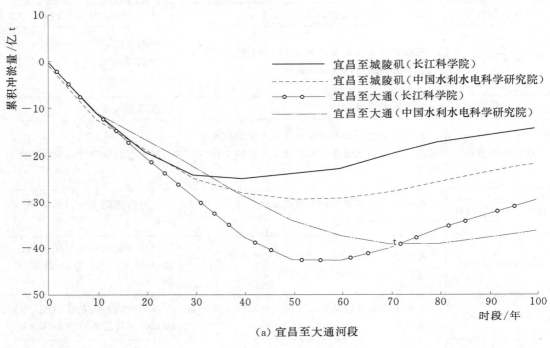

（a）宜昌至大通河段

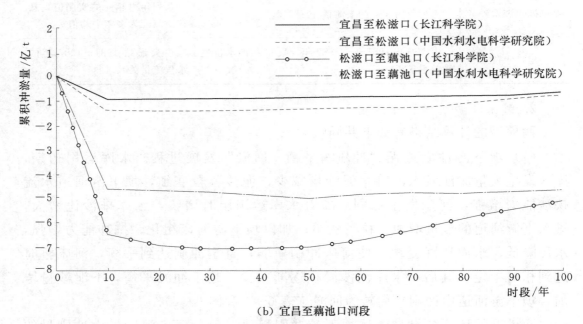

（b）宜昌至藕池口河段

图 6-6（一） 坝下游河段分段累积冲淤过程

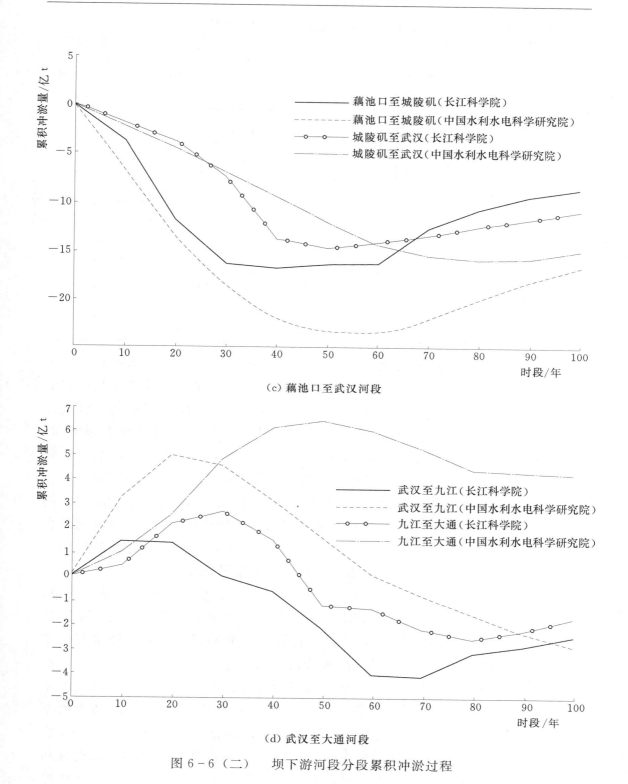

（c）藕池口至武汉河段

（d）武汉至大通河段

图 6-6（二） 坝下游河段分段累积冲淤过程

表 6-13　　　　　　　　　　各河段最大冲刷量及建坝后出现时段

河　段	长江科学院模型		中国水利水电科学研究院模型	
	最大冲刷量 /亿 t	建坝后出现时段 /年	最大冲刷量 /亿 t	建坝后出现时段 /年
宜昌至松滋口	−0.98	10	−1.48	20
松滋口至藕池口	−7.11	30	−5.06	50
藕池口至城陵矶	−16.94	40	−23.48	60
城陵矶至武汉	−14.69	50	−16.13	80
武汉至九江	−4.15	70	−2.83	100
九江至大通	−2.59	80	淤积	
宜昌至城陵矶	−25.04	40	−29.86	50
宜昌至武汉	−39.23	50	−44.05	70
宜昌至九江	−30.80	60	−44.86	70
宜昌至大通	−42.95	60	−39.70	80

（2）坝下游河道冲刷自上游向下游逐步发展。三峡水库蓄水运用后，下泄的水流挟沙不饱和，首先从临近坝下游的河段挟带泥沙，以满足其挟沙能力，河床发生剧烈冲刷。对于卵石或卵石夹沙河床，河床组成粗化，形成抗冲保护层，促使强烈冲刷向下游转移；对于沙质河床，冲刷导致水深增加，水面比降变缓，流速减小，加以水流挟带的粗颗粒泥沙与河床中的细颗粒泥沙发生交换，河床组成变粗，抑制该河段的冲刷，强烈冲刷向下游发展。

两模型的计算结果与上述冲刷发展规律一致，各河段达到冲刷最大值的时段自上游至下游顺序推延，但中国水利水电科学研究院模型达到冲刷最大值的时段相对推迟（表 6-13）。两模型计算结果均显示武汉至九江河段和九江至大通河段在三峡水库蓄水运用初期数十年处于淤积状态。

（3）由于一维泥沙数学模型本身的局限性和数学模型计算方法精度所限，以及计算依据的基本资料的代表性尚有不足之处，加之计算河段长达 1100km，计算时段长达 100 年，两模型计算得出的冲刷过程和冲刷量有一定的差别是合理的。其中两模型宜昌至武汉河段的最大冲刷量相差 20% 以内，且以建库初期 30 年相差更小。三峡工程泥沙专家组 2009 年 7 月 21 日《关于"三峡水库下游河道冲淤演变计算"研究报告的讨论纪要》认为："两个数学模型都预报了三峡工程建成后长江中下游河道的冲淤过程，计算河道长度为 1100km，时间达 100 年。比较两个模型的计算成果可见，河道的冲淤过程和最大冲淤量是基本一致的，在冲淤量的分布方面则有一定差别。在三峡水库运用初期三十年中，宜昌至城陵矶间的冲淤量和冲淤过程，两家计算比较接近，精度相对较好，可供有关部门参考。"[30]

3. 冲刷引起的水位下降

三峡工程建成后，坝下游河道发生长距离的沿程冲刷，同流量的沿程水位相应下降。其变化特点是同流量的水位降低值与河床冲刷量相应，当河床冲刷量达到最大时，水位下降值也达到最大，以后随着河床回淤，水位也有所回升，中、枯水期水位下降值较大，洪水期下降值较小。两模型计算得出的同流量下较三峡建库前 1993 年（因计算起始地形为 1993 年地形）的水位最大下降值见表 6-14。两模型计算结果与上述水位变化特点基本一致，两模型宜昌站相应流量 5500m³/s 的水位最大下降值为 0.95～1.15m，较为接近，其他站中国水利水电科学研究院模型水位下降计算值普遍较长江科学院模型偏大。

表 6-14　　　　三峡水库蓄水后同流量水位较蓄水前最大下降值　　　单位：m

流量	模　　型	宜昌站	沙市站	石首站	监利站	螺山站	汉口站	九江站
5500m³/s	长江科学院模型	0.95	2.13	3.29	3.03			
	中国水利水电科学研究院模型	1.15	3.06		4.27			
10000m³/s	长江科学院模型	0.97	2.38	3.08	2.39	2.14	0.81	0.50
	中国水利水电科学研究院模型	0.79	3.40		3.81	2.45	1.50	0.78
30000m³/s	长江科学院模型	0.79	1.55	2.03	1.42	1.04	0.31	
	中国水利水电科学研究院模型	0.66	3.42		3.29	1.75	0.75	0.55
50000m³/s	长江科学院模型	0.54				0.67	0.15	
	中国水利水电科学研究院模型					1.00	0.62	0.50

4. 荆江三口分流分沙变化

坝下游河道冲刷过程中，沿程水位下降，导致三口分流分沙量相应减少。两模型计算中均假定三口分流分沙仅随干流冲淤而变化。两模型计算结果表明：随着荆江河道冲刷，水位降低，三口分流分沙量逐渐减少，太平口和藕池口每年断流时间提前；当水库蓄水运用 50～60 年后，荆江河段由冲刷开始转为回淤，三口分流分沙量又有所回增。长江科学院模型计算得出三峡水库运用 41～50 年时，松滋口、太平口、藕池口年分流比由建库前（1981—1996年）的 8.5%、3.0%、4.2%分别减小至 5.5%、1.9%、1.7%；太平口在枝城流量小于 15000m³/s 时基本断流，藕池口在枝城流量小于 24000m³/s 时基本断流。中国水利水电科学研究院模型计算得出三峡水库运用至 60 年末，枝城流量 50000m³/s 相应的松滋口、太平口、藕池口分流比分别从建库前的 11.83%、4.65%、10.06% 减小至 8.98%、2.69%、1.15%；水库运用 20 年后藕池口约在枝城流量 20000m³/s 以下基本断流，水库运用 40 年后流量 30000m³/s 以下基本断流。

三口分沙量的变化与三口分流量和口门上游干流含沙量的变化有关，其变化趋势与分流量变化基本一致。长江科学院模型计算得出三峡水库运用至 41～50 年，松滋口、太平口、藕池口的分沙比由建库前（1981—1996 年）的 9.1%、3.3%、6.8% 分别减小至 7.9%、2.8%、2.9%。

5. 三峡水库上游新建水库对坝下游河道冲刷的影响

上述坝下游河道冲刷数学模型计算中未考虑新建水库和水土保持工程的拦沙效果，并且采用 1961—1970 年水沙资料作为进库水沙条件。金沙江向家坝、溪洛渡水电站和嘉陵江亭子口水利枢纽已于 2012 年和 2013 年先后实现初期蓄水发电，金沙江乌东德、白鹤滩水电站正在筹建，其他干支流水利枢纽也将按《长江流域综合规划（2012—2030 年）》陆续兴建，长江上游水土保持工程也将继续按规划实施，三峡水库进库泥沙在较长时期内将保持减少趋势，由此导致出库泥沙也相应减少。

三峡水库出库泥沙减少对坝下游冲刷的影响主要表现为河道冲刷达到相对平衡的过程延长，河床冲刷量也相应增加。宜昌至江口长约 100km 河段的河床由卵石夹沙组成，上荆江江口至藕池口河段河床卵石层顶板较高，冲刷过程中河床组成粗化抑制河床进一步冲刷，因此两河段的河床冲刷过程在三峡水库蓄水运用初期 30 年内可基本完成。长江中下游藕池口以下河段河床沙层较厚，河床冲刷达到相对平衡历时较三峡水库单独运用条件下延长，河床冲刷厚度相应加大，具体影响程度和应采取的对策措施有待进一步研究。

第三节　坝下游河道演变研究

一、1954—1985 年阶段

1954 年 9 月长江水利委员会主任林一山在《关于治江计划基本方案的报告》中提出："目前根治长江的防洪计划应该是分为三个阶段，即：由一定限度地提高堤防防御能力的办法，到结合扩大农业耕种面积排除农田渍水灾害的平原蓄洪方案，最后则以配合工业、交通、农田灌溉的山谷拦洪计划到达基本解决问题的目的。""根据现在所掌握的资料及认识水平，我们认为长江干流及重要支流水库容量较大带有控制意义的水库为：长江大三峡水库、汉江丹江口水库、沅水五强溪水库。"[31] 根据治江方针，本阶段长江中下游河道演变研究开展了如下工作[32-34]。

1. 河道演变观测

河道演变观测是河道演变研究全部工作的基础。从 1952 年开始，大体上每隔五六年施测一次长江中下游宜昌至江阴长程水道地形图。1983—1985 年施测长江口江阴至吴淞口水道地形图。由于确保荆江大堤的安全是长江中下游防洪的重点，20 世纪 50 年代中期首先在荆江河段开展河道演变观测工作，以后陆续选定沙市、武汉、马鞍山、南京、镇扬等河段作为重点河段进行河道演变观测；60 年代进行了弯道和汊道的水流结构与河道演变观测。

2. 长江中下游河道演变规律研究

1954 年以来，长江科学院和长江水利委员会水文局荆江河床实验站共同开展荆江特性研究，对荆江河段的历史变迁、来水来沙、河床边界、河床形态、河道演变规律和下荆江蜿蜒性河道形成条件进行了系统分析，并且提出了荆江河道的整治方向[35-38]。1956 年委托南京大学地理系进行荆江河流地貌的调查研究，对荆江地貌与第四纪地质以及下荆江自由河曲的形成与演变取得了较多认识[39-41]。复旦大学历史地理研究室对下荆江河曲的形成进行了研究[42-43]。上述研究单位在历年研究成果综合分析基础上，经补充研究后编写成《长江中游荆江变迁研究》一书❶。

20 世纪 50 年代以来，长江科学院和长江水利委员会水文局汉口河床实验站、南京河床实验站共同开展长江中下游河道的历史变迁、来水来沙、河床形态、河道演变规律、分汊河型成因，以及镇（江）扬（州）、南京、马鞍山、芜（湖）裕（溪口）、九江、武汉、界牌等重点河段河道演变分析研究[44]。1972 年以来，长江科学院、中国科学院地理研究所、复旦大学历史地理研究室和长江航道局规划设计研究所共同开展长江中下游城陵矶至江阴河道特性研究[45-47]。1980 年 11 月提出《长江中下游（城陵矶至江阴）河道特性研究（初稿）》，该项研究成果以后由中国科学院地理研究所、长江科学院和长江航道局规划设计研究所作了修改补充，编写成《长江中下游河道特性及其演变》一书[47]。

---

❶　杨怀仁，唐日长. 长江中游荆江变迁研究. 中国水利水电出版社，1999.

3. 长江中下游河道水流泥沙运动规律研究

结合长江中下游河道演变规律研究，该阶段长江科学院、长江水利委员会水文局、武汉水利电力大学等单位对河道水流泥沙运动规律进行实地观测和试验研究。

（1）弯道水流泥沙运动观测研究。20 世纪 50—60 年代，长江科学院和长江水利委员会水文局对下荆江弯道水流动力轴线、弯道环流和泥沙运动进行了全面的观测研究[48-49]。

（2）汊道水流泥沙运动观测研究。20 世纪 50—60 年代，长江科学院和长江水利委员会水文局对长江中下游天兴洲、张家洲、马鞍山、八卦洲、和畅洲等汊道的水流泥沙运动进行了观测研究[45,47]。

（3）水流挟沙力研究。1956—1957 年，长江水利委员会水文局根据长江中游宜昌等站资料，建立长江荆江河段全沙和床沙质的水流挟沙力经验公式[36]。1958 年由武汉水利电力大学主持从能量平衡原理出发，导出长江中下游水流挟沙力公式[50]。

（4）长江沙波运动观测研究。1958—1959 年，长江水利委员会水文局在长江中下游陈家湾、汉口和南京等河段进行沙波运动观测研究，观测项目包括流速、水深、比降、水温、床沙粒径，以及沙波波高、波长、波速等[51]。

（5）汉江丹江口水库下游河道演变观测研究。汉江丹江口水库第一期工程于 1958 年 9 月 1 日动工兴建，1959 年 12 月截流，经过 8 年滞洪，于 1967 年 11 月正式蓄水运用。为系统收集水库下游河道演变的全过程，开展系统的河道演变观测，观测项目有长程水道地形、固定断面、沿程水力泥沙因子及床沙取样等。其中建库前 1956 年开始进行固定断面测量，至 1984 年止已测量 28 次，施测范围自坝址至武汉，各测次的观测河段长度不同；长程水道地形 1959—1960 年、1967—1968 年和 1977—1978 年共测量 3 次，施测范围自坝址至武汉。通过多年实测资料分析和多次实地调查，对丹江口水库下游河道冲刷过程、沿程含沙量恢复过程、河床粗化、河型转化等方面取得较多的认识。

该阶段坝下游河道研究重点是三峡建库前长江中下游河道演变特点以及丹江口水库下游河道冲刷过程，为下阶段研究三峡建坝后长江中下游河道演变打下良好基础。

二、三峡工程可行性重新论证阶段（1986—1992 年）

三峡工程可行性重新论证阶段在分析汉江丹江口和葛洲坝水利枢纽建成后坝下游河道演变的基础上，对三峡水利枢纽建成后，坝下游河道的河型和河势调整趋势进行了研究。有关研究成果综述如下。

1. 宜昌至枝城河段

该河段属顺直微弯河型，两岸为低山丘陵，河岸稳定，床沙组成为卵石夹沙，河道平面形态稳定，河道演变主要表现为河床周期性冲淤变化。

三峡工程建成后，宜昌至云池顺直段河床平面形态和河势不会出现较大变化，胭脂坝汊道左汊仍为主汊，右汊不会淤塞。云池至枝城弯道段，宜都弯道和白洋弯道仍将保持稳定的弯道形态，宜都弯道由南阳碛分成左、右汊，左汊仍为主汊。因此，预计该河段河型不会改变，河势格局也基本保持现状[52-53]。

2. 枝城至藕池口河段（上荆江）

该河段属微弯分汊河型，由于边界条件较为稳定以及护岸工程的控制，河道平面变形较小，河道演变主要表现为洲滩冲淤和河槽的周期性冲淤变化。

三峡工程建成后，上游来水来沙条件发生改变，预计仍维持微弯分汊河型，整体河势不会有大的改变，在护岸工程的控制下，河床以下切为主[52-55]。具体表现为：①关洲汊道段的左汊可能转化为主汊，董市洲（亦称水陆洲）、江口洲、马羊洲、突起洲汊道段的支汊继续淤积和分流比进一步减小；②太平口顺直段、马家嘴顺直段和新厂顺直段为长顺直放宽河段，深泓位置可能有一定调整，并导致其下游的三八滩、突起洲和天星洲分汊段的进流条件发生相应变化。

3. 藕池口至城陵矶河段（下荆江）

藕池口至城陵矶河段是典型的蜿蜒性河段。20世纪60—70年代下荆江人工裁弯工程实施以后，裁弯新河及其上下游河段的河势已得到基本控制，但其余河段的河势仍处在调整过程。关于三峡工程建成后下荆江河势的可能变化，有三种不同的估计。一种估计认为，三峡建坝后下荆江河型不变，但随着三口分流的减小，下荆江的造床流量将加大，三峡水库下泄水流的含沙量减小的幅度远大于由于三口分流减小而导致的含沙量增值，导致河床冲刷；考虑到下荆江河岸为二元相结构，但沙层顶板较高，且护岸工程很薄弱，因此下荆江深蚀与侧蚀同时发展，河道弯曲系数将增大以减小河床比降[55-56]。第二种估计认为，三峡建坝后下荆江河型不变，河道弯曲系数增大、河道进一步蜿蜒则受到护岸工程的限制，因此三峡建坝后主要通过河床深蚀以减小河床比降[53]。第三种估计认为，三峡建坝后下荆江河型有可能向微弯分汊型发展，原因是三峡建坝后河床侧蚀和深蚀将同时发展，若弯道凹岸崩坍的同时，凸岸泥沙淤积因泥沙补给不足而得不到相应发展，河道展宽甚至形成微弯分汊河段；三口分流减少，洞庭湖出流对荆江的顶托作用减弱，下荆江汛期比降相应加大，汛期弯道切滩的可能性加大，不利于弯道的充分发展[54]。

4. 城陵矶至江阴河段

城陵矶至江阴河段属分汊河型。长江中下游各河段的来水来沙条件虽有差异，但都能满足形成微弯分汊型、蜿蜒型和分汊型河段所要求的水沙条件，河道最终成为某种河型的决定性条件是河道的边界条件，特别是河道形成后期的边界条件。滨临江边的山丘和阶地所构成的节点，对城陵矶至江阴河段分汊河型的形成起着重要作用。三峡工程建成后，河道的边界条件除床面冲刷降低外，两岸边界组成未变；一般水文年汛期流量过程较建坝前改变不大，支汊汛期过流历时仍较长；枯水期流量有所增加；预计分汊河型仍将维持，各汊道段将相对稳定，个别分流比较小的支汊可能因主汊冲刷下切而有所萎缩[52-53]。

三、三峡工程设计与施工阶段

1991—2002 年间，在已往研究三峡建坝后长江中下游河道演变趋势的基础上，重点研究宜昌至城陵矶河段的河道演变趋势及河势控制工程方案。取得的认识概述如下[57-58]。

1. 河型的变异

河型是冲积平原河道河床形态和河道演变规律的综合表征。各种河型的形成和长期存在是由其来水来沙条件和河床边界条件所制约的，其中水沙条件是主导因素，它在河床边界条件的形成和河道演变过程中起着主导作用；但河床边界条件在各类河型的最终形成和得以长期存在起着关键性作用。

三峡工程建成后，改变了坝下游河道的来水来沙条件，主要表现为一般洪水年份汛期下泄流量过程与建坝前改变不大，仅洪峰削减；枯水期流量增大；水库下泄水流挟带的泥沙量减少，颗粒也变细；荆江三口进入洞庭湖的分流、分沙量减少，荆江过流量和输沙量相应增大。来水来沙的改变导致长江中下游河道将经历长时期的冲刷调整过程。三峡建坝后宜昌至城陵矶河段河床床面因水流冲刷而粗化，两岸边界条件则仍与三峡建坝前基本相同，而且在 1998 年长江全流域性大洪水后，长江堤防工程建设和河势控制工程取得重大进展，长江中下游控制河势的护岸工程均已基本实施，河道的边界条件将更为稳定，即使河道演变较为剧烈的下荆江蜿蜒型河段也将被改造为限制性的蜿蜒性河段。因此，三峡工程建成后，宜昌至城陵矶河段在冲刷过程中，其河床形态和河道演变规律总体上不会有重大改变，河型虽有变异，但仍保持原有的基本河型不变，各河段的河势则有不同程度的调整。

2. 河势调整

三峡工程建成后，宜昌至城陵矶河段因沿程河床边界条件、河型和河床冲刷发展程度不同，故其河势调整过程也有区别。

（1）宜昌至枝城河段。三峡工程建成后，预计全河段河势不致出现较大变化，胭脂坝仍维持现有主支汊格局；清江水布垭、隔河岩、高坝洲水利枢纽先后建成，清江入汇长江的水沙得到控制，有利于宜都弯道的稳定，左汊可辅以工程措施以保持其主汊地位；白洋弯道亦将保持现有规顺的弯道形态（图6-7）。

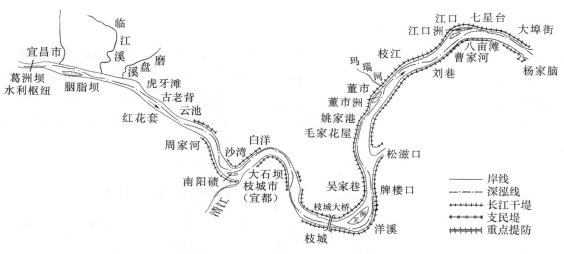

图6-7　宜昌至杨家脑河段河势

（2）枝城至杨家脑河段。三峡工程建成后，预计全河段河势不会有较大变化，但局部河段河势将有不同程度的调整。洋溪弯道平面形态仍保持相对稳定，由于关洲右汊位于弯道凹岸一侧，中枯水期右汊进口面迎主流，仍将保持主汊地位。随着松滋口分流的减少或建闸控制，董市汊道左汊和江口汊道左汊将萎缩，松滋口至江口弯道的长顺直微弯段河势将发生局部调整（图6-7）。

（3）杨家脑至藕池口河段。三峡工程建成后，预计随着河床粗化和护岸工程加固，全河段总体河势将保持稳定，水库下泄水沙量的变化和松滋口、太平口分流比的减小，导致涴市、沙市、公安和郝穴弯道的水流顶冲部位将有所调整，太平口、马家嘴、新厂长顺直段以及长约2km的杨家场短顺直段河势可能发生不同程度的调整，并引起三八滩左右泓、金城洲左右泓以及藕池口分流状况的变动（图6-8）。

（4）藕池口至城陵矶河段。三峡工程建成后，预计经过实施河势控制工

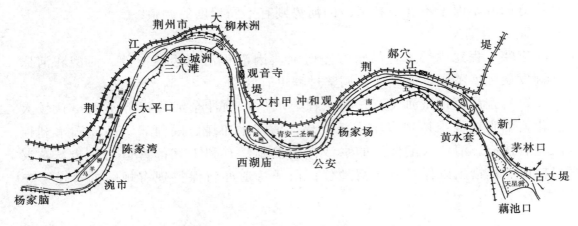

图 6-8　杨家脑至藕池口河段河势

程，总体河势将保持稳定，两个同向弯道之间长仅 5km 的碾子湾顺直段，两弯道间长仅 5km 的塔市驿顺直放宽段，以及两个同向弯道间长 10km 的盐船套长顺直段，曲率过大的弯道或两弯道间过渡段过短的金鱼沟至调关、荆江门、孙良洲至城陵矶河段，局部河势将发生不同程度的调整（图 6-9）。

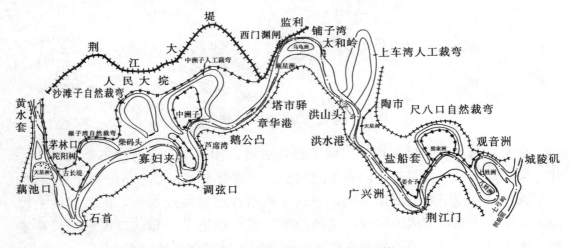

图 6-9　藕池口至城陵矶河段河势

第四节　坝下游河道冲刷对防洪的影响

一、1959—1985 年阶段

1959—1985 年主要开展坝下游河道冲刷引起的同流量水位下降以及对护

岸险工影响研究。

1. 坝下游河道冲刷计算

1959 年以来，三峡水利枢纽兴建后坝下游河道演变问题研究的重点是坝下游河道冲刷和水位降低问题，长江水利委员会水文局在宜昌至沅市长约124km 河段进行河床组成勘测，长江科学院对河床冲刷引起宜昌水位的下降值进行估算[3-5]。

2. 丹江口水库和葛洲坝水库下游河道演变观测分析

1956 年以来，长江水利委员会水文局即开展丹江口水库建成前后坝下游河道演变观测工作，对比分析丹江口水利枢纽建成后汉江中下游河道冲刷过程中河势变化及其对防洪的影响，为研究三峡水利枢纽建成后长江中下游河道冲刷问题提供类比资料[59-61]。

3. 荆江大堤护岸工程观测分析

荆江大堤为长江中下游防洪的确保堤段，荆江大堤护岸工程的稳定对大堤安全起到极其重要的作用。1956 年以来，长江水利委员会对护岸河段的河道演变和护岸工程险工变化进行了系统的观测工作。通过大量观测资料分析，对荆江大堤护岸工程的稳定性和加固标准得到较全面的认识[62]。

通过该阶段的研究，对于有关坝下游河道演变对崩岸的影响取得如下认识："三峡水库下游，枝城以上两岸均属山地或丘陵，对主流起着控制作用。枝城以下上荆江的河湾凹岸都实施了护岸工程，河势已得到控制，不致出现剧烈的崩岸。下荆江裁弯后河势控制工程尚未全部实施，将可结合三峡枢纽的兴建，加强护岸与控制工程，逐步稳定河势。"[6]

二、三峡工程可行性重新论证阶段

三峡工程可行性重新论证阶段通过分析三峡建坝前荆江河道演变和荆江大堤护岸工程近岸河床演变规律，结合建坝后坝下游河道冲刷数学模型计算，得出的有关三峡工程建成后坝下游河道冲刷对荆江和洞庭湖区防洪影响的认识简述如下[52-54]。

1. 坝下游河道冲刷对荆江防洪的影响

三峡水库下游河道长期冲刷导致河槽与同流量的水位降低，对防洪带来一定效益。按长江科学院坝下游冲刷数学模型计算的结果，监利流量为40600m³/s 时，建坝后荆江各站水位较建坝前降低值为1～2.5m（表 6-15）。

表 6 - 15　　　　　　三峡建坝后城陵矶以上各站水位下降值

监利流量	城陵矶水位	水位下降值/m		
		沙 市 站	新 厂 站	监 利 站
22600m³/s	27.12m	3.18	3.09	1.99
	25.20m	3.81	4.05	2.46
31600m³/s	30.27m	1.88	1.83	0.72
	27.45m	3.25	3.88	2.99
40600m³/s	30.46m	1.62	1.59	0.50
	27.90m	2.68	2.85	1.83

注　表列为长江科学院数学模型计算方案 4 计算成果。

河床冲深和三口分流减小对荆江防洪也有不利影响，由于荆江流量加大和河势变化，迎流顶冲点改变，护岸工程长度会增加；河床冲深对护岸工程的稳定性也不利，但只要加强河道观测分析，及时采取加固工程措施，可以保持护岸工程稳定。

2. 坝下游河道冲刷对洞庭湖防洪的影响

三峡工程建成后，荆江水位普遍降低，减少了三口进入洞庭湖水沙，又降低了城陵矶的水位，因此坝下游河道冲刷对洞庭湖的防洪有利；从长远看，延缓洞庭湖的泥沙淤积，保留相当的湖泊容积，对长江防洪也是有利的。

三、三峡工程设计与施工阶段

该阶段在已往有关河道冲刷对荆江防洪影响研究的基础上，提出三峡建坝后荆江河势控制方案[57-58]。

1. 枝城至杨家脑河段

该段河势控制工程方案主要为加固已建护岸工程。为改善芦家河、枝江和江口浅滩段的通航水流条件，应继续研究堵塞洋溪弯道的江心洲（关洲）中部串沟、董市汊道左汊和江口汊道左汊，将陈二口至杨家脑河段调整成曲率适度和过渡段适中的连续弯曲河段方案。

2. 杨家脑至藕池口河段

该段河势控制工程方案为以保护现有总体河势为主，加固已建护岸工程，部分岸段根据河势变化趋势，适当新建护岸工程。

3. 藕池口至城陵矶河段

该段河势控制工程方案为在加固已建护岸工程基础上，通过河道演变观测，根据河势调整的趋势，及时采取护岸工程措施，稳定有利河势和促进河势向有利方向发展。三峡建坝后熊家洲至城陵矶河段河势将有较大调整，应加强河道演变观测，进一步研究南、中、北三个裁弯方案的可行性，条件成熟时予以实施。此外，调关矶头过于突出，险情严重，应研究河势调整方案。

第五节　坝下游河道冲刷对航运的影响

一、三峡工程可行性重新论证阶段

三峡水库修建后坝下游河道冲刷对航运的影响表现在两个方面：一是水库调蓄水量，改变了下游河道汛后和枯水期的流量和航深；二是冲刷过程中河道演变对浅滩的影响[52]。

关于水库调蓄水量的影响，主要是汛期末因水库蓄水而使流量较建库前减小，对于汛期淤积、枯水期冲刷的浅滩而言，降低汛后浅滩脊的冲刷效果，航道水深减小；枯水期流量较建库前增大，航道水深相应增大。因此水库调蓄对枯水期航道有利是主要的。

坝下游河道演变过程中，河道演变对航道有利的变化有三点：一是河床冲刷过程中，因河床展宽受护岸工程限制，荆江将以下切为主，因而枯水期水深会有所加大；二是经过河床冲刷，河床沿程起伏减小，有的浅滩碍航程度可望削弱；三是经过长期冲刷，支汊发展可能会受到限制，有的浅滩（如分流口门处的浅滩）可能消失。河道演变对航道不利的变化有两点：一是江口以上卵石夹沙河床冲刷较少，水位降低也较少，而其下游沙质河床冲刷较深，水位降低也较多，因此卵石夹沙河床的水面坡降将会加大，流速也会增加，芦家河等浅滩可能出现水浅流急现象；二是顺直微弯或弯曲河段，如顺直段或过渡段过长，则原有浅滩或者保留，或者形成新的浅埂，并且因床沙变粗，导致顺直段可能出现浅滩移动。

该阶段长江科学院、武汉水利电力大学、清华大学和长江航道局等单位重点对三峡建坝后坝下游河道演变对荆江各河段航道的影响进行分析。

1. 上荆江枝城至江口段

该河段河床由沙、卵石组成，河岸抗冲性好。芦家河浅滩为本河段的重点浅滩。长江科学院研究成果认为："三峡工程建成后，此河段仍将发生冲刷，河床粗化，但沙泓汛期淤积、枯季冲刷的演变规律估计不会改变，但因建坝后流量过程调平，沙泓的淤积得到缓和，航道有可能全年均走沙泓。芦家河浅滩的水面比降是否因其下游沙质河床的冲刷而加大，则应进一步研究。"[54]武汉水利电力大学研究成果认为："三峡建库后，下泄沙量减少，枯水流量调大，对芦家河浅滩来说，既有弊又有利。因河床为卵石组成，顶面高程较高，抗冲力强，下切当有限度，在下游沙质河床大量冲刷的影响下，有可能变得水浅流急，从而恶化航行条件，这是不利的一面，届时可设法通过调整局部范围的水面比降加以解决。其有利的一面是，芦家河卵石浅滩在葛洲坝枢纽以下河道中起着纵向控制基点作用，对于抑制宜昌水位不因荆江河床下切过甚而下降过多有好处。此外尽管因水库汛期排浑运用，沙泓依旧发生泥沙淤积，但淤积数量将大为减轻，沙泓有可能成为终年的通航水道，从而改变目前沙石两泓因交替使用而存在青黄不接的紧张局面。"[63-64]长江航道局研究认为："宜昌至江口的沙、卵石河段河岸抗冲性强，河床下切也受到较大限制，而下游河段的冲刷将引起水位较大幅度降低，有些浅滩的航深会比天然变浅，甚至出现局部急流。这类出浅问题，芦家河、枝江以至稍下的刘巷等处都有可能发生。"[65]

2. 上荆江江口至藕池口河段

该河段为微弯分汊性河段，河床由沙质组成，卵石层深埋床面以下，两岸迎流顶冲部位多已实施护岸工程。长江科学院研究成果认为：三峡建坝后该河段侧蚀可能性较小，仍以深蚀为主，随着水库的调节作用，三口分流进一步减少，航道将有所改善；但运用初期，上游冲刷下来的泥沙转移时，特别是平面放宽段尤需注意航槽的水深变化[54]。武汉水利电力大学研究成果认为：三峡建坝后，上荆江沙质浅滩航道条件将会明显改善，由于枯季水库泄量增大及河床冲刷下切，航道有效水深增加[64]。长江航道局研究认为："对于河岸抗冲性能较好的江口至新厂河段，在河宽适中的顺直微弯段，河床下切深度大于水位降低值，且主泓线不会有大的改变，航道平均水深会有所增加。在过分放宽的顺直河段或大肚子河段，初期可能有所堆积，且颗粒较粗，浅滩可能出现短期恶化，如马家嘴和周公堤至天星洲河段。"[65]

3. 下荆江

该河段河床由沙质组成，为典型的蜿蜒型河段，严重崩岸段已初步控制。长江科学院研究成果认为："三峡建坝后，下荆江旁蚀与深蚀的演变趋势会兼而有之，撇弯与切滩、浅滩恶化现象有可能发生。"[54]武汉水利电力大学研究成果认为："预计三峡建库后，从总体来说，下荆江的通航条件会有所好转，但藕池口、碾子湾、姚监大及铁铺等水道由于顺直段太长，河道放宽及河宽过大，在河道中出现边滩下移，主流摆动，跨河槽处出浅碍航等情况是不可避免的，只是时间久暂问题。"[64]长江航道局研究认为："在河岸没有完全防护的下荆江，有些河段原来就过分放宽或过分顺直，当上游急剧冲刷，本段出现泥沙淤积增加时，航道很可能恶化；当冲刷范围延伸至本河段时，如果没有河势控制工程和航道整治工程的约束，河道可能发生大的变形，浅滩部位和浅滩数都有可能发生变化。这类情况在古长堤至藕池口河段、碾子湾至莱家铺河段和窑集老至大马洲河段出现的可能性较大，对于临近城陵矶的几个急弯间过渡段也应给予注意。"[65]

二、三峡工程设计与施工阶段

三峡工程设计与施工阶段有关坝下游河床冲刷对航运的影响问题研究，重点为葛洲坝枢纽下游航运问题综合治理方案研究及葛洲坝枢纽下游枝城至杨家脑河段浅滩整治措施研究。

1. 葛洲坝枢纽下游航运问题综合治理方案研究

1996—2000 年，为配合三峡工程技术设计，清华大学、天津水运工程科学研究所和长江科学院重点研究了葛洲坝枢纽下游近坝段冲刷对船闸与航道影响及对策。

为保证葛洲坝枢纽三江船闸及其引航道的通航，三峡水库蓄水运用各阶段宜昌最低通航水位为：135m 蓄水运用期不低于 38.0m，156m 蓄水运用期不低于 38.5m，175m 蓄水期逐步恢复到 39.0m。

根据泥沙数学模型与实体模型对三峡工程施工期及初期运用阶段宜昌站水位变化的预估，三峡工程 135m 蓄水运用期水库运用第 5 年，即至 2007 年，最低通航流量 3200m³/s 时，宜昌水位为 37.2～37.6m；三峡工程 156m 蓄水运用期水库运用第 7 年，即至 2009 年流量 3200m³/s 时，宜昌水位为 37.1～37.4m。因此，葛洲坝枢纽下游河道冲刷对船舶安全过闸不利，需研究解决措施。

关于葛洲坝枢纽下游航运问题综合治理方案，长江水利委员会研究了船闸优化调度、枯水期航运流量补偿水库调度、开挖三江下游引航道和坝下游河道整治工程（筑坝壅水）四种治理措施。清华大学、天津水运工程科学研究所和长江科学院重点对坝下游河道整治措施方案进行了一维、二维数学模型计算和实体模型试验，取得如下认识[67-69]：

（1）葛洲坝枢纽船闸闸槛水深及下游引航道枯水期航深不足问题，可以采取在近坝河段中的窄深河段修筑潜坝等壅水建筑物以抬高上游水位的措施加以解决。潜坝等建筑物的位置以修筑在胭脂坝左汊深槽为宜。

（2）壅水建筑物的型式以潜坝最佳，丁坝及复合坝不利于船舶航行。

（3）为进一步比较潜坝和护底工程的壅水效果及其对航运、防洪的影响，在动床模型上进行了三组工程方案试验。方案 1 为 5 座潜坝方案，潜坝顶面水深为 5m（相应流量 3200m³/s），潜坝间距除上游 1 号与 2 号潜坝为 750m 外，其余均为 350m（图 6-10）。方案 2 潜坝数目和布置与方案 1 相同，但潜坝顶面水深为 6m，同时沿相应流量 3200m³/s 的水位以下的湿周加铺一层厚约 0.4m 的沙石护底。方案 3 为护底工程方案，护底工程布置在大公桥、胭脂坝头和胭脂坝尾三段，护底范围为沿流量 3200m³/s 相应的水位以下湿周铺厚约 0.4m 的沙石。三种方案对抬高和保持宜昌水位均有一定效果。其中两种潜坝方案效果相差不大，流量 3200m³/s 时均能使宜昌水位较不建潜坝抬高 0.20～0.30m；护底方案效果略差。三种方案在水库运行 10 年时试验河段冲刷总量

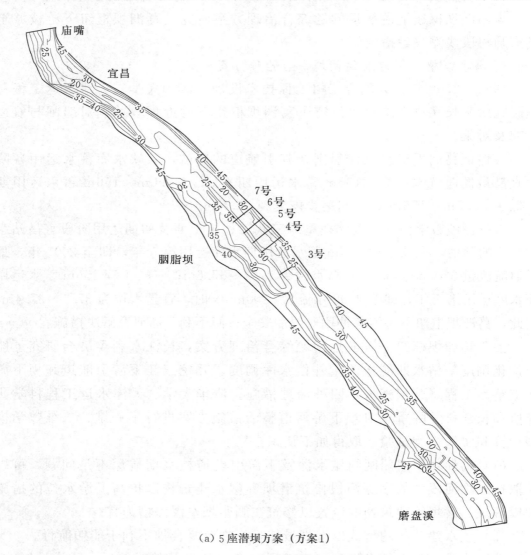

(a) 5 座潜坝方案（方案1）

图 6-10（一）　壅水建筑物布置方案

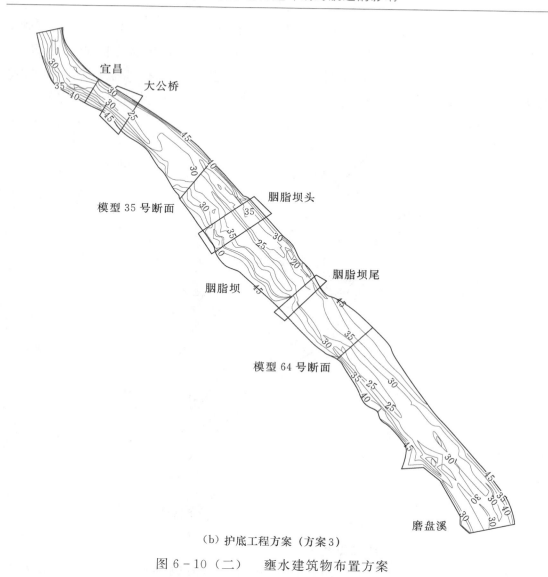

（b）护底工程方案（方案3）

图 6-10（二） 壅水建筑物布置方案

为 500 万～1200 万 m³，其中潜坝方案如坝间不加护底工程，会造成坝间局部严重冲刷，对潜坝安全和水流流态不利；护底方案在护底部位下游冲刷明显增加，如不采取措施，护床块也会滚落损失。潜坝及上下游水流平均流速（一个船队范围内）与无坝时相比无明显变化，但局部比降明显增加，尚可满足 2000t 级船队和 3000t 级船队的通航要求。

潜坝和护底工程方案各有优缺点，尚待进一步研究改进。2004 年以来，中国长江三峡集团有限公司经论证确定在葛洲坝枢纽下游 6km 的胭脂坝河段开展护底工程试验，探索维持宜昌枯水位相对稳定的工程措施。自 2004 年至 2011 年汛前，先后完成 0 区、1 区、2 区、3 区、4 区、5 区护底工程和胭脂坝头部混凝土网格防护工程（图 6-11）。各区护底工程顺水流方向的长度除 0 区为 195m 外，其余各区均为 180m。各区护底工程垂直水流方向的宽度不一，为 463～814m。护底工程结构型式除 0 区部分护底为抛石和抛枕外，其余均为混凝土系结块软体排。护底工程竣工后的实测资料表明：护底工程对河床的保护作用较为明显。

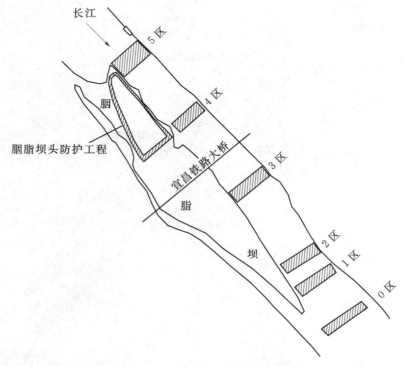

图 6-11　胭脂坝河段护底工程布置图

2. 枝城至杨家脑河段浅滩整治措施研究

关于三峡工程建成后坝下游冲刷对枝城至杨家脑河段航道的影响及对策研究，长江航道局、长江航道规划设计研究院、武汉水利电力大学、长江科学院、长江水利委员会水文局及长江水利委员会长江勘测规划设计研究院先后通过关洲至昌门溪河段动床模型、枝城至枝江河段动床模型和枝城至大埠街河段动床模型以及二维数学模型研究，取得如下认识[70-72]：

（1）三峡工程蓄水运用后，枝城至杨家脑（大埠街）河段河床普遍发生冲刷，水库运用初期 10 年（2003—2012 年）为冲刷强烈时期，其冲刷量约占水库运用 20 年冲刷量的 80％以上。三峡水库运用 20 年（2022 年）末该河段冲刷基本停止。在冲刷过程中，总体河势没有大的变化；芦家河浅滩洪水期主流走碛坝右侧石泓、枯水期主流走碛坝左侧沙泓的格局没有改变，但主航道全年均位于沙泓；枝江、江口汊道主、支汊相对稳定，但支汊分流比较小，枯水期近于断流。

（2）三峡工程蓄水运用后，枝城至杨家脑河段碍航问题将由航道水深不足为主转变为以坡陡流急为主，兼有航道水深不足。三峡工程175m蓄水运用前，坡陡流急问题已较为突出，芦家河浅滩沙泓枯水期局部最大比降可达7‰以上，局部最大流速可达2.9m/s以上，且局部河段航道水深不足2.9m。三峡工程175m蓄水运用后，枝城至杨家脑河段碍航问题主要表现为坡陡流急碍航，而且持续时间长，不利于船舶安全航行，不能满足万吨级船队汉渝直达的通航要求，需要实施相应的治理措施。

（3）针对三峡工程建成后芦家河浅滩的变化，长江水利委员会长江勘测规划设计研究院提出芦家河水道整治方案，工程包括四部分：切滩工程，切除碛坝头部左侧部分；围堤工程，围堤总长6890m；疏浚工程，挖除40号礁等，挖槽长2180m；加糙工程，在姚港一带深槽回填，顶部高程为25m（图6-12）。针对枝城至杨家脑河段芦家河、枝江和江口三个河段在三峡建库后航道的变化，长江航道规划设计研究院提出枝城至大埠街河段总体整治方案，芦家河水道整治工程包括口门疏浚，沙泓开挖，鱼嘴，隔流堤，石泓小开挖，姚港深槽回填加糙；枝江水道整治工程包括枝江挖槽，张家桃园丁坝，枝江深槽回填加糙；江口水道整治工程包括柳条洲洲头顺坝，柳条洲护岸，吴家渡护滩带，七星台深槽回填加糙（图6-13）。

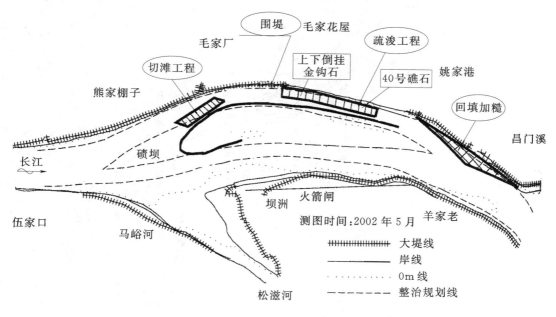

图6-12　芦家河水道整治方案示意图

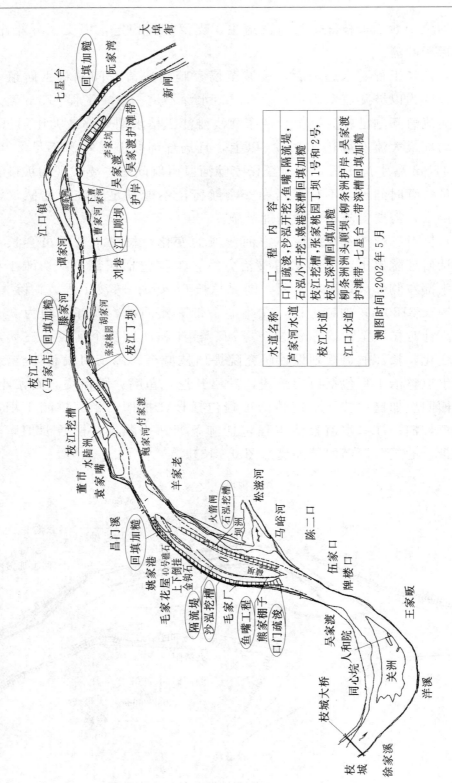

水道名称	工 程 内 容
芦家河水道	口门疏浚,沙泓开挖,鱼嘴,隔流堤,石泓小开挖,姚港深槽回填加糙
枝江水道	枝江挖槽,张家桃园丁坝 1 号和 2 号,枝江深槽回填加糙
江口水道	柳条洲洲头顺坝,柳条洲护岸,吴家渡护滩带,七星台一带深槽回填加糙

测图时间:2002 年 5 月

图 6－13 枝城至大埠街河段总体整治方案示意图

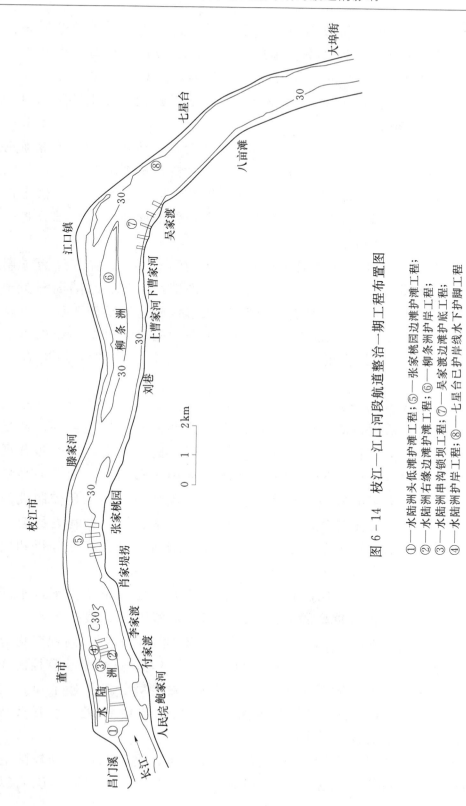

图 6-14 枝江—江口河段航道整治一期工程布置图

①—水陆洲头低滩护滩工程；⑤—张家桃园边滩护滩工程；
②—水陆洲右缘边滩护滩工程；⑥—柳条洲护岸工程；
③—水陆洲串沟锁坝工程；⑦—吴家渡边滩护底工程；
④—水陆洲护岸工程；⑧—七星台护岸线水下护脚工程

实体模型和数学模型研究表明：采取工程措施改善该河段的航道条件是有效的。航道总体整治工程方案实施后，芦家河、枝江、江口水道枯水期航深、航宽均达到通航标准，局部流态有较大改善，但对上游水位和松滋口分流有一定影响，在流量 $5000\text{m}^3/\text{s}$ 时整治工程引起芦家河浅滩上游陈二口一带水位下降 $0.2\sim0.5\text{m}$。

（4）鉴于三峡工程已于 2003 年 6 月开始初期蓄水运用，为了确保航道畅通，尽早实施总体整治工程中具备实施条件、主要起减缓坡陡流急作用的控导工程措施，以满足现行船舶（队）的通航要求，且对上游水位和松滋口分流影响很小。控导工程措施为：芦家河水道隔流堤工程及沙泓局部开挖；枝江水道上浅区开挖；江口水道柳条洲洲头顺坝工程。

2009—2011 年，长江航道局在枝江至江口河段实施了航道整治一期工程，包括水陆洲洲头低坝防护工程、水陆洲串沟锁坝工程、水陆洲洲头至右缘中上段护岸工程、水陆洲右缘边滩工程、张家桃园边滩护滩工程，以及柳条洲右缘至尾部护岸工程、吴家渡边滩护底工程、七星台已护岸线的水下加固工程（图 6 - 14），其目的是稳定滩槽格局，对防止水位下降也有一定作用。

3. 宜昌至杨家脑河段综合治理措施研究

考虑到宜昌站枯水位降低除与宜昌河段河床冲刷有直接关系外，还受其下游河段冲刷和整治工程的影响，在上述两项研究的基础上，进一步开展宜昌至杨家脑河段的综合治理措施研究。该项研究内容包括两方面：一是确定宜昌至杨家脑河段中影响宜昌站枯水位变化的控制性河段；二是控制性河段整治工程措施研究。长江航道局、武汉水利电力大学、长江水利委员会水文局三峡水文水资源勘测局等单位通过宜昌至杨家脑河段河道演变分析和数学模型研究，取得如下认识[72-74]：

（1）对宜昌站枯水位有控制作用的河段主要是一定流量条件下过水断面面积较小或河底高程相对较高的河段，即卡口段和浅滩段。根据 1980—2009 年宜昌至杨家脑河段流量 $5000\text{m}^3/\text{s}$ 相应的过水断面面积和深泓高程变化分析（表 6 - 16、表 6 - 17 和图 6 - 15、图 6 - 16）。目前对宜昌站枯水位有控制作用的河段为：胭脂坝头部、胭脂坝尾部、虎牙滩、古老背、南阳碛上口、关洲上口、芦家河浅滩、董市洲上口、柳条洲上口、杨家脑共 10 处。大石坝和外河坝两处目前已不起主导控制作用。

（2）从宜昌至杨家脑河段实测沿程水面线分析，沿程水面比降较陡的河段为胭脂坝头、宜都弯道的南阳碛和芦家河浅滩段（图 6 - 17），说明以上三段为全河段中影响宜昌站枯水位变化最为关键的河段。根据数学模型计算，芦家河河段枯水位下降 0.2m、0.5m、0.8m 和 1.0m 时，宜昌站枯水位相应下降 0.0m、0.19m、0.30m 和 0.37m，两者为 2.7∶1 的关系（表 6-18）。

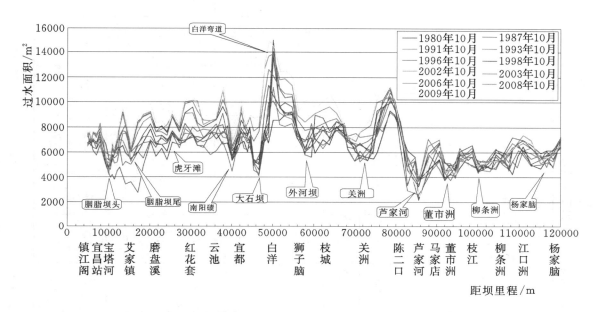

图 6-15 宜昌至杨家脑河段过水面积变化情况（流量 5000m³/s）

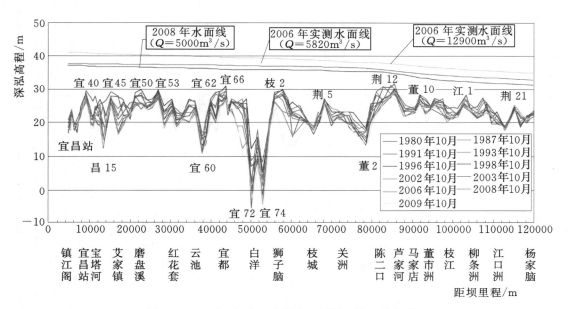

图 6-16 宜昌至杨家脑河段深泓线变化情况

表 6－16　宜昌至杨家脑河段控制性河段过水面积变化情况

序号	控制河段名称	控制断面		过水面积/m²											
		断面	距离/m	1980年10月	1987年10月	1991年10月	1993年10月	1996年10月	1998年10月	2002年10月	2003年10月	2006年10月	2008年10月	2009年10月	多年平均
1	膨脂坝头部	宜40	9260	6591	5888	5521	5079	5437	4928	5206	5634	5234	5268	5595	5489
2	膨脂坝尾部	宜45	15500	5454	5271	6632	5000	5985	3577	6006	6171	6058	6180	6629	5724
3	虎牙滩	宜50	22860	6557	7070	6568	7282	7318	6235	8081	8023	7582	7811	8458	7362
4	古老背	宜53	27168	6863	6708	6307	6806	6934	6583	7575	7653	7940	7684	8192	7204
5	南阳碛上口	宜62	40086	5386	5326	4434	5637	5309	4321	5533	6069	6416	6257	6869	5687
6	大石坝	宜69	46700	5397	5112	5023	4091	4591	4248	5710	4988	7607	7994	8845	5782
7	外河坝	枝2	57891	6928	5787	6800	6002	6187	5764	5887	6290	7715	8391	10112	6897
8	关洲上口	荆5	68330	7254	6804	6919	6198	6403	6266	6863	6982	7234	7224	6937	6826
9	芦家河浅滩	荆12	85648	3784	3727	3641	2527	2149	2185	3355	3209	3684	3808	2385	3132
10	董市洲上口	董10	91878	3951	4361	3773	4362	5107	3702	4564	5194	5113	4261	4308	4427
11	柳条洲上口	江1	102582	4710	4613	4456	4750	4957	5228	5439	5234	5178	5450	5230	5022
12	杨家脑	荆21	115251	4667	5757	4989	5507	5406	5896	5406	5663	5623	5088	5304	5391

表6-17 宜昌至杨家脑河段控制性河段断面深泓高程变化情况

序号	控制河段名称	控制断面		高程/m											
		断面	距离/m	1980年10月	1987年10月	1991年10月	1993年10月	1996年10月	1998年10月	2002年10月	2003年10月	2006年10月	2008年10月	2009年10月	多年平均
1	胭脂坝头部	宜40	9260	29.0	26.6	26.3	29.0	27.3	29.6	28.0	25.9	26.3	26.6	26.0	27.3
2	胭脂坝尾部	宜45	15500	28.0	27.0	27.4	27.0	26.2	29.3	26.1	25.5	25.4	25.4	25.2	26.6
3	虎牙滩	宜50	22860	30.0	27.9	29.0	25.5	24.0	28.1	25.8	25.5	25.6	26.0	25.4	26.6
4	古老背	宜53	27168	29.8	29.1	29.0	28.5	28.6	29.3	28.0	27.5	27.3	28.0	26.7	28.3
5	南阳碛上口	宜62	40086	27.0	25.8	26.2	27.0	26.4	25.9	26.7	25.3	23.0	24.0	20.3	25.2
6	大石坝	宜69	46700	26.0	26.0	25.5	24.6	26.0	25.9	24.0	24.6	18.8	18.9	18.9	23.6
7	外河坝	枝2	57891	29.5	29.8	26.4	28.3	28.0	29.7	29.0	27.9	23.0	23.0	13.3	26.2
8	关洲上口	荆5	68330	27.0	26.1	26.5	27.0	26.9	25.8	26.6	25.9	25.8	25.8	25.9	26.3
9	芦家河浅滩	荆12	85648	30.0	29.4	24.0	30.0	30.0	31.5	29.0	28.8	29.0	29.0	29.0	29.0
10	董市洲上口	董10	91878	27.4	28.1	25.3	27.0	25.3	26.4	25.5	25.7	26.0	26.0	25.9	26.2
11	柳条洲上口	江1	102582	28.0	26.6	26.9	25.5	25.2	25.1	25.1	24.9	25.0	25.0	24.7	25.6
12	杨家脑	荆21	115251	24.4	23.8	23.6	24.0	24.0	23.8	23.8	23.8	25.0	25.0	23.6	23.9

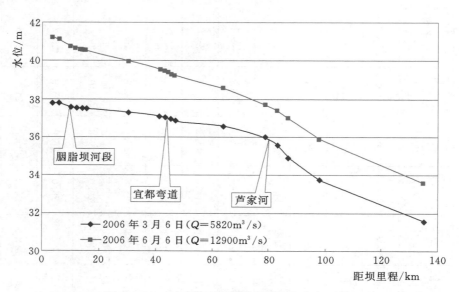

图 6-17　宜昌至杨家脑河段瞬时水面线

表 6-18　　　　　芦家河河段水位变化对上游水位影响计算成果

芦家河水位 下降/m	上游沿程水位变化/m				
	宜昌站	云池	宜都	枝城	陈二口
0.2	−0.07	−0.11	−0.13	−0.15	−0.20
0.5	−0.19	−0.28	−0.34	−0.38	−0.49
0.8	−0.30	−0.45	−0.55	−0.60	−0.78
1.0	−0.37	−0.55	−0.67	−0.74	−0.96

（3）有关单位对上述控制性河段实施遏制河床冲刷和防止航道整治引起宜昌站枯水位下降的工程措施进行了大量研究工作。长江科学院和武汉水利电力大学分别进行的数学模型计算结果均说明，在芦家河浅滩上游的控制性河段实施丁坝、潜坝和护底工程，可有效遏制芦家河等浅滩整治工程所导致的宜昌站枯水位下降，其中以抛石护底工程型式较优[73]。长江水利委员会水文局三峡水文水资源勘测局等单位提出基于芦家河浅滩下切或整治开挖的稳定宜昌枯水位工程措施为：胭脂坝头实施护底工程并辅以抛石，恢复部分过水面积；南阳碛上口辅以抛石，同时采取丁坝和护滩带结合的型式守护南阳碛弯道左岸的沙湾边滩；在关洲进口采取丁坝、护滩带和洲头保护工程对关洲上口节点进行保护；对芦家河浅滩下游的节点采用丁坝、护滩带和护底组合的型式进行保护[74]。

由于宜昌至杨家脑河段综合治理涉及葛洲坝水利枢纽船闸及下游引航道水深要求、芦家河等浅滩河段航道改善、松滋口分流控制以及两岸护岸工程稳定等方面,上述数学模型研究取得的初步认识,还有待进一步加强研究。

第六节 三峡建坝对长江口岸滩的影响

三峡工程可行性重新论证阶段,河海大学、长江科学院等单位就三峡建坝对长江口岸滩及拦门沙的影响进行了初步研究。

一、三峡工程建成后长江口来沙量估计

长江下游仅大通水文站有长系列年的水沙资料,故长江口来沙量一般以大通站来沙量为代表。

(1)河海大学根据水库坝下游泥沙补给的一般规律,参照三门峡水库的经验,并考虑三峡水库的运行特点和沿江支流汇入和洞庭湖等大型湖泊的调节作用,按正常蓄水位175m方案水库运行36~40年的库区淤积速率最大时期估计,大通站年来沙量为3.85亿t,占建库前大通站年来沙量4.71亿t的82%(表6-19)[75]。

表6-19 大通站年来沙量及南汇边滩冲淤估算

项目	宜昌站年来沙量/亿t	四口站年分沙量/亿t	洞庭湖七里山年进沙量/亿t	下游年冲刷量/亿t	支流年来沙量/亿t	大通站年来沙量/亿t	南汇边滩冲(一)淤(+)速度/(m/年)
建库前	5.22	1.70	0.539	0	0.65	4.71	+25.0
建库后	2.073	0.334	0.193	1.27	0.65	3.85	-36.4

(2)长江科学院分析认为,三峡水利枢纽建成后,长江口来沙主要有以下三方面:一是三峡水库下泄悬移质泥沙,枢纽运用初期1~12年,下泄悬移质数量平均为入库总量的31%~36%,主要为粒径小于0.05mm的冲泻质细颗粒泥沙;二是坝下游河道从河床冲刷恢复的泥沙,三峡水库下游经过1600余km长河段悬移质与床沙沿程交换,进入长江口的含沙量和泥沙颗粒将得到明显恢复;三是宜昌以下流域面积80万km²的区间来沙[76]。

枢纽运用初期1~12年内,大通站来沙数量估算如下:

1)水库下泄悬移质数量按平均入库悬移质数量5.26亿t、出库32%估算,下泄悬移质数量约1.68亿t,且均为细颗粒泥沙。

2)坝下游从河床冲刷恢复的泥沙,根据长江中下游建库前水流挟沙力关系估算,悬移质泥沙以0.05mm作为划分床沙质与冲泻质的分界粒径,床沙质挟沙力公式为

$$S = 0.10 \left[\frac{v^3}{gh\omega} \right]^{1.88}$$

式中：ω 为床沙质的平均沉速，m/s；h 为断面平均水深，m；v 为断面平均流速，m/s；S 为床沙质饱和含沙量，kg/m³。

利用上式，根据大通站 1962—1964 年实测流量、输沙量、悬移质和床沙级配资料，计算该站分年、分月恢复床沙质和冲泻质的输沙量，3 年平均恢复输沙量为建库前的 39%。大通站多年平均悬移质输沙量为 4.68 亿 t，恢复39% 估算河床恢复的悬移质数量为 1.83 亿 t。

3）区间来沙仅考虑洞庭湖四水、鄱阳湖水系和汉江入江沙量，区间来沙量减去洞庭湖淤积量即为区间净来沙量，约为 2000 万 t。

以上三项合计为 3.7 亿 t，约占大通站多年平均年悬移质沙量 4.68 亿 t的 79%。

大通以下床沙组成更细，水流从大通经 500km 进入长江口徐六泾，经过悬移质和床沙交换，悬移质颗粒进一步细化，含沙量增大。因此三峡水利枢纽兴建后，即使在运行初期，长江口来沙数量和泥沙级配均不会有大的变化。

（3）长江三峡工程论证泥沙专家组在 1988 年 2 月提出的《长江三峡工程泥沙专题论证报告》中认为："由于三峡水库运用初期排沙比即达 30% 至40%，小于 0.01mm 的泥沙基本不在水库落淤，而且从宜昌到长江口长达1800km 的中下游河段，有充分的泥沙补给来源。因此，修建三峡工程后，长江口泥沙的总量不会有明显的减少，不会对拦门沙的演变及围垦滩涂的速度带来明显的影响。"[77]

（4）受三峡工程论证领导小组委托，由中国水利学会理事长严恺主持，于 1988 年 8 月 14—15 日在北京召开了"长江三峡工程对河口的影响座谈会"，进一步讨论三峡工程修建后对滨海地区土壤盐渍化和对河口泥沙侵蚀堆积过程的影响。座谈会综合简报中关于三峡工程对河口泥沙与侵蚀堆积过程影响问题的内容引述如下[78]：

"根据三峡水库运用特点，与会代表对三峡工程兴建后，长江河口来沙进行了认真讨论。一般认为三峡水库运用初期主要淤积粗颗粒泥沙，下泄的主要为细颗粒泥沙，水库下游经过长距离冲刷，泥沙将从河床得到补给，通过悬沙与床沙不断交换，'沉粗悬细'，使悬沙级配不断变细，沉速不断减小，饱和含沙量将不断增长，同时，还有区间来沙补给。中国水利水电科学研究院、南京水利科学研究院、河海大学、长江科学院、清华大学等单位泥沙专家认为：三峡工程修建后，长江口来沙数量，尤其是细颗粒泥沙数量将得到基本恢复，与工程修建前相比，不会有大的变化。

"长江河口地处河海连接地带，侵蚀堆积过程受水流动力特性、来沙和海洋潮汐等因素综合影响，堤外洲滩和河道侵蚀堆积过程在天然状态下，仍在不断变化。三峡工程建成后，局部洲滩岸边侵蚀堆积过程可能发生改变，相应险工河段也将进行重新调整，应进一步研究其影响并制定出相应措施。航道部门代表认为：三峡工程修建后，入海泥沙若稍有减少，加之枯水流量增大，对长江口入海航道有利。

"华东师范大学代表认为：从坝下河道的泥沙组成看，其自然补给量是不大的，加上洲滩本身需要防护，估计泥沙到河口地区仍然会有所减少，从而可能引起三角洲海岸侵蚀，这种作用在三角洲海岸的突出处反映较为显著。"

二、三峡建坝后对河口岸滩的影响

河海大学分析认为，河口口内和口外的冲淤变化系不同原因造成的，口内如北支的海门、启东的岸滩、崇明岛南部、长兴岛、横沙南部等地区，岸滩受侵蚀是主流摆动所致。口外浅滩如南汇边滩、九段沙、铜沙浅滩的变化往往受上游来沙直接影响，而深槽摆动，对浅滩总体进退影响不大。考虑到南汇边滩直接影响上海市的围垦造地和堤身安全，以及南汇边滩的资料较齐全，故以南汇边滩作代表，探讨上游来沙对河口岸滩的影响[19,75]。

根据 1963—1985 年共 11 测次长江口全测地形图，在 0m 等深线至 7m 等深线约 25km 的范围内，按北纬 31°和 31°05′两剖面，统计各年间的平均水深，点绘边滩冲淤厚度（cm/年）与相应上游大通站来沙量的关系（图 6-18），说明当上游来沙量小于一定值后，来沙越少，冲刷厚度越大；当上游来沙量大于一定值后，来沙越多，淤积厚度越大。当长江主流走北港时，南汇边滩保持不冲不淤所需的上游年来沙量为 4.78 亿 t；长江主流走南港时，南汇边滩保持不冲不淤所需的上游年来沙量为 3.95 亿 t。从较长时间看，可假定主流走南港和北港的时间相等，取年来沙量均值 4.36 亿 t 判断南汇边滩出现冲淤变化，即小于此值，出现冲刷；大于此值，出现淤积。以此来判断三峡工程建成后对南汇边滩的影响。

若按大通站年来沙 4.71 亿 t 与边滩冲淤平衡年来沙 4.36 亿 t 之差值所造成边滩延伸每 40 年 1km 速率，以线性比例估算来沙减少后的边滩蚀退量。按正常蓄水位 175m 蓄水方案，大通站来沙 3.85 亿 t，0m 线年蚀退 86.4m，

序号	年　　限
1	1963—1969 年
2	1969—1971 年
3	1971—1973 年
4	1973—1976 年
5	1976—1977 年
6	1977—1978 年
7	1978—1979 年
8	1979—1981 年
9	1981—1982 年
10	1982—1983 年

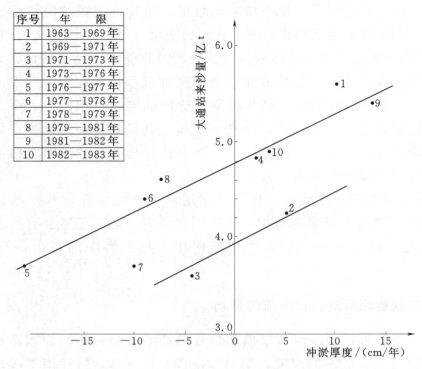

图 6-18　南汇边滩冲淤与大通站来沙量关系

40 年后退 1457m。南汇边滩 0m 线距堤脚 2.5～4.0km，估计不会危及堤身安全。

第七节　三峡工程初期蓄水运用后坝下游河道演变观测分析

长江水利委员会在 20 世纪 50 年代以来长江中下游河道演变观测工作的基础上，于 1993 年开始对三峡工程坝下游宜昌至湖口河段河道演变进行了系统观测分析，对三峡建坝前后河道冲淤和河势变化取得了初步认识[79-80]。

一、坝下游河道水沙变化

三峡水库蓄水运用前，坝下游宜昌站多年平均年径流量为 4369 亿 m³，悬移质年输沙量为 4.92 亿 t。三峡水库蓄水运用后，2003—2017 年宜昌站平均年径流量为 4049 亿 m³，较水库蓄水运用前偏小 7.3％；悬移质年输沙量为 0.358 亿 t，较水库蓄水运用前减少 92.7％。2003 年三峡水库初期蓄水运用后，坝下游沿程各站水沙变化具有如下特点：

（1）三峡水库蓄水运用后，2003—2017 年长江中下游各站除监利站年径流量与蓄水前略有增加外，其他各站年径流量偏小 2%～7%。年输沙量沿程减小幅度则在 93%～68% 之间，且减幅沿程递减（表 6-20）。

表 6-20　　长江中下游主要水文站年径流量和年输沙量与多年平均值对比

项　目	时　段	宜昌	枝城	沙市	监利	螺山	汉口	大通
年径流量 /亿 m³	2002 年前平均	4369	4450	3942	3576	6460	7111	9052
	2003—2017 年	4049	4146	3798	3677	6062	6807	8635
	变化率	−7%	−7%	−4%	3%	−6%	−4%	−5%
	2018 年	4738	4810	4326	4176	6148	6695	8028
年输沙量 /万 t	2002 年前平均	49200	50000	43400	35800	40900	39800	42700
	2003—2017 年	3580	4340	5410	6930	8660	10100	13700
	变化率	−93%	−91%	−88%	−81%	−79%	−75%	−68%
	2018 年	3620	4160	4950	7320	7260	7960	8310
年平均含沙量 /(kg/m³)	2002 年前平均	1.13	1.12	1.10	1.00	0.63	0.56	0.47
	2003—2017 年	0.09	0.11	0.14	0.19	0.14	0.15	0.16
	变化率	−92%	−90%	−87%	−81%	−78%	−73%	−66%
	2018 年	0.08	0.09	0.11	0.18	0.12	0.12	0.10

（2）三峡水库蓄水运用后，由于水库拦沙作用，宜昌站 2018 年悬移质输沙量为 3620 万 t，较蓄水前减少 92.6%；平均含沙量仅为 0.01kg/m³。水流挟沙处于不饱和状态，沿程河床发生长距离冲刷，含沙量逐步增加，汉口站和大通站 2018 年输沙量分别为 0.8 亿 t 和 0.83 亿 t，仅为蓄水前的 20% 和 19.5%，含沙量分别为 0.12kg/m³ 和 0.10kg/m³，而蓄水前则分别为 0.56kg/m³ 和 0.47kg/m³。说明长江中下游河道经长达 1100km 的水流沿程冲刷作用，含沙量仍未恢复到蓄水前的天然状态。

（3）三峡水库蓄水运用后，宜昌站 2003—2017 年悬移质中值粒径为 0.006mm，较蓄水前 0.009mm 明显偏细。由于水流沿程冲刷作用，河床组成中大部分是床沙质泥沙，坝下游各站悬移质明显变粗，多数测站粗颗粒泥沙含量明显增多，仅大通站变化不大；监利站粗颗粒增多最为明显，2003—2017 年中值粒径由蓄水前的 0.009mm 变粗为 0.045mm，粒径大于 0.125mm 的沙重比例由蓄水前的 9.6% 增大至 36.7%（表 6-21 和表 6-22）。

表 6 - 21　三峡水库坝下游主要控制站不同粒径级沙重百分数对比表

粒径范围	测站 时段	沙重百分数/%							
		黄陵庙	宜昌	枝城	沙市	监利	螺山	汉口	大通
$d \leq$ 0.031mm	多年平均	—	73.9	74.5	68.8	71.2	67.5	73.9	73.0
	2003—2017 年	88.4	86.3	73.5	59.8	46.1	63.5	62.3	73.4
	2018 年	89.6	91.1	87.5	67.6	46.4	70.9	64.1	70.8
0.031mm$<d$ $\leq$0.125mm	多年平均		17.1	18.6	21.4	19.2	19.0	18.3	19.3
	2003—2017 年	8.7	8.1	11.3	13.2	17.1	14.5	17.4	18.1
	2018 年	9.5	8.4	10.9	10.7	11.1	16.5	17.7	21.4
$d>$0.125mm	多年平均		9.0	6.9	9.8	9.6	13.5	7.8	7.8
	2003—2017 年	3.0	5.5	15.2	27.0	36.7	22.0	20.3	8.4
	2018 年	0.9	0.5	1.6	21.7	42.5	12.6	18.2	7.8
中值粒径	多年平均		0.009	0.009	0.012	0.009	0.012	0.010	0.009
	2003—2017 年	0.006	0.006	0.009	0.016	0.045	0.014	0.015	0.010
	2018 年	0.009	0.009	0.010	0.015	0.043	0.013	0.016	0.013

注　1. 宜昌、监利两站多年平均统计年份为 1986—2002 年；枝城站多年平均统计年份为 1992—2002
　　年；沙市站多年平均统计年份为 1991—2002 年；螺山、汉口、大通三站多年平均统计年份为
　　1987—2002 年。
　　2. 2010—2018 年长江干流各主要测站的悬移质泥沙颗粒分析均采用激光粒度仪。

表 6 - 22　　大通站历年悬移质各粒径级沙重百分数及中值粒径

粒径范围	沙重百分数/%										
	蓄水前 平均	2003 年	2004 年	2005 年	2006 年	2007 年	2008 年	2009 年	2010 年	2011 年	2012 年	2018 年
$d \leq$0.031mm	73.0	86.3	84.3	75.7	74.3	68.9	66.9	69.2	68.1	81.1	71.8	70.8
0.031mm$<d$ $\leq$0.125mm	19.2	13.3	11.2	16.7	16.9	20.7	23.0	20.8	21.6	15.4	19.2	21.4
$d>$0.125mm	7.8	0.4	4.5	7.6	8.8	10.4	10.1	10.0	10.3	3.5	9.0	7.8
中值粒径	0.009	0.010	0.006	0.008	0.008	0.013	0.012	0.010	0.013	0.009	0.011	0.013

注　蓄水前多年平均值统计年份为 1987—2002 年。

（4）三峡水库蓄水运用后，悬移质输沙量虽未能恢复至蓄水前的天然状
态，但就悬移质粗颗粒泥沙的输沙量而言，沿程恢复则较明显。例如监利站
和汉口站三峡水库蓄水前悬移质中粒径大于 0.125mm 的年输沙量分别为 3437
万 t 和 3104 万 t，2003—2017 年则分别为 2543 万 t 和 2050 万 t，后者占前者
的比值分别为 74% 和 66%。

二、坝下游河道冲刷

三峡工程初期蓄水运用前后宜昌至湖口河段的冲淤变化资料分析表明，该河段冲淤具有以下特点。

（1）1998 年以来河床由淤转冲，三峡工程初期蓄水运用后全河段冲刷加剧，冲刷主要集中在宜昌至城陵矶河段。三峡建坝前的 1975—1996 年，宜昌至湖口河段平滩河槽冲淤基本平衡，平均年淤积强度仅为 9m³/（m·年）；1996—1998 年，受 1998 年大洪水的影响，全河段年淤积强度增加至 104m³/（m·年）。1998—2002 年，宜昌至湖口河段处于冲刷状态，全河段年冲刷强度达 178m³/（m·年），见表 6-23。表 6-23 中，"＋"为淤积，"－"为冲刷；平滩河槽是相应宜昌站流量 30000m³/s，汉口站 35000 的水面线以下河槽；城陵矶至湖口河段无 2002 年地形资料，采用 2001 年资料统计；冲淤量系由地形资料计算得出，均未扣除采砂量。

表 6-23　　不同时期坝下游宜昌至湖口河段冲淤量对比（平滩河槽）

项目	时段	河　段							
		宜昌至枝城	上荆江	下荆江	荆江	城陵矶至武汉	武汉至湖口	城陵矶至湖口	宜昌至湖口
河段长度/km		60.8	171.7	175.5	347.2	251	295.4	546.4	954.4
总淤积量/万 m³	1975—1996 年	−13498	−23770	3410	−20360	27380	24408	51788	17930
	1996—1998 年	3448	−2558	3303	745	−9960	25632	15672	19865
	1998—2002 年	−4350	−8352	−1837	−10189	−6694	−33433	−40127	−54666
	2002 年 10 月—2006 年 10 月	−8138	−11683	−21147	−32830	−5990	−14679	−20669	−61637
	2006 年 10 月—2008 年 10 月	−2230	−4247	678	−3569	197	4693	4890	−909
	2008 年 10 月—2018 年 10 月	−6324	−51989	−25426	−77415	−41134	−53132	−94266	−178005
	2002 年 10 月—2018 年 10 月	−16692	−67919	−45895	−113814	−46927	−63118	−110045	−240551
年平均冲淤量/（万 m³/年）	1975—1996 年	−643	−1132	162	−970	1304	1162	2466	853
	1996—1998 年	1724	−1279	1652	373	−4980	12816	7836	9933
	1998—2002	−1088	−2088	−459	−2547	−2231	−11144	−13375	−17010
	2002 年 10 月—2006 年 10 月	−2035	−2921	−5287	−8208	−1198	−2936	−4134	−14377
	2006 年 10 月—2008 年 10 月	−1115	−2124	339	−1785	99	2347	2446	−454

项目	时段	河段							
		宜昌至枝城	上荆江	下荆江	荆江	城陵矶至武汉	武汉至湖口	城陵矶至湖口	宜昌至湖口
年平均冲淤量/(万 m³/年)	2008 年 10 月—2018 年 10 月	−632	−5199	−2543	−7742	−4113	−5313	−9426	−17800
	2002 年 10 月—2018 年 10 月	−1043	−4245	−2868	−7113	−2760	−3713	−6473	−14629
年均冲淤强度/[m³/(m·年)]	1975—1996 年	−106	−66	9	−28	52	39	45	9
	1996—1998 年	284	−74	94	11	−198	434	143	104
	1998—2002 年	−179	−122	26	−73	−89	−377	−245	−178
	2002 年 10 月—2006 年 10 月	−335	−170	301	−236	−48	−99	−76	−151
	2006 年 10 月—2008 年 10 月	−183	−124	19	−51	4	−79	45	−5
	2008 年 10 月—2018 年 10 月	−104	−303	145	−223	−164	−180	−173	−187
	2002 年 10 月—2018 年 10 月	−172	−247	163	−205	−110	−126	−118	−153

三峡工程 2003 年 6 月初期蓄水运用至 2018 年 10 月，宜昌至湖口河段处于明显冲刷状态，全河段平滩河槽冲刷总量为 24.06 亿 m³（含砂石开采量），其中宜昌至城陵矶河段和城陵矶至湖口河段冲刷量分别为 13.05 亿 m³ 和 11 亿 m³，分别占冲刷总量的 54.2％和 45.8％；而单位河长的冲刷量分别为 320 万 m³/km 和 201.4km 万 m³/km，前者为后者的 1.6 倍。由此说明三峡工程初期蓄水运用的 16 年中，坝下游河道冲刷以宜昌至城陵矶河段最为剧烈。

表 6-23 中所列三峡建坝后各河段的冲刷量，是根据实测断面地形资料计算得出的，未扣除同期河道砂石开采量。20 世纪 80 年代以来，随着长江两岸经济建设事业的发展，对河道砂石料的需求和开采数量巨大。为保证长江中下游防洪安全和保持河势稳定，国务院 2001 年 10 月 25 日颁布并于 2002 年 1 月 1 日开始实施《长江河道采砂管理条例》。长江水利委员会和沿江各省根据水利部 2003 年批准的《长江中下游干流河道采砂规划报告》加强采砂管理，长江中下游干流河道采砂总体处于可控状态。据不完全统计，2002—2009 年宜昌至湖口河段经长江水利委员会和沿江各级水行政主管部门许可的采砂总量为 3220 万 m³。宜昌至城陵矶河段为禁采区，但据长江水利委员会水文局长江三峡水文水资源勘测局实地调查结果[80]，2003—2009

年宜昌至沙市河段建筑骨料开采量为 7137.5 万 t，若以干容重 1.5t/m³ 计，折合为 4758 万 m³。据长江水利委员会水文局河道观测资料，宜昌至湖口河段 2002 年 10 月—2009 年 10 月平滩河槽冲刷量为 88021 万 m³（包括砂石开采量在内）。此外，沙市以下至湖口河段还存在非法采砂。由此估计，2002—2009 年宜昌至湖口河段砂石开采量约占平滩河槽冲刷量（包括砂石开采量）的 10%。

（2）冲刷强度沿程分布总体上为自上游向下游减小。2002—2018 年平均年冲刷强度：宜昌至枝城河段为 172m³/(m·年)，枝城至藕池口河段（上荆江）为 247m³/(m·年)，藕池口至城陵矶（下荆江）为 163m³/(m·年)，城陵矶至武汉河段为 110m³/(m·年)，武汉至湖口河段为 126m³/(m·年)。

三峡工程 2003 年初期蓄水运用以来，宜昌至城陵矶河段河床各年均为冲刷，城陵矶至武汉河段和武汉至湖口河段各年冲淤交替，但总体为冲刷（表 6-24）。武汉至湖口河段 2001—2018 年单位长度的冲刷量为城陵矶至武汉河段同期值的 1.2 倍，两河段河床组成差别不大，是否与实施河道整治工程及砂石开采等因素有关，值得进一步分析。

表 6-24　三峡水库蓄水运用以来宜昌至湖口河段河道泥沙冲淤统计表

起止地点	长度 /km	时段/(年．月)	冲淤量/万 m³			
			枯水河槽	基本河槽	平滩河槽	洪水河槽
宜昌至城陵矶	408	2002.10—2003.10	−9311	−10326	−13585	−17519
		2003.10—2004.10	−10641	−12454	−15033	−14855
		2004.10—2005.10	−8553	−8879	−9678	−9656
		2005.10—2006.10	−1911	−1925	−2672	−2506
		2006.10—2007.10	−7100	−7010	−5696	−6563
		2007.10—2008.10	−903	−740	−103	−275
		2008.10—2009.10	−8869	−9203	−9738	−8770
		2009.10—2010.10	−6041	−5875	−6022	−6026
		2010.10—2011.10	−8727	−8530	−8354	−7971
		2011.10—2012.10	−4863	−5591	−5749	−6299
		2012.10—2013.10	−7478	−7390	−7493	−7520
		2013.10—2014.10	−8936	−9680	−10615	−12306
		2014.10—2015.11	−4747	−4531	−4326	−3502

起止地点	长度/km	时段/(年.月)	冲淤量/万 m³			
			枯水河槽	基本河槽	平滩河槽	洪水河槽
宜昌至城陵矶	408	2015.11—2016.11	−10948	−10939	−11077	−11154
		2016.11—2017.11	−11030	−11293	−11637	−12669
		2017.11—2018.10	−7795	−8362	−8728	−9201
		2002.10—2018.10	−117853	−122728	−130506	−136792
城陵矶至武汉	251	2001.10—2003.10	−1374	−2548	−4798	—
		2003.10—2004.10	1034	2033	2445	1665
		2004.10—2005.10	−4743	−4713	−4789	−5294
		2005.10—2006.10	2071	1265	1152	573
		2006.10—2007.10	−3443	−3261	−3370	−4742
		2007.10—2008.10	−104	1295	3567	5625
		2008.10—2009.10	−383	−1489	−2183	−4397
		2009.10—2010.10	−3349	−2851	−2857	−1813
		2010.10—2011.10	1204	1050	1586	1630
		2011.10—2012.10	−2499	−2792	−3309	−3062
		2012.10—2013.10	3334	3808	4734	—
		2013.10—2014.10	−13523	−14245	−14066	−15461
		2014.10—2015.11	−2991	−2794	−3017	−2777
		2015.11—2016.11	−19742	−21834	−21937	−21497
		2016.11—2017.11	7628	8018	7669	6320
		2017.11—2018.10	−6974	−7773	−7754	−8066
		2001.10—2018.10	−43854	−46831	−46927	−51296
武汉至湖口	295.4	2001.10—2003.10	7226	1531	−867	—
		2003.10—2004.10	1632	916	1196	926
		2004.10—2005.10	−13718	−15145	−14987	−14756
		2005.10—2006.10	893	109	−21	−1374
		2006.10—2007.10	1306	1703	1783	1766
		2007.10—2008.10	−1050	1908	2910	4159
		2008.10—2009.10	−8793	−11401	−11875	−12913
		2009.10—2010.10	214	1977	2367	2182
		2010.10—2011.10	−7326	−5679	−4898	−4627

起止地点	长度 /km	时段/（年．月）	冲淤量/万 m³			
			枯水河槽	基本河槽	平滩河槽	洪水河槽
武汉至湖口	295.4	2011.10—2012.10	−5328	−3358	−3508	−4387
		2012.10—2013.10	1063	1632	2708	—
		2013.10—2014.10	−9413	−9356	−9848	−12143
		2014.10—2015.11	−3547	−3835	−3897	−4316
		2015.11—2016.11	−11424	−13515	−13472	−13548
		2016.11—2017.11	−235	257	984	2033
		2017.11—2018.10	−9848	−11452	−11693	−12087
		2001.10—2018.10	−58348	−63708	−63118	−69085
宜昌至湖口	954.4	2002.10—2003.10	−3459	−11343	−19250	—
		2003.10—2004.10	−7975	−9505	−11392	−12264
		2004.10—2005.10	−27014	−28737	−29454	−29706
		2005.10—2006.10	1053	−551	−1541	−3307
		2006.10—2007.10	−9237	−8568	−7283	−9539
		2007.10—2008.10	−2057	2463	6374	9509
		2008.10—2009.10	−18045	−22093	−23796	−26080
		2009.10—2010.10	−9176	−6749	−6512	−5657
		2010.10—2011.10	−14849	−13159	−11666	−10968
		2011.10—2012.10	−12690	−11741	−12566	−13748
		2012.10—2013.10	−3081	−1950	−51	—
		2013.10—2014.10	−31872	−33281	−34529	−39910
		2014.10—2015.11	−11285	−11160	−11240	−10595
		2015.11—2016.11	−42114	−46288	−46486	−46199
		2016.11—2017.11	−3637	−3018	−2984	−4316
		2017.11—2018.10	−24617	−27587	−28175	−29354
		2002.10—2018.10	−220055	−233267	−240551	−232134

（3）冲刷沿时程变化表现为总体上冲刷从上游向下游发展，各河段的冲刷则向由强变弱的趋势发展。

2002 年 10 月—2006 年 10 月，宜昌至城陵矶河段和城陵矶至湖口河段冲刷量分别占宜昌至湖口河段冲刷总量的 66.5％和 33.5％；2006 年 10 月—2008 年 10 月，宜昌至城陵矶河段冲刷 5799 万 m³，城陵矶至湖口河段则淤积

4890 万 m³；2008 年 10 月—2018 年 10 月，宜昌至城陵矶河段冲刷量占宜昌至湖口河段总冲刷量的 47%，城陵矶至湖口河段则为 53%。说明三峡水库试验性蓄水运用以来，河道冲刷已经发展至城陵矶以下河段。

宜昌至枝城河段 2002 年 10 月—2005 年 10 月 3 年累积平滩河槽冲刷量占该河段 16 年冲刷总量的 48.7%，2015 年 11 月—2018 年 10 月 3 年平滩河槽冲刷量则仅占 5%（表 6-25）。该河段深泓线与根据地质钻探资料绘制的基岩高程线比较，说明红花套以上河段冲刷已达基岩顶面，继续冲深的余地不大（图 6-19）。

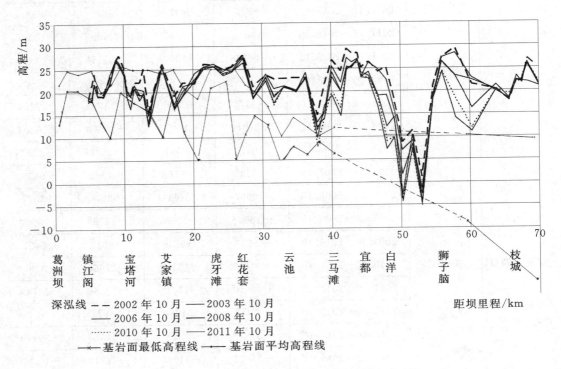

图 6-19 宜昌至枝城河段深泓线与基岩顶面高程线比较

表 6-25　　　　　　三峡水库蓄水运用以来宜昌至城陵矶河段河道泥沙冲淤统计表

起止地点	长度 /km	时 段 /(年.月)	冲淤量/万 m³		
			枯水河槽	基本河槽	平滩河槽
宜昌至枝城	60.8	2002.10—2003.10	−2911	−3026	−3765
		2003.10—2004.10	−1641	−1754	−2054
		2004.10—2005.10	−2173	−2279	−2309
		2005.10—2006.10	−45	−23	−10

起止地点	长度/km	时段/(年·月)	冲淤量/万 m³		
			枯水河槽	基本河槽	平滩河槽
宜昌至枝城	60.8	2006.10—2007.10	−2199	−2297	−2301
		2007.10—2008.10	−218	11	71
		2008.10—2009.10	−1286	−1514	−1533
		2009.10—2010.10	−1112	−1056	−1039
		2010.10—2011.10	−784	−824	−811
		2011.10—2012.10	−813	−841	−807
		2012.10—2013.10	51	140	167
		2013.10—2014.10	−1278	−1387	−1395
		2014.10—2015.11	−179	−179	−144
		2015.11—2016.11	−438	−466	−473
		2016.11—2017.11	−348	−340	−335
		2017.11—2018.10	−29	−27	0
		2002.10—2018.10	−15378	−15834	−16692
枝城至藕池口（上荆江）	171.7	2002.10—2003.10	−2300	−2100	−2396
		2003.10—2004.10	−3900	−4600	−4982
		2004.10—2005.10	−4103	−3800	−4980
		2005.10—2006.10	895	806	675
		2006.10—2007.10	−4240	−4347	−3997
		2007.10—2008.10	−623	−574	−250
		2008.10—2009.10	−2612	−2652	−2725
		2009.10—2010.10	−3649	−3779	−3856
		2010.10—2011.10	−6210	−6225	−6305
		2011.10—2012.10	−3394	−3941	−4290
		2012.10—2013.10	−5840	−5831	−5853
		2013.10—2014.10	−5167	−5385	−5632
		2014.10—2015.11	−3054	−3095	−3169
		2015.11—2016.11	−7979	−8105	−8258
		2016.11—2017.11	−6414	−6465	−6556
		2017.11—2018.10	−5252	−5288	−5345
		2002.10—2018.10	−63842	−65381	−67919

起止地点	长度/km	时 段/（年．月）	冲淤量/万 m³		
			枯水河槽	基本河槽	平滩河槽
藕池口至城陵矶（下荆江）	175.5	2002.10—2003.10	−4100	5200	−7424
		2003.10—2004.10	−5100	−6100	−7997
		2004.10—2005.10	−2277	−2800	−2389
		2005.10—2006.10	−2761	−2708	−3337
		2006.10—2007.10	−661	−366	602
		2007.10—2008.10	−62	−177	76
		2008.10—2009.10	−4996	−5065	−5526
		2009.10—2010.10	−1280	−1040	−1127
		2010.10—2011.10	−1733	−1481	−1238
		2011.10—2012.10	−656	−809	−652
		2012.10—2013.10	−1689	−1699	−1807
		2013.10—2014.10	−2491	−2908	−3588
		2014.10—2015.11	−1514	−1257	−1013
		2015.11—2016.11	−2531	−2368	−2346
		2016.11—2017.11	−4268	−4488	−4746
		2017.11—2018.10	−2514	−3047	−3383
		2002.10—2018.10	−38633	−41513	−45895
枝城至城陵矶（荆江河段）	347.2	2002.10—2003.10	−6400	−7300	−9820
		2003.10—2004.10	−9000	−10700	−12979
		2004.10—2005.10	−6380	−6600	−7369
		2005.10—2006.10	−1866	−1902	−2662
		2006.10—2007.10	−4901	−4713	−3395
		2007.10—2008.10	−685	−751	−174
		2008.10—2009.10	−7608	−7717	−8251
		2009.10—2010.10	−4929	−4819	−4983
		2010.10—2011.10	−7943	−7706	−7543
		2011.10—2012.10	−4050	−4750	−4942
		2012.10—2013.10	−7529	−7530	−7660
		2013.10—2014.10	−7658	−8293	−9220
		2014.10—2015.11	−4568	−4352	−4182
		2015.11—2016.11	−10510	−10473	−10604
		2016.11—2017.10	−10682	−10953	−11302
		2017.11—2018.10	−7766	−8335	−8728
		2002.10—2018.10	−102475	−106894	−113814

起止地点	长度/km	时段/(年.月)	冲淤量/万 m³		
			枯水河槽	基本河槽	平滩河槽
宜昌至城陵矶	408	2002.10—2003.10	−9311	−10326	−13585
		2003.10—2004.10	−10641	−12454	−15033
		2004.10—2005.10	−8553	−8879	−9678
		2005.10—2006.10	−1911	−1925	−2672
		2006.10—2007.11	−7100	−7010	−5696
		2007.11—2008.10	−903	−740	−103
		2008.10—2009.10	−8894	−9231	−9784
		2009.10—2010.10	−6041	−5875	−6022
		2010.10—2011.10	−8727	−8530	−8354
		2011.10—2012.10	−4863	−5591	−5749
		2012.10—2013.10	−7478	−7390	−7493
		2013.10—2014.10	−8936	−9680	−10615
		2014.10—2015.11	−4747	−4531	−4326
		2015.11—2016.11	−10948	−10939	−11077
		2016.11—2017.11	−11030	−11293	−11637
		2017.11—2018.10	−7795	−8362	−8728
		2002.10—2018.10	−117853	−122728	−130506

（4）冲刷的横断面分布为滩槽均冲，以枯水河槽冲刷为主。2002—2018年宜昌至城陵矶河段枯水河槽冲刷量占平滩河槽冲刷量的 90.3%。冲刷以枯水河槽为主的原因：一是三峡水库初期蓄水运用后，坝下游宜昌站的水流含沙量全年汛、中、枯水期均明显减小，全年出现河床持续冲刷现象；二是 2003—2018 年均为中、枯水年，汛期水库调蓄洪水，高水位历时较短，导致中枯水河槽冲刷量相对较大。

（5）河床深泓纵剖面以冲刷下切为主。2002 年 10 月—2018 年 10 月，宜昌至枝城河段和枝城至城陵矶河段深泓纵剖面平均冲刷深度分别为 4.0m 和 2.96m，最大冲刷深度分别为 24.3m 和 17.8m。2001 年 10 月 2018 年 10 月，城陵矶至武汉河段深泓纵剖面平均冲刷深度为 1.74m，武汉至九江河段深泓平均冲深 2.93m；九江至湖口河段深泓平均冲深 1.9m。

三、坝下游枯水位变化

1. 宜昌站

根据 2018 年汛后（2018 年 10 月—2019 年 2 月）宜昌站实测资料绘制的

2018 年汛后宜昌站枯水期水位流量关系和统计的各流量级水位变化（图 6-20 和表 6-26），2018 年汛后最小流量为 5880m³/s（12 月 26 日），相应的最低水位为 39.32m。由于 2017 年汛后相应流量下的枯水位有所上升，当庙嘴水位为 39.00m 时相应的水库最小下泄流量为 5500m³/s，2018 年三峡水库最小下泄流量小于 6000m³/s，但汛后庙嘴水位站的最低瞬时水位为 39.03m，未出现影响葛洲坝枢纽航运安全的情况。

2018 年汛后宜昌站各中、枯流量相应水位有不同程度的下降，其中 6000m³/s 流量相应水位为 39.38m，较 2017 年下降 0.07m，较三峡水库蓄水前的 2002 年累积下降了 0.66m；7000m³/s 流量相应水位为 39.86m，较 2017 年下降 0.06m，较 1973 年的设计线累计下降了 2.11m，较三峡水库蓄水前的 2002 年累计下降了 0.72m。

实测数据表明，自 2002 年汛后，宜昌至杨家脑河段各枯水位控制节点平均过水面积由 5802m² 累积扩大至 2018 年 7673m²，平均过水面积增加 32%；沿程控制节点深泓平均由 26.5m 下降至 21.0m，累积下降达 5.5m。

相比 2017 年，2018 年宜昌至杨家脑河段节点断面过水面积有所增加，控制节点断面的深泓平均值降低 0.5m。这也是宜昌站枯水位 2018 年汛后出现下降的重要原因。

2. 枝城站

2003 年三峡水库蓄水运用以来，枝城站枯水位有所下降，见表 6-27 和图 6-21。由图表可知：

（1）2018 年，当流量为 7000m³/s 时，水位比 2017 年降低约 0.06m，当流量为 10000m³/s 时，水位比 2017 年持平。

（2）2003—2018 年，当流量为 7000m³/s 时，枝城站水位累积降低 0.61m；当流量为 10000m³/s 时，水位累积降低 0.80m。且主要发生在 2006—2014 年。

（3）2003—2014 年同一流量条件下，低水部分水位逐年降低，2015 年趋于稳定，2016 年水位相比 2015 年有所抬升，2017 年在 2016 年基础上又出现降低变化，2018 年与 2017 年水位变化持平，但水位流量关系总体有所下降。

3. 沙市站

沙市站水位流量关系主要受洪水涨落影响，中高水位级水位流量关系曲线为绳套曲线，低水以下基本可单一线定线。根据沙市站 2003—2018 年各年枯水期实测水位、流量成果点绘枯水期水位-流量关系图，每年分别进行单一线定线，见表 6-28、图 6-22。由图表可见：

表6-26

宜昌站枯水期水位流量关系表（冻结基面，m）

年份	Q=4000m³/s 水位/m	Q=4000m³/s 累积下降值/m	Q=4500m³/s 水位/m	Q=4500m³/s 累积下降值/m	Q=5000m³/s 水位/m	Q=5000m³/s 累积下降值/m	Q=5500m³/s 水位/m	Q=5500m³/s 累积下降值/m	Q=6000m³/s 水位/m	Q=6000m³/s 累积下降值/m	Q=6500m³/s 水位/m	Q=6500m³/s 累积下降值/m	Q=7000m³/s 水位/m	Q=7000m³/s 累积下降值/m
1973	40.05	0	40.31	0	40.67	0	41.00	0	41.34	0	41.65	0	41.97	0
1997	38.95	-1.10	39.19	-1.12	39.51	-1.16	39.80	-1.20	40.10	-1.24	40.37	-1.28	40.65	-1.32
1998	39.48	-0.57	39.76	-0.55	40.14	-0.53	40.49	-0.51	40.85	-0.49	41.19	-0.46	41.52	-0.45
2002	38.81	-1.24	39.06	-1.25	39.41	-1.26	39.70	-1.30	40.03	-1.31	40.33	-1.32	40.68	-1.29
2003	38.81	-1.24	39.07	-1.24	39.46	-1.21	39.80	-1.20	40.10	-1.24	40.39	-1.26	40.68	-1.29
2004	38.78	-1.27	39.07	-1.24	39.41	-1.26	39.70	-1.30	40.03	-1.31	40.33	-1.32	40.63	-1.34
2005	38.77	-1.28	39.07	-1.24	39.35	-1.32	39.65	-1.35	39.93	-1.41	40.21	-1.44	40.49	-1.48
2006	38.73	-1.32	39.00	-1.31	39.31	-1.36	39.60	-1.40	39.88	-1.46	40.12	-1.53	40.36	-1.61
2007	38.73	-1.32	39.00	-1.31	39.31	-1.36	39.61	-1.39	39.90	-1.44	40.14	-1.51	40.40	-1.57
2008					39.31	-1.36	39.60	-1.40	39.88	-1.46	40.12	-1.53	40.39	-1.58
2009					39.02	-1.65	39.37	-1.63	39.71	-1.63	40.01	-1.64	40.31	-1.66
2010							39.36	-1.64	39.68	-1.66	39.96	-1.69	40.28	-1.69
2011							39.24	-1.76	39.52	-1.82	39.80	-1.85	40.08	-1.89
2012							39.24	-1.76	39.51	-1.83	39.75	-1.90	39.99	-1.98
2013							39.20	-1.80	39.48	-1.86	39.71	-1.94	39.99	-1.98
2014									39.43	-1.91	39.67	-1.98	39.89	-2.08
2015									39.36	-1.98	39.59	-2.06	39.83	-2.14
2016									39.36	-1.98	39.59	-2.06	39.83	-2.14
2017									39.45	-1.89	39.67	-1.98	39.92	-2.05
2018									39.38	-1.96	39.62	-2.03	39.86	-2.11

注　宜昌站基面换算关系，冻结基面—吴淞基面=0.364m；冻结基面—85基准=2.070m。

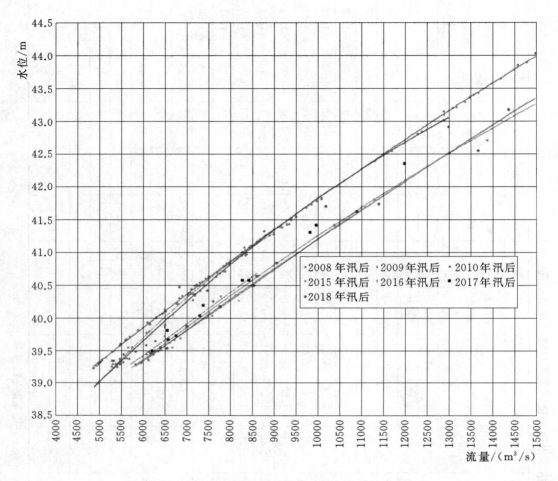

图 6-20　2008—2018 年宜昌站枯水期水位流量关系图

表 6-27 　　　　　　　　　　**枝城站同流量水位变化** 　　　　　　　　单位：m

流量	与 2003 年水位比较														
	2004 年	2005 年	2006 年	2007 年	2008 年	2009 年	2010 年	2011 年	2012 年	2013 年	2014 年	2015 年	2016 年	2017 年	2018 年
5000m³/s	0.01	0.00	−0.10	−0.13	−0.13	−0.27	−0.29								
6000m³/s	−0.01	−0.02	−0.15	−0.20	−0.19	−0.34	−0.35		−0.43	−0.47	−0.47	−0.47			
7000m³/s	0.00	−0.02	−0.18	−0.25	−0.25	−0.41	−0.41	−0.49	−0.54	−0.58	−0.59	−0.59	−0.53	−0.56	−0.61
8000m³/s	0.02	0.00	−0.20	−0.29	−0.29	−0.46	−0.45	−0.56	−0.62	−0.66	−0.69	−0.69	−0.63	−0.66	−0.67
9000m³/s	0.06	0.04	−0.21	−0.30	−0.31	−0.49	−0.48	−0.60	−0.68	−0.72	−0.78	−0.78	−0.70	−0.73	−0.74
100000m³/s	0.10	0.09	−0.19	−0.30	−0.33	−0.50	−0.50	−0.62	−0.72	−0.75	−0.85	−0.85	−0.74	−0.80	−0.80

注　表中数据"−"表示降低。

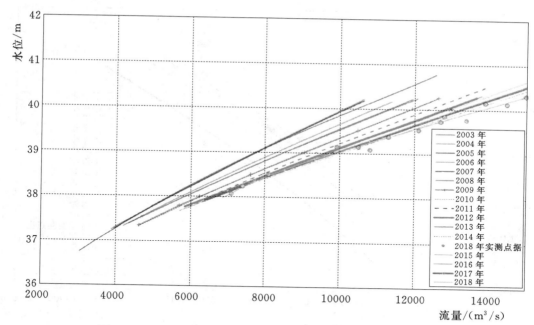

图 6-21 枝城站 2003—2018 年枯水期水位流量关系图

表 6-28
沙市站同流量水位变化
单位：m

流量	与2003年水位比较														
	2004年	2005年	2006年	2007年	2008年	2009年	2010年	2011年	2012年	2013年	2014年	2015年	2016年	2017年	2018年
5000m³/s	-0.32	-0.34	-0.53	-0.59	-0.50										
6000m³/s	-0.31	-0.31	-0.44	-0.48	-0.43	-0.76	-1.01	-1.28	-1.30	-1.50	-1.60	-1.74	-2.01	-2.30	-2.47
7000m³/s	-0.32	-0.31	-0.40	-0.44	-0.36	-0.73	-0.82	-1.15	-1.20	-1.34	-1.43	-1.64	-1.93	-2.23	-2.43
100000m³/s	-0.34	-0.23	-0.30	-0.38	-0.28	-0.66	-0.69	-0.99	-1.09	-1.11	-1.28	-1.47	-1.70	-1.99	-2.21
14000m³/s	-0.25	0.16	0.04	0.02	-0.23	-0.38	-0.42	-0.65	-0.75	-0.84	-0.95	-1.14	-1.06	-1.49	-1.77

注 表中数据"-"表示降低。

（1）2018 年，当流量为 7000m³/s 时，水位比 2017 年降低约 0.20m，当流量为 10000m³/s 时，水位比 2017 年下降约 0.22m。

（2）2003—2018 年，当流量为 7000m³/s 时，水位下降约 2.47m；当流量为 10000m³/s 时，水位下降 2.21m；当流量为 14000m³/s 时，水位下降 1.77m 左右。随着流量增大，2018 年水位与 2003 年水位相比，差值逐渐收窄。

（3）2003—2014 年同一流量条件下，低水部分水位逐年降低，2015 年趋于稳定，2016 年水位相比 2015 年有所抬升，2017 年在 2016 年基础上又出现降低变化，2018 年与 2017 年水位变化持平，但水位流量关系总体有所下降。

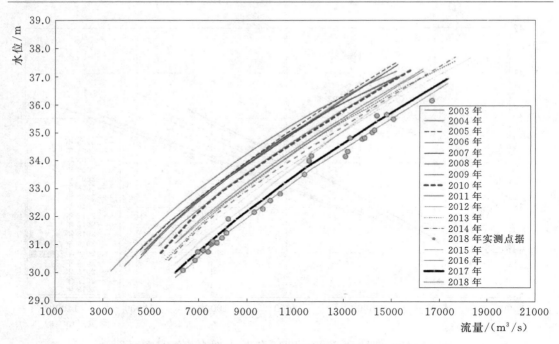

图 6-22　沙市站 2003—2018 年枯水期水位流量关系图

4. 螺山站

根据 2003 年三峡水库蓄水以来的实测水文资料，分析了螺山站历年枯水期水位流量关系，见表 6-29 和图 6-23，从图表中可以看出：

表 6-29　　　　　　　　　　　螺山站同流量水位变化　　　　　　　　　　　单位：m

流量	与 2003 年水位比较														
	2004 年	2005 年	2006 年	2007 年	2008 年	2009 年	2010 年	2011 年	2012 年	2013 年	2014 年	2015 年	2016 年	2017 年	2018 年
8000m³/s	−0.42	−0.29	−0.47	−0.47	−0.52	−0.54	−0.57	−0.59	−0.73	−0.79	−0.99	−0.98			
10000m³/s	−0.44	−0.30	−0.47	−0.47	−0.42	−0.42	−0.47	−0.67	−0.79	−0.81	−0.99	−0.91	−1.21	−1.48	−1.64
14000m³/s	−0.55	−0.43	−0.43	−0.43	−0.50	−0.58	−0.60	−0.81	−0.81	−0.82	−1.02	−0.74	−1.05	−1.32	−1.48
16000m³/s	−0.59	−0.54	−0.51	−0.51	−0.58	−0.65	−0.66	−0.89	−0.83	−0.84	−1.06	−0.73	−1.01	−1.28	−1.41
18000m³/s	−0.53	−0.52	−0.45	−0.45	−0.61	−0.69	−0.71	−0.92	−0.75	−0.79	−1.01	−0.69	−0.96	−1.23	−1.29

注　表中数据 "−" 表示降低。

（1）2018 年，当流量为 10000m³/s 时，水位比 2017 年下降约 0.16m，当流量为 18000m³/s 时，水位比 2017 年下降 0.06m 左右。

（2）2018 年水位与 2003 年水位相比，当流量为 10000m³/s 时，水位下降约 1.64m，当流量为 18000m³/s 时，水位下降 1.29 左右，总体变化呈下降趋势。

（3）2003—2018 年期间，水位流量关系线年际间有所摆动，总体下降明显。

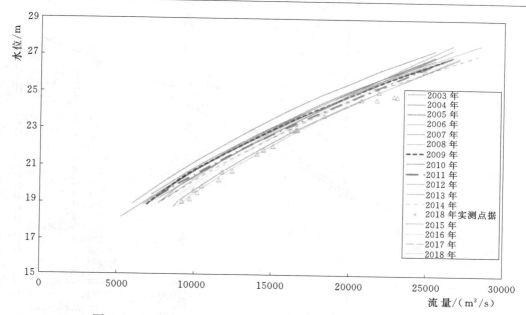

图 6-23　螺山站 2003—2018 年枯水期水位流量关系图

5. 汉口站

汉口站历年枯水期水位流量关系基本为单一线。2003 年三峡工程蓄水运行以来，汉口站枯水位有所下降。具体表现为：

（1）2018 年，当流量为 10000m³/s 时，水位比 2017 年下降约 0.14m，当流量为 20000m³/s 时，水位比 2017 年下降 0.18m。

（2）2003—2018 年，当流量为 10000m³/s 时，水位累计降低 1.35m；当流量为 20000m³/s 时，水位累计降低 1.23m。随着流量增大，水位累计降低幅度缩窄，同一流量下水位降低主要发生在 2006—2013 年，但 2018 年水位有进一步降低变化，见表 6-30 和图 6-24。

表 6-30　　　　　　　　　　汉口站同流量水位变化　　　　　　　　　单位：m

流量	与 2003 年水位比较														
	2004 年	2005 年	2006 年	2007 年	2008 年	2009 年	2010 年	2011 年	2012 年	2013 年	2014 年	2015 年	2016 年	2017 年	2018 年
10000m³/s	-0.17	-0.25	-0.35	-0.35	-0.53	-0.66	-0.63	-0.90	-1.11	-1.18	-1.05	-1.10	-0.98	-1.21	-1.35
15000m³/s	-0.51	-0.52	-0.52	-0.59	-0.61	-0.71	-0.50	-0.96	-0.98	-1.00	-1.05	-0.95	-0.87	-1.15	-1.33
20000m³/s	-0.63	-0.55	-0.55	-0.58	-0.57	-0.69	-0.31	-0.89	-0.78	-0.87	-0.91	-0.71	-0.69	-1.05	-1.23
25000m³/s	-0.49	-0.33	-0.33	-0.33	-0.33	-0.45	-0.21	-0.62	-0.29	-0.51	-0.68	-0.44	-0.43	-0.77	-0.83

注　表中数据"-"表示降低。

6. 大通站

大通站枯水期潮汐对水位有所影响，中高水期潮汐影响较小，根据

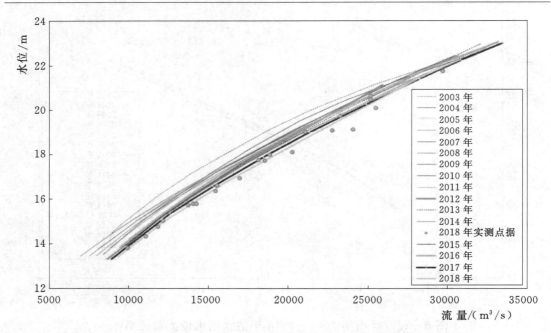

图 6-24　汉口站 2003—2018 年枯水期水位流量关系图

2003—2018 年大通站实测水位流量资料点绘的枯水期水位流量关系分析（图 6-25），各年水位流量关系较好，基本上为单一曲线。历年水位流量关系变幅不大，点据带状分布与线的分布一致，无趋势性变化，没有系统偏移。说明三峡水库蓄水运用后对本站的水位流量关系尚无影响。

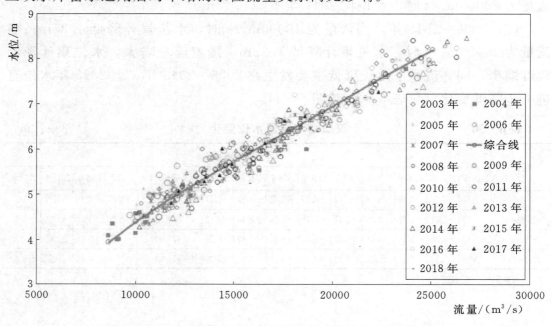

图 6-25　大通站 2003—2018 年枯水期水位流量关系图

四、荆江三口分流分沙

荆江四口包括松滋口、太平口、藕池口和调弦口分流入洞庭湖（调弦口已于 1959 年堵口建排灌闸，遇大洪水时扒口分洪），洞庭湖有湘江、资水、沅江、澧水四条较大支流入汇，周边还有汨罗江、新墙河等中小河流直接入湖，四口和四水等支流来水来沙经洞庭湖调蓄后，由城陵矶汇入长江。20 世纪 50 年代以来，受荆江上游来水来沙变化、荆江河床冲淤变化、分流口门附近干流河势变化、三口分流道淤积、洞庭湖区淤积等因素的影响，荆江三口分流分沙状态处在调整过程中，主要表现在以下方面。

（1）三峡工程蓄水运用前的 50 多年中，荆江三口分流分沙能力总体上呈衰减趋势，1999—2002 年三口年分流比和年分沙比由 1956—1966 年的 29％、35％减小至 14％、16％；三峡工程蓄水运用后三口分流能力仍继续衰减，2003—2017 年三口年分流比由 1999—2002 年的 14％减小至 12％，分沙比则略有增大（表 6-31、表 6-32 和图 6-26、图 6-27）。

表 6-31　　　各站分时段多年平均径流量与三口分流比对比表

时段	多年平均径流量/亿 m³							三口分流比
	枝城	新江口（松滋口）	沙道观（松滋口）	弥陀寺（太平口）	康家岗（藕池口）	管家铺（藕池口）	三口合计	
1956—1966 年	4515	322.6	162.5	209.7	48.8	588	1331.6	29％
1967—1972 年	4302	321.5	123.9	185.8	21.4	368.8	1021.4	24％
1973—1980 年	4441	322.7	104.8	159.9	11.3	235.6	834.3	19％
1981—1998 年	4438	294.9	81.7	133.4	10.3	178.3	698.6	16％
1999—2002 年	4454	277.7	67.2	125.6	8.7	146.1	625.3	14％
2003—2017 年	4146	237.9	52.22	83.87	3.711	102.2	479.9	12％
2017 年	4483	252.4	50.43	55.89	1.019	96.49	456.2	10％
2018 年	4810	284.5	63.22	58.91	2.32	96.37	505.3	11％

表 6-32　　　各站分时段多年平均输沙量与三口分沙比对比表

时段	多年平均输沙量/万 t							三口分流比
	枝城	新江口（松滋口）	沙道观（松滋口）	弥陀寺（太平口）	康家岗（藕池口）	管家铺（藕池口）	三口合计	
1956—1966 年	55300	3450	1900	2400	1070	10800	19590	35％
1967—1972 年	50400	3330	1510	2130	460	6760	14190	28％
1973—1980 年	51300	3420	1290	1940	220	4220	11090	22％
1981—1998 年	49100	3370	1050	1640	180	3060	9300	19％
1999—2002 年	34600	2280	570	1020	110	1690	5670	16％
2003—2017 年	4340	355	106	121	11.6	273	567	20％
2017 年	550	105	14.8	15	0.425	45	180	33％
2018 年	4160	429	114	90.3	5.34	211	850	20％

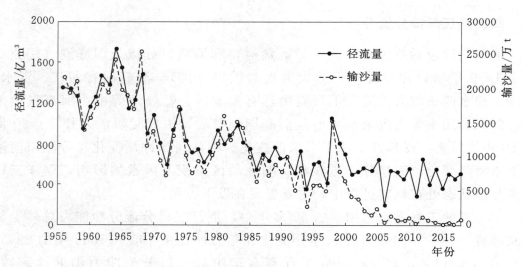

图 6-26　1956—2018 年荆江三口分流分沙量变化过程

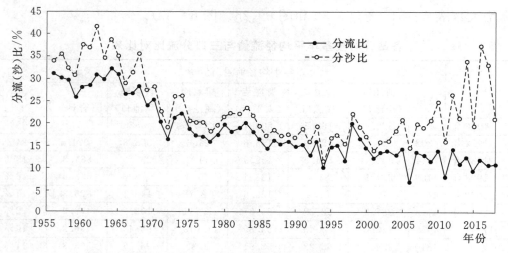

图 6-27　1956—2018 年荆江三口分流分沙比变化过程

三峡工程蓄水运用后，水库下泄沙量减少，枝城站 2003—2017 年平均年输沙量为 4340 万 t，较 1999—2002 年减少 87.5%；荆江三口的分沙量相应明显减少，2003—2017 年平均年分沙量为 867 万 t，较 1999—2002 年减少 84.7%。

（2）三口分流量和分流比大小与枝城径流量的大小密切相关，年径流量大的年份年分流比也较大（例如 1998 年为大水年，分流比达 19.3%），年径流量小的年份，年分流比则较小（例如 2006 年为枯水年，分流比为 6.2%）。汛期分流比较大，枯水期则较小（表 6-33 和图 6-28、图 6-29）。

表 6-33 不同时段三口各月平均分流比与枝城站平均流量对比表

项目	时段	1月	2月	3月	4月	5月	6月	7月	8月	9月	10月	11月	12月
枝城平均流量 /(m³/s)	1956—1966年	4380	3850	4470	6530	12000	18100	30900	29700	25900	18600	10600	6180
	1967—1972年	4220	3900	4860	7630	13900	18100	28200	23400	24200	18300	10400	5760
	1973—1980年	4050	3690	4020	7090	12700	20500	27700	26500	27000	19400	9940	5710
	1981—1998年	4400	4110	4700	7070	11500	18300	32600	27400	25100	17700	9570	5800
	1999—2002年	4760	4440	4810	6630	11500	21200	30400	27200	24100	17100	10500	6130
	2003—2017年	6018	5876	6463	8520	12852	17589	26786	23097	21097	12963	9390	6480
	2017年	6882	7328	8831	11767	15858	19390	21912	18939	19380	21810	10539	7403
	2018年	8463	8237	8173	10109	17319	16510	35539	27961	16197	15695	10651	7259
三口分流比/%	1956—1966年	3.0	1.5	3.5	10.5	23.1	29.7	38.5	37.7	36.7	31.0	20.5	9.3
	1967—1972年	1.6	1.3	4.0	10.1	20.6	25.7	33.4	30.4	29.1	25.1	14.5	5.5
	1973—1980年	0.5	0.2	0.7	5.9	13.7	20.7	25.8	24.8	24.4	19.4	9.2	2.5
	1981—1998年	0.2	0.2	0.4	2.9	8.4	15.6	23.8	22.6	20.5	14.5	5.8	1.1
	1999—2002年	0.1	0.1	0.2	1.6	7.9	14.9	22.1	19.7	18.4	12.9	6.2	0.9
	2003—2017年	0.6	0.6	0.9	3.1	8.0	13.4	19.5	17.7	16.1	8.8	4.7	1.0
	2017年	1.6	1.7	2.5	4.8	8.4	13.4	17.9	12.0	12.1	14.3	4.6	2.1
	2018年	2.5	2.5	2.4	3.6	9.6	9.4	19.5	17.4	8.2	7.6	3.7	1.5

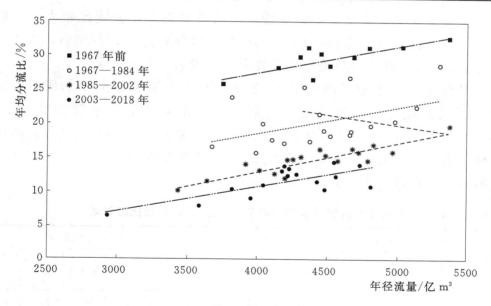

图 6-28 不同时段枝城站年径流量与三口年均分流比关系

（3）各口门年分流比随时程衰减过程中，以藕池口减幅最大，1956—1966 年、1999—2002 年的分流比分别为 14.1%、3.5%，三峡工程初期蓄水

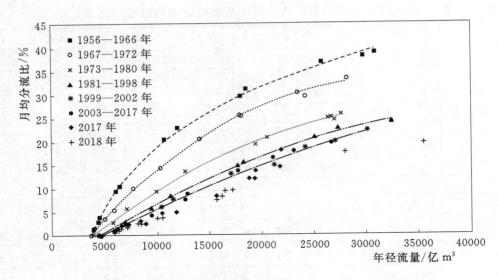

图 6-29 不同时段枝城站月均流量与三口月均分流比关系

运用后 2003—2017 年为 2.6%（表 6-31）。20 世纪 70 年代以前藕池口分流量在三口中占第一位，之后退居第二位，松滋口转居首位。

（4）关于典型洪水过程中三口分流比的变化，根据上游干流枝城站典型洪水过程对应荆江三口分流比的分析，干流洪水越大，分流比越大，一般为 15%～29%（表 6-34、图 6-30）。其中松滋口分流比为 12% 左右，太平口分流比为 4% 左右；藕池口分流比变化较大，一般为 3%～10%。

根据荆江三口各站洪峰流量与枝城站洪峰峰值关系分析（图 6-31），1993 年以来枝城站日均洪峰流量与荆江三口洪峰流量关系没有明显变化；2003—2018 年与 1992—2002 年相比，松滋口的新江口、沙道观站与枝城站洪峰流量关系变化不大；太平口、藕池口分流能力有所减弱，尤以管家铺站变化最明显，但数量变化不大。

表 6-34　　不同时段枝城站典型洪峰对应荆江三口分流比统计表

日期	枝城			松滋口分流比/%			太平口分流比/%	藕池口分流比/%			三口分流比/%
	洪峰流量/(m³/s)	历时/d	洪量/亿 m³	新江口	沙道观	合计		管家铺	康家岗	合计	
1996-07-05	48200	1	41.13	8.4	3.2	11.6	3.6	5.8	0.4	6.2	21.4
		3	117.2	8.6	3.2	11.8	3.5	6.0	0.4	6.4	21.7
		5	188.7	8.4	3.2	11.6	3.5	6.1	0.4	6.5	21.6
		7	252.4	8.4	3.2	11.6	3.6	6.2	0.4	6.6	21.8

日期	枝城			松滋口分流比/%			太平口分流比/%	藕池口分流比/%			三口分流比/%
	洪峰流量/(m³/s)	历时/d	洪量/亿 m³	新江口	沙道观	合计		管家铺	康家岗	合计	
1998-08-17	71600	1	56.85	9.8	4.0	13.8	4.5	9.2	0.9	10.1	28.4
		3	167.0	9.7	3.9	13.6	4.4	8.9	0.8	9.7	27.7
		5	265.0	9.9	4.0	13.9	4.5	9.1	0.8	9.9	28.3
		7	364.1	10.0	3.9	13.9	4.6	9.2	0.8	10.0	28.5
2002-08-18	49800	1	42.42	8.4	3.0	11.4	3.7	7.1	0.5	7.6	22.7
		3	125.5	8.4	3.0	11.4	3.7	7.2	0.5	7.7	22.8
		5	205.5	8.5	3.0	11.5	3.8	7.3	0.5	7.8	23.1
		7	279.3	8.6	3.0	11.6	3.8	7.4	0.5	7.9	23.3
2003-09-04	48800	1	41.39	8.4	3.1	11.5	3.8	5.7	0.4	6.1	21.4
		3	120.7	8.2	2.9	11.1	3.4	5.4	0.4	5.8	20.6
		5	189.4	8.2	2.9	11.1	3.5	5.2	0.3	5.5	20.2
		7	252.5	8.2	2.9	11.1	3.6	5.1	0.3	5.4	20.1
2004-09-09	58700	1	49.16	9.1	3.1	12.2	3.6	6.6	0.5	7.1	22.9
		3	142.0	9.0	3.2	12.2	3.6	6.7	0.5	7.2	23.0
		5	224.1	8.8	3.2	12.0	3.6	6.5	0.4	6.9	22.5
		7	289.4	8.7	3.1	11.8	3.6	6.2	0.4	6.6	22.0
2005-08-31	44800	1	38.36	9.1	3.2	12.3	4.1	6.2	0.4	6.6	23.0
		3	112.4	9.2	3.2	12.4	4.1	6.1	0.4	6.5	23.0
		5	179.9	9.1	3.2	12.3	4.0	6.0	0.4	6.4	22.7
		7	236.0	9.1	3.2	12.3	4.0	5.9	0.4	6.3	22.6
2007.7.31	48700	1	42.08	9.2	3.1	12.3	3.8	6.6	0.4	7.0	23.1
		3	122.3	9.2	3.1	12.3	3.7	6.4	0.4	6.8	22.8
		5	199.8	9.1	3.0	12.1	3.7	6.4	0.4	6.8	22.6
		7	268.2	9.1	3.0	12.1	3.6	6.3	0.4	6.7	22.4
2008.08.17	40200	1	34.7	8.45	2.9	11.35	3.5	4.75	0.28	5.03	18.9
		3	100.05	8.67	2.99	11.66	3.5	4.87	0.29	5.16	19.3
		5	159.06	8.76	2.99	11.75	3.5	4.96	0.29	5.25	19.5
		7	219.5	8.8	2.98	11.78	3.5	4.77	0.27	5.04	19.3

日期	枝城			松滋口分流比/%			太平口分流比/%	藕池口分流比/%			三口分流比/%
	洪峰流量/(m³/s)	历时/d	洪量/亿 m³	新江口	沙道观	合计		管家铺	康家岗	合计	
2009-08-05	39600	1	34.2	8.96	3.1	12.06	4.07	5.03	0.30	5.33	21.5
		3	101.7	8.97	3.1	12.07	4.00	5.06	0.30	5.36	21.4
		5	166.5	9.03	3.1	12.04	4.00	5.14	0.31	5.45	21.5
		7	230.6	9.00	3.1	12.01	3.98	5.03	0.30	5.33	21.3
2010-07-26	42300	1	36.5	10.28	3.36	13.64	4.85	6.52	0.42	6.94	25.4
		3	108.8	10.32	3.37	13.69	4.78	6.54	0.42	6.96	25.4
		5	179.7	10.29	3.36	13.65	4.75	6.50	0.42	6.92	25.3
		7	243.8	10.23	3.34	13.57	4.65	6.40	0.41	6.81	25.0
2012-07-30	47500	1	39.8	10.7	3.7	14.4	4.3	6.5	0.4	7.0	25.6
		3	119.0	10.7	3.7	14.4	4.2	6.5	0.4	7.0	25.6
		5	191.5	10.8	3.7	14.5	4.3	6.6	0.4	7.0	25.8
		7	261.8	10.7	3.7	14.4	4.3	6.5	0.4	6.9	25.6
2013-07-23	35300	1	29.5	9.6	3.2	12.8	3.6	4.3	0.2	4.5	20.8
		3	88.4	9.5	3.2	12.7	3.6	4.3	0.2	4.4	20.7
		5	146.2	9.6	3.2	12.8	3.6	4.3	0.3	4.6	21.0
		7	201.6	9.6	3.2	12.7	3.6	4.3	0.2	4.5	20.8
2014-09-19	47800	1	40.1	9.2	3.2	12.4	3.2	4.3	0.2	4.5	20.1
		3	111.2	9.5	3.4	12.8	3.3	4.5	0.2	4.7	20.8
		5	180.4	9.7	3.4	13.1	3.3	4.7	0.2	4.9	21.4
		7	243.2	9.8	3.5	13.3	3.4	4.8	0.2	5.0	21.8
2015-07-01	31600	1	27.3	8.9	2.8	11.7	3.5	4.7	0.2	4.9	20.1
		3	76.9	8.8	2.8	11.6	3.3	4.9	0.2	5.0	20.0
		5	122.2	9.0	2.8	11.8	3.3	5.1	0.2	5.3	20.4
		7	167.4	9.1	2.9	12.0	3.3	5.2	0.2	5.4	20.7
2016-07-01	34000	1	29.4	9.8	3.2	13.1	2.8	5.2	0.2	5.4	21.2
		3	86.6	10	3.3	13.4	2.9	5.4	0.2	5.6	21.8
		5	142.4	10.1	3.3	13.4	2.8	5.5	0.2	5.7	21.9
		7	197.1	10	3.3	13.4	2.8	5.5	0.2	5.7	21.9

续表

日期	枝城			松滋口分流比/%			太平口分流比/%	藕池口分流比/%			三口分流比/%
	洪峰流量/(m³/s)	历时/d	洪量/亿m³	新江口	沙道观	合计		管家铺	康家岗	合计	
2017-07-01	28800	1	24.9	8.7	2.9	11.6	3.5	5.8	0.2	6.1	21.1
		3	72.7	8.7	2.9	11.5	3.5	5.9	0.2	6.1	21.1
		5	118.6	8.5	2.8	11.3	3.4	5.7	0.2	5.9	20.5
		7	158.6	8.4	2.6	11	3.2	5.5	0.2	5.7	20
2017-10-07	30100	1	26.0	7.9	2.6	10.5	2.7	3	—	3	16.2
		3	73.7	7.8	2.5	10.3	2.5	3	—	3.1	15.9
		5	112.4	7.6	2.3	10	2.3	3.1	—	3.1	15.4
		7	149.6	7.6	2.2	9.8	2.2	3.1	—	3.2	15.1
2018-07-14	43000	1	37.2	9.7	3.3	13	2.7	4.8	0.2	5	20.8
		3	110.7	9.7	3.3	13	2.7	4.8	0.2	5	20.7
		5	183.9	9.6	3.2	12.8	2.7	4.7	0.2	4.9	20.4
		7	253.4	9.6	3.2	12.8	2.7	4.7	0.2	4.9	20.4

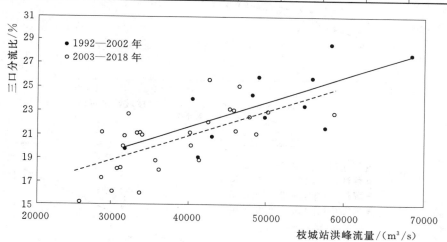

图6-30　1992—2018年枝城站洪峰流量与三口分流比关系

（5）数十年来，由于三口分流比逐渐减小，除松滋口新江口站历年均未发生断流现象外，松滋口沙道观站、太平口弥陀寺站、藕池口的管家铺站和康家岗站连续多年发生断流，且年断流天数有所增加，各站发生断流时枝城相应流量也有所增加（表6-35、图6-32）。其中藕池口康家岗站年断流天数最长，1956—1966年平均为213天，1999—2002年为235天，三峡工程初期蓄水运用后的2003—2017年为271天。

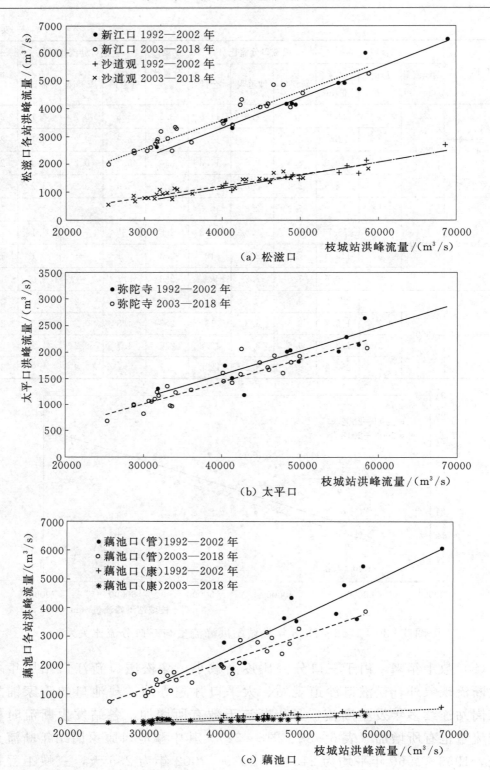

图 6-31　1992—2018 年枝城站洪峰流量与三口各站洪峰流量关系

表 6-35　　　　　　　不同时段三口控制站年断流天数统计表

时段	三口站分时段多年平均年断流天数/d				各站断流时枝城相应流量/(m³/s)			
	沙道观	弥陀寺	藕池（管）	藕池（康）	沙道观	弥陀寺	藕池（管）	藕池（康）
1956—1966 年	0	35	17	213	—	4290	3930	13100
1967—1972 年	0	3	80	241	—	3470	4960	16000
1973—1980 年	71	70	145	258	5330	5180	8050	18900
1981—1998 年	167	152	161	251	8590	7680	8290	17600
1999—2002 年	189	170	192	235	10300	7650	10300	16500
2003—2017 年	190	138	182	271	9993	7227	9149	15847
2017 年	138	103	152	283	8680	8520	10400	16800
2018 年	151	125	153	292	8240	7090	8870	16900

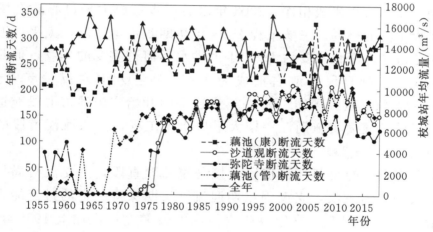

图 6-32　荆江三口各控制站年断流天数历年变化图

综上所述，三峡工程蓄水运用后，由于坝下游河道冲刷等原因，荆江三口分流量和分沙比继续保持下降趋势，2003—2017 年三口平均年分流比为 12%，三口分沙量则明显减少，2003—2017 多年平均年分沙量为 867 万 t，仅为 1999—2002 年平均年分沙量的 15.3%，有利于减缓洞庭湖区的泥沙淤积。

五、荆江河段河道演变

（1）河型与河势变化。三峡工程蓄水运用 16 年来，长江中游荆江河段河型维持不变，河势总体稳定，部分河段河势有不同程度的调整，就河势发生调整的范围和调整幅度而言，下荆江较上荆江更为剧烈。

上荆江属具有分汊的弯曲型河道，其河道演变的主要特点为：弯道凹岸崩坍，凸岸边滩淤长并可能被水流切割而成江心洲或江心滩；有江心洲的弯道内主支汊冲淤交替，大部分弯道内的主支汊地位相对稳定，仅三八滩、金城洲和突起洲分汊段发生主支汊易位现象。经过近50多年来实施大量的护岸工程，上荆江河道河床基本形态和总体河势稳定，但局部河段河势变化仍较剧烈，部分汊道主支汊交替频繁，弯道之间的顺直过渡段深泓线变动较大，并形成心滩。涴市弯道与沙市弯道之间的太平口长顺直放宽段，长约10km。涴市弯道深泓线历年变化不大，但太平口顺直段深泓线历年移动频繁，20世纪80年代中期出现江心滩，分河床为左右两槽，对其下游的三八滩汊道冲淤变化有较大影响。沙市弯道上段为三八滩分汊弯曲段，1998年大洪水后发生较大变化，三八滩被水流不断冲刷，于2001年9月基本冲失，原滩体中部形成新的主泓，原三八滩左汊和右汊发生泥沙淤积，右汊枯期已不过流，新三八滩逐步形成（图6-33）[82]。2002年太平口心滩右槽为主槽，深泓线与新三八滩右侧的新右汊深泓线相连。2003年以后逐步形成太平口心滩右槽与新三八滩左汊为主泓的格局。三峡工程2003年初期蓄水运用后，太平口顺直段和三八滩汊道段冲淤变化主要为1998年大洪水后河道演变的延续，但其演变程度加剧。太平口顺直段心滩右槽成为主槽，新三八滩左汊一度成为主槽，2000年以后左汊又逐渐萎缩。2008年交通部门开始实施沙市河段航道整治一期工程，以后又继续实施荆江一期太平口水道工程，三八滩汊道段的洲滩格局趋于稳定（图6-34）[83]。

公安弯道上段的突起洲汊道段上接马家嘴顺直段，主支汊格局长期相对稳定，右汊一直为主汊，支汊因汛期迎流，长期保持一定的过流能力，未被泥沙淤堵。1993年以来，马家嘴顺直段深泓偏靠左岸，加上1998年和1999年汛期流量较大，2000—2001年左汊过水断面扩大，分流比一度大于右汊，导致2002年春左汊左岸文村甲附近崩岸和突起洲头部冲刷，水利部门实施了护岸加固工程，交通部门也先后实施了两期航道整治工程。左汊2002年已趋稳定。三峡工程2003年年初期蓄水运用后，马家嘴顺直段和突起洲汊道段河势基本稳定，仅2006年以来突起洲汊道右汊出口至公安县城之间的深泓线左移，突起洲右缘下段和左岸西流堤一带岸线发生崩坍（图6-35），2011年2月西流堤险段崩岸长度为300m，已实施应急护岸工程。2015年交通部门实施了航道整治工程（图6-36）。

下荆江属典型的蜿蜒性河型，其河道演变的主要特点为：弯道凹岸崩坍、凸岸淤积，在一定条件下发生撇弯切滩或自然裁弯；部分弯道内形成江心洲，并发生主支汊交替现象。经过近50多年来实施人工裁弯工程和河势控制工程，

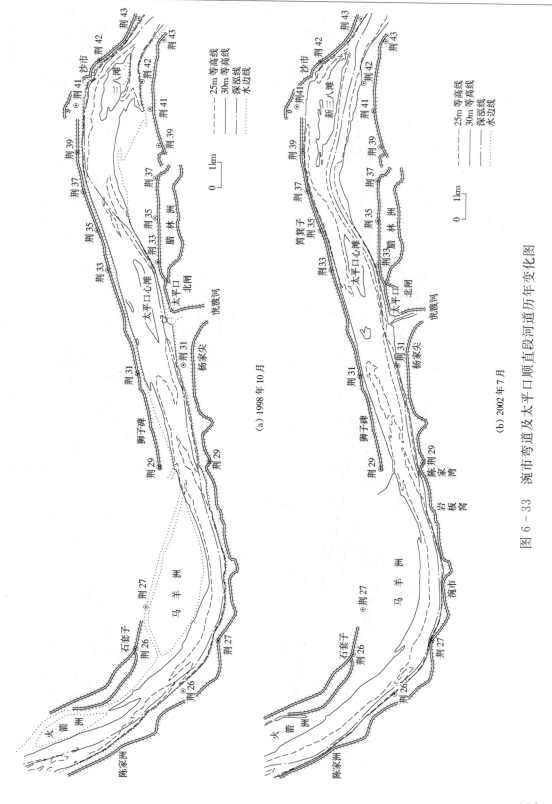

(a) 1998 年 10 月

(b) 2002 年 7 月

图 6 - 33 浣市弯道及太平口顺直段河道历年变化图

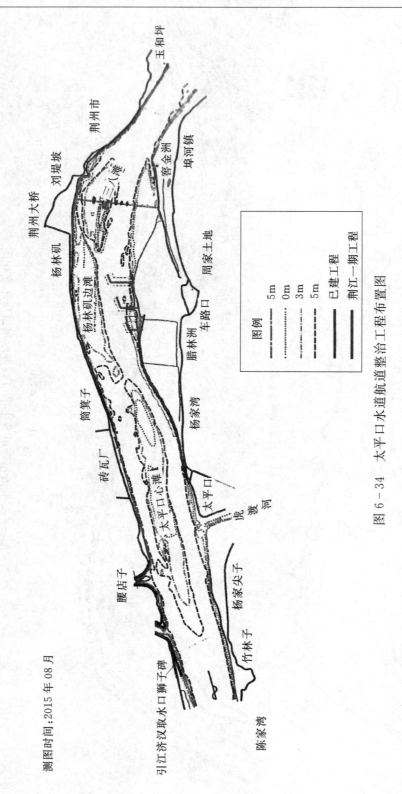

测图时间：2015 年 08 月

图 6 - 34　太平口水道航道整治工程布置图

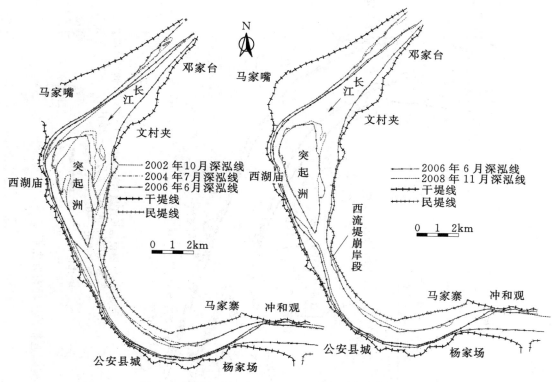

图 6-35　上荆江公安河段近期河道变化情况

下荆江河势总体稳定，已成为限制性蜿蜒性河道，仅熊家洲至城陵矶河段河势尚未得到全面控制。

　　三峡工程蓄水运用以来，下荆江河势总体稳定，部分河段河势调整加剧。主要表现在两方面：一是调关、荆江门、七弓岭和观音洲等弯道发生不同程度的撇弯切滩，弯道上半段深泓线偏靠凸岸，凸岸崩坍，凹岸淤积，其中以七弓岭弯道和调关弯道最为典型（图 6-37 和图 6-38）；二是七弓岭弯道2006 年以来八姓洲狭颈西侧主流贴岸，岸线崩坍，狭颈日益缩窄，最窄处已不足 400m，若遇大水年，汛期发生自然裁弯的可能性极大。八姓洲狭颈西侧护岸工程将于 2020 年竣工。

　　（2）河道冲刷对护岸工程的影响。根据 2002—2011 年实测资料，三峡工程初期蓄水运用后，坝下游河道冲刷对上荆江荆江大堤护岸工程的影响分析如下[84]。

　　1）荆江大堤护岸工程矶头附近的水下坡度除刘大巷矶、铁牛上矶外，均较蓄水前变陡，但缓于 1：2，仅龙二渊矶 2011 年汛后 10 月为 1：1.57，低于荆江大堤加固设计标准 1：2.5。

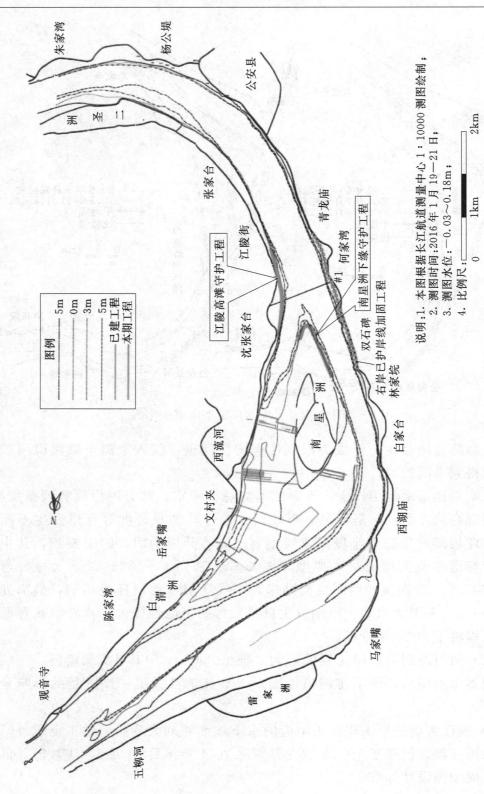

图例

　5m
　0m
　3m
　5m
已建工程
本期工程

说明：1. 本图根据长江航道测量中心 1：10000 测图绘制；

2. 测图时间：2016 年 1 月 19—21 日；

3. 测图水位：−0.03～0.18m；

4. 比例尺：

0　　　1km　　　2km

图 6 − 36　斗湖堤水道航道整治工程布置图

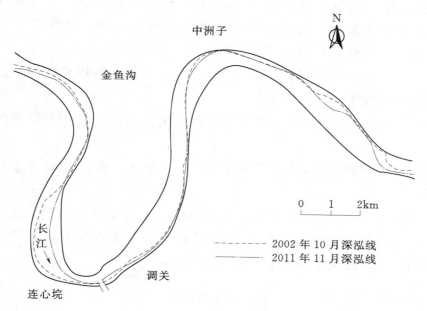

图 6-37　调关弯道深泓线变化情况

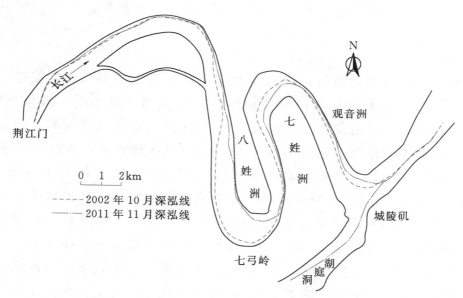

图 6-38　七弓岭弯道深泓线变化情况

2）各矶头附近冲刷坑最低点高程低于或接近 1998 年大水年最低值，但高于历年最低值，仅灵官庙矶低于历年最低值。

3）各矶头附近的冲刷坑面积大于 1998 年大水年的冲刷坑面积，仅观音矶和龙二渊矶的冲刷坑面积相对较小。

4）荆江大堤护岸险工段未出现重大崩岸险情，虽然近岸河床冲深，护岸工程仍能保持基本稳定。随着坝下游河道冲刷继续发展，为保证护岸工程稳定，仍须加强河道演变观测，及时采取护岸工程加固措施。

根据 2002—2011 年实测资料，三峡工程初期蓄水运用后，坝下游河道冲刷对下荆江重点险工段的影响分析如下[84]。

1）护岸段水下坡比均较三峡水库蓄水运用前变陡，其中北门口护岸段最陡坡比为 1∶1.75。

2）护岸段冲刷坑最低点高程均低于 1998 年大水年，冲刷坑面积亦均大于 1998 年。

3）下荆江两岸干堤的护岸工程基本稳定，未发生重大险情，发生崩岸的护岸险工段经过抢护和加固，险情得以控制。由于下荆江河道冲刷仍在持续发展，应加强护岸段河道演变观测，及时加固。

六、坝下游河道演变实测资料与预测对比

三峡工程初期蓄水运用以来，长江水利委员会水文局等单位对坝下游河道演变进行了系统观测和分析，现就已有观测分析成果与已往预测研究成果作如下对比分析。

1. 坝下游河道冲刷对比

三峡工程技术设计阶段，1996 年根据三峡工程泥沙专家组的安排，长江科学院和中国水利水电科学研究院利用各自建立的河道冲淤一维数学模型，在总结已往多次计算的基础上，均按 1981—1987 年长江宜昌至城陵矶河段冲淤实测资料，重新进行验证计算后，采用统一的计算条件，进行宜昌至大通河段冲淤计算。计算条件中起始地形为 1992 年 5 月—1993 年 11 月实测地形；进口水沙条件为 1961—1970 年系列年三峡水库泥沙淤积计算得出的出库水沙过程。计算采用的水库调度方案为：2003 年 6 月—2007 年 9 月，水库按坝前水位 135m 常年运用，2007 年 10 月—2009 年 9 月按坝前水位 156m 方案运用，2009 年 10 月以后按坝前水位 175m 方案运用。鉴于数学模型计算采用的水沙系列年虽具有一定的代表性，但与 2003—2012 年的实测水沙过程有一定差别，因此，采用坝下游冲刷实测与预测的年平均值进行比较（表 6 - 32）[79,27-28]。

实测值与预测值比较结果表明：宜昌至城陵矶和城陵矶至武汉河段实测值与预测值比较接近；武汉至九江河段实测值为冲刷，预测值为淤积。两者存在差异的原因为：一是坝下游冲刷计算的进口水沙条件系采用 1961—1970

表 6 - 36　　　　　　三峡工程蓄水前后坝下游河段年平均冲淤量比较　　　　单位：亿 m³

河　段	实　测　值				预　测　值	
	蓄水前 1975—1995 年	蓄水前 1996—1997 年	蓄水前 1998—2002 年	蓄水后 2003—2012 年	长江科学院 蓄水后前 10 年	中国水利水电科学 研究院 蓄水后前 10 年
宜昌至城陵矶	−0.161	+0.21	−0.363	−0.766	−0.833	−0.94
城陵矶至武汉	+0.130	−0.498	−0.223	−0.145	−0.138	−0.177
武汉至九江	+0.116	+1.282	−1.114	−0.239	+0.102	+0.238
宜昌至九江	+0.085	+0.993	−1.70	−1.149	−0.869	−0.879

注　中国水利水电科学研究院预测值为方案 1 计算成果，按干容重 1.35t/m³ 换算。

年水文系列年按初步设计的水库调度方案进行水库淤积计算得出的水库下泄水沙数值，与实测水库上游来水来沙条件和水库调度运用情况有一定差异；二是坝下游宜昌至九江河段实测冲刷量系按 2002 年 10 月—2012 年 10 月两次实测地形图计算得出后未扣除河段内的采砂量，数学模型计算系采用 1992—1993 年实测地形作为起始地形计算的冲刷量，不仅地形条件不同，1998 年起武汉至九江河段由淤积转为冲刷，且其年均冲刷值较蓄水后的冲刷值大，加之数学模型仅按 1981—1987 年宜昌至城陵矶河段冲淤实测资料重新进行了验证计算，导致实测值与预测值存在定性上的差别。

2. 坝下游枯水位变化对比

根据本章第二节坝下游河道冲淤数学模型计算结果，三峡水库蓄水运用后宜昌站相应流量 5500m³/s 的水位最大下降值为 1.15m，沙市站为 3.06m；蓄水运用 20 年末宜昌站相应流量 5500m³/s 的水位最大下降值为 0.93m，沙市站为 1.67m。

三峡水库初期蓄水运用 16 年来各站枯水期水位流量观测资料分析表明：2018 年宜昌站相应流量 6000m³/s 的水位较蓄水运用前 2002 年累计下降 0.65m；2018 年沙市站相应流量 6000m³/s 的水位较 2003 年累计下降 2.47m。

实测值与计算预测值对比说明，宜昌站实测枯水位下降值尚在预测值范围内，沙市站实测值则较预测值明显偏大。由于宜昌至枝城河段河床冲刷已趋缓，加之宜昌胭脂坝河段 2011 年前已实施护底工程，预计宜昌站枯水位进一步下降的幅度不致过大。但因枝城至城陵矶河段河床冲刷尚在持续发展，宜昌站枯水位仍将有所下降，沙市站枯水位则将进一步下降。

3. 荆江河段河道演变对比

三峡工程设计与施工阶段宜昌至城陵矶河段河道演变趋势研究的结果认为，三峡工程建成后，宜昌至城陵矶河段在冲刷过程中，其河床形态和河道演变规律总体上不会有重大改变，河型虽有变异，但仍保持原有的基本河型不变，各河段的河势则有不同程度的调整[57-58]。

三峡工程蓄水运用 16 年来，上荆江河床基本形态和总体河势仍保持稳定，局部河段河势的调整和主支汊交替变化大多为蓄水运用前 1998 年大洪水后河道演变的延续，部分河段演变速度加快。下荆江河势总体稳定，部分河段演变加剧。因此可以认为，三峡水库蓄水运用 16 年来，荆江河段河道演变实测状况与预测基本一致。

综上所述，三峡工程初期蓄水运用 16 年来，坝下游宜昌至湖口河段的冲刷实测值以及荆江河段的河型、河势变化趋势总体上尚在预测范围内，但因水库运用年限较短，运用期间未遇大水丰沙和特枯水年，有待继续进行水、沙和河道演变观测和对比分析。由于原定的《长江三峡工程 2002—2019 年泥沙原型观测计划》确定的坝下游河段观测范围为宜昌至湖口，有关三峡工程初期蓄水运用后长江下游湖口至长江口河段的水沙变化和河道演变，有待进行系统的观测分析，观测河段范围应从湖口下延至长江口。

参 考 文 献

［1］ 唐日长. 三峡水利枢纽工程泥沙问题的初步研究 ［J］. 人民长江，1985 （1）.

［2］ 唐日长. 三峡工程泥沙问题研究回顾 ［C］∥长江三峡工程泥沙研究文集. 北京：中国科学技术出版社，1990.

［3］ 长办荆江河床实验站. 宜昌至沔市河段河床组成分析报告 ［R］，1959.

［4］ 长办水文处河流研究室. 三峡水库修建后对下游防洪影响初步分析报告 ［R］，1959.

［5］ 长江水利水电科学研究院. 三峡水库修建后下游宜昌站水位变化的预估 ［R］，1974.

［6］ 水利电力部长江流域规划办公室. 长江三峡水利枢纽初步设计报告 （第十一篇）. 泥沙问题研究 ［R］，1985.

［7］ 长江水利水电科学研究院. 长江三峡大坝下游宜昌—枝城段河床边界条件 ［G］∥三峡水利枢纽工程泥沙问题研究成果汇编 （150m 蓄水位方案）. 长江流域规划办公室长江科学院，1986.

［8］ 长江水利水电科学研究院. 三峡水利枢纽下游宜昌站水位降落计算分析 ［G］∥三峡水利枢纽工程泥沙问题研究成果汇编 （150m 蓄水位方案）. 长江流域规划办公室长江科学院，1986.

［9］ 长江科学院. 三峡水利枢纽下游河床冲刷对防洪航运影响研究 ［R］∥长江三峡工程泥沙与航运关键技术研究专题研究报告集 （下册）. 武汉：武汉工业大学出版社，1993.

[10] 长江科学院. 三峡水库泥沙冲淤计算分析报告 [R] // 长江三峡工程泥沙与航运关键技术研究专题研究报告集（下册）. 武汉：武汉工业大学出版社，1993.

[11] 水利水电科学研究院. 三峡水利枢纽（175方案）下游河道冲刷和演变的计算与初步研究 [R] // 长江三峡工程泥沙与航运关键技术研究专题研究报告集（下册）. 武汉：武汉工业大学出版社，1993.

[12] 水利水电科学研究院. 三峡水库泥沙淤积计算及研究报告 [R] // 长江三峡工程泥沙与航运关键技术研究专题研究报告集（下册）. 武汉：武汉工业大学出版社，1993.

[13] 清华大学. 三峡水利枢纽下游河道冲刷计算与分析报告 [R] // 长江三峡工程泥沙与航运关键技术研究专题研究报告集（下册）. 武汉：武汉工业大学出版社，1993.

[14] 清华大学，坝下游河道冲刷粗化及水位下降预估 [G] // 三峡工程泥沙问题研究成果汇编（160～180m蓄水位方案）. 水利电力部科学技术司，1988.

[15] 天津水运工程科学研究所. 清水冲刷宽级配河床粗化机理及其数学模型研究报告 [R] // 长江三峡工程泥沙与航运关键技术研究专题研究报告集（下册）. 武汉：武汉工业大学出版社，1993.

[16] 南京水利科学研究院. 三峡水利枢纽下游河床下切数学模型方法探讨 [R] // 长江三峡工程泥沙与航运关键技术研究专题研究报告集（下册）. 武汉：武汉工业大学出版社，1993.

[17] 长江水利委员会水文局. 三峡水利枢纽下游河段演变分析 [R] // 长江三峡工程泥沙与航运关键技术研究专题研究报告集（下册）. 武汉：武汉工业大学出版社，1993.

[18] 武汉水利电力学院. 三峡建坝前后荆江河势及江湖关系研究综合报告 [R] // 长江三峡工程泥沙与航运关键技术研究专题研究报告集（下册）. 武汉：武汉工业大学出版社，1993.

[19] 河海大学. 三峡水利枢纽对河口地区影响的若干问题 [R] // 长江三峡工程泥沙与航运关键技术研究专题研究报告集（下册）. 武汉：武汉工业大学出版社，1993.

[20] 长江航道局规划设计研究所. 长江中游关洲—江口河段河床组成勘探分析和枝城—枝江河段原型观测报告 [G] // 长江三峡工程泥沙和航运关键技术研究汇编（下册）. 交通部三峡工程航运办公室，1991.

[21] 武汉水利电力学院. 三峡建坝前后荆江浅滩演变研究综合报告 [R] // 长江三峡工程泥沙与航运关键技术研究专题研究报告集（下册）. 武汉：武汉工业大学出版社，1993.

[22] 长江航道局. 三峡工程对葛洲坝枢纽以下航道影响的初步分析 [G] // 三峡工程泥沙问题研究成果汇编（160～180m蓄水位方案）. 水利电力部科学技术司，1988.

[23] 长江水利委员会长江科学院. 三峡工程河道冲刷一维数学模型计算分析 [R]，1995.

[24] 中国水利水电科学研究院. 三峡水库下游河道冲刷计算和分析以及河床演变趋势研究 [R]，1995.

[25] 天津水运工程科学研究所. 三峡工程下游重点河段数值模拟研究 [G]//长江三峡工程泥沙和航运问题研究成果汇编（Ⅱ）. 交通部三峡办公室，1997.

[26] 长江科学院. 三峡水库下游宜昌至大通河段冲淤一维数模计算分析（一）[C]//长江三峡工程泥沙问题研究（1996—2000）：第七卷. 北京：知识产权出版社，2002.

[27] 长江科学院. 三峡水库下游宜昌至大通河段冲淤一维数模计算分析（二）[C]//长江三峡工程泥沙问题研究（1996—2000）：第七卷. 北京：知识产权出版社，2002.

[28] 中国水利水电科学研究院. 三峡水库下游河道（宜昌—大通）冲刷计算研究[C]//长江三峡工程泥沙问题研究（1996—2000）：第七卷. 北京：知识产权出版社，2002.

[29] 中国水利水电科学研究院. 三峡水库下游河道冲淤计算研究 [C]//长江三峡工程泥沙问题研究（1996—2000）：第七卷. 北京：知识产权出版社，2002.

[30] 三峡工程泥沙专家组. 长江三峡工程泥沙专家组 2000 年年中工作（扩大）会议纪要 [R]//长江三峡工程泥沙问题研究（1996—2000）：第八卷. 北京：知识产权出版社，2002.

[31] 林一山. 关于治江计划基本方案的报告（1954 年 9 月）[C]//林一山治水文集. 武汉：长江出版社，2011.

[32] 唐日长. 长江水利工程中的泥沙问题 [J]. 人民长江，1956（11）.

[33] 唐日长. 怎样进行河床演变过程野外观测研究工作 [J]. 人民长江，1958（5）.

[34] 唐日长. 长江河道演变研究工作 [J]. 人民长江，1959（7）.

[35] 长江水利委员会. 荆江河流概况及其一般特性的初步分析 [R]，1955.

[36] 长江流域规划办公室水文处河流研究室. 荆江特性初步研究 [J]. 泥沙研究，1959（2）.

[37] 俞俊，唐日长，等. 荆江特性研究 [R]. 长江水利水电科学研究院，1974.

[38] 唐日长，潘庆燊，等. 蜿蜒型河段成因的初步分析和造床试验研究 [J]. 人民长江，1964（2）.

[39] 杨怀仁. 荆江地貌与第四纪地质 [J]. 南京大学学报（自然科学），1959（2）.

[40] 林承坤，陈钦銮. 下荆江自由河曲形成与演变的探讨 [J]. 地理学报，1959（2）.

[41] 林承坤，陈钦銮. 荆江河曲的成因与演变 [J]. 南京大学学报（自然科学），1965（1）.

[42] 张修桂. 云梦泽的演变与下荆江河曲的形成 [J]. 复旦学报（社会科学版），1980（2）.

[43] 袁樾方. 下荆江河曲的形成与演变初探 [J]. 复旦学报（社会科学版）增刊，历史地理专辑，1980.

[44] 长江流域规划办公室水文局. 长江中下河道基本特征 [R]，1983.

[45] 长江水利水电科学研究院，中国科学院地理研究所，复旦大学历史地理研究室，长江航道局规划设计研究所. 长江中下游（城陵矶—江阴）河道特性研究（初稿）[R]，1980.

[46] 张修桂. 长江城陵矶—湖口河段历史演变 [J]. 复旦学报（社会科学版）增刊，历史地理专辑，1980.

[47] 中国科学院地理研究所，长江水利水电科学研究院，长江航道局规划设计研究所. 长江中下游河道特性及其演变 [M]. 北京：科学出版社，1985.

[48] 张植堂，等. 下荆江河弯水流分析研究 [J]. 人民长江，1964（2）.

[49] 张植堂，林万泉，沈勇健. 天然河弯水流动力轴线的研究 [J]. 长江水利水电科学研究院院报，1984（1）.

[50] 武汉水利电力学院水流挟沙力研究组. 长江中游水流挟沙力研究 [J]. 泥沙研究，1959（2）.

[51] 长江流域规划办公室汉口观测队. 长江沙波运动基本规律 [R]，1960.

[52] 水利水电科学研究院，长江科学院，清华大学，武汉水利电力学院，等. 三峡水库下游冲刷引起的水位降低及其对下游和河口地区的可能影响专题研究报告 [R]// 长江三峡工程泥沙与航运关键技术研究专题研究报告集（上册）. 武汉：武汉工业大学出版社，1993.

[53] 水利水电科学研究院，长江流域规划办公室水文局. 从丹江口水库下游冲刷看三峡水库下游河床演变趋势 [C]// 长江三峡工程泥沙研究文集. 北京：中国科学技术出版社，1990.

[54] 长江科学院. 三峡水利枢纽下游河床冲刷对防洪航运影响研究 [R]// 长江三峡工程泥沙与航运关键技术研究专题报告集（下册）. 武汉：武汉工业大学出版社，1993.

[55] 武汉水利电力学院. 三峡建坝前后荆江河势及江湖关系研究综合报告 [R]// 长江三峡工程泥沙与航运关键技术研究专题报告集（下册）. 武汉：武汉工业大学出版社，1993.

[56] 谢鉴衡. 下荆江蜿蜒型河段成因及发展前景初探 [C]// 长江三峡工程泥沙研究文集. 北京：中国科学技术出版社，1990.

[57] 长江水利委员会长江科学院，中国水利水电科学研究院，长江水利委员会荆江水文水资源勘测局，等. 三峡工程下游河道演变及重点河段整治研究专题报告（"八五"国家重点科技攻关项目《长江三峡工程泥沙与航运问题研究》）[R]，1995.

[58] 长江科学院，中国水利水电科学研究院，长江水利委员会水文局. 三峡水库运用不同时段拦沙泄水对下游河道冲淤与河势影响及对策研究总报告 [R]// 长江三峡工程泥沙问题研究（1996—2000）：第六卷. 北京：知识产权出版社，2002.

[59] 长江流域规划办公室水文局. 汉江丹江口水库下游河床演变分析文集 [C]. 1982.

[60] 长江水利委员会水文局. 汉江丹江口水库下游河床演变分析文集（续集）[C]，1989.

[61] 潘庆燊，曾静贤，欧阳履泰. 丹江口水库下游河道演变及其对航道影响的研究 [J]. 水利学报，1982（8）.

[62] 唐日长，等. 荆江大堤护岸工程初步分析研究 [C]// 唐日长论文集. 北京：中国水利水电出版社，2011.

[63] 武汉水利电力学院. 修建三峡工程对关洲、芦家河河段河床演变影响的初步分析 [C]// 长江三峡工程泥沙研究文集. 北京：中国科学技术出版社，1990.

［64］　武汉水利电力学院. 三峡建坝前后荆江浅滩演变研究综合报告［R］//长江三峡工程泥沙与航运关键技术专题研究报告集. 武汉：武汉工业大学出版社，1993.

［65］　长江航道局. 三峡工程对葛洲坝枢纽以下航道影响的初步分析［G］//三峡工程泥沙问题研究成果汇编（160～180m 蓄水位方案）. 水利电力部科学技术司，1988.

［66］　清华大学水利工程系泥沙研究室. 修建三峡工程对荆江航道影响的初步分析［G］//三峡工程泥沙问题研究成果汇编（160～180m 蓄水位方案）. 水利电力部科学技术司，1988.

［67］　天津水运工程科学研究所，清华大学. 葛洲坝枢纽下游水位变化对船闸与航道影响及对策研究［R］//长江三峡工程泥沙问题研究（1996—2000）：第六卷. 北京：知识产权出版社，2002.

［68］　长江勘测规划设计研究院. 三峡工程施工期葛洲坝枢纽下游近坝段河道治理方案研究［R］//长江三峡工程泥沙问题研究（1996—2000）：第六卷. 北京：知识产权出版社，2002.

［69］　国务院三峡工程建设委员会办公室泥沙专家组，等. 长江三峡工程"九五"泥沙研究综合分析［R］//长江三峡工程泥沙问题研究（1996—2000）：第八卷. 北京：知识产权出版社，2002.

［70］　长江航道局，武汉大学. 江口镇上下浅滩演变与整治研究［R］//长江三峡工程泥沙问题研究（2001—2005）：第四卷. 北京：知识产权出版社，2008.

［71］　长江水利委员会长江勘测规划设计研究院. 枝城至大埠街河段综合整治规划［R］//长江三峡工程泥沙问题研究（2001—2005）：第四卷. 北京：知识产权出版社，2008.

［72］　国务院三峡工程建设委员会办公室泥沙专家组，等. 长江三峡工程"九五"泥沙研究综合分析［R］//长江三峡工程泥沙问题研究（2001—2005）：第六卷. 北京：知识产权出版社，2008.

［73］　长江航道局，武汉大学. 宜昌至杨家脑河段综合治理措施研究［R］//长江三峡工程泥沙问题研究（2001—2005）：第四卷. 北京：知识产权出版社，2008.

［74］　长江三峡水文水资源勘测局，荆江水文水资源勘测局，长江航道局，武汉大学. 杨家脑以上河势变化对崩岸的影响及控制宜昌水位下降的工程措施研究［R］//长江三峡工程泥沙问题研究（2006—2010）：第六卷. 北京：中国科学技术出版社，2013.

［75］　河海大学海洋工程研究所. 三峡工程对河口地区盐水入侵和航道及边滩的影响分析［G］//三峡工程泥沙问题研究成果汇编（160～180m 蓄水位方案）. 水利电力部科学技术司，1988.

［76］　长江科学院. 三峡工程兴建后长江口来沙初步分析［C］//长江三峡工程泥沙研究文集. 北京：中国科学技术出版社，1990.

［77］　长江三峡工程论证泥沙专家组. 长江三峡工程泥沙专题论证报告（1988 年 2 月）［G］//三峡工程泥沙问题研究成果汇编（160～180m 蓄水位方案）. 水利电力部科学技术司，1988.

［78］ 长江三峡工程对河口影响座谈会综合简报（1988 年 8 月）［C］∥长江三峡工程泥沙研究文集. 北京：中国科学技术出版社，1990.

［79］ 长江水利委员会水文局. 2012 年度三峡水库进出库水沙特性、水库淤积及坝下游河道冲刷分析［R］，2013.

［80］ 长江水利委员会水文局. 2018 年度三峡水库进出库水沙特性、水库淤积及坝下游河道冲刷分析［R］，2019.

［81］ 长江水利委员会水文局长江三峡水文水资源勘测局. 宜昌至杨家脑控制节点河床演变及控制宜昌水位下降的工程措施研究［R］∥长江三峡工程泥沙问题研究（2006—2010）：第六卷. 北京：中国科学技术出版社，2013.

［82］ 潘庆燊，胡向阳主编. 长江中下游河道整治研究［M］. 北京：中国水利水电出版社，2011.

［83］ 长江航道规划设计研究院. 太平口水道演变及治理简况［R］，2016.

［84］ 长江水利委员会水文局. 2011 年度荆江河段重点险工险段近岸河床变化分析［R］，2012.

第七章 结 语

三峡工程泥沙问题涉及水库长期使用、库区淹没、变动回水区航道与港区正常通航、坝区通航建筑物与电站的正常运行，以及坝下游河道冲刷对防洪、航运影响等一系列重要而复杂的技术问题，是三峡工程关键性技术问题之一。1958年根据"积极准备，充分可靠"的三峡工程建设方针，全面开展泥沙问题科学研究工作。50多年来，全国有关科研单位、高等学校大力协作，取得了系统的研究成果。1989年水利部长江流域规划办公室根据1986—1988年论证成果重新编制的《长江三峡水利枢纽可行性研究报告》认为："三峡枢纽的工程泥沙问题情况已基本清楚，问题可以解决。"三峡工程设计、施工和初期运行阶段，在已有研究基础上取得了新的进展，加深了对三峡工程泥沙问题的认识，提出了解决泥沙问题的工程措施。以下概述三峡工程泥沙问题的主要研究结论和须进一步研究的问题。

一、水库泥沙淤积问题

1. 水库来沙量变化趋势

根据20世纪80年代以前三峡枢纽上游来水和来沙实测资料分析，认为三峡枢纽上游来沙量没有系统增大或减小的趋势。20世纪90年代以来，由于水利工程和水土保持工程的拦沙作用，长江上游地区降雨的时空分布，降雨量和降雨强度变化以及河道采砂等影响，悬移质和推移质来沙量明显减小。今后随着金沙江溪洛渡等大型水库建成运用，以及长江上游水土保持工程继续实施，三峡枢纽上游来沙减小的趋势仍将持续。

长江上游来沙主要为悬移质，推移质数量相对较小。各站实测卵石推移质年输沙量仅数十万吨，砾石年输沙量为卵石输沙量的3%左右。20世纪90年代以来，由于河道采砂数量增加等原因，朱沱站、寸滩站卵石推移质年输沙量明显减小。

2. 水库长期使用

三峡水库库区河床主要由基岩、卵石组成，建库前水流挟沙力不饱和程度大，建库后大部分库段的库面宽度不超过1000m，属于河道型水库。采用汛期来沙多的季节降低库水位泄洪排沙、汛后蓄水运用的"蓄清排浑"水库运用方式，既能长期保留大部分有效库容，又能远近结合，充分发挥工程的综合效益。三峡工程可行性重新论证阶段，经过深入论证，正常蓄水位定为175m，防洪限制水位定为145m，枯季消落低水位定为155m。当入库流量超过56700m³/s时，根据下游防洪要求，抬高库水位，削峰调蓄洪水；洪峰过后，库水位回降到防洪限制水位145m。汛后蓄水，库水位逐步抬高至正常蓄水位。枯水期水库进行调节，增加出库流量以满足发电、航运要求，库水位逐步消落至枯季消落低水位155m。水库泥沙数学模型在采用20世纪60年代系列年水沙条件，且不考虑三峡水库上游干支流新建水库和水土保持工程拦沙作用的条件下，按上述水库运用方式运用100年后，防洪库容可保留约86%，调节库容保留约92%，水库运用初期排沙比约为30%。

三峡水库初期蓄水运用后的实测资料分析表明：2003年6月—2012年12月，按蓄清排浑调度方式运用，三峡水库泥沙淤积量为14.368亿t（未计及水库区间来沙），水库排沙比为24.4%。水库年均泥沙淤积量仅为三峡工程可行性重新论证阶段水库运用初期10年（1961—1970年）预测值的40%左右，主要原因为2003—2012年入库年均沙量仅为1961—1970年入库年均沙量的40%左右。

3. 水库变动回水区泥沙问题

水库变动回水区泥沙问题研究的重点是重庆主城区河段泥沙淤积对航道和港区航运的影响。建库后汛期末水库蓄水，导致汛期泥沙淤积物的冲刷（也称走沙）时间缩短，淤积物的冲刷推迟至次年库水位消落期。三峡工程可行性重新论证阶段的研究认为，水库运用初期，航道和港区作业条件有较大改善，水库运用远期遇特殊水文年，汛前库水位消落后期可能出现浅滩碍航和港区泥沙淤积问题，可采取改善水库调度结合航道整治和疏浚措施加以解决。

三峡工程技术设计阶段以来，进一步研究了三峡建库后重庆主城区河段冲淤变化的规律及其对航道、港区影响以及解决措施。研究结果表明：重庆主城区河段九龙坡、朝天门和寸滩三大港区中，寸滩港区的运行基本不受泥沙冲淤的影响，九龙坡和朝天门港区受泥沙冲淤的影响程度尚待进一步观测，暂可采取疏浚措施解决碍航问题。另外，对九龙坡港区的整治方案作了初步研究。

三峡工程2008年175m试验性蓄水运用以来，重庆主城区河段处于回水影响范围内，但河道未发生累积性泥沙淤积和泥沙淤积部位上延现象，砂石料开采的作用不容忽视。

二、坝区泥沙问题

三峡工程可行性重新论证阶段，对枢纽布置、船闸和升船机引航道泥沙淤积及电站防沙问题进行了初步试验研究。三峡工程技术设计阶段以来，重点研究了坝区河势变化，船闸与升船机引航道上游隔流堤布置，引航道防淤清淤措施，以及电站防沙排沙措施。

1. 坝区河势

坝区泥沙实体模型试验成果表明：坝区进口河势受崆岭峡控制，崆岭峡以下，随着坝区泥沙淤积，整体河势向平顺微弯方向发展。太平溪以下顺直段受偏岩子至太平溪弯道的影响和枢纽泄洪深孔的控制，太平溪以下的河势逐渐调整，主流线左移。

2. 船闸与升船机引航道布置及冲淤清淤措施

坝区泥沙实体模型对船闸与升船机上游引航道隔流堤布置方案进行了大量试验研究，比较了缓建隔流堤、小包、大包和全包方案的优缺点，最终由有关部门选定全包方案。为解决船闸和升船机上、下游引航道泥沙淤积碍航问题，进行了动水冲沙、松动冲沙，以及引客水、水帘、气帘、射流破异重流等方案的试验室和实地研究，认为将临时船闸改为冲沙闸，进行松动冲沙，配合机械挖泥，经济合理，技术可行。

3. 电站防沙排沙问题

坝区泥沙实体模型试验成果表明：枢纽泄洪深孔底板高程为 90m，左、右电站进水口底板高程为 110m，坝区泥沙淤积平衡后，较粗颗粒泥沙沿泄洪深孔下泄，有利于减少过机粗沙；左、右电站设置 7 个排沙底孔，地下电站设置三条排沙支洞，后接一条排沙总洞，汛期适时运用，可以保持电站正常运行。

三、坝下游河道冲刷问题

三峡工程可行性重新论证阶段，就坝下游河道冲刷对宜昌站枯水位下降、宜昌至江口河段芦家河等卵石浅滩的影响，以及长江口地区水沙条件的改变进行了初步研究。三峡工程技术设计阶段以来，对坝下游宜昌至大通河段河道冲刷过程、宜昌站枯水位下降防治措施、宜昌至杨家脑河段芦家河等浅滩的整治措施，以及坝下游冲刷对荆江防洪、江湖关系的影响进行了进一步研究。

1. 坝下游河道河床冲刷和水位降低

（1）三峡工程建成后，长江中下游河道经历长时间、长距离的冲刷过程，河床冲刷自上游河段向下游河段发展。冲刷河段均经历冲刷、平衡、回淤三个阶段。坝下游河道冲刷数学模型计算结果表明：在不考虑三峡水库上游新建水库和水土保持工程的拦沙作用以及采用 1961—1970 年水沙系列的条件下，宜昌至大通河段最大冲刷量为 31.81 亿 m^3，出现在水库运用第 60 年，以后逐渐回淤。

（2）河床冲刷过程中，河道的基本河型维持不变，河势则有不同程度的调整。

（3）河床冲刷过程中，枯水期和中水期同流量的水位下降值较大，洪水期水位下降值较小，甚至不降。流量 5500m^3/s 时，宜昌站较建库前 1993 年（计算起始地形为 1993 年地形）的水位最大下降值为 0.95～1.15m，沙市站为 2.13～3.06m，监利站为 3.03～4.27m。

2. 坝下游河床冲刷对荆江防洪及荆江与洞庭湖关系的影响

坝下游河床冲刷对荆江防洪的影响主要表现在荆江河势和水流顶冲部位的变化，须对荆江河段已建护岸工程进行加固和新建部分护岸工程；河床深槽冲深，护岸工程基脚掏刷，影响工程稳定，须及时加固。由于坝下游河床冲刷、河势变化是渐变的过程，荆江大堤护岸工程经过历年不断加固，1998年大水年大堤护岸工程未发生重大险情。三峡工程建成运用后，仍须加强河道演变监测，及时加固，以确保荆江大堤护岸工程安全。

三峡枢纽建成运用后，荆江松滋口、太平口、藕池口三口的分流、分沙量将减小，洞庭湖泥沙淤积量将减小，湖泊容积缩小速度减缓，对改善江湖关系有利。为保持三口分流能力，应结合洞庭湖综合治理研究解决措施。

3. 坝下游河床冲刷对宜昌至杨家脑河段通航的影响

坝下游河床冲刷、枯水期同流量的水位降低，对宜昌至杨家脑河段的宜都、芦家河、枝江和江口浅滩以及葛洲坝枢纽船闸通航的影响在三峡水库运用初期即开始显现。

为解决葛洲坝枢纽船闸下游引航道可能出现水深不足的问题，重点研究了修建潜坝和护底工程两类方案。两类方案各有优缺点，须进一步研究改进。

为解决芦家河等浅滩的碍航问题，研究了芦家河浅滩整治工程方案。由于芦家河浅滩整治可能引起宜昌站枯水期同流量的水位降低，故同时开展了宜昌至杨家脑河段综合治理措施研究，包括对河道节点控制的护底工程和各浅滩的整治工程，具体工程方案尚待进一步研究。

四、须进一步研究的问题

由于三峡工程泥沙问题的重要性、复杂性和泥沙淤积与冲刷发展过程的长期性，下阶段须结合三峡水库上游干支流新建水库联合运用条件，进一步开展以下研究工作。

（1）加强泥沙原型观测与分析工作。三峡工程泥沙专家组 2001 年编制的《长江三峡工程 2002—2019 年泥沙原型观测计划》经有关部门批准后由长江水利委员会水文局逐年实施，系统收集了三峡工程初期蓄水运用以来库区、坝区和坝下游泥沙与河道演变资料，为三峡工程施工和运行提供了重要依据。鉴于三峡工程泥沙问题的长期性和重要性，建议在总结已有泥沙原型观测工作的基础上，制定 2020—2030 年泥沙原型观测计划，由有关部门分工实施，观测范围应从湖口延伸至长江口。同时，对 1993 年以来积累的原型观测资料，组织有关单位进行系统分析和总结。

（2）加强三峡水库上游水、沙变化趋势观测分析，包括长江上游地区气候及降水变化趋势，已建和新建水库和水土保持工程拦沙作用及其持续性，地震和地质灾害对来沙的影响，以及基本建设与砂石开采等人类活动的影响。

（3）加强上游水库群运用和水土保持工程继续实施条件下三峡水库泥沙淤积长期变化趋势研究，开展三峡水库排沙调度方案研究。三峡水库排沙调度是三峡水库运用调度的重要组成部分。排沙调度的目的是减少水库泥沙淤积，确保水库大部分有效库容能长期使用。排沙调度的研究内容包括两方面，一是研究控制有效库容内泥沙淤积进程即防洪库容年损失率在合理范围内，以及水库变动回水区上中段无累积性泥沙淤积的排沙调度方案；二是研究通过提高水沙监测水平，在洪水过程中含沙量较大的时段特别是沙峰出现时段加大枢纽下泄流量，提高汛期水库排沙比，减少水库泥沙淤积。

（4）进一步对坝区泥沙淤积、河势变化、引航道泥沙淤积和电站过水轮机泥沙进行观测分析，加强对地下电站进水渠和电站前缘流速、流态及泥沙淤积观测分析。

（5）加强三峡工程坝下游河道冲刷过程和河道演变研究。重点研究长江中下游河道冲刷过程与最大冲刷量，以及其对防洪、航运、取水和生态环境的影响；河道冲刷过程中河势调整及河势控制工程措施；河道冲刷对护岸工程稳定的影响及加固措施；河道冲刷对长江口河道演变的影响。

（6）开展长江流域来水来沙和长江干支流泥沙冲淤长期变化趋势研究。随着三峡水库和上游大型水库建成运用，以及长江上游水土保持工程持续实施，三峡建坝前长江流域来水来沙及干支流泥沙冲淤平衡格局将发生重大改变，须对流域来水来沙和干支流泥沙冲淤长期变化趋势以及新的泥沙冲淤相对平衡格局开展研究。

历年三峡工程泥沙问题研究成果总目录

（1）长江三峡工程泥沙与航运专题泥沙论证报告．长江三峡工程论证泥沙专家组，1988 年 2 月。

（2）长江三峡水利枢纽初步设计报告（枢纽工程）　第九篇　工程泥沙问题研究．水利部长江水利委员会，1992 年 12 月。

（3）三峡水利枢纽工程泥沙问题研究成果汇编（150 米蓄水位方案）．长江流域规划办公室长江水利水电科学研究院，1986 年 12 月。

（4）三峡工程泥沙问题研究成果汇编（160—180 米蓄水位方案）．水利电力部科学技术司，1988 年 5 月。

（5）长江三峡工程泥沙研究文集．水利部科技教育司，三峡工程论证泥沙专家组工作组编．中国科学技术出版社，1990 年 4 月。

（6）长江三峡工程泥沙与航运关键技术研究专题研究报告集（上册、下册，"七五"国家重点科技攻关编号 75－16－01）．水利部科技教育司，交通部三峡工程航运领导小组办公室主编．武汉工业大学出版社，1993 年 9 月。

（7）长江三峡工程泥沙和航运关键技术研究成果汇编（上册、中册、下册，"七五"国家重点科技攻关编号 76－16－01）．交通部三峡工程航运办公室编，1991 年 6 月。

（8）三峡工程坝区泥沙淤积对通航和发电的影响及防治措施优选研究专题报告（"八五"国家科技攻关项目专题编号 85－16－02－01）．长江科学院，1995 年 10 月。

（9）三峡工程下游河道演变及重点河段整治研究专题报告（"八五"国家重点科技攻关专题编号 85－16－02－03）．长江水利委员会长江科学院，中国水利水电科学研究院等，1995 年 12 月。

（10）长江三峡工程泥沙和航运问题研究成果汇编（Ⅰ册、Ⅱ册、Ⅲ册、Ⅳ册，"八五"国家重点科技攻关课题编号 85－16－02）．交通部三峡工程航运领导小组办公室编，1997 年 11 月。

（11）长江三峡工程坝区泥沙研究报告集（1992—1996）第一卷、第二卷．

中国长江三峡工程开发总公司技术委员会，国务院三峡工程建设委员会办公室泥沙课题专家组编．专利文献出版社，1997年6月。

（12）长江三峡工程坝区泥沙研究报告集（1996—2000）第三卷．中国长江三峡工程开发总公司技术委员会，三峡工程泥沙专家组编．知识产权出版社，2002年3月。

（13）长江三峡工程泥沙问题研究（1996—2000）第四卷～第八卷．国务院三峡工程建设委员会办公室泥沙课题专家组等编．知识产权出版社，2002年7月。

（14）长江三峡工程泥沙问题研究（2001—2005）第一卷～第六卷．国务院三峡工程建设委员会办公室泥沙专家组等编．知识产权出版社，2008年9月。

（15）长江三峡工程泥沙问题研究十年工作总结（1996—2005）．三峡工程泥沙专家组，2007年4月。

（16）长江三峡工程泥沙问题研究（2006—2010）第一卷～第八卷．中国科学技术出版社，2013年12月。

（17）长江三峡工程围堰蓄水期（2003—2006年）水文泥沙观测简要成果．三峡工程泥沙专家组编著．中国水利水电出版社，2008年6月。

（18）长江三峡工程初期蓄水（2006—2008年）水文泥沙观测简要成果．三峡工程泥沙专家组编著．中国科学技术出版社，2009年9月。

（19）长江三峡工程试验性蓄水期五年（2008—2012年）泥沙问题阶段性总结．三峡工程泥沙专家组，2013年1月。

（20）三峡工程小丛书．工程泥沙．林秉南．水利电力出版社，1992年2月。

（21）长江三峡工程技术丛书．三峡工程泥沙研究．长江水利委员会编．湖北科学技术出版社，1997年10月。

（22）三峡水利枢纽工程几个关键问题的应用基础研究丛书．三峡工程泥沙问题研究．潘庆燊，杨国录，府仁寿主编．中国水利水电出版社，1999年4月。

（23）长江水利委员会大中型水利水电工程技术丛书．长江水利枢纽工程泥沙研究．潘庆燊主编．中国水利水电出版社，2003年10月。

（24）中国工程院三峡工程阶段性评估项目组编著．三峡工程阶段性评估报告：综合卷．中国水利水电出版社，2010年9月。

（25）曹广晶，王俊主编．长江三峡工程水文泥沙观测与研究．科学出版社，2013年。

附录二

水库淤积调查报告[*]

唐日长

（1964 年 11 月）

1964 年 8 月中旬至 9 月中旬，我办林一山主任率领工程技术人员对国内一部分水库的泥沙淤积情况进行了调查。调查的目的是为研究长期使用水库取得水库淤积的感性认识，搜集水库淤积达到相对平衡阶段的基本资料。调查的水库计有：永定河的官厅水库，浑河的大伙房水库，柳河的闹德海水库，老哈河的红山水库，黄河干流某两个大型水库，清水河的长山头水库和张家湾水库。

一、基本情况

这次调查的水库，就其特性而言，可概括为：

（1）除大伙房水库属于少沙河流水库外，其余水库均属多沙河流水库。它们的进库年平均含沙量以张家湾水库最大（达 250 公斤/米^3），大伙房水库最小为（2.04 公斤/米^3），一般均在 40 公斤/米^3 左右。汛期 5 个月（或 4 个月）的进库泥沙总量占全年进库泥沙总量的百分数，除官厅水库为 78％外，其余水库均在 80％以上，大伙房水库 3 个月的总量达全年总量的 93.7％。（2）水库调度运用主要有两种方式：一种是自由滞洪，如闹德海水库；另一种是蓄水运用，如张家湾水库、长山头水库、官厅水库，其他水库均系低水头蓄水运用。（3）水库库型大多数为河谷型，建库前河床坡降一般均在 1‰ 以上，原河床多系卵石、砾石或粗沙组成。（4）水库总库容与进库年径流量之比以红山水库最大，达 2.02，黄河干流某水库最小。（5）每个水库均有输水设备，但泄量一般较小，有的水库正在或计划增建泄水设备，如红山水库等。

根据此次调查的水库和搜集的其他水库的资料，水库泥沙淤积大致有以

---

* 原载《人民长江》1964 年第 3 期。参加本报告编写者尚有张植堂、张威、何秀龄等同志。

下几方面的特点。

（一）水库淤积过程中淤积物的形态

由于水库来水、来沙、库型以及调度运用方式不同，水库淤积过程的纵剖面大致可分为以下三种类型：

1. 三角洲淤积

在来沙较多、库区开阔、蓄水运用、库水位变幅小的水库，由于泥沙在库尾集中淤积的结果，一般形成三角洲淤积。图 1 是官厅水库三角洲淤积的实例。

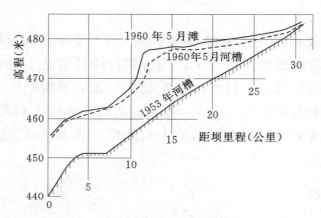

图 1　官厅水库淤积纵剖面图

官厅水库从 1956 年蓄水运用以后，三角洲从桑干河的回水末端起，不断向大坝推进，目前三角洲长度约有 20 千米，洲顶距大坝仅有 10 千米左右，估计 1965 年汛后，三角洲可能发展到桑干河与回水的汇流区。截至 1963 年，官厅水库淤积泥沙总量为 3.82 亿米^3，其中三角洲的淤积量约占全部淤积量的 62%～68%，并且大部分侵占了水库的有效库容，直接影响水库的有效运用。三角洲淤积又反过来影响水库库尾回水位的抬高；回水抬高，又引起三角洲向上游发展，使水库淤积的范围超出最高库水位，形成水库库尾"翘尾巴"的特点。目前官厅水库三角洲尾部段的高程已高出水库最高库水位约 4 米。根据官厅水库的资料，历年三角洲顶点的滩面高程，大致接近历年汛期各月最高库水位的平均值，而淤积起点则较历年汛期平均库水位高出 1～2 米。不同水文年对三角洲的淤积发展也有一定的影响。例如：官厅水库在 1956 年及 1959 年均为丰水年，三角洲的尾部段在这两年的淤积量，分别为全部淤积量的 12.6% 及 5.6%；顶坡段的淤积量分别为 34.5% 及 40.9%；而三角洲的前坡段的淤积量则分别为 17.0% 及 15.7%。1960 年为枯水年，该年三角洲的尾部段没有发生淤积，顶坡段的淤积量为总淤积量的 10.7%，而前坡段的淤积量则为 89.3%。可见三角洲的淤积高度与汛期水库水位有密切的关系，而不同水文年对三角洲淤积发展的影响则是：丰水年份，三角洲的前坡在向前推进的同时，尾部段并向上游延伸，洲顶也继续淤高，而中枯水年份，则主要是前坡向前推进，尤以枯水年份更为显著。

当水库淤积形成三角洲以后，水流在滩面塑造一条与来水、来沙及河床边界条件相适应的新河槽，使这一库段由淤积向输沙相对平衡的趋势发展，并随着三角洲的推进、淤高和上延不断调整河槽的坡降、断面形态和平面形态。官厅水库的三角洲洲面，目前已经形成了一条新的河槽，上游段仍为游荡性河型，下游段则较窄深，并有向弯曲型河道发展的趋势，中游段则属于两种河型的过渡段。在一般洪水年份，水流主要通过河槽下泄，而河槽和滩面则成为冲积河道，按照冲积河道的特性发展着。

2. 锥体形淤积

锥体形淤积是由于水库在运用期间，采取汛期泥沙来量较多时降低水库水位的措施，使泥沙淤积体向坝前推移而造成结果。这类淤积过程，在进库泥沙较多、库区较短、水深不大的水库尤为显著。图 2 为国内水库锥体形淤积的实例。此次调查的张家湾、红山等水库的淤积过程，即属于这种类型。它们的特点是库区泥沙淤积体从回水末端一直分布到坝前，而且越靠坝前越厚，因而在水库淤积过程中，初期侵占的有效库容较三角洲淤积为少。红山水库自 1960 年蓄水以后，水库水位除 1962 年特大洪水时曾达到 437.08 米（正常高水位为 437.7 米）外，库水位一般在 427～429 米之间，几年来淤积物上薄下厚，呈锥体分布。张家湾水库因为进库含沙量大，库区短，在淤积过程中淤积面逐年平行抬高，淤积厚度逐年减小，形成明显的锥体形。

当水库锥体形淤积到一定的高程以后，洲面也形成输沙相对平衡的新河槽，水库淤积便进入新的发展阶段。

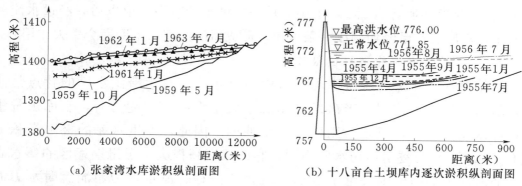

（a）张家湾水库淤积纵剖面图　　　　　（b）十八亩台土坝库内逐次淤积纵剖面图

图 2　国内水库锥体形淤积的实例

3. 带状形淤积

少沙河流、水库水位变化较大的水库，在初期运转阶段，淤积体的分布有如带状，不呈上薄下厚的锥体形。大伙房水库及丰满水库的淤积分布均属此种形态（见图3）。大伙房水库汛期进库泥沙特别集中，几年运用情况是5月中旬库水位开始下降，到7月上旬最低，9月以后又开始蓄水，库区淤积特征是常年回水区为带状均匀分布，变动回水区为带状不均匀分布，淤积前后的河底平均比降无大变化。水库运用末期，带状物淤积可能是向锥体形淤积发展，但目前尚无资料证实。

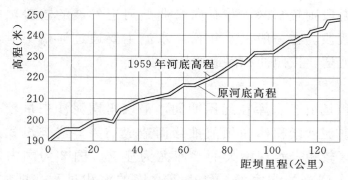

图 3　丰满水库淤积纵剖面图

（二）水库淤积极限情况

1. 蓄水运用水库的淤积极限情况

如上所述，水库在淤积过程中，淤积物的形态可以分为三种类型，但当它们达到最终的淤积极限时，如果不采取有效措施，水库均会变成泥库，并在淤积体上形成新的冲积河槽，完全失去调蓄作用。图2的张家湾水库是淤满成为泥库的实例。张家湾水库于1959年建成以后，截至1963年7月，淤积总量已达7500万米³，为总库容7970万米³的94％以上，1964年9月坝上游淤积体仅低于坝顶2～3米（坝高25米），本年7月一次洪水冲毁溢洪道以后，经过水流溯源冲刷，水库右岸已经切割成一条深沟，形成新的河道，水库完全失去作用。

2. 自由滞洪水库的淤积极限情况

闹德海水库和宝鸡峡水库均系自由滞洪水库。自由滞洪水库的特点是泄水建筑物不加人工控制，当汛期进库流量大于水库泄流能力时，水库水位壅高，库区发生淤积；反之，则库区发生冲刷。因此，滞洪水库的极限淤积纵剖面（见图4）与蓄水运用水库不同，它的滩面高程决定于汛期库区的壅水高度，而滩面上的河槽则决定于泄水建筑物的高程、泄水能力、泄流时水力泥沙及前期淤积特征等因素。闹德海水库于1942年建成后，原库容为1.683亿

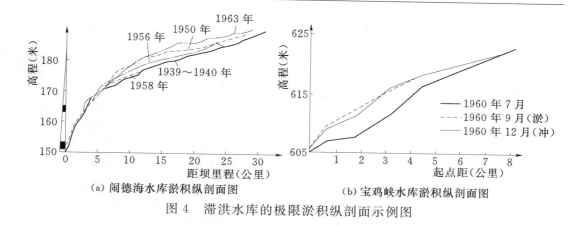

图 4 滞洪水库的极限淤积纵剖面示例图

米³，1950 年剩余库容为 0.971 亿米³，以后各年库容又逐渐增大，1957 年底达 1.216 亿米³，1963 年底又缩减为 0.996 亿米³，历年库容变化过程见图 5。

从闹德海水库的资料可以看出以下特点：（1）1950 年以后库区淤积已基本达到平衡，淤积库容仅为总库容的 40% 左右；（2）库容历年变化，有丰水年减少，而平枯水年增大，年内变化有滞洪期减少，而泄流期增大的规律；（3）滩面上的河槽仍为游荡性河道，主流摆动，滩槽高差较小。

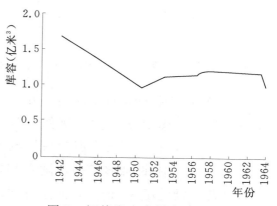

图 5 闹德海水库淤积后历年库容变化过程线

（三）水库淤积前后水力、泥沙因素变化的主要特征

附表列出了国内外十个水库建库前及建库后淤积基本达到相对平衡状态的河床坡降和河床组成。可以看出：水库淤积后，淤积体形成的坡降仅为建库前原河床坡降的 22.4%～71.7%；而河床组成则大多数水库由原河床的卵石或砾石夹沙转化为中细沙。在我们调查的水库中以官厅水库和闹德海水库的水力泥沙因素资料较多，前者是蓄水运用水库，后者是自由滞洪水库。从这些资料可以分析水库淤积极限时，水力泥沙因素的特性。

1. 水库淤积体的河槽泥沙组成随河床坡降而变化，河床坡降较陡时，河床组成粒径较大，反之则较小。例如：官厅水库三角洲的河床坡降从三角洲河口向上游逐渐增大，河床质平均粒径也相应增大；闹德海水库因底孔泄流及近坝 5 公里峡谷河段的影响，河床坡降在距坝 12 公里以内一段反较距坝 12 公里以上一段为陡，河床质平均粒径也反映出上段较小，下段较大的特点（见图 6）。

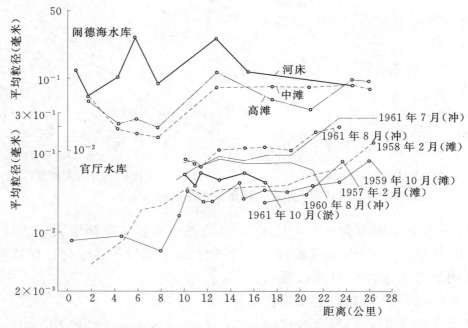

图 6 官厅水库和闹德海水库淤积体滩槽泥沙粒径沿程变化图

2. 水库淤积体的滩面泥沙粒径小于河槽泥沙粒径，而且在三角洲顶部段滩面泥沙粒径沿程变化不大。例如：官厅水库三角洲的滩面泥沙平均粒径为 0.131～0.003 毫米，而河床泥沙平均粒径为 0.590～0.021 毫米。

3. 水库淤积体的河槽糙率，随着河床组成细化而减小，图 7 是官厅水库三角洲上新河槽的糙率和建库前青白站的糙率与平均水深的关系图。可以看出，三角洲新河槽的糙率，在同一平均水深的情况下较建库前的糙率为小。

4. 三角洲上新河槽的平滩水深与河床坡降相反，从上游向下游沿程增大。例如：官厅水库三角洲的新河槽在尾部段的平滩水深约为 2.3 米，而河口段的平滩水深则约为 6.6 米。

二、水库淤积的基本规律

通过这次水库淤积调查，对水库淤积的基本规律有以下几点认识：

1. 水库泥沙淤积过程与冲积平原及冲积河道的形成过程基本上是一致的。河流在注入海洋或者其他较大水体之前，通过大量的泥沙淤积，一方面形成了冲积平原，同时又在冲积平原上发育了河道本身，并使河口三角洲不断向前推进。当河流修建水利枢纽以后，改变了河流原有的侵蚀基面，使河流注入水库水体之中，水库淤积过程就是河流在水库水体中形成冲积平原并发育新河道的过程。如果水库来沙较多、库区开阔、蓄水较高而库水位变化又较

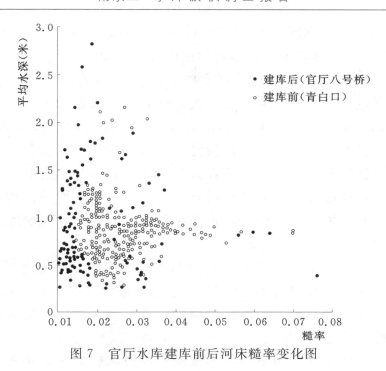

图 7 官厅水库建库前后河床糙率变化图

小时，则水库淤积将具有天然河道的河口三角洲的特点；洲顶和河口不断向前推进，而且洲面上发育着新河道，它的分段河型与天然河道的分段河型也具有相同的特点。例如：官厅水库三角洲洲面新河道的分段河型与黄河、渭河的分段河型基本上是相似的。水库三角洲洲面发育的新河道与天然河道一样，其比降和河床组成均具有自上而下逐渐减小的特点；但修建在河流上游的水库，天然河道的比降较大，河床组成较粗，因此新河道的比降及河床组成的沿程变化率，均较天然河道为大。

2. 水库运用方式对水库淤积过程、速率及极限淤积情况，均有重大的影响。在蓄水较高、库水位变化不大的水库，有利于形成三角洲淤积，排沙效率小，淤积体侵占水库的有效库容较多。在蓄水运用、汛期降低水库水位的水库，有利于形成锥体形淤积，使进库泥沙向坝前推进，堆积在死库容以内，因而在初期运用阶段淤积体侵占水库的有效库容较小，排沙效率较大。例如：官厅水库在拦洪运用阶段，库区淤积的泥沙为进库沙量的 20%～50%，水库淤积分布不呈明显的三角洲，淤积体直到坝前；在蓄水运用阶段，库区淤积的泥沙为进库沙量的 90%～95%，水库淤积分布呈明显的三角洲，坝前淤积物有时仅有异重流到达。河南省某水库从 1958 年底至 1960 年 9 月为自由滞洪阶段，库区淤积的泥沙约为进库泥沙总量的 5.7%；1960 年 9 月至 1962 年 2 月为蓄水运用阶段，库区淤积的泥沙约为进库泥沙总量的 92.9%；1962 年 3 月以后为防洪排沙阶段，至 1963 年年底，库区淤积的泥沙约为进库泥沙总量的 56%。埃及的阿斯旺水库由于采取汛期泄水，非汛期蓄水的运用方式，1929—1955 年，库区淤积的泥沙总量为 1.52 亿米^3，约为这一时段内进库泥沙总量的 6.1%。

水库极限淤积情况与水库运用方式同样有非常密切的关系。现采用库区淤积基本达到平衡阶段的淤积库容，与未淤积前库容的比值作为分析指标。闹德海水库和张家湾水库，均可认为已基本达到淤积平衡阶段，前者属于自由滞洪水库，其比值约为 0.40；后者属于蓄水水库，其比值约为 0.94。

由此可见，通过改进水库的运用方式来改变水库的淤积过程，以减小库区淤积速率和减小极限淤积库容，是完全可能的。这对于减少水库淤积对水库效益的影响，有非常重大的意义。

3. 水库淤积的主要矛盾是进库泥沙与库区水流挟沙能力之间的矛盾，这一矛盾无论在天然河流或水库中，均因来水、来沙是随时程和沿程变化的，因而矛盾双方面的对立和不平衡是绝对的，普遍存在的；但是通过双方斗争的结果，总的趋势是向相对平衡发展的。例如：天然河流在挟带泥沙的水流与冲积性河床长期相互作用下，虽然从局部河段和较短时段来看，总是处于不平衡状态的，但从较长河段和较长时段来看，则一般是处于相对平衡状态的。河流修建水利枢纽以后，在水库淤积过程中，由于库底不断淤高，以及床沙组成的细化作用，使库区水流挟沙能力逐渐增大，积年累月，进库泥沙与库区水流挟沙能力基本达到平衡，即由不平衡向相对平衡的趋势发展。水库淤积既然具有趋向相对平衡的特点，因此就要求在库区建立与来水、来沙及淤积物组成特性相适应的相对平衡的河床纵剖面及相对稳定的河宽和水深。不管水库的运用方式如何，水库淤积趋向相对平衡的特性是一致的，所不同的是库区淤积极限时所形成的相对平衡的河床纵剖面的侵蚀基面，对于大坝坝顶来说，是不一致的。概括地说，当纵剖面的侵蚀基面愈低于大坝坝顶，则水库淤积极限时所保留的库容愈大，反之则愈小。

三、"长期使用"水库的论点和若干具体问题

水库是综合利用水利资源的非常重要的水利水电工程组成部分，但随着泥沙的淤积，水库的有效库容日益减少，终至淤废；原来修建水库的综合效益不但不能继续发挥，而且对水库上下游的防洪、航运等问题，带来新的危害。由于水库淤积对人类经济生活影响很大，从 20 世纪 30 年代以来，各国水利工作者开始注意水库淤积规律的研究，并谋求改善水库淤积的途径。但是以往研究工作的方向只是减轻水库淤积"延长水库寿命"，因而水库寿命的终

了，只是时间迟早问题；当水库被泥沙淤满以后，水库就不能继续运用。

"长期使用"水库与"延长水库寿命"有着本质上的差别：后者认为水库的最终淤废是不可避免的，人们只能延长水库的淤废过程；前者认为人们可以掌握和运用水库淤积的规律，发挥人的主观能动作用，创造一定的条件，使水库运用过程中将水库淤积的矛盾转化，长期保存一定的有效库容，长期发挥水库的效益。

"长期使用"水库的论点是从水库淤积的基本规律出发的。第一，水库淤积过程与天然河道冲积平原及冲积河道的形成过程既然是基本上一致的，因此，冲积河道形成过程的理论可以引用来研究水库淤积过程。第二，不管水库的运用方式如何，水库淤积趋向相对平衡的特性既然都是一致的，就有可能通过改进水库运用方式，使水库淤积按照人们的意图来达到相对平衡状态，长期保留一定的库容。

根据我国气候特点和天然河道的实际资料分析，无论多沙河流或少沙河流，在一个水文年内，水流所输移的泥沙绝大部分是集中在汛期的。例如，此次调查的我国北方多沙河流，汛期 4 个月或 5 个月的输沙量一般占全年输沙量的 80％以上，长江干支流则占 90％以上。这一特点是通过水库调度达到输沙目的的有利条件。其次，各河流修建水库的河段，河床坡降一般均较中下游冲积河段为大，而且建库前，河段的水流挟沙能力一般是不饱和的，因而当库区淤积以后建立的相对平衡纵剖面，必然远小于建库前的河床坡降。天然河道的这些特点，又为"长期使用"水库创造了条件。

水库之所以具有综合效益，归根结底是由于水库具有一定的有效库容。从"长期使用"水库的观点看来，在远近结合、充分发挥水库综合效益的前提下，在水库调度运用中，抓着长期保持有效库容作为主要矛盾是完全正确的，即使为了保留水库的有效库容，以致在某种情况下的某一时期内水库的综合效益可能有所降低，但从长远看，水库的综合效益将大大提高。

综合以上各点，可见"长期使用"水库是从水库淤积的基本规律和河流的特性出发，通过改进水库的运用方式，使水库淤积按照人们的意图来达到相对平衡状态，能最大限度地保留有效库容不淤，以达到长期使用的目的。

至于"长期使用"水库的具体运用方式，则应根据各河流的泥沙在年内分布的特点，通过分析选取汛期一定的时段，降低水库水位，使全年进库泥沙的绝大部分，一部分排出库外，一部分淤积在水库的死库容以内，形成锥体形淤积，使水库运用初期，泥沙淤积尽量不侵占有效库容。在其他时段，则按照综合利用的要求，蓄水运用。长期按照以上方式进行调度的结果，由于水库淤积具有趋向相对平衡的特点，因此，就必然在库区以排沙时期的水库水位为侵蚀基面，形成输沙相对平衡的河床纵剖面及相对稳定的河宽和水深，达到相对平衡状态。在以后水库长期运用过程中，库区河床变化的物理图形应当是：在每年库水位上升时期，少量泥沙将在库区淤积；当水库水位下降时，水流中的大量泥沙均将排出库外，而且还将通过溯源冲刷或普遍冲刷带走库水位上升时期淤积在河槽内的泥沙。至于水库水位上升时期淤积在水库淤积体的滩面上的细颗粒泥沙，根据官厅水库的资料，最终将淤到与最高库水位齐平，因此，必要时可以控制蓄水时期的最高库水位，使其淤高不超过一定的标准。

按照以上方式进行水库运用，在我国南方水量丰沛的河流，每年在汛期一定的时段内进行排沙以后，汛后将库水位回升到正常高水位，一般是可能的。因此，在这种情况下，库容的分配一般可定死库容相当于储泥库容；死水位以上的有效库容或部分有效库容仍作为发电、灌溉等兴利库容。至于防洪库容，则当进库洪水超过下游河道安全泄量时，由于排沙水位较低，可以利用兴利库容短期滞洪。根据闹德海水库的资料，滞洪以后虽然对水库保留的有效库容有所淤积，但经过一定的正常排沙运用以后，仍可逐渐恢复被淤积的库容。因此，采用这种水库运用方式，再加上一系列梯级水库的联合运用，不仅可以达到长期使用水库的目的，而且仍可充分发挥水库的综合利用效益。至于我国北方水量缺少、而全年流量又特别集中在汛期的某些河流，由于汛期排沙以后，汛后库水位不易回升到正常高水位，因此，排沙水位以上的库容，可以利用作为滞洪库容，而发电、灌溉等兴利库容，则应根据排沙以后库水位可能的回升高度，在河流规划中，另行考虑水库的运用性质和决定水库的调度方法。

河流修建水利枢纽以后，无论采取何种运用方式，都将引起水库下游河道一系列的变化。在蓄水运用水库下泄清水时，下游河床往往既有下切又有展宽；在滞洪水库的下游，河床往往出现滞洪期冲刷，非滞洪期淤积，而总的趋向淤积的情况。许多水库下游的河床资料，都说明了这一规律。"长期使用"水库的运用方式，对下游河床变化的影响，应当说并不比以上两种运用方式严重。这是因为这种运用方式，改变河流汛期来水、来沙的相互关系是最小的，因而对河床变形的影响也最小。当然，对于某些多沙河流，在天然情况下河床是单向淤积的，则这种运用方式不能改善天然的淤积情况。

在研究"长期使用"水库的具体工作中，有许多矛盾需要解决，例如：排沙效果与库水位回升之间的矛盾，综合效益与淹没损失之间的矛盾，保留库容与综合效益之间的矛盾，水库排沙与下游河道之间的矛盾，等等。这些矛盾的解决，关键在于正确的河流流域规划。例如：流域规划不仅要考虑径流的综合利用，而且要把泥沙看成资源；在水库上下游充分利用泥沙，不仅要解决泥沙问题，而且要利用泥沙来发展农业生产，根治河流。在流域梯级开发的规划工作中，尽可能使库区布置在峡谷地区，并适当增高大坝高度等。因此"长期使用"水库的论点，又为我们指出了今后研究流域规划的方向。

四、小结

通过此次水库淤积调查，使我们进一步认识了水库淤积的规律。水库淤积过程与天然河道冲积平原及冲积河道的形成过程基本上是一致的，不管水库的运用方式如何，水库淤积都具有趋向平衡的特性。水库淤积的这些规律，加上天然河流输移的泥沙绝大部分集中在汛期以及建库地区河床坡降较陡、含沙量不饱和等特点，就有可能通过改进水库运用方式，使水库淤积按照人们的意图来达到相对平衡状态，长期保留一定的有效库容，长期发挥水库的综合效益。"长期使用"水库是远近结合，最大限度地发挥水库综合效益的运用方式。在"长期使用"水库的具体研究工作中，虽然有许多矛盾需要逐个解决，但这些矛盾都是可以通过正确的流域规划来妥善解决的。

水库淤积前后河床纵剖面变化对照表

| 编号 | 水库名称 | 建库前 | | 淤积后 | | | i/i_0 | 附注 |
		河床坡降 i_0（‰）	河床组成	滩面坡降 i_1（‰）	河槽坡降 i（‰）	河槽组成 d_{50}		
1	官厅	1.12	卵石夹沙	0.382（1960年资料）	0.43（1959年资料）	0.59～0.021	0.384	三角洲顶坡段，断面1015～1046号
2	闹德海	0.17	基岩及细沙	0.365	0.36	0.25～0.043	0.538	11号断面以上
3	张家湾	1.66	砾石夹沙	0.399				
4	河南某水库	0.453	细沙夹有少量卵石		0.237	干流0.05～0.08，渭河0.04	0.523	1962年断面30～41号滞洪水库
5	宝鸡峡	2.33	卵石		1.67	0.64～1.0	0.717	
6	巴家嘴	2.25		0.448				
7	黑松林	8.05	岩石及卵石		1.8	0.03以下	0.224	
8	甘肃某水库	1.06	卵石夹沙		0.345		0.325	
9	法尔哈德	0.518			0.178		0.344	
10	米德湖	1.41		0.239				

水库长期使用问题[*]

林一山

（1966 年 4 月）

水库寿命问题，早已被国内外水利技术界所注意，而长期使用的不淤库容则更是大家所迫切希望实现的一种理想。为了适应我国水利工程的需要，现在把我们关于这个问题的初步研究成果，报告如下：

一

水库淤积是因为库区流速太小，基本处于静水状态。因此，要使水库保持不淤库容，就必须使库区既可在必要时达到排沙的流速，又可充分发挥水库的兴利目的。

水库排沙与水库兴利，在一般情况下是有很大矛盾的。要解决这个矛盾问题，就必须在水利工程的规划和设计方面进行技术革命，并为这种革命搜集足够的科学论据。

水库可以保持不淤库容的基本理论是：一般的山区河流，在修建水坝以后，由泥沙淤积而成的新河床，其坡降就要变缓，并可基本上达到稳定与平衡状态。这样，我们就可以利用新旧河床不同坡降所得的落差作为电站的最低发电水头，而相当于这个发电水头高程以下的死库容淤满以后，就可采用汛期行洪排沙方法，使水库下限水位以上的大部分库容，长期保持不淤。

因此，要使水库保持较大的不淤库容，就必须在水流挟沙能力还没有饱和的河流上（水电枢纽一般具有这个条件），选择狭长峡谷，修建高坝，并按照正确的调度方式，进行排沙。三门峡型的低坝大肚子水库最不利于排沙。因为不是条状而是大肚子型的库区，如果汛期经常处于蓄洪状态，则泥沙淤积多，而过水断面宽大，无法达到有效排沙所必须的流速。

汛期排沙方法，就是在汛期丰水多沙季节，像普通水库那样在汛前腾空

---

* 原载《林一山治水文选》，新华出版社，1992 年 4 月。首次发表于《人民长江》，1978 年第 2 期。

防洪库容，降低库区水位，达到设计中的下限水位。这时，因库区过水断面缩小，使水库流速加大到足以行洪排沙，而腾空的库容又可在汛期保证防洪，在汛后蓄水保证灌溉和发电，达到水库效益的设计指标（根据这样的水库调度，库区的淤积纵横剖面图，如图1所示）。

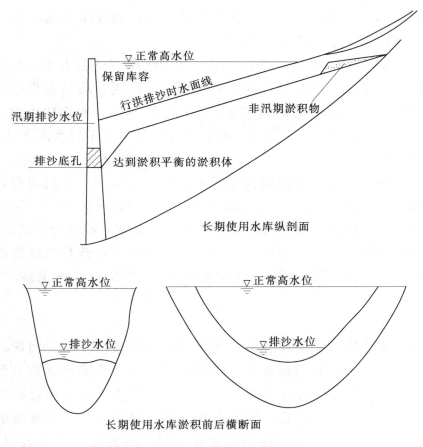

图1　长期使用水库示意图

由于水轮机的性能允许我们在一定限度内，用增加水量的办法补足发电水头的损失。我们可以选择一种有利地形，修建高坝，使汛期既能行洪排沙，又可不因降低水位而显著地影响到发电效益。又由于在汛后水库蓄水时期，淤积在库区的少量泥沙，可以留待汛期排出去，单独运用或联合运用的水利枢纽也可不因水库排沙而严重地影响到水利枢纽的综合利用效益。

我们认识了怎样利用河流建坝以后河床坡降变缓的规律，就可以有意识地去选择最有利的条件，来改造河流坡降，使水库保持最大效益的不淤库容。一般说，在确定为开发对象的河流上，其主要选择条件应该是：峡谷越长越好，大坝高一些为好。或者说，尽可能把大坝修建在峡谷河段的下游。因为这样，则由峡谷河床形成的新坡降同原河床坡降之间的差数就越大，就越是可以抬高发电水头，增加发电效益；因为这样，则水库的工作深度，即正常高水位与防洪下限水位（为了保留水库的最大防洪库容，在设计规定的汛期最低水位）之间的变化幅度就越大，就越是便于利用峡谷地形越低越窄的特点，在汛期有利于控制过水断面，保持排沙流速，而在汛后越是便于利用水库深度大，可以多蓄水保持更多的不淤库容。

如果峡谷河床不能改造为由陡变缓，则不淤库容就根本不能保持。因为库区淤满以后所形成的新河床，在某种情况下，将无止境地由坝前向上游延伸壅高，势必引起一系列的淹没灾害。在这种情况下，要修建水库，就必须将大坝的排沙泄洪底孔，建筑在原河床的高程上，这样的水库除滞洪以外，其他的效益就不显著了。

事实不会如此。从一般的河流规律说，峡谷河段多系下切河谷，实际河床坡降一般都大于该河段所需的坡降。因而峡谷河段建库以后，河床坡降就要变缓。从另一方面说，山区河流在建坝以后，由库区淤满所形成的新河床，都要因河床泥沙颗粒细化而使坡降变缓。峡谷河段一般都具有这两种变缓的条件，所以就更有利于获得更高的发电水头和保持更大的不淤库容。

二

计算峡谷型水库的不淤库容的主要根据是河床坡降变缓。河床坡降变缓的主要原因，是由于峡谷河段水流挟带泥沙的能力还没有达到饱和程度，即使水流速度减缓一些，仍可以将泥沙带走，不致发生淤积。而且在修建水库形成新河床以后，河床由岩石或卵石变为泥沙，颗粒细化，对水流的摩擦阻力（技术名词是糙率）减小，在同等坡降和同等摩擦面（技术名词是湿周）的情况下，可以获得比岩石或卵石河床较大的流速。因此，修建水库以后形成的新河床，其坡降虽然比原河床的坡降平缓得多，但仍有足够的挟沙能力，将进入水库的泥沙带到大坝下游。

根据河流的自然规律，水利科学家已经摸索出一套经验公式。利用这套公式，我们就可以推算出不同流量，不同过水断面，不同坡降和不同流速的河流情况，并可设计出人工渠道。这就是河流学理论的重要意义之一。但是运用这套公式详细推算水库区新形成的河床坡降，正如我们平时运用河流学公式的方法一样，尚需结合当地情况，搜集丰富的科学资料，并运用类同情况的实践经验和探求一些未知因素以后，才能进行一些比较准确的论证工作。

分期建坝的初期工程，实际上是为确定最终规模排沙闸设计高程的一种实验。

为了做好这一问题的调查研究工作，我们在 1964 年夏季，特去华北、东北、西北和内蒙古等地区，对十几个多泥沙河流的水库进行了参观访问，并搜集了许多极有价值的资料。在这些水库的淤积过程中，除进一步验证了上述的河流变化理论外，我们找到了两个最有代表性的典型，即闹德海滞洪水库和官厅综合利用水库。

闹德海水库是日本帝国主义为了保护山海关沈阳铁路，在 1942 年建成的一座滞洪水库。20 多年以来的运用结果表明：库区内的原河床，已由原坡降的 6.7‰改变为 3.6‰，基本处于稳定状态。虽然水库形状不够理想，水坝底孔又没有闸门可供水库的洪水调度之用，但水库的淤积情况，仍有很大的参考价值。该水库有一小部分库容（约占总库容 40%），在数年内淤死以后，其余库容，多年以来，也基本没有减少（闹德海水库历年淤积纵剖面，见图 2）。

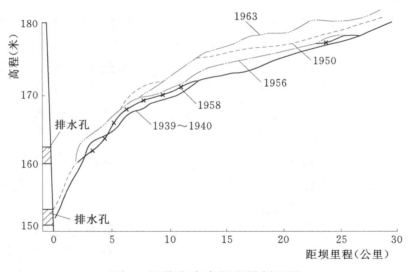

图 2　闹德海水库淤积纵剖面图

官厅水库可分为两部分，一为支流库区，另一为干流库区。支流水少沙多，库区基本保留原状；干流水多沙多，库区已大部分淤成新的冲积平原。在新淤的冲积平原上形成了一条新的永定河，其坡降由建库前的 11.2‰变为 4.3‰，新河床也已基本达到稳定阶段（官厅水库淤积纵剖面，如图 3）。

上述两个典型资料，同我们知道的其他许多水库淤积情况一致，除了必须进一步为设计工作寻找论证外，现有资料，已可基本满足规划阶段所需要论证的各项技术问题。

但是，仅有一个平缓而稳定的峡谷河床，还不能构成完整的不淤库容。

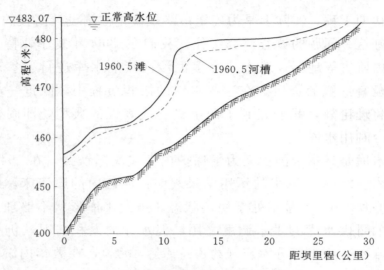

图 3　官厅水库淤积纵剖面图

只有在这个峡谷河床的两个岸边，处于稳定状态时，不淤库容才是稳定的。稳定的河床坡降和稳定的河床断面，是计算不淤的库容的全部依据。

在水库岸边坡比能够达到稳定的条件下，河谷断面越大，我们就越是可以得到更大的不淤库容。河谷断面大小，应该包括从干流河谷两岸汇入的各大小支流河谷在内。因此，各支流河谷的河床坡降和河谷断面是否稳定，也是研究与计算不淤库容的重要课题。

峡谷型的水库，岸边多系岩石，又不会有较大风浪，所以岸边稳定问题一般都不太严重，变化也不明显。只要今后引起注意，并有计划地搜集资料进行一些研究工作，这个问题是可以解决的。

由各种岩石或土壤所形成的干支流河谷坡降，都有一定的稳定角度。在河谷变成水库以后，因条件改变，使库区岸边的稳定，不同于过去的自然状态。但因峡谷河段的岸边多系岩石，虽然可能有某些部位向有利方面发展，某些部位向不利方面发展的情况，库区岸边坡比的变化幅度，将会受到一定限制，而不淤库容的计算数据也就可以基本上得到保证。因此，在规划上计算库容时，只要多留一点余地，就不会发生很大的误差问题。

当然，在问题的分析与认识上，发生原则错误的时候，留有余地也会是不可靠的。因此，库区河谷断面的观测工作，尚需从各个有关方面大力进行，并且首先应该证明目前在总的方面所提出的研究方向是否正确。但可以肯定，不管库区河谷断面变化幅度多大，在河流规划中长期不淤库容的总量还是非常可观的。它将使我们有充分的根据，统一拟定一个控制河流的水库调度计划，以最大限度地发挥不淤库容的综合效益。

三

从河流规划的全面观点说，不淤库容的计算方法如果不发生严重的误差，那么，这种误差就不会影响我们完全控制与征服一条多泥沙的河流并充分利用这种河流的水利资源。至于泥沙比较不太严重的河流，不淤库容的运用效果将更显著，而计算不淤库容的误差，就不会发生很大的影响。为了保持不淤库容而采用汛期排沙的调度方法，在某一个时候内，水库效益可能比现行水库调度方法稍有损失，但从河流规划的观点看，就不应该认为这是一种水库效益的损失。因为河流资源的利用如同矿山资源的利用一样，我们不应该只看目前而不顾将来地去开发自然财富。不作长期打算的资源利用方法，实际就是破坏自然财富。

保持不淤库容，这就是对开发河流的最大利益所在。从全河流梯级水库的联合运用说，如果水库调度方法正确，则不淤库容虽小，其近期效益也将可能不会比现行水库调度方法为小。尤其泥沙不严重的河流，更有这种可能。例如长江的挟沙能力有很大潜力，如果研究得好，我们就有可能利用这种潜力，结合正确的水库调度方法，使将来的水库排沙计划，比近期的现行水库调度方法，也不一定减少水利资源的综合利用效益。在长江，利用丰水年弃水多的规律，实行间歇性的排沙工作，就有可能基本维持原有的水库效益。

从充分利用泥沙资源的观点看，除河床上游应尽力多做水土保持工作外，被雨水挟带下来的泥沙，必须作为一种可贵的自然资源，有计划地利用起来。一般的河流，都有必要利用泥沙来改良农田土壤和两岸地形。这不仅在黄河就是在长江也是如此。据说埃及人对阿斯旺水库拦截了尼罗河泥沙来源问题还有争论，这是可能的。从利用泥沙的观点说，水库排沙也是保证河流能够向下游输送泥沙财富的重要方法。

水库排沙是一种新的水库调度方法，今后更需注意研究。水库调度必须考虑综合利用水利资源，因而水库排沙只能算作水库调度条件之一，在许多场合下，不能单独根据排沙的需要进行调度。所以库区内的泥沙冲淤过程就不可能是绝对平衡的，而是冲冲淤淤，由平衡、不平衡互相交错着，只有经常性的不平衡，才能保持基本上的平衡关系。因此，上下游水库的沙水统一调节，下游平原河段的泥沙利用，河床稳定与泥沙处理同水利资源的利用关系等，也是一些新的研究课题。

不淤库容的大小，同水库区水位升降幅度的大小有紧密关系。一般说，水库水位升降幅度越大的则越是有利于增加干支流河谷的蓄水容量。因而水闸设计、水轮机性能等问题，也将要求革新，以适应新的需要。

总之，保持不淤库容的基本论据和主要设计条件得到肯定以后，剩下的一系列技术研究工作，如水库洪水调度，库区河段的造床流量，水库排沙闸设计，水库下游泥沙处理及其他一些有关必须在河流规划中解决的具体问题，都必须在试验研究和工程实践的过程中，求得合理解决。这些问题不管是在目前理论水平可以认识到的，或者是必须在今后继续研究的，我们都将拟订进一步的调查研究计划，力求在设计工作中做到充分可靠。

四

水库排沙，在河流规划中选定的长江三峡水库、汉江丹江口水库和黄河小浪底水库（暂定为竹峪坝址，在黄河出山口坡头镇上游 30 余公里）都可采用。

选定的长江三峡水库区，上起江津下至大坝坝址，全河段长约 620 公里，河床总落差共计 120 米，平均坡降为 1.9‰。该河段系下切河流，现有流速，远远超过挟沙能力的需要，而水库建成后，河床物质变细，又有利于水流畅通。因此，根据河流理论推断，三峡水库在死库容淤满以后，库区的河床坡降，将由 1.9‰变缓为 0.5‰～1‰，可以长期保留大部分有效库容。

问题的关键是，三峡库区的河床坡降由 1.9‰变缓为 0.5‰～1‰，用以计算的理论根据是否可靠。在天然情况下，从三峡以上河段同三峡以下河段的对比情况看，除河床物质构成情况不同外，其他情况基本相同。因而可以用对比方法，校核一下上述计算方法，是否基本可靠。由宜昌到董市河段，河床物质组成为卵石夹沙，河床坡降为 0.72‰。以该河段水流所受的河床摩擦阻力，同宜昌以上河段河床物质细化以后的摩擦阻力相比，基本上应该是近似的。这个估算应该是偏于安全的。

汉江丹江口水库截流后 6 年（1960 年 4 月—1965 年 10 月）以来，库区河床的变化情况，更有参考价值。丹江口大坝在截流后 6 年中由于滞洪作用，库区淤积已经基本达到稳定阶段。从大坝向上游到曾河口共 38 公里，河床物质结构由卵石夹沙变为沙质，其坡降由 3.7‰变缓为 1.3‰，即变缓为原河床坡降的 35.3%。由曾河口向上游到石灰窑，共 37 公里，河床物质仍为卵石夹沙，其变化尚未稳定，新坡降只及原坡降的 84.5%。由汉江丹江口库区的变化情况推断，三峡建库以后，宜昌以上形成的稳定坡降，应不大于原河床坡降的 35.3%，而设计成果为 26.3%～52.6%。这说明三峡库区坡降的推算方法，也基本上是合理的。

因此，三峡水库通过排沙措施，可以长期保留大部分设计有效库容，即使不同上游水库联合运用，也可以基本保持三峡水库的综合利用效益长期不受破坏。至于三峡库区的入库卵石如何处理问题，因每年入库总量仅数十万立方米，如果在入库卵石的堆积河段，采取挖掘措施并修建卵石采集场，可供基本建设使用。

黄河在出山区以前的最后一个峡谷河段，上自潼关，下至孟县坡头镇，全长 280 公里左右，总落差共 200 米左右。其中三门峡以上河段，长约 120 公里，落差约 40 米，平均坡降为 3.3‰；三门峡以下河段，长约 160 公里，落差约 160 米，平均坡降为 10‰。因此，在本河段的下游就有可能修建高坝，汛期行洪排沙，汛后蓄水，既可保留长期使用库容，又可发挥水库的综合利用效益。

按竹峪水库正常高水位海拔 280 米、坝下游枯水位海拔 150 米和水库下限水位海拔 210 米等条件计算，则总库容约 98 亿立方米，长期保留的水库库容达 54 亿立方米，其中干流 31 亿立方米，支流 23 亿立方米。这样，我们就可以在防洪方面，在单独运用时，解决 200 年一遇洪水，使下泄洪峰不超过6000 立方米每秒；在灌溉方面，可保证月平均流量在 5—9 月不小于 1500 立方米每秒，其余各月不少于 500 立方米每秒；在发电方面，保证出力可达 50万千瓦，装机容量可达 150 万千瓦。

上述这个估计是根据现有各个水库的库区淤积资料，结合黄河已知情况，利用河流学理论推断出来的。竹峪水库的库区河床坡降，在建库以后，将由原来的 11‰变为 3.4‰（如图 4）。这个数字还是留有余地的。将来在设计工

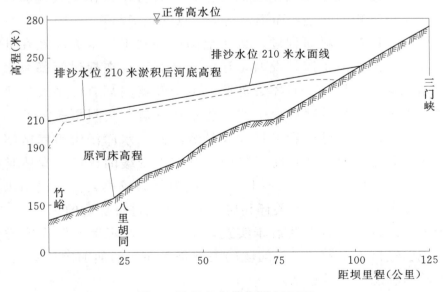

图 4　竹峪水库淤积纵剖面图

作中所需要补充的数据，尚可从三门峡潼关河段的详细观测资料中，作出比较精细的研究成果。

为什么说竹峪库区的河床坡降按 3.4‰ 计算，还是比较留有余地呢？这是因为：第一，三门峡以上的峡谷河段，原坡降是 3.3‰，现已因三门峡建库而变缓为 2‰。因为三门峡以上的河谷条件同以下的河谷条件基本相同，所以变缓情况达到 2‰，仍然还是有可能的。如果三门峡以下的峡谷河段，因估计误差而不能变缓为 2‰，那么估算变缓为 3.4‰，就应该是有根据的。第二，三门峡以下河段，系下切河段，河谷狭窄，原河床坡降较陡，从相对意义说，由陡变缓的程度，也显然应该大于看不出下切现象的官厅、闹德海河谷。第三，新的河床断面比较容易控制，不会过分展宽，不会影响到必要的河床水深，有利于计算河床坡降变缓的幅度。当然，这些因素的估计，仍然可能有一部分估得偏于有利方面。但规划阶段的估计误差，在设计阶段尚可修改补充。规划阶段的估算数据，只是为了从基本方向论证问题的性质，并根据这些估算指导工作，在工作中不断修正，达到比较接近实际的目的。

五

水库长期使用问题，在目前似乎还是一种设想。但是，近代国内外水利工程的实践，已经可以证明这不应该被看作是一种设想，而应该看作是一种初步的经验总结。

虽然，从实践过程中总结出来的理论，还有待于再作实践检验，但这是属于进一步认识事物的问题，而不是基本论点的正确与否。

长期使用水库这个科研课题，事实上国内外水工技术界已经在开始探索了。我们在调查闹德海水库情况时，辽宁省水利厅也在探讨闹德海水库停止淤积的根据问题。在国外，日本、苏联、美国和英国都有许多人在研究水库排沙问题，尤其对水库淤满过程中的一些规律问题，资料更多一些。从日文杂志《砂防工程》中，可以看出日本人已经注意到水库淤满后库区河床一定变缓的规律，并且在他们已知的资料中，总结出变缓的幅度，大体是新的河床坡降相当于原河床坡降的 1/2～1/4。我们为什么较早较全地提出水库长期使用问题，是因为在毛主席的关怀和启示下，才去进行探讨的。

由于人们的认识，总是落后于实践，所以，在客观上不淤库容已经做到了，或者说已经接近于做到了。问题的关键是摆在我们面前的这些宝贵经验，是否要去总结和怎么去做总结。

首先，可供我们探讨的典型工程是，辽宁柳河上游的闹德海滞洪水库和埃及尼罗河上的小阿斯旺水电站。这两座水库，经过几十年的运用，除了在开始几年内，因淤积而减少了很小一部分库容以外，以后就长期处于比较平衡的状态（图5、图6表示上述两水库库容的变化）。这样的事例，怎能不使人想到：再照例修建一些同类型的工程行不行呢？这样的事例，怎能不使人想到：闹德海和小阿斯旺这种低坝水库能够长期使用，为什么近似情况的高坝水库就不能建成呢？当然，高坝水库比低坝水库有一个特别值得研究的不同特点，那就是排沙泄洪底孔的设计高程，对于水库排沙作用有决定意义。

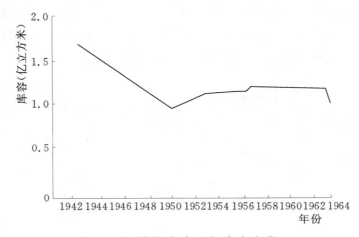

图 5　闹德海水库历年库容变化

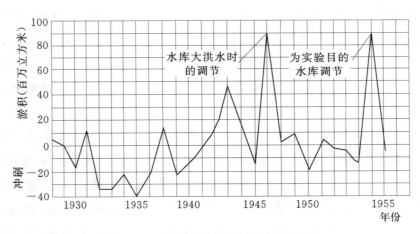

图 6　小阿斯旺水库历年冲淤变化

其次，可供我们探讨的典型工程是，河北永定河上的官厅水库和苏联吉尔吉不累斯克水库，前者（见图4）已经可以看得到将要失去调蓄作用情况，后者（见图7）早已完全淤满而失去了水库的调蓄作用。实践告诉人们：官厅水库淤成三角洲后，库区内新的永定河河床坡降，比原河床坡降要减缓一半以上。如果原设计的官厅水库排沙底孔不是修建在原河床的高程上，而是在水库死水位的高程上（坝址线还应当向下游迁移数十公里，以换取更高的发电水头），那么，现在的官厅水库，在正确执行水库调度的情况下，岂不是既可拦洪发电，而又不影响水库排沙了吗？吉尔吉不累斯克水库淤满后所形成的库区新河床，其坡降由 10‰ 减缓到 4.5‰。如果把现在国内外水工界所设想的或者正在设计中的大坝加高工程，有意识地利用淤满的水库最高水位，设计为加高以后新水库的死水位，并按照这个水位拟定泄洪排沙底孔和发电引水高程，那么，新增加的大坝高程及其相应的库容，岂不是大部分将变成一个持久不淤的水库了吗？这样，像前面刚才所提出的由低坝排沙底孔正确地设计为高坝排沙底孔的问题，岂不是就得到解决了吗？

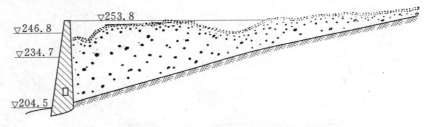

图 7　吉尔吉不累斯克水库淤积纵剖面图

最后，可供我们探讨的典型工程是：黄河三门峡大坝改建工程，拟将原设计的各种运用水位，改变为以恢复潼关河段黄河河床原状为原则的水位。有关这个问题的研究工作，目前所得资料，非常接近原来根据理论公式所推算出来的情况。我们曾估计三门峡—潼关段的河床坡降，将由 3.3‰ 改变成 1.8‰～2.12‰。现在有愈来愈多的观测资料证明，这段河床的新坡降，将稳定为 2‰ 左右。因此，由三门峡到潼关河段长约 120 公里，如果按照某一假定流量概括一下，则原落差约 40 米，可减缓为 24 米，即原来潼关水位 320 米时，三门峡坝前的相应水位可由 280 米抬高到 296 米，或者为了安全可靠，可再假设为 290 米。这样，则三门峡工程的改建结果，就可以既能恢复潼关河段的黄河原状，又可得到 10 米的最小发电水头。三门峡工程的改建，将是不淤库容理论在黄河干流上进行的一次实践检验。三门峡以上河段的设计理论，可以在工程实践中得到证明，那么，三门峡以下河段的设计理论，也就可以得到证明了。

当然，在三门峡以下河段的高坝长期使用水库，所需要在工程实践中得到证明的，将大大不同于在三门峡以上河段的低坝长期使用水库。可以肯定，在三门峡以下修建起来的高坝水库，将不需要证明不淤库容是否可靠，而将要证明的是：更全面、更确切和更大限度地影响到全流域开发计划的工程理论问题。

　　为了达到设计的目的，建议在黄河上游或者在类同黄河情况的其他河流上，把正在设计或施工中的水库，按照长期使用水库的原则进行设计或修改设计，并制订出调度、观测和各种试验计划。这些新的资料到手以后，对于长期使用水库的理论认识问题，将不是实践认识的初步阶段，而是更高级地上升到再实践、再认识的新阶段。

附录四

长江三峡工程泥沙专题论证报告[*]

长江三峡工程论证泥沙专家组

（1988 年 2 月）

前言

遵照党中央、国务院中发〔1986〕15 号文"关于长江三峡工程论证工作有关问题的通知"的精神，三峡工程泥沙专家组于 1986 年 7 月 21 日研究了论证工作纲要，明确了专题论证的主要问题，并制订了专题论证工作计划。

承担三峡工程泥沙专题论证科研任务的单位按计划积极开展了三峡枢纽不同正常蓄水位方案的工程泥沙问题的研究。在原型观测研究、泥沙数学模型计算和泥沙模型试验研究等方面，均取得了大量研究成果。

1988 年 2 月 5 日至 9 日泥沙专家组在南京召开第五次会议，在上述工作成果的基础上，经过详细讨论提出了三峡工程泥沙专题论证报告。

一、基本情况

三峡工程泥沙专题论证已具备良好的工作基础。长江干支流均设有控制测站，干流沿程设有屏山、朱沱、寸滩、万县、奉节、宜昌等站，支流设有北碚、武隆等测站。干流站除施测悬移质外，还观测了砂砾、卵石推移质，寸滩、宜昌等站还进行了近底悬移质泥沙测验，测验项目齐全。悬移质泥沙资料系列一般有 30 年以上，推移质泥沙则有 10～20 年以上。对变动回水区、葛洲坝库区及宜昌以下河道进行了大量观测研究。

长江上游重点产沙区分布比较集中，年际水沙量呈现不规划的周期变化，近 30 年来流域内的人类活动还没有引起流域来沙量的单向增长。

为了研究三峡工程的泥沙问题，二十世纪五十年代后期以来，配合工程设计，开展原型观测调查、数学模型计算和河工泥沙模型试验。七十年代到

---

* 原载三峡工程泥沙问题研究成果汇编（160～180 米蓄水位方案）. 水利电力部科学技术司，1988 年 5 月.

八十年代，通过对葛洲坝工程泥沙问题的研究和实践，为三峡工程泥沙问题的研究，作了"实战准备"。近五年来，针对工程可行性研究阶段泥沙专题论证的主要问题，加强了原型观测研究，进行了两个一维数学模型计算，研究了正常蓄水位从 150m 到 180m，包括不同的防洪限制水位和枯季水位的组合，以及两级开发和特殊调度等情况，方案近 20 个，同一方案还研究了不同的运用方式。为了研究水库变动回水区航道和港区泥沙问题，建立了 9 座泥沙模型，还对局部河段进行了二维数学模型计算。在两座坝区泥沙模型上完成了 150～175m 不同正常蓄水位方案试验。对水库下游的泥沙问题也进行了河床冲刷、浅滩演变和三峡工程对河口可能影响的研究。

据不完全统计，近五年来，各单位共提出原型观测资料及分析报告 20 余份，数学模型计算分析报告约 10 份，泥沙模型试验报告约 40 份，取得了丰富的成果。

二、对几个主要泥沙问题的论证意见

可行性研究报告三峡工程泥沙专题论证的主要问题有：水库长期保留防洪库容和调节库容问题；水库变动回水区航道和港区的泥沙淤积问题；水库淤积引起重庆市洪水抬高的问题；坝区泥沙淤积问题；水库运用对下游河床演变和河口的可能影响问题。专家组对以上五个问题的论证意见如下：

（一）水库长期保留库容和调节库容问题

根据长江寸滩多年实测资料，平均年径流量为 3490 亿 m^3，悬沙输沙量为 4.62 亿 t，平均含沙量为 1.32kg/m^3，此外，平均每年有大于 10mm 的卵石 27.7 万 t 和 1～10mm 的粗沙砾石约 1 万～3 万 t。

三峡水库系河道型水库，在 600 多千米的库区中，库面宽度一般小于 1000m，只有一小部分库段的库面宽度在 1000～1700m 之间。根据长江输沙量主要集中在汛期的特点，每年汛期 6—9 月坝前水位降到防洪限制水位，即水库采用"蓄清排浑"的运用方式。防洪限制水位以上防洪库容和枯季限制水位以上的调节库容，除滩地部分淤积外，大部分库容可以长期保留。根据一维悬沙数学模型计算，175－145－155m 分期蓄水方案在水库运用 100 年后，防洪库容可保留 85.8％，调节库容可保留 91.5％，各方案的保留库容百分数见表 1。

专家组认为三峡水库采用"蓄清排浑"的方式运用，水库的大部分有效库容，包括防洪库容和调节库容，均可以长期保留。

（二）水库变动回水区航道、港区的泥沙淤积问题

三峡水库库区在自然情况下，坡陡流急，滩险众多。新中国成立以来，经过

表 1   主要方案库区淤积数量和保留库容

方案 项目		150 – 135 – 130m	160 – 135 – 145m	170 – 140 – 150m	175 – 145 – 155m （分期蓄水）	180 – 150 – 160m
库区干流淤积量 /亿 m³	30 年	77.82	77397	82.07	85.74	90.15
	100 年	106.70	127.10	145.06	166.56	183.26
淤积末端 （距坝） /km	20 年	522	550	560	570	579
	100 年	550	579	604	616	628
初步淤积平衡年限/年		50	63	63	80	87
保留防洪库容 /%	80 年	87.7	84.9	87.2	87.1	88.4
	100 年	—	82.6	85.2	85.8	86.6
保留调节库容 /%	80 年	82.3	92.3	93.5	93.3	94.7
	100 年	—	90.6	92.0	91.5	93.4

大量整治，目前从宜昌到重庆的航道尺度可达 2.9m×60m×750m（水深×宽度×弯曲半径），可通航由 1000～1500t 驳船组成的 3000t 级船队。为了研究回水变动区泥沙冲淤对航道和港区的影响，进行了 150～180m 各种正常蓄水位方案的数学模型计算和泥沙模型试验。175 – 145 – 155m 方案的试验和计算成果见表 2 和表 3。

表 2 – 1   175 – 145 – 155m 方案试验成果

试验河段名称		重庆河段	重庆河段	重庆河段
研究单位		清华大学水利系泥沙研究室	水利水电科学研究院	长江科学院
运用后期 30000m³/s 流量 下李家沱水位/m		180.5（吴淞）	181.7（吴淞）	180.1（吴淞）
运用 80 年末 淤积总量	河段长度	干流里程 646～682.6km，嘉陵江 3km，共 39.6km	干流里程 677～647km，嘉陵江 7km，共 37km	干流里程 646～680km，嘉陵江 2.5km，共 36.5km
	淤积总量 /亿 m³	0.4429	1.2～0.68	0.4454
局部河段淤 积量占淤积 总量百分数	九龙坡	10.2%	10.5%～12.6%	8.6%
	朝天门	10.4%		3.6%
	金沙碛	25.0%	6.2%～4.2%	12.6%

试验河段名称	重庆河段	重庆河段	重庆河段
航道情况	航深小于 3m 属碍航。干流未出现碍航。嘉陵江在运行 71～80 年时几乎每年均有一个多月碍航	干流航深小于 3m 属碍航，嘉陵江小于 2m 属碍航。一般年分均可保持通航。九龙坡河段中后期航槽外移缩窄，大沙年后出现倒槽现象，后期航深 2～3 个月。嘉陵江金沙碛中后期航槽因淤积而摆动，碍航时间 11～60 天	航深小于 3m 属碍航。九龙坡河段主、支汊相对稳定，30 天左右航深不足 3m，短时段航槽摆动，金沙碛 1～2 个月水深小于 3m，1～2 号码头淤平
港口情况	九龙坡运行 71～80 年中有 9 年出现边滩，每年持续时间约一个月，边滩最大宽度 350m。嘉陵江口运行 71～80 年中，1 号码头 7 年、2 号码头 6 年，3 号码头 4 年出现边滩。三次出现拦门沙，持续时间半个月至一个半月。朝天门月亮碛滩面普遍淤积，最厚达 9m	九龙坡码头前沿淤积宽度在 47～80 年达 200～300m，铜元局码头前沿淤积宽度 150m，嘉陵江 1～3 号码头前严重淤积，影响船舶进港作业，梁沱港内严重淤积，月亮碛淤高	九龙坡码头多数年份余有边滩，宽 150～250m，影响船舶停靠。朝天门码头水深大于 3.5m，最小航宽 120m。金沙碛 1～2 号码头淤平，3～4 码头有 1～2 个月航宽不足 100m，航深小于 3m

表 2－2　　　　　　　　　175－145－155m 方案试验成果

试验河段名称		铜锣峡河段	洛碛—王家滩河段	青岩子河段
研究单位		长江科学院	交通部天津水运工程研究所	武汉水利电力学院
淤积总量	河段长度 /km	里程 616～652km 中有淤积的 27km	里程 610～579km，共 31km	里程 566～554km，共 12km
	淤积总量 /亿 m³	0.7955（80 年末）	1.7（74 年末）	0.7591（年末）
航道情况		全河段最小水深均大于 4m，局部航槽在特枯水文年（1969 年型）边滩冲刷、局部航槽摆动 100～200m	前期（正常蓄水位 156m）卵石推移质试验成果，1963 年枯水年型水位消落期，上洛碛滩出现碍航 20 天左右，正常蓄水期 175m 运用后期，悬移质产生累积性淤积，某些河段出现航槽移位、河型转化，但新航槽航深均达 3m，仅上、下洛碛新航槽内有五金堆等礁石需要炸除，但石方量不大	前 10 年正常蓄水位为 156m，一般年分可满足通航条件，丰沙年后的消落走沙期青岩子至大河口一带水深处于 3m 临界状态。第 16 年金川碛右汊淤死，主流改走左汊，进出口暗礁碍航，出口约 2km 段消落期流速大于 5m/s，不能通航。至 35 年后，壅水增高，左汊方可通航，但进口礁滩必须炸除。河型转化后蔺市以下 6km 航槽右移 600m 到牛屎碛面，局部礁石须炸除

续表

试验河段名称	铜锣峡河段	洛碛—王家滩河段	青岩子河段
港口情况	唐家沱、郭家沱和明月沱泥沙淤积，工厂专用码头需改建	长寿港区位于弯道凹岸，无悬移质淤积，但长寿上游的地方及工厂专用码头，两蟾堆下游的川江驳船码头，洛碛码头均淤成边滩，需要改建	

表 2 - 3   **175－145－155m 方案试验成果**

试验河段名称		青草背至剪刀峡
研究单位		南京水利科学研究院
运用后期 30000m³/s 流量下水位（黄海，m）	李家沱	182.1（其中嘉陵江流量为 2000m³/s）
	长寿	170.1
	青岩子	169.1
淤积总量	河段长度	长江干流 554～720km，嘉陵江 0～16km，共 182km
	淤积总量/亿 m³	10.1
局部河段淤积量占淤积总量的百分数	重庆河段	1.01 亿 m³（计算里程：干流 674～645km，嘉陵江 0～5km），占 9.4％
	李家沱至朝天门	0.476 亿 m³（675～660km），占 4.66％
	金沙碛	0.168 亿 m³（0～5km）
	南坪坝至王家滩	1.70 亿 m³（608～586km），占 16.7％
	王家沱至剪刀峡	1.45 亿 m³（566～554km），占 14.2％
航道情况（航深小于 3m 属碍航）		回水变动区航道大部分得到改善，运用 30 年内万吨船队可直达重庆朝天门和九龙坡；运用 50 年左右，青岩子、九龙坡和金沙碛等河段发生河型转化，每当 49 年、50 年、76 年、79 年、80 年等枯水年水库消落期，上述三个河段发生程度不同的碍航，碍航时间从十几天到二个月左右
港口情况		重庆港区佛耳岩、长寿港未出现淤积边滩外，其余厂矿专用码头和地方码头淤积较多，其中九龙坡码头第 29 年淤积边滩约 100m，第 49 年码头边滩最宽达 200m，码头区作业感到困难。嘉陵江临江门码头前沿边滩达 300 余 m（第 49 年），1～3 号码头作业困难；到第 76 年初，金家滩、临江门和千厮门一带都淤积成宽大的边滩，嘉陵江 1～3 号客运码头难以作业

表 3 **175－145－155m 方案数学模型计算成果**

项　目		长江科学院	水利水电科学研究院
库区干流淤积量 /亿 m³	30 年	85.74	74.94
	50 年	128.90	115.42
	80 年	157.58	144.56
	100 年	166.56	151.17
运用 100 年支流淤积分布/亿 m³	嘉陵江	3.31	1.77
	乌江	1.79	0.91
运用 100 年干流淤积分布/亿 m³	坝址—丰都	145.57	129.48
	丰都—涪陵	10.11	9.68
	涪陵—长寿	4.91	4.45
	长寿—重庆	4.64	4.20
	重庆以上	1.34	0.69
淤积末端距坝址公里数	按淤积量＜5000 万 m³（100 年）	约 650	约 630
	按淤积量＜0.5％总淤积量（100 年）	616	约 602
保留库容 防洪库容	初始库容/亿 m³	222.00	222.00
	淤 100 年后保留百分数	85.8	90.5（108 年）
调节库容	初始库容/亿 m³	165.00	165.00
	淤 100 年后保留百分数	91.5	96.4（108 年）
运用过程中的排沙比/％	第 30 年	35.3	38.6（34 年）
	第 50 年	52.0	45.7（46 年）
	第 80 年	84.5	84.2（82 年）
	第 100 年	89.7	91.4（108 年）

重庆洪水位及抬高值（吴淞高程 m）	淤 30 年遇 $P＝1％$洪水（88700m³/s）	水位	195.94	195.75	淤 37 年寸滩流量 82800m³/s
		抬高值	1.64	3.05	
	淤 100 年遇 $P＝1％$洪水（88700m³/s）	水位	199.09	199.05	淤 109 年寸滩流量 82800m³/s
		抬高值	4.79	6.35	

从表 2 可以看出，虽然由于泥沙模型的设计和试验条件不同，从而使重庆河段的淤积量相差几千万立方米，但是各个模型试验的结果都得到了如下几点共同的结论：

（1）在常年回水区库段的滩险均被淹没，除位于常年回水区上段青岩子、金川碛主航道由右槽倒向左槽，需要在新航槽中清除礁石外，其他滩险均可得到明显的改善。

（2）每年汛后11月至汛前枯水期3、4月份有五到六个月时间，万吨船队在库区一般可以直达重庆九龙坡港区，航行水流条件和航道尺度均能满足要求。

（3）156－135－140m初期运用阶段，洛碛—王家滩河段的上洛碛以及青岩子河段的青岩子到大河口在库水位消落后期有短时期水深不足3m。

（4）模型试验表明，按175－145－155m方案运行前10年（包括按156－135－140m运行10年，共20年），重庆港区淤积不严重。以后港区淤积逐渐增加，在水库水位消落后期如遇特枯水年，或丰沙年后的消落期，干流大渡口至小南海河段某些浅滩出现不同程度的短期碍航情况；重庆河段九龙坡港区、朝天门港区边滩较宽，影响港区作业；嘉陵江口有些年份出现拦门沙，码头出现边滩，影响航行和港区作业；磁器口上下的浅滩和寸滩以下处于沱区的工厂码头也存在不同程度的问题。

专家组认为，变动回水区的泥沙问题及其对航运的影响已经基本清楚，上述研究可以作为三峡工程可行性论证的基础。以上航道和港口存在的问题可以从优化水库调度，结合港口改造，认真研究整治和疏浚措施，加以解决。

（三）水库淤积引起重庆市洪水位抬高问题

水库淤积对重庆市的洪水位抬高与淤积数量和淤积部位有关，因而与水库运用方案和年限有关。通过计算分析，得出防洪限制水位高低是影响重庆市洪水位抬高程度的主要因素，正常蓄水位也有一些影响。对不同运用方案、不同运用年限、不同频率洪水流量相应的重庆市洪水位，两个单位的计算结果基本相同，具体数值见表4。计算表明，当采用175－145－155m方案，水库运用100年，如遇100年一遇洪水流量，重庆市朝天门水位约为199m。

专家组认为上述计算值基本合理，但考虑到计算水位与糙率、淤积量和淤积部位关系较大，计算值可能还有约1～3m的变幅，如考虑上游干支流建库的拦沙作用，重庆市洪水位可以降低。

（四）坝区泥沙淤积问题

三峡工程库区长达600余km，运用30年和60年后，分别有约30%和60%悬沙到达近坝区，在此期间坝区引航道和电厂前淤积的沙量较小。

为研究三峡工程施工期间通航问题，对150m方案曾平行进行过两个坝区

表4 　　　　　　　　　　　三峡水库淤积后重庆朝天门洪水位

方案 （计算年限）	频率	天然 水位	淤积前 水位	淤积30年		淤积100年		坝前 水位	寸滩 流量
				水位	抬高值	水位	抬高值		
	%	m	m	m	m	m	m		
160－135－145m （100年）	1	194.3	194.30	194.91	0.61	196.60	2.30	143.5	88700
	5	190.2	190.20	191.32	1.12	193.09	2.89	139.4	75300
	20	185.9	185.90	187.49	1.59	189.22	3.32	136.0	61400
175－140－150m （100年）	1	194.3	194.30	195.57	1.27	197.67	3.37	161.5	88700
	5	190.2	190.20	192.11	1.91	194.50	4.30	152.0	75300
	20	185.9	185.90	188.17	2.27	190.80	4.90	143.1	61400
180－150－160m （100年）	1	194.3	195.27	197.15	1.88	200.19	4.92	170.8	88700
	5	190.2	190.20	193.46	3.44	197.22	7.02	160.8	75300
	20	185.9	185.90	189.67	3.77	193.72	7.82	153.2	61400
考虑上游建库拦沙作用 155－135－140m（10年全沙）＋175－145－155m（80年半沙）	1	194.3	194.30	194.89	0.59	196.06	1.76	161.7	88700
	5	190.2	190.20	191.57	1.37	192.79	2.59	154.6	75300
	20	185.9	185.90	187.63	1.73	188.96	3.00	147.2	61400
160－135－145m（20年全沙＋80年半沙）	1	194.3	194.30	194.31	0.01	194.47	0.17	143.5	88700
	5	190.2	190.20	190.71	0.51	190.88	0.68	139.4	75300
	20	185.9	185.90	186.93	1.03	187.12	1.22	136.0	61400
180－150－160m（20年全沙＋80年半沙）	1	194.3	195.27	196.24	0.97	196.78	1.51	170.8	88700
	5	190.2	190.20	192.46	2.26	193.07	2.87	160.8	75300
	20	185.9	185.90	188.36	2.46	189.13	3.32	153.2	61400
分期蓄水方案 160m（10年）＋170－140－150m（90年）	1	194.3	194.30	195.38	1.08	197.49	3.19	161.5	88700
	5	190.2	190.20	191.96	1.76	194.25	4.05	152.0	75300
	20	185.9	185.90	187.98	2.08	190.52	4.62	143.1	61400
156m（10年）＋175－145－155m（90年）	1	194.3	194.30	195.94	1.64	199.09	4.79	161.7	88700
	5	190.2	190.20	192.72	2.52	196.14	5.96	154.6	75300
	20	185.9	185.90	188.81	2.91	192.61	6.71	147.2	61400
156m（20年）＋175－145－155m（90年）	1	194.3	194.30	195.65	1.35	198.02	4.52	161.7	88700
	5	190.2	190.20	192.36	2.16	195.87	5.67	154.6	75300
	20	185.9	185.90	188.42	2.52	192.30	6.40	147.2	61400
160m（10年）＋180－150－160m（90年）	1	194.3	195.27	197.82	1.75	199.91	4.64	170.8	88700
	5	190.2	190.20	193.46	3.26	196.96	6.76	160.8	75300
	20	185.9	185.90	189.47	3.57	193.39	7.49	153.2	61400

续表

方案 （计算年限）		频率	天然 水位	淤积前 水位	淤积 30 年		淤积 100 年		坝前 水位	寸滩 流量
					水位	抬高值	水位	抬高值		
		%	m	m	m	m	m	m		
两级 开发 方案	蔺市方案 180－150－170m	1	194.3	195.27	196.02	0.75				88700
		5	190.2	190.20	191.88	1.68				75300
		20	185.9	185.90	187.77	1.87				61400
	平绥坝方案 180－145－165m	1	194.3	195.27	195.59	0.32				88700
		5	190.2	190.20	191.31	1.11				75300
		20	185.9	185.90	187.14	1.24				61400

泥沙模型试验。上、下游引航道年碍航淤积量各为 30 万 m³ 左右。专家组认为，175m 方案施工期情况与 150m 方案相近，下阶段可研究其冲淤规律及减淤、清淤措施。

专题论证阶段，在上述两个坝区模型上又分别进行了 160m、170m 和 175m 方案的试验。据 175－145－155m 方案试验成果，在枢纽运用至21～30 年间，上引航道年碍航回淤量为 0～1 万 m³；下引航道年碍航回淤量约 20 万 m³。当枢纽运用接近平衡的第 81～90 年间，上引航道年碍航回淤量为 36 万～101 万 m³；下引航道年碍航回淤量为 79 万～133 万 m³。下阶段应研究合理的防淤措施，以减少引航道年碍航回淤量。专家组认为，运行初期可以采取防淤、清淤措施加以解决，后期可能还要考虑采取冲沙措施，下阶段应积极进行研究。

根据已有试验研究成果，当电站底孔全关时，可能有部分傍岸机组进水口前淤积高程略高于进水口高程。专家组认为，电站进口高程高于泄洪闸深孔 20m，粗颗粒泥沙到达坝前时一般沿深槽运动，不易进入机组，可结合坝前沿泥沙运动规律，进一步研究防沙措施。

（五）水库运用对下游河床演变和河口的可能影响问题

三峡水库下游有葛洲坝枢纽，葛洲坝枢纽下游长江从宜昌至江口镇长约 110km，两岸为低山丘陵阶地，河床由砂卵石组成，对河床冲刷有控制作用。江口镇以下沙质覆盖层增厚，可冲深度较大。

在可行性专题论证阶段，对宜昌到江口镇河段河床组成进行了进一步的调查分析。并由三个单位对葛洲坝枢纽下游河床冲刷、宜昌水位降低进行了计算，成果接近，与葛洲坝工程设计采用的水位流量关系线相比，宜昌枯水位降低值为 1.7m 左右。按 1.7m 计，要恢复葛洲坝枢纽下游引航道设计最低通航水位 39.0m，宜昌最小下泄流量应保持在 5300m³/s。下阶段应研究满足下游引航道最低通航水位 39.0m 要求的各种措施。围堰发电所引起的葛洲坝枢纽下游水位下降问题，下阶段应注意研究。

宜昌至江口镇河段有宜都、芦家河、枝江等卵石浅滩，在下游沙质河床大量冲刷的影响下，这些浅滩有可能恶化，特别是芦家河浅滩有可能变得更加水浅流急，需研究综合治理方案，谋求解决。

初步计算表明，江口镇以下沙质河床冲刷深度较大，水位将有明显降低，冲刷范围可能发展到汉口附近，对防洪、航运、给水等都有不同程度的影响。目前荆江和城陵矶以下河势控制和护岸工程正在进行，有利于促进河势稳定。

修建三峡水库对进入长江口地区的水沙过程会引起一些变化。根据初步分析，这些变化对于长江口的盐水入侵、滩涂围垦及拦门沙的演变不会有明显影响。三峡水库运用后，枯季（1—4月）流量较天然情况有所增加，而10月份水库蓄水期径流则有所减少，这种变化对于盐水入侵有利有弊，但影响不大。由于三峡水库运用初期排沙比即达30%至40%，小于0.01mm的泥沙基本不在水库落淤；而且从宜昌到长江口长达1800km的中下游河道，有充分的泥沙补给来源，因此，修建三峡工程后，长江口泥沙的总量不会有明显的减少，不会对拦门沙的演变及围垦滩涂的速度带来明显的影响。

三、结论

三峡水库采用"蓄清排浑"的方式运用，水库的大部分库容，包括防洪库容和调节库容，可以长期保留。

三峡水库常年回水区库段的滩险将被淹没，航道可得到显著改善；水库变动回水区库段的滩险也有不同程度的改善。在水库水位消落后期，如遇特枯水年或丰沙年后，某些河段的航道和港区将出现碍航和影响港区作业情况。对这些问题可以从优化水库调度，结合港口改造，研究整治和疏浚措施加以解决。在常年回水区上段和变动回水区中、下段出现河势调整、河型转化，河道将趋于规顺，但新航槽中的石梁暗礁等应予清除。在 175 - 145 - 155m 方案中，每年汛后至汛前的 5～6 个月里，九龙坡以下航道基本上可满足万吨船队通航的尺度要求。

水库淤积对重庆市的洪水位抬高主要与防洪限制水位的选定有关。175 - 145 - 155m 方案运用 100 年，如遇 100 年一遇的洪水流量，重庆市朝天门水位约为 199m，变化幅度约为 1～3m。

根据三峡工程坝区泥沙淤积规律和葛洲坝工程解决坝区泥沙淤积的经验，

分阶段采取一定措施，三峡工程坝区泥沙淤积问题是可以解决的。

三峡水库下游河道，四五十年内，河床将发生长距离冲刷，在同流量下，水位有些下降。

三峡工程建成运用后，对河口不会有明显影响。

专家组认为，三峡工程可行性研究阶段的泥沙问题经过研究，已基本清楚，是可以解决的。

长江三峡工程泥沙与航运专题论证泥沙专家组名单

顾　　问：严　恺　　中国科学院学部委员、河海大学名誉校长、教授、中国水利学会理事长、南京水利科学研究院名誉院长

钱　宁　　中国科学院学部委员、清华大学教授

张瑞瑾　　武汉水利电力学院名誉院长，教授

杨贤溢　　长江流域规划办公室技术顾问、高级工程师

石　衡　　交通部三峡通航领导小组顾问、高级工程师

组　　长：林秉南　　国际泥沙研究培训中心顾问委员会主席、水利水电科学研究院咨询、清华大学兼任教授、中国水利学会副理事长

副组长：窦国仁　　南京水利科学研究院院长、高级工程师、中国水利学会泥沙专业委员会副主任、港口航道专业委员会副主任、国际泥沙研究培训中心管委会副主任

谢鉴衡　　武汉水利电力学院教授、中国水利学会泥沙专业委员会主任委员

成　　员：（姓氏笔画为序）

丁联臻　　国际泥沙研究培训中心秘书长、高级工程师

万兆惠　　水利水电科学研究院泥沙所高级工程师

王士毅　　交通部长江航道局航道一处副总工程师

王作高　　交通部三峡通航领导小组办公室副主任、高级工程师

王绍成　　重庆交通学院教授

王锦生　　水利电力部水文局总工程师、高级工程师

龙毓骞　　黄河水利委员会总工程师、高级工程师

华国祥　　成都科技大学水利系教授

刘建民　　交通部天津水运工程研究所技术顾问、研究员

杜国翰　　水利水电科学研究院高级工程师、中国水利学会泥
　　　　　沙专业委员会副主任

沈淦生　　水利水电规划设计院高级工程师

陈济生　　长江科学院院长、高级工程师、中国水利学会水力
　　　　　学专业委员会副主任

李保如　　黄河水利委员会高级工程师、中国水利学会泥沙专
　　　　　业委员会委员

周耀庭　　河海大学水科所副教授

荣天富　　交通部长江航道局总工程师、高级工程师、中国水
　　　　　利学会港口航道专业委员会副主任

张　仁　　清华大学水利系泥沙研究室主任，教授，国际泥沙
　　　　　研究培训中心管理委员会副主任

张启舜　　水利水电科学研究院副院长、高级工程师

高博文　　水利电力部农水局高级工程师、中国水土保持学会
　　　　　常务理事兼副秘书长

唐日长　　长江流域规划办公室技术委员会委员、长江科学院
　　　　　学术委员会委员、高级工程师

鄢祥荣　　交通部长江航务管理局工程师

惠遇甲　　清华大学水利系教授

韩其为　　水利水电科学研究院泥沙所高级工程师

黄宣伟　　水利电力部太湖流域管理局副局长兼总工程师、高
　　　　　级工程师

戴定忠　　中国水利学会秘书长、水利电力部科技司总工程师、
　　　　　国际泥沙研究培训中心管理委员会委员

工作组名单：

组　长：戴定忠（兼）

副组长：张启舜

成　员：张　仁　韩其为　潘庆燊　陈志轩　张光树　吴仁初
　　　　马翠颜　朱光裕　谭　颖　曹文洪　闵宇翔

长江流域规划办公室联络员：潘庆燊（长江科学院副总工程师）

三峡工程泥沙课题阶段性评估报告[*]

三峡工程论证及可行性研究阶段，泥沙问题是工程中的关键技术问题之一。特别是三峡水库泥沙淤积后，水库防洪、兴利库容是否可以长期保留使用？重庆港口、航道是否会被淤废？变动回水区泥沙淤积碍航影响如何？永久船闸通航水流条件保证率怎样？以及下游"清水"冲刷河道带来的诸多负面影响等，都必须作出明确回答。为此，在论证及可行性研究阶段开展了大量研究工作，对三峡工程的泥沙问题作出了明确的论证结论，为三峡工程的决策发挥了积极作用。

三峡工程开始建设后，在三峡建委的领导和有关部门的大力支持下，对上述问题进行了一系列原型观测和研究分析，并取得了相应的成果。下面结合这些成果对论证阶段所作的结论进行评估。

一、泥沙研究与评估工作简况

泥沙问题的解决是三峡工程的关键技术之一。因此在论证及可行性研究期间，对三峡工程的泥沙问题极为重视，动员全国大专院校和科研设计等部门，投入了大量人力、物力，通过数学模型计算、实体模型试验、原型观测和国内外水库类比等方法，对三峡工程的泥沙问题进行了广泛研究。研究的重点是如何长期保持水库的有效库容不被泥沙淤废，预估泥沙淤积对重庆洪水位的影响，防止变动回水区泥沙淤积影响航运，以及坝区和下游的泥沙问题。研究中有不少技术创新，所采用的数学模型的理论和水平、实体模型的设计和规模、原型观测的范围和技术，在当时均处于世界泥沙研究的前列。通过研究，作出了一系列相关的预报，并探索了解决问题的途径和方法，从而为三峡工程建设的决策提供了科学依据。

在论证和可行性研究阶段之后，泥沙问题的研究没有中止。为保证研究

---

* 原载《三峡工程阶段性评估报告 综合卷》，中国工程院三峡工程阶段性评估项目组编著，中国水利水电出版社，2010 年 9 月.

工作的顺利进行，1993 年 9 月，三峡建委办公室设立了泥沙课题专家组，协调整个泥沙科研工作。此后，在三峡建委办公室和三峡总公司的领导和支持下，泥沙专家组会同 20 多个科研、设计、运行、院校、观测、管理等单位，组织、实施了"九五""十五""十一五"泥沙科研计划。随着工程的建设进程，先是配合设计，重点研究确定通航建筑物引航道的布置；蓄水前后，则是配合运行，重点研究在变化了的实际的来水来沙条件下，如何合理蓄水和优化调度，减少泥沙的负面影响。为配合研究工作，三峡总公司还投入数亿元，开展大规模的水文泥沙原型观测，取得了大量的三峡工程上下游泥沙状况的第一手资料。

论证之后开展的泥沙原型观测和研究工作，不仅为三峡工程的建设和运行提供了科技支撑，而且也为目前的阶段性评估工作提供了基本依据和重要参考。按照中国工程院三峡工程阶段性评估项目的要求，泥沙课题评估专家组成立后，曾进行库区、坝区、下游和河口的现场调研，举行参加过论证的泥沙专家的座谈会，征集重庆、湖北、湖南、江西、上海等沿江省（直辖市）的意见。还拜访了持有不同意见的专家。经过多次讨论和反复修改，形成了三峡工程泥沙阶段性评估的综合意见和 9 个专题报告。2008 年 10 月 13—14 日召开了泥沙评估专家组的第三次扩大会议，邀请工程院评估项目办、水文防洪评估组、三峡建委、水利部、交通部、国家防汛抗旱总指挥部办公室（以下简称国家防办）、三峡公司、长江委和各有关省（直辖市）的院士、专家、领导及代表，对泥沙评估综合意见进行讨论，征集意见。2008 年 12 月 11—12 日泥沙评估专家组第四次会议讨论并通过了泥沙课题评估综合意见和专题报告。

二、泥沙专题评估意见

（一）三峡水库上游来水来沙

上游来水来沙是三峡工程泥沙研究的基础条件。论证结论是："长江干流历年沙量基本上在多年平均值的上下摆动，没有明显增加的趋势"。并指出"随着上游水土保持工作的开展和上游水库的陆续兴建，三峡水库入库泥沙量将呈减少趋势"。

根据 1950—1986 年实测资料的统计，三峡工程的入库年均来水量和来沙量（寸滩＋武隆）分别为 3986 亿 m^3 和 4.93 亿 t。因此，在三峡工程的论证和初步设计中，长江委及有关单位均采用了 1961—1970 年寸滩和武隆的实测来水来沙系列进行三峡水库泥沙淤积计算和实体模型试验。此系列的年均来水量和来沙量分别为 4196 亿 m³ 和 5.09 亿 t，和多年平均值相近，而且还包括了丰水丰沙、中水中沙、枯水少沙等不同的典型年。

近 10 多年来，长江上游来水量变化不大，但由于流域内的水利、水土保持等人类活动，来沙量有明显的减少。20 世纪 90 年代，年均来水量为 3913 亿 m³，比多年平均值减少 1.8%，来沙量为 3.77 亿 t，相应减少 23.0%。进入 21 世纪后，来沙减少趋势仍然持续。三峡工程蓄水以来，从 2003 年 6 月—2007 年 12 月，入库总水量为 17900 亿 m³，总沙量为 9.51 亿 t。年均水量约为 3580 亿 m³，年均沙量 1.90 亿 t，分别为设计采用值（1961—1970 年水沙系列）的 85% 和 37%（表 1）。

表 1　　　　　　　　　　　不同时段的入库水沙（寸滩＋武隆）

时期	年均径流量/亿 m³	年均来沙量/亿 t
1950—1986 年	3986	4.93
1961—1970 年	4196	5.09
1991—2000 年	3913	3.77
2003—2007 年	3580	1.90

分析长江上游来沙减少原因，大致有 4 个方面：水库拦沙、水土保持、降雨减少、人工采砂。根据长江委水文局的统计，20 世纪 50 年代以来，三峡上游流域中修建的水库，总库容为 245 亿 m³，拦沙 25.95 亿 m³。其中 90 年代以来的 10 多年内，修建水库的总库容为 127 亿 m³，拦沙 12.59 亿 m³。1989 年以来，长江上游干支流上重点进行了水土保持、天然林保护和退耕还林工作。完成治理面积 6 万多 km²，人工造林 600 万 hm²，使植被增加，水土流失减轻，拦沙蓄水能力有所提高。据长江委水文局调查分析，1989—2005 年，三峡工程上游地表年均减蚀量约 9300 万 t，相应河流减少量约 3800 万 t。近年来河道采砂数量巨大，减沙作用不可忽视。除降雨变化之外，其他 3 方面因素在一个相当长的时期内将发挥作用。

在"九五""十五"期间的三峡工程泥沙科研工作中，还研究了三峡上游修建溪洛渡、向家坝水库后对三峡水库入库泥沙量的影响。当采用 20 世纪 60 年代水沙系列时，溪洛渡、向家坝两库建成后运行 100 年，朱沱站累计下泄沙量约为 150 亿 t，较无库情况下的 330 亿 t 减少 55%。

由此可见，在三峡工程论证和可行性研究阶段有关上游来沙系列的选择是偏于安全的，采用 1961—1970 年水沙系列进行水库淤积计算和实体模型试验也是偏于安全的。近期对三峡工程的泥沙研究，考虑上述减沙因素，采用符合实际的来水来沙系列，例如采用 20 世纪 90 年代的水沙系列，加上溪洛渡、向家坝等水库的拦沙作用，更为合理。

关于三峡水库库尾砾卵石推移质淤积的影响问题，实际情况并不严重。近年来，长江上游砾卵石来量显著减少，据统计，寸滩站在三峡建库前，多年平均年砾卵石来量为 22 万 t，三峡水库蓄水以来则减少至 4.2 万 t，预计溪洛渡、向家坝水库建成后还将进一步减少。库尾重庆市主城区河段目前处于冲刷状态，2002—2007 年，共冲刷 1089 万 m³，并未发生水库库尾"砾卵石淤积日渐严重"的现象。

作为上游来沙的新情况，2008 年汶川地震造成了灾区山川河流巨大的破坏，诱发了大量崩塌、滑坡、泥石流等地质灾害，加重了水土流失。虽然相关的大型水库基本上安全运行，还能继续发挥拦沙作用，目前尚未发现三峡入库泥沙有明显增加（2008 年 1—11 月入库沙量为 2.2 亿 t），但地震灾害对来沙量的影响还是值得重视，需要加强观测和研究。

（二）水库泥沙淤积与库容长期使用

为了使三峡水库能长期使用，采用了"蓄清排浑"的运用方式，即汛期来沙多时降低水位排沙，非汛期来沙少时蓄水兴利。水库淤积一维数学模型计算表明，坝前水位按 175－145－155m 运用方式运用 100 年，水库淤积总量将达到 167 亿 m³，水库的静态防洪库容还能保留 86%，调节库容保留 92%。水库淤积 100 年后，当发生 100 年一遇洪水时，重庆市朝天门洪水位达到 199m。因此，论证阶段的结论是："三峡水库采用蓄清排挥的方式运用，水库的大部分有效库容，包括防洪库容和调节库容，均可以长期保留。"至于重庆市朝天门洪水位的计算值，结论认为，考虑数模计算的精度，应保留 1～3m 的余地。

论证阶段之后，水库泥沙淤积及减淤措施的研究仍在继续进行。据原型观测，从 2003 年 6 月—2007 年 12 月，水库年均淤积量为 1.3 亿 t，约为论证阶段预测值的 1/3。利用水库 2003 年 6 月—2005 年 12 月原型观测资料，对采用的数学模型进行了验证，计算得到的库区淤积量和水库排沙比与实测值符合良好，初步说明在论证阶段采用的数学模型可以有效地模拟三峡水库的泥沙运动。

利用数学模型重新进行了水库淤积计算，其成果表明，在考虑三峡水库上游减沙及建成溪洛渡、向家坝、亭子口水库的条件下，水库运用 100 年后的淤积总量为 128 亿 m³，保留的静态防洪库容和调节库容百分数相应为 90% 和 96%，重庆市 100 年一遇的洪水位降低到 197.50m。由于今后在三峡水库上游还将陆续修建大量水库，入库泥沙还将进一步减少。

综上所述，可以认为，论证阶段得出的三峡水库大部分有效库容能长期保留的结论是可以实现的。

（三）重庆市主城区河段的冲淤规律和分期蓄水方案

为了满足水库具有 200 亿 m³ 防洪库容和万吨级船队有半年时间能直达重庆市九龙坡港区等方面的要求，三峡工程选择了 175-145-155m 的设计方案，即正常蓄水位为 175m，汛期限制水位为 145m，枯水期消落限制水位为 155m。三峡水库按上述方案运用后，缩短了重庆市主城区河段汛期末的冲刷走沙过程，使港区前沿汛期淤积的泥沙无法冲完，在次年水库水位消落时港区前沿有边滩出露，可能会影响九龙坡等港区的正常作业。因此，在三峡工程的初步设计中，提出了"分期蓄水"的方案，拟 2007 年初期蓄水至 156m，暂定 2013 年最终蓄水至 175m。在此 6 年期间，观察重庆市港区的泥沙冲淤情况和研究治理对策。

重庆主城区河段的冲淤演变规律总体上表现为洪淤枯冲，冲淤规模和当年的来水来沙有关。大水多沙年是多淤多冲，小水少沙年则是少淤少冲。论证阶段以后，三峡入库沙量显著减少，将在很大程度上缓解重庆市主城区河段的泥沙淤积问题。模型试验及原型观测表明，在目前来沙的情况下，采用 175-145-155m 运行方式，主要是货运码头（九龙坡码头）作业可能受边滩淤积的影响，只要及时采取疏浚和整治措施、制定通航和作业的可行方案，就有可能保持港区和航道的正常运行。因此，从泥沙角度看，三峡水库目前已经具备了试验性蓄水至 175m 的可行性。同时需要指出，只有抬升水库蓄水位到 160m 以上，才能观测到重庆市港区淤积的实际情况，从而可以更有针对性地研究出解决泥沙淤积问题的方法。

（四）水库变动回水区航道泥沙问题

三峡水库的变动回水区长约 130km，共有滩险 27 处。论证期间的模型试验研究表明：建库后，由于水位壅高，变动回水区中产生累积性淤积，原河床的边界对水流的控制作用减弱，河道逐步向单一、规顺、微弯形态发展，航道较建库前有较大改善，但在特枯水年或丰沙年后的水位消落后期，可能出现航道尺度不足的情况。论证阶段的结论是："以上河段和港口存在的问题可以从优化水库调度、结合港口改造、认真研究整治和疏浚措施，加以解决。"

目前，三峡水库已先后经历了 135-139m 和 156-144-148m 两个阶段的运行过程。135-139m 蓄水期间，除常年回水区上段的兰竹坝河段因累积性

淤积出现主支汊易位外，变动回水区中下游的土脑子河段也因泥沙淤积出现
航道移位，消落期有某些碍航现象，三年来碍航疏浚量为 16 万 m³。在 156m
蓄水运用期间，涪陵以上的各个浅滩累积性淤积的发展尚在初期阶段，航运
条件未受到明显影响。由于三峡水库蓄水运用时间较短，至今变动回水区消
落深度较小，变动回水区的航道泥沙淤积问题尚未完全显现。待到三峡工程
进入正常运行期，水库消落深度增大后，碍航淤积量可能会增加。此外，泥
沙板结现象、消落期是否会上冲下淤、变动回水区上段卵砾石淤积以及后期
变动回水区河段是否发生河型转变等问题，还有待实际资料的检验和进一步
的研究。

为了改善变动回水区的通航条件，三峡工程开工后，三峡公司和长江航
道局进行了丰都—涪陵，涪陵—铜锣峡河段的航道整治和炸礁工作。该项工
程已经在 2006 年汛前完成，获得了预期成果，经过 135m 和 156m 蓄水位的
运行检验，发挥了良好的作用。此后又进行了铜锣峡以上的炸礁工作。对于
因泥沙淤积而形成的碍航浅滩的治理方案，则有待今后继续研究解决。

（五）坝区泥沙问题

根据坝区泥沙模型试验研究成果，论证阶段得出的结论是：关于上下游
引航道淤积问题，"运行初期可以采取防淤、清淤措施加以解决，后期可能还
要考虑采取冲沙措施。"关于电站泥沙问题，"可结合坝前泥沙运动规律，进
一步研究防沙措施。"

论证阶段结束以后，有关单位对引航道的防淤、清淤和冲沙措施进行了
大量研究工作，提出了有效措施和具体布置方案。其中，上下游引航道防淤
隔流堤已建成运用。

三峡水库建成蓄水以来，在 2003—2007 年间，坝区 14.5km 范围内共淤
积泥沙 7080 万 m³，坝前最大淤厚约 50m，主要淤积在主槽内，电厂前淤积面
高程较低，对电厂引水尚无影响。上引航道无明显淤积。下引航道口门内出
现碍航拦门沙坎。为保持航道畅通，该口门区 2003—2006 年共疏浚泥沙 46 万
m³，最大一年疏浚量为 25 万 m³（2003 年）。2003 年和 2004 年，当流量为
30000~40000m³/s 时，上下游引航道内外的水流流速均较小，不影响船舶正
常航行。电站过机水流含沙量很小，在 0.2kg/m³ 以下；粒径也很细，为
0.001~0.002mm。总之，坝区及引航道泥沙淤积、河势情况和引航道的水流
条件和论证结果基本一致。坝前虽淤积较快，但未影响枢纽的正常和安全运
行。由于三峡水库运行仅有 5 年，坝区淤积尚未充分发展，有些问题，如引
航道的泥沙淤积及水流流态和右岸及地下电站的正面进水等问题，还有待于

继续观测和研究。

（六）维持宜昌站枯水位的措施

宜昌站枯水位是保证船队安全通过葛洲坝枢纽船闸下闸槛和下引航道的关键。交通部门要求，在三峡工程按 175-145-155m 运行时，宜昌站枯水位必须达到 39m（吴淞资用）。在论证期间，利用数学模型对宜昌站枯水位降低过程进行了预测。与葛洲坝工程设计采用的水位流量关系相比，宜昌站水位在接近冲刷平衡时可能降低 1.7m。维持这一水位的最小下泄流量为 5300m³/s。论证阶段的结论是："下阶段应研究满足下游引航道最低通航水位 39.0m 要求的各项措施"。

三峡水库蓄水以来，宜昌河段（宜昌—虎牙滩，长 19.4km）冲刷 1136 万 m³，2005 年开始出现冲淤交替现象。目前，宜昌站枯水位（相应流量 4000m³/s）较 2003 年初下降 0.08m，较葛洲坝工程设计水位流量关系线累积下降 1.32m。实测资料表明，宜昌站水位属长河槽控制，宜昌下游的浅滩、弯道、汊道、卡口等都对宜昌站水位有控制作用，其中胭脂坝、宜都、芦家河等是关键性河段。2004—2008 年三峡总公司在胭脂坝河段实施了河床护底加糙试验工程，对遏制宜昌站水位下降有一定作用。但由于下游还要经历长时期的冲刷，需要密切关注下游控制节点的冲刷情况和加强节点治理，并尽早制定和实施宜昌至杨家垴河段的综合治理方案。同时，要制止非法采砂对控制节点的破坏，以免宜昌站水位进一步下降。

（七）坝下游河床冲刷及其对堤防安全的影响

论证期间认为：三峡工程修建后，坝下游将发生长时间、长距离的冲刷，同流量水位有所下降。宜昌至江口河段，床沙为卵石夹沙，对冲刷有控制作用。江口以下沙质覆盖层厚，可冲深度大，水位将有明显降低，冲刷范围可发展到武汉以下。论证阶段的结论是："三峡下游河道四五十年内河床将发生长距离冲刷，在同流量下，水位有些下降。""三峡工程兴建后，将根据下游河势调整的总趋势以及现有护岸工程情况，继续完善护岸工程，并对已建工程进行必要的加固。"三峡工程运用 5 年以来，坝下游河道冲刷主要发生在宜昌至城陵矶河段，全程冲刷已发展到湖口以下。2002 年 10 月—2007 年 10 月，宜昌至湖口河段平滩河槽的总冲刷量为 6.89 亿 m³，其中，宜昌至城陵矶河段总冲刷量为 4.66 亿 m³，局部河段深泓冲深达 10m 以上。冲刷的速度和范围要大于论证阶段的预计，但河势总体上尚未发生巨大变化。总的来说，论证期间的结论迄今是基本正确的。

宜昌至城陵矶河段绝大部分均已实施护岸工程。在下游河道的冲刷过程中，护岸段的近岸河床明显冲深，使枯水位以下岸坡变陡，因而崩岸比蓄水前有所增多。但出现崩岸的岸段大部分仍在蓄水运用前的崩岸段和险工段范围内。由于新中国成立以来对护岸工程逐步加固，1998年大洪水以后又进一步维修加固，加之崩岸发生后，进行了及时抢护，因此蓄水至今，未发生重大的险情。由于崩岸的发生很难准确预报，今后应加强河道的监测、尽快实施荆江河段的河势控制应急工程。同时要制止非法采砂，以免影响堤防安全。

（八）坝下游河床演变对航道的影响

论证阶段的结论是：宜昌至江口河段有芦家河等卵石浅滩，在下游沙质河床大量冲刷的影响下，这些浅滩，特别是芦家河浅滩有可能变得更加水浅流急，需研究综合治理方案，谋求解决。

从宜昌至武汉河段，有浅滩19处，航槽位置不稳定。浅滩冲淤变化与水文因素有关。如汛后水位涨落起伏大，则易出现碍航；汛后水位稳定降落则有利于浅滩冲刷。

三峡水库蓄水运用后，宜昌至江口河段的沙质浅滩大幅冲刷，加之枯水期下泄流量增大，航宽、航深明显增加，而卵石浅滩则坡陡流急突出，局部滩段比降加大，增加航运困难，需要进行整治。在论证阶段以后，有关单位对芦家河浅滩的整治问题做了大量研究工作，提出了整治工程方案。

对于江口以下沙质河床航道的影响是：分汊河道江心洲的洲头低滩呈冲刷后退之势，滩面降低，槽口众多、水流分散、水深变浅。长顺直河段则水流摆动、航道不稳，出现新的碍航问题。这些问题需要通过水利、交通部门联合治理，修建整治工程，进行合理调度，予以解决。

由于汛末三峡水库蓄水，使坝下游水位快速退落，水流冲刷能力大幅度减弱，放宽段淤沙在汛后来不及冲刷而有可能出浅碍航。因此，需要研究优化水库调度，将汛后开始蓄水的时间适当提前，延长蓄水过程，使下游水位平稳消退。

（九）三峡水库运用对长江口的影响

三峡水库蓄水后，对进入长江口地区的水沙过程会引起一些变化。三峡水库运用后，枯季（1—4月）流量较天然情况有所增加，而10月水库蓄水期径流则有所减少。论证阶段的结论是："修建三峡工程后，长江口泥沙总量不会有明显的减少，不会对拦门沙的演变及围垦滩涂的速度带来明显的影响。"

2003年三峡水库蓄水运行以来，长江大通流量仍然保持过去几十年的特征，年入海总径流量未出现显著的趋势性变化。近年来，长江口盐水入侵加重可能是由于大通以下抽引水量增加、北支地形变化导致咸潮倒灌南支增强、上游发生特枯水情和海平面上升等因素造成的。大通站观测到的泥沙量出现了大幅下降，除三峡工程的拦沙作用外，与长江上游来沙量的持续减少和坝下游河道的采砂也有一定关系。目前，河口河槽容积有所扩大，滩涂面积有所减少，需要继续加强观测和研究。

三、综合评估意见和建议

（一）综合评估意见

泥沙问题是三峡工程关键技术之一。在三峡工程的论证及可行性研究期间，对泥沙问题进行了广泛研究，所取得的成果为三峡工程建设的决策提供了科学支撑。

论证和可行性研究阶段结束后，结合工程建设和运用的需要，继续进行了一系列泥沙的原型观测和研究分析的工作，取得了丰富的成果。评估专家组认为：论证和可行性研究阶段的结论基本合理可信。然而，泥沙的冲淤变化及影响是一个逐步累积的长期过程，工程刚运行几年，不但历时尚短，而且水库还是低水位运行，尚未达到正常蓄水位，入库水沙也还未经历大水大沙年份，可能还有一些问题尚未暴露。因此，今后还需密切监测，逐一解决论证提出过的和实际发生的各种问题，并在更长时间之后，对三峡工程的泥沙问题作出更全面的评估。

（二）今后工作的建议

20 世纪 80 年代进行三峡工程论证和可行性研究时，限于当时的客观环境和所能得到的泥沙资料，有些问题很难作出准确预测。从现今发生的实际情况来看，需要重视的问题有以下几点。

1. 要应对各种不同的来水来沙条件

论证阶段非常注重应对丰水多沙的条件，唯恐将洪水算小了，泥沙估计少了。从安全的角度，这无疑是正确的。对不确定性较大的泥沙问题，留有较多余地也是必要的。但近年来，特别是蓄水以来，出现的入库情况多数是平水、少沙年，而且随着上游地区社会经济的发展，修建水库、河道采砂、水土治理等均将大规模地持续下去，今后几十年、上百年入库泥沙很可能持续减少。这就给三峡工程的泥沙研究提出了新的条件。在注意应付多沙的同时，对水小、沙少会引发什么问题，也需要予以重视。

2. 上、下游的问题同等重要

论证中比较注重研究水库淤积、长期保持有效库容与变动回水区淤积等问题，对下游河道的冲刷演变仅做一般性探讨。但蓄水以来的实际情况是，由于入库泥沙明显减少，水库泥沙淤积较论证时的预测要轻，而下游河道的冲刷发展则比预计要快。因此，今后对上、下游的泥沙问题要同样重视。特别是在上游在建和将建的一系列大型水库和三峡工程的共同作用下，未来长江中下游的水沙条件会发生巨大变化，其长远影响应充分注意。

综上所述，对今后的泥沙研究工作有如下建议。

（1）要加强泥沙原型观测和研究分析，为三峡工程进一步的泥沙研究和水库优化调度提供基础条件。其主要内容包括：上游来水来沙，水库淤积及数学模型验证与改进，重庆市主城区河段和变动回水区淤积，坝区淤积，宜昌站枯水位变化，下游河道冲刷演变及数学模型验证与改进，河口泥沙问题等。

（2）加强对上游水库群修建后长江中下游河道及河口长期演变趋势及对策的研究。为应对坝下游河道的冲淤演变，既要抓紧当前的应急工程，又要考虑长期演变的影响。

（3）在当前的工程运行中，除继续重视对丰水多沙条件外，还应充分考虑在枯水少沙和上游建库的情况下如何实施优化调度，使三峡水库在各种情况下都能发挥最大的综合效益。

参 考 文 献

［1］ 长江三峡工程泥沙专家组. 长江三峡工程泥沙与航运专题泥沙论证报告 ［R］，1988.

［2］ 三峡工程泥沙专家组. 长江三峡工程泥沙问题研究（1996—2000）第 1～8 卷 ［M］. 北京：知识产权出版社，2002.

［3］ 三峡工程泥沙专家组. 长江三峡工程泥沙问题研究（2001—2005）第 1～6 卷 ［M］. 北京：知识产权出版社，2008.

［4］ 三峡工程泥沙专家组. 长江三峡工程围堰蓄水期（2003—2006）水文泥沙观测简要成果 ［M］. 北京：中国水利水电出版社，2008.

［5］ 中华人民共和国水利部. 中国河流泥沙公报 2000—2004 ［Z］.

［6］ 中华人民共和国水利部. 中国河流泥沙公报 2005—2007 ［M］. 北京：中国水利水电出版社，2006—2008.